现代工程机械电液控制技术

（第2版）

主　编　蒋　波
副主编　肖心远　严朝勇
主　审　苏汉元

重庆大学出版社

内容提要

本书是根据高等职业教育的特点和工作任务过程导向的要求编写的，全书共分为9个项目。其主要内容包括工程机械机电液一体化系统的识别与应用；工程机械常用电液控制元件的应用与检修；电喷柴油机的应用与检修；工程机械行走电液控制系统的应用与检修；工程机械动力转向与制动系统的应用与检修；挖掘机电液控制系统的应用与检修；沥青混凝土摊铺机电液控制系统的应用与检修；沥青混凝土拌和楼电液控制系统的应用与检修；工程机械电液控制系统故障诊断技术等。

本书可作为高职高专院校工程机械类运用与维护专业的教学用书，可作为继续教育及职业培训教材，也可供从事工程机械运用与修理工作的人员学习参考。

图书在版编目(CIP)数据

现代工程机械电液控制技术/蒋波主编.—重庆：重庆大学出版社，2011.10(2019.12重印)
ISBN 978-7-5624-6207-1

Ⅰ.①现…　Ⅱ.①蒋…　Ⅲ.①工程机械—液压控制
Ⅳ.①TH137

中国版本图书馆CIP数据核字(2011)第110600号

现代工程机械电液控制技术
(第2版)
主　编　蒋　波
副主编　肖心远　严朝勇
主　审　苏汉元
策划编辑：周　立
责任编辑：文　鹏　姜　凤　　版式设计：周　立
责任校对：夏　宇　　责任印制：张　策
*
重庆大学出版社出版发行
出版人：饶帮华
社址：重庆市沙坪坝区大学城西路21号
邮编：401331
电话：(023) 88617190　88617185(中小学)
传真：(023) 88617186　88617166
网址：http://www.cqup.com.cn
邮箱：fxk@cqup.com.cn (营销中心)
全国新华书店经销
重庆升光电力印务有限公司印刷
*
开本：787mm×1092mm　1/16　印张：22　字数：549千
2016年10月第2版　2019年12月第6次印刷
ISBN 978-7-5624-6207-1　定价：49.50元

现代工程机械正处在一个机电液一体化技术飞速发展的时代。引入机电液一体化技术,使机械、液压技术和电子控制技术等有机地融合在一起,可以极大地提高工程机械的各种性能,如动力性、燃油经济性、可靠性、安全性、操作舒适性以及作业精度、作业效率、使用寿命等。目前以微机或微处理器为核心的电子控制装置(系统)在现代工程机械中的应用已经相当普及,电子控制技术已经深入到工程机械的许多领域,如摊铺机和平地机的自动找平系统;拌和设备称重计量过程的自动控制系统;挖掘机的电子功率优化系统;柴油机的电子调速系统;装载机、铲运机变速箱的自动控制系统;工程机械的状态监控与故障自诊断系统等。随着科学技术的不断发展,对工程机械的性能要求不断提高,电子(微机)控制装置在工程机械上的应用将更加广泛,结构将更加复杂,从而对工程机械类专业人才的培养提出了更高要求。

工程机械类专业的学生普遍在学习了工程机械的机械构造、液压技术和电子技术等相关课程之后,亟需一门综合性较强的专业课程对以前的知识节点加以总结、提高,以便做到融会贯通;同时许多工作在生产第一线的工程机械技术人员普遍反应需要加强工程机械电液控制技术方面的理论知识,提高工程机械电液控制技术方面的操作技能。

然而系统地分析工程机械电液控制技术,尤其是面向工程机械类高职高专学生和工作在生产第一线的工程机械技术人员的教材很少。所以我们根据全国交通职业教育指导委员会的要求,按照工作任务过程导向的模式编写了《现代工程机械电液控制技术》一书。全书共分 9 个项目,其中项目 1 是工程机械机电液一体化系统的识别与应用;项目 2 是工程机械常用电液控制元件的应用与检修;项目 3 是电喷柴油机的应用与检修;项目 4 是工程机械行走电液控制系统的应用与检修;项目 5 是工程机械动力转向与制动系统的应用与检修;项目 6 是挖掘机电液控制系统的应用与检修;项目 7 是沥青混凝土摊铺机电液控制系统的应用与检修;项目 8 是沥青混凝土拌和楼电液控制系统的应用与检修;项目 9 是工程机械电液控制系统故障诊断技术。每一个项目都根据职业教育的特点和工作任务过程导向的要求,循序渐进地分解为项目剖析与目标、任务分解、任务描述、任务分析、知识准备、任务实施、知识拓展、实验实训和项目小结等环节。在编写过程中力求文字通俗易懂,图文并茂,形式新颖活泼,克服了传统教材理论内容偏深、偏多、抽象的弊端,突出了理论与实践相结合的原则。

本书中的项目1、4、5、6、7由广东交通职业技术学院蒋波编写，并负责完成统稿工作；项目2、3由广东交通职业技术学院严朝勇编写；项目8、9由广东交通职业技术学院肖心远编写。全书由蒋波担任主编，肖心远、严朝勇担任副主编，长沙理工大学苏汉元担任主审。

本书在编写过程中，得到了许多工程机械制造企业、公路工程施工企业和交通系统许多兄弟院校的宝贵意见和大力支持，在此表示衷心感谢！

鉴于编者水平有限，时间仓促，尤其是采用工作任务过程导向的高职类规划教材编写经验不足，书中不当之处在所难免，敬请广大读者批评指正。

编　者

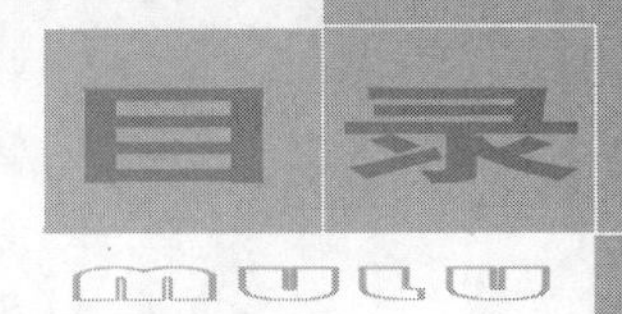
目录
MULU

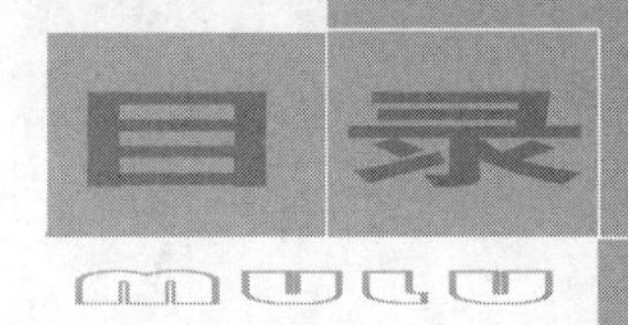

项目1 工程机械机电液一体化系统的识别与应用

项目剖析与目标

一方面由于我国基础设施建设的大力发展，工程机械的需求量越来越大，对工程机械的研究和应用得到了高度重视；另一方面由于近年来国内、外工程机械科技领域以电子、液压和信息技术等为先导，在计算机故障诊断与监控、精确定位与作业、发动机燃油控制和人机工程学等方面，进行大量的研究，开发出与各种工程机械相匹配的软、硬件控制系统，使工程机械产品向大功率、信息化、智能化方向大步前进，工程机械的技术水平显著提高。随着社会的发展，人们对工程机械的发展方向提出了更多的要求，如高性能、低能耗、操纵轻便灵活、安全舒适、可靠耐用等，即对于现代工程机械，人们已不满足其“能工作”，而是要求其“出色工作”，希望能实现省力、自动化、智能化和低耗能等要求。这就对广大工程机械的相关技术人员在工程机械设计、制造和应用的全面质量管理过程中提出了更高的要求。

本项目主要针对现代工程机械的机电液一体化技术的发展趋势、研究的主要内容、基本组成和工作原理进行分析。

任务 工程机械机电液一体化技术的应用

1. 工程机械机电液一体化技术的发展趋势

现代机械的一个重大特征就是将先进的制造工艺、电子技术与液压技术结合起来,其结合体在各类机械的应用代表了机械水平发展的一个重要方向;而“电液控制技术”是在液压传动技术和自动控制技术的基础上发展起来的一门较新的新兴学科,是机电一体化技术的重要组成部分。

现代工程机械正处在一个以机电液一体化技术发展为标志的时代。引入机电液一体化技术,使机械、液压技术和电子控制技术等有机地结合,可以极大地提高工程机械的各种性能,如动力性、燃油经济性、可靠性、安全性、操作舒适性以及作业精度、作业效率、使用寿命等。目前电液控制系统在现代工程机械中的应用已经相当普及,电子控制技术已经深入到工程机械的许多领域,如摊铺机和平地机的自动调平系统、自动供料和恒速行走系统,拌和设备的自动称量和温度控制系统,挖掘机的电子功率优化系统,柴油机的电子调速系统,装载机和铲运机的自动换挡系统,工程机械的状态监控与故障自诊断系统等。随着科学技术的不断发展对工程机械的性能要求不断提高,工程机械机电液一体化技术的发展必将越来越快,主要表现在以下几方面:

1)数字化设计与制造技术的广泛使用

数字化设计与制造不仅贯穿企业产品开发的全过程,而且涉及企业的设备布置、物流、生产计划、成本分析等多个方面。数字化技术具有分辨率高、表述精度高、可编程处理、处理迅速、信噪比高、传递可靠迅速、便于存储、提取和集成、联网等重大技术优势。这些技术优势必然给产品的设计与制造带来新的方法和途径。数字化设计与制造技术的应用可以大大提高企业的产品开发能力,缩短产品研制周期,降低开发成本,实现最佳设计目标和企业间的协作,使企业能在最短时间内组织全球范围的设计制造资源,开发出新产品,大大提高企业的竞争能力。在制造企业中全面推行数字化设计与制造技术,通过在产品全生命周期中的各个环节普及与深化计算机辅助技术、系统及集成技术的应用,使企业的设计、制造、管理技术水平全面提升,促进传统产业在各个方面的技术更新,使企业在持续动态多变、不可预测的全球性市场竞争环境中生存发展并不断地扩大其竞争优势。数字化设计与制造技术集成了现代设计制造过程中的多项先进技术,包括三维建模、装配分析、优化设计、系统集成、产品信息管理、虚拟设计与制造、多媒体和网络通信等,是一项多学科的综合技术。

2)系列化、多用途

为了全方位地满足不同用户的需求,工程机械正朝着系列化、多用途方向发展。工程机械发展的重要趋势之一是逐步实现从微型到特大型不同规格的产品系列化。推动工程机械进入微型化发展阶段的因素,首先源于液压技术的发展。通过合理设计液压系统,使执行机构能够完成多种作业功能;安装在工作装置上的液压快速可更换联接器,可使各种附属作业装置的快速装卸及液压软管的自动联接等能在作业现场完成,甚至在驾驶室通过操纵手柄即可快速完成更换附属作业装置的工作。

为占领这一市场,各生产厂商都相继推出了多用途、小型和微型工程机械。如针对市政建筑发展操作优良的小型工程机械。另外,在工程机械的性能上还要做到改善移位和方向变换性能的高速化;安装简便,搬运性好的轻型化;提高作业效率并减少能耗的高效化等。为使用户在不增加投资的前提下充分发挥设备本身的效能,能完成更多的工作,将大力提高工程机械零部件的通用性。如卡特彼勒公司生产的RLL系列综合多用途机械、克拉克公司生产的"山猫"系列机械等。产品更新换代的周期明显缩短。

3)多机电系统的总线管理

总线技术的发展,特别是针对运动系统实时控制的现场总线的发展,为工程机械的闭环实时控制提供了方便。广泛采用数据总线、多处理器、信息融合与调度技术,摒弃每个机电液子系统单独配备一套电子控制系统的传统模式,运用先进的系统管理策略,使机电液子系统的控制管理具有余度、任务重构和故障覆盖与自修复功能。从根本上改变现有机电液子系统单独控管的体系结构,将大幅度地减轻系统重量、提高可靠性和实现综合显示。如CAN总线使多个计算机的并行相互通信成为可能,这就大大地简化了计算机控制系统,降低了成本,推进了计算机控制工业化的进程。

4)控制系统可靠性进一步加强

广泛应用于工程机械产品设计中的集液压、微电子及信息技术于一体的智能控制系统成为主流开发方向。计算机辅助驾驶系统、信息管理系统及故障诊断系统将依托微电子技术与信息技术的广泛应用而不断完善;电子监控和自动报警系统、自动换挡变速装置将被广泛采用;数字系统更容易实现多回路控制,在位置闭环控制中加上压力反馈(动压反馈),可扩展液压系统的频带。这样液压控制系统不仅适用于大功率而且还可满足高精度高响应的要求。液压系统比其他方式更有优越性,使液压技术更具有强大的生命力;用于物料精确挖(铲)、装、载、运作业的工程机械将安装GPS定位与载重量自动称量装置。

以施工工艺研究为基础,以计算机技术、微电子技术、信息技术、无线通信技术和自动控制技术的综合应用为手段,各种施工机群,如用于高速公路施工的沥青搅拌站、运输车、转运车和摊铺机,即组成一个施工机群的智能化研究将相继展开。

5)主动维护,提高故障诊断水平

要实现主动维护技术,必须要加强工程机械故障诊断方法的研究,使故障诊断现代化;加强故障诊断的理论研究,提高故障诊断的可行性;深入应用模糊数学理论、灰色系统理论、神经网络理论进行故障诊断,不断提高故障诊断的理论水平和实用性;加强专家系统的研究,要总结专家的知识,建立完整的、具有学习功能的专家知识库,并利用计算机根据输入的现象和知识库中的知识,用推理机中存在的推理方法,推算出引起故障的原因,提出维修方案和预防措施。要进一步开发故障诊断专家系统通用工具软件,对于不同的电液系统,只须修改少量的规则。另外,还应开发工程机械液压系统自补偿系统等,包括自调整、自润滑、自校正,在故障发生之前进行补偿,这是将要进一步努力的方向。

可以预料,未来的工程机械将具备完善的控制系统的高度自动化和智能化。工程机械将进入一个新的发展时期,产品在以信息技术为先导,广泛应用各种新技术的同时,不断涌现出新结构和新产品。继完成提高整机可靠性任务之后,技术发展的重点在于增加产品的电子信息技术含量,努力完善产品的标准化、系列化和通用化。

总之,工程机械机电液一体化的发展趋势可以概括为以下 3 个方面:性能上向高精度、高效率、高性能、智能化的方向发展;功能上向小型、轻型化、多功能方向发展;层次上向系统化、复合集成化的方向发展。

2. 工程机械机电液一体化技术的研究内容

1)机电一体化的产生和发展

机电一体化(Mechatronics)一词最早(20 世纪 70 年代初)起源于日本。它取英文Mechanics(机械学)的前半部和 Electronics(电子学)的后半部拼合而成,字面上表示的是机械学与电子学两个学科的综合,我国通常称为机电一体化或机械电子学。但是,“机电一体化”并非是机械技术与电子技术的简单叠加,而是有着自身体系的新型学科。

目前,人们对“机电一体化”存在着各种不同的认识,随着生产和科学技术的发展“机电一体化” 本身的涵义也还在被赋予新的内容。因此,“机电一体化”这一术语尚无统一的定义,不过其基本概念和涵义可概括为:机电一体化是在大规模集成电路和微型计算机为代表的微电子技术高度发展,向传统机械工业领域迅速渗透,机械电子技术深度结合的现代工业基础上,综合应用机械技术、微电子技术、自动控制技术、信息技术、传感测试技术、电力电子技术、接口技术、信号变换技术以及软件编程技术等群体技术,根据系统功能目标和优化组织结构目标,合理配置布局机械本体、执行机构、动力驱动单元、传感测试元件、控制元件、微电子信息接收、分析、加工、处理、生产、传输单元和线路以及衔接接口文件等硬件元素,并使之在软件程序和微电子电路之间实现有目的的信息流向导引。

机电一体化的发展大体可以分为3个阶段。

20世纪60年代以前为第一阶段,这一阶段称为初级阶段。在这一时期,人们自觉不自觉地利用电子技术的初步成果来完善机械产品的性能。特别是在第二次世界大战期间,战争刺激了机械产品与电子技术的结合,这些机电结合的军用技术,战后转为民用,对战后经济的恢复起了积极的作用。那时研制和开发从总体上看还处于自发状态。由于当时电子技术的发展尚未达到一定水平,机械技术与电子技术的结合还不可能广泛和深入发展,已经开发的产品也无法大量推广。

20世纪70—80年代为第二阶段,可称为蓬勃发展阶段。这一时期,计算机技术、控制技术、通信技术的发展,为机电一体化的发展奠定了技术基础。大规模、超大规模集成电路和微型计算机的迅猛发展,为机电一体化的发展提供了充分的物质基础。这个时期的特点是:①mechatronics一词首先在日本被普遍接受,大约到20世纪80年代末期在世界范围内得到比较广泛的承认;②机电一体化技术和产品得到了极大发展;③各国均开始对机电一体化技术和产品给予很大的关注和支持。

20世纪90年代后期,开始了机电一体化技术向智能化方向迈进的新阶段,机电一体化进入发展时期。一方面,光学、通信技术等进入了机电一体化,微细加工技术也在机电一体化中崭露头角,出现了光机电一体化和微机电一体化等新分支;另一方面对机电一体化系统的建模设计、分析和集成方法,机电一体化的学科体系和发展趋势都进行了深入研究。同时,由于人工智能技术、神经网络技术及光纤技术等领域取得的巨大进步,为机电一体化技术开辟了发展的广阔天地。这些研究,将促使机电一体化进一步建立完整的基础和逐渐形成完整的科学体系。

2)工程机械机电液一体化技术

工程机械机电液一体化技术仍然属于机电一体化的内容,由于液压与液力传动技术在工程机械技术构成中所占的比例越来越大,为突出这一特点,人们习惯将工程机械机电一体化技术称为工程机械机电液一体化技术。在这一领域内,紧紧围绕着两个方面的内容进行研究:一是以简化驾驶员操作,提高车辆的动力性、经济性以及作业效率,节省能源为目的的机械、电子、液压融合技术。如自动换挡系统、挖掘机多动作复合功能系统等。二是以提高作业质量为目的的机电液一体化控制技术,如摊铺机、平地机自动找平和恒速控制系统,振动压路机“软”起振和停振系统等。

工程机械机电液一体化技术是以机械、液压、电子技术为主,通过信息技术将三者有机结合而形成的高技术,其实质是应用系统工程的观点和方法,综合运用各种现代高新技术进行产品的设计与开发,实现产品内部各组成部分的合理匹配,从而提高产品质量和生产效率。机电液一体化系统的最本质的特征是一种机械,但又不同于一般的机械,它是在机构的主功能、动力功能、信息与控制功能上引进了电子技术,并与软件有机结合而成的一种特殊的机械系统。从功能上讲,是用于完成包括机械力、运动和能量流等多动力学任务的机械和机电部件相互联系的系统。

工程机械机电液一体化系统是一个完整的系统,强调各种技术的协调和集成,各部分之间是有机结合而不是简单拼凑和堆积。机电液一体化系统综合运用了机械工程、控制系统、电子技术、计算机技术和电工技术等多种技术,机电液一体化系统的执行机构扩展到了广义执行机构,即包括驱动元件和执行机构子系统。机电液一体化具有跨学科性、集成性、融合性、复杂性。机电液一体化系统的最终目的是实现可控的运动行为。它是充分利用电子计算机的信息处理和控制功能、利用可控驱动元件特性的现代机械系统。工程机械的机电液三部分所构成的组合体如能称作机电液一体化系统,必须具备三大功能:一是能检测、识别工作对象和工作条件;二是可根据检测、识别结果和工作目标,自行作出下一步动作的决策;三是有响应决策、执行动作的伺服机构。

【任务拓展】工程机械机电液一体化控制系统的组成与工作原理

1. 自动控制系统的基本组成

自动控制系统是在无人直接参与的情况下可使生产过程或其他过程按期望规律或预定程序进行的控制系统。任何一个自动控制系统都是由被控对象和控制器有机构成的。自动控制系统根据被控对象和具体用途不同,可以有各种不同的结构形式。图1.1是一个典型自动控制系统原理图。图中的每一个方框,代表一个具有特定功能的元件。除被控对象外,控制装置通常是由测量元件、比较元件、放大元件、执行机构、校正元件以及给定元件等组成。这些功能元件分别承担相应的职能,共同完成控制任务。

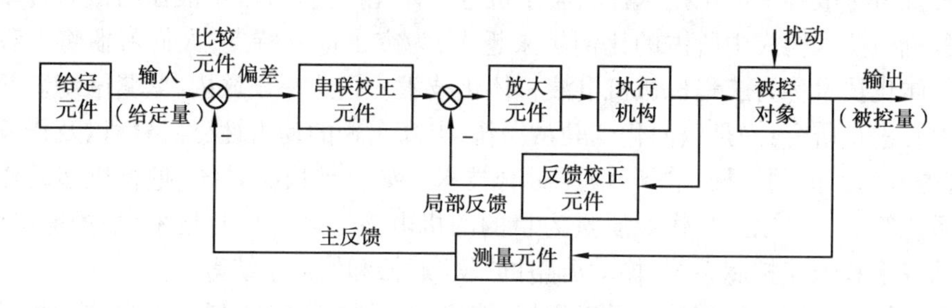

图1.1 典型自动控制系统原理图

被控对象　一般是指生产过程中需要进行控制的工作机械、装置或生产过程。描述被控对象工作状态的、需要进行控制的物理量就是被控量。

给定元件　主要用于产生给定信号或控制输入信号。

测量元件　用于检测被控量或输出量,产生反馈信号。如果测出的物理量属于非电量,一般要转换成电量以便处理。

比较元件　用来比较输入信号和反馈信号之间的偏差。它可以是一个差动电路,也可以是一个物理元件(如电桥电路、差动放大器、自整角机等)。

放大元件　用来放大偏差信号的幅值和功率,使之能够推动执行机构调节被控对象。例如功率放大器、电液伺服阀等。

执行机构　用于直接对被控对象进行操作,调节被控量。如阀门,伺服电动机、液压油缸、液压马达等。

校正元件　用来改善或提高系统的性能。常用串联或反馈的方式连接在系统中。例如 RC 网络、测速发电机等。

2.典型工程机械机电液一体化控制系统的组成

工程机械是以内燃机作动力源,在野外进行自行式作业的机械设备。它由动力装置、传动装置、行走装置、工作装置和操纵装置等组成。这 5 部分实现一体化,将促进整机性能的提高。工程机械机电液一体化技术的主要内容包括以下几个方面:整机电子控制,如电液传动及操纵控制、仿真控制、远距离控制、无线遥控及智能控制等;发动机电子控制,如燃油喷射、发动机工况和电控泵的监测与控制、冷却系统和润滑系统的检测与保护等;行走系统的电子控制,如自动调速、恒速控制、全轮独立自动转向、直线行驶控制、功率分配控制等;工作装置的电子控制,如自动找平、自动料位控制、自动调频、调幅等。

起重机械是各种物料的起重、运输、装卸、安装和人员输送等现代工业生产作业中不可缺少的设备。

起重机是以间歇、重复的工作方式,通过起重吊钩或其他吊具起升、下降或升降与运移物料的机械设备。下面以工程起重机为例,介绍如何将 iCAN 系列功能模块、ZLG 系列、CAN-bus 接口卡,组建成一个可靠控制、易于开发的 CAN-bus 应用网络,以及在工程机车控制网络中快速应用的方法。

1)CAN-bus 总线技术

CAN-bus 总线是国际上应用最广泛的现场总线之一,最初被设计用做汽车电子控制单元(ECU:Electric Control Unit)的串行数据传输网络,现已被广泛应用于欧洲的中高档汽车中。近几年来,由于 CAN-bus 总线极高的可靠性、实时性,CAN-bus 总线开始进入中国各个行业的数据通信应用,并于 2002 年被确定为电力通信产品领域的国家标准。

CAN-bus 网络使用普通双绞线作为传输介质,采用直线拓扑结构,单条网络线路至少可连接 110 个节点,当通信距离不超过 40 m 时,数据传输速率可达 1 Mbps,最远通信距离可达 10 公里(使用标准 CAN 收发器 PCA82C250/251 芯片)。

CAN-bus 网络为多主结构网络,根据信息帧优先级进行总线访问,大大提高了系统的性能;CAN 总线采用短帧报文结构,实时性好,并具有完善的数据校验、错误处理以及检错机制,此外 CAN 总线节点在严重错误下会自动脱离总线,对总线通信没有影响。CAN-bus 网络中，数据收发、硬件检错均由 CAN 控制器硬件完成，大大增强了 CAN-bus 网络的抗电磁干扰能力。

CAN-bus 总线的适用范围：可适用于节点数目很多，传输距离在 10 公里以内，安全性要求高的场合；也可适用于对实时性、安全性要求十分严格的机械控制网络。

目前，国内的汽车、电梯行业已是 CAN-bus 应用的典型领域，工业控制、智能楼宇、工程机械等行业也得到了广泛的应用。

2）CAN-bus **总路线技术在工程机械行业中的发展**

由于嵌入式电脑、网络通信、微处理器、自动控制等先进技术的日渐广泛应用，工程机械控制系统的性能和集成度已经有了很大的提高，工程机械的操作便利性、安全性都得到了大幅度提高。

在基于集中控制方式的工程机械中，一方面由于多个 ECU 单元的使用，各 ECU 之间的通信越来越复杂，必然导致了更多的信号连接线，使控制系统安装、维护手续繁琐，运行的可靠性、应用的灵活性有所降低，维修难度增大；另一方面，为提高系统中信号的利用率，要求有大量的数据信息可以在不同的控制单元中共享，大量的控制信号也需要实时交换。传统的集中式控制系统已落后于工程机械中现代通信功能的需求。

传统的控制系统结构示意图如 1.2 所示：

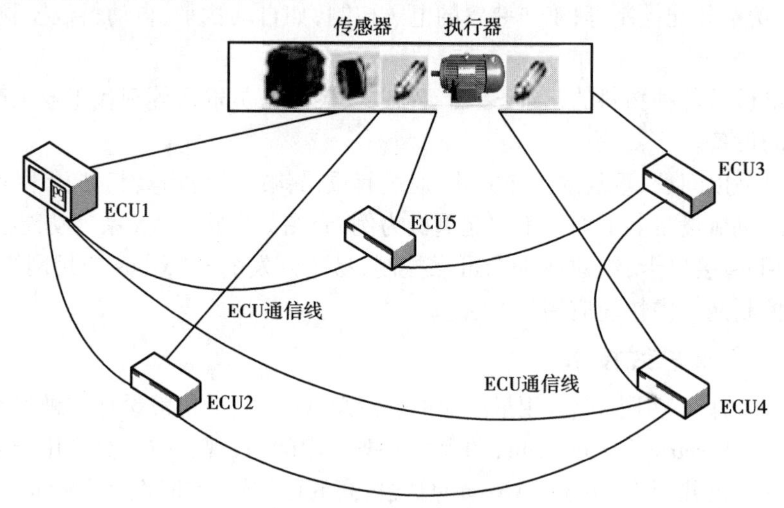

图 1.2　工程机械传统控制系统结构示意图

因此，如何提高系统的性能，开发通信应用的灵活性和方便性，降低使用和维护的成本是必须解决的问题，而 CAN-bus 总线在工程机械控制系统中的应用也能够有效解决这些问题。

无论是在欧洲、美洲，还是在亚洲，CAN-bus 总线技术在工程机械领域都已经存在着广泛的产品实例，也有着良好的发展前景。

CAN-bus 由于良好性能，特别适合于工程机械中各电子单元之间的互联通信。随着 CAN-bus 总线技术的引入，工程机械中基于 CAN-bus 总线的分布式控制系统取代原有的集中式控制系统，传统的复杂的线束被CAN-bus总线所代替。系统中各种控制器、执行器以及传感器之间通过CAN-bus总线连接，线缆少、易敷设，实现成本低，而且系统设计更加灵活，信号传输可靠性高，抗干扰能力强。

目前CAN-bus总线技术在工程机械上的应用越来越普遍。国际上一些著名的工程机械大公司如CAT、VOLVO、利勃海尔等都在自己的产品上广泛采用CAN-bus总线技术，大大提高了整机的可靠性、可检测和可维修性，同时提高了智能化水平。而在国内，CAN-bus总线控制系统也开始在工程汽车的控制系统中广泛应用，在工程机械行业中也正在逐步推广应用。

3)汽车起重机CAN-bus网络

工程机械的控制系统需要完成对系统中各种传感器、执行器、发动机、变速器等的控制及监测。不同的工程机械产品，其控制系统的组成并不完全一致，但其控制系统的构成方式基本上类似。

以汽车起重机为例，其基于CAN-bus总线的典型控制系统基本结构如图1.3所示。CAN-bus总线的应用使工程机械控制系统功能具有良好的可扩展性，易于实现对各分系统的集中监测和管理。此外CAN-bus总线的应用使用户的使用、维护、故障诊断更加灵活和方便，例如起重机在出厂调试时，工厂计算机系统可以通过CAN-bus总线访问其控制系统，记录保存调试数据，以作为在故障时维修的原始参考数据。

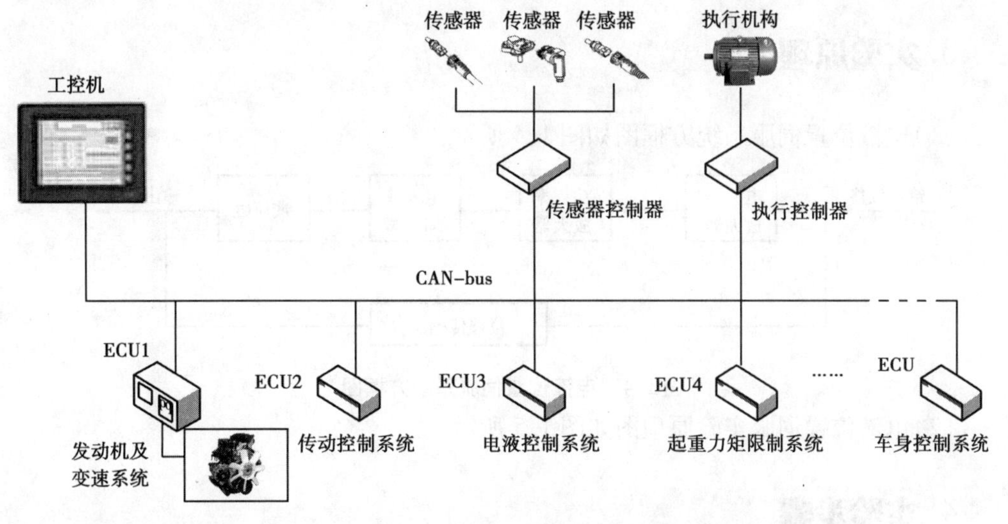

图1.3　基于CAN-bus总线的汽车起重机控制系统结构示意图

实训 1　电液位置伺服系统实验

1. 实验目的

(1)掌握电液位置伺服系统的基本组成和工作原理;
(2)观察不同输入信号下,液压缸输出位移的变化及采集到数据的大小;
(3)观察电液伺服阀、液压缸的外形,掌握其工作原理和特点;
(4)了解计算机数据采集系统的构成。

2. 实验仪器设备

(1)发动机控制系统(含实物仿真测控柜);
(2)液压伺服系统油源车;
(3)位置模拟回路。

3. 实验原理

(1)电液位置伺服系统方框图如图 1.4 所示:

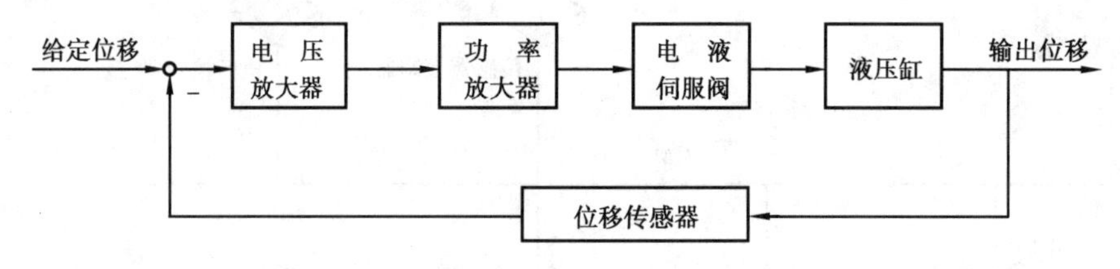

图 1.4　电液位置伺服系统方框图

(2)电液位置伺服实验原理图如图 1.5 所示。

4. 实验步骤

(1)打开发动机控制系统(含实物仿真测控柜)位置控制器电源;
(2)启动增压泵,给系统供油;
(3)在位移控制器上给定不同的指令信号,观察液压缸的输出位移和测控柜的结果。

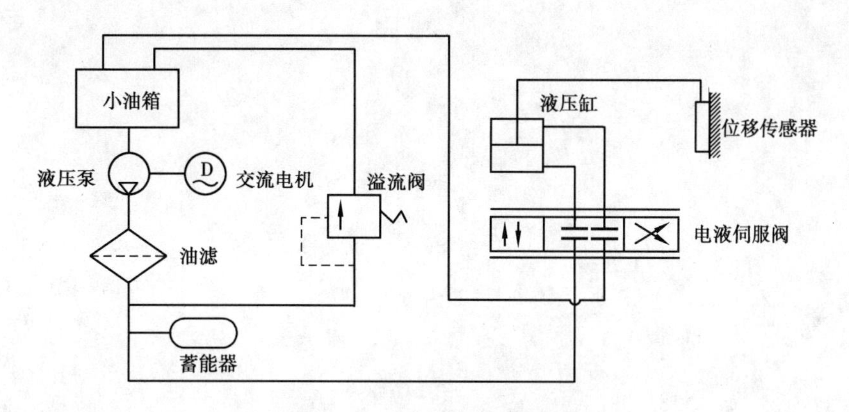

图1.5　电液位置伺服实验原理图

项目小结

在现代工程机械中，电液控制系统具有高控制精度、高安全性、高可靠性等多个优点，因而机电液一体化技术成为了衡量工程机械自动化水平高低的主要标志。本项目主要介绍了现代工程机械电液控制技术的现状以及发展趋势，工程机械电液控制技术的主要研究内容以及以 CAN-bus 为代表的典型工程机械电液控制系统，为后续章节的学习打下重要基础。

项目 2 工程机械常用电液控制元件的应用与检修

项目剖析与目标

工程机械电液控制技术的关键问题有两个：一是“软件”研究，即各种控制技术理论的研究，它包括计算机参数与各种控制方法，如程序的研究；二是“硬件”的开发研制，即将电子与液压技术有机地融合在一起的电液控制元器件，以及相应的检测、反馈、转换、放大元件等。

电子控制元件是一种能对工程机械动力、传动、工作和控制等装置的运行状态进行检测和数值显示，并对工程机械运行中的异常状态进行自动分析、诊断和故障码显示的元器件。利用电子检测、监控技术能够及时、准确地提供各种信息，改善作业环境，提高维修准确性，有利于工程机械的管理。

液压控制阀是液压系统中的控制元件，用来控制系统中油液的流动方向、油液的压力和流量，简称液压阀。根据液压设备要完成的任务，对液压阀作出相应的调节，就可以使液压系统执行元件的运动状态发生变化，从而使液压设备完成各种预定的动作。

利用电液控制元件的最终目的就是简化操作与维修过程，提高工程机械的动力性和经济性以及相应的作业效率和作业质量。

本项目主要对工程机械常用电液控制元件的故障诊断发展趋势、诊断方法进行分析，并且结合工程案例，分析了工程机械常用电液控制元件的故障诊断与检修过程。

任务2.1 工程机械检测元件的选择与应用

传感器是能够感受到规定的被测量并按照一定的规律转换成可用输出信号表达的器件或装置。当今的“可用信号”指的是适于处理和传输的电信号等,因此可把传感器狭义地定义为:能把外界非电信息按一定规律转换成电信息输出的器件或装置。可以预料,将来的“可用信号”或许是光信息或者是更先进、更实用的其他信息。

现代工业的发展,对工况参数的实时监测已显得越来越重要了,参数监测分为电量和非电量两大类。对于非电量参数的测量,测量的成功与否决定于传感器的质量和对感应信号的提取。在各类非电量传感器中,电容传感器可以说是用得最普遍的一种,在工业现场它作为流量、压力、位移、液位、速度、加速度等物理量的传感元件,应用已相当广泛。

信息技术的三大支柱是测控技术、通信技术和计算机技术,而传感器技术是测控技术的基础:传感器处于自动检测与控制系统之首,是感知、获取与监测信息的窗口。科学研究和生产过程需要获取的信息,都要首先通过传感器转换成电信号或光信号等容易传输和处理的信号。科学技术越发达,自动化程度越高,对传感器的依赖程度就越大。“没有传感器技术就没有现代科学技术”的观点已为全世界所公认。

任务描述

传感器是能感受规定的被测量并按一定规律转换成可用输出信号的器件或装置,主要用于检测机电一体化系统自身与操作对象、作业环境状态,为有效控制机电一体化系统的运作提供必需的相关信息。随着人类探知领域和空间的拓展,电子信息种类日益繁多,信息传递速度日益加快,信息处理能力日益增强,相应的信息采集——传感技术也将日益发展,传感器也将无所不在。

从20世纪80年代起,逐步在世界范围内掀起一股“传感器热”,各先进工业国都极为重视传感技术和传感器研究、开发和生产。传感技术已成为现代科技领域中的重要新兴技术之一,传感器的相关产业也已成为重要的新兴行业。

本任务主要从工程机械检测元件技术的发展和应用情况、检测元件故障诊断方法等几个方面进行分析。

任务分析

检测传感器原理指传感器工作时所依据的物理效应、化学反应和生物反应等机理,各种功能材料则是传感技术发展的物质基础。从某种意义上讲,传感器也就是能感知外界各种被测信号的功能材料。传感技术的研究和开发不仅要求原理正确,选材合适,而且要求有先进,高精度的加工装配技术。除此之外,传感技术还包括如何更好的把传感元件用于各个领域的所谓传感器软件技术,如标定以及接口技术等。

传感器一般由敏感元件、转换元件和测量电路3部分组成。有时还需要加辅助电源、预变换器等。

传感器是一种把非电量转变为电信号的器件。而检测仪表在模拟电路情况下,一般是包括传感器、检测点取样设备及放大器(进行抗干扰处理及信号传输),当然还有电源及现场显示部分(可选择)等设备。电信号一般分连续量、离散量两种,实际上还可分成模拟量、开关量、脉冲量等,模拟信号传输采用统一信号(4~20 mA DC 等)。数字化过程中,检测仪表变化比较大,经过几个阶段,近来多采用 ASIC 专用集成电路,而且把传感器和微处理器及网络接口封装在一个器件中,完成信息获取、处理、传输、存储等功能。

在学习过程中,工程机械工作状态的监测、信号的处理和故障的诊断与排除方法是重点和难点内容。

【知识准备】工程机械常用传感器的结构与工作原理

1.位移与扭矩传感器的基本构造与工作原理

1)位移传感器

位移传感器又称为线性传感器,它分为电感式位移传感器、电容式位移传感器、光电式位移传感器、超声波式位移传感器、霍尔式位移传感器等。

(1)电感式位移传感器

电感式位移传感器是一种属于金属感应的线性器件。接通电源后,在开关的感应面将产生一个交变磁场,当金属物体接近此感应面时,金属中则产生涡流而吸取了振荡器的能量,使振荡器输出幅度线性衰减,然后根据衰减量的变化来完成无接触检测物体的目的。电感式位移传感器具有无滑动触点,工作时不受灰尘等非金属因素的影响,并且低功耗,长寿命,可在许多恶劣环境工况下使用。

(2)电容式位移传感器

以电容器为敏感元件,将机械位移量转换为电容量变化的传感器称为电容式位移传感器。电容传感器的形式很多,常使用变极距式电容传感器和变面积式电容传感器进行位移测量。

①变极距式电容传感器

空气介质变极距式电容传感器的工作原理图,如图2.1所示。图中一个电极板固定不变,称为固定极板,另一极板间距离 d 响应变化,从而引起电容量的变化。因此,只要测出电容量的变化量 ΔC,便可测得极板间距变化量,即动极板的位移量 d。

变极距电容传感器的初始电容 C_0 可由式(2.1)表达,即

$$C_0 = \frac{\varepsilon_0 A}{d_0} \tag{2.1}$$

式中 ε_0——真空介电常数(8.85×10^{-12} F/m);

A——极板面积,m^2;

d_0——极板间距初始距离,m。

传感器的这种变化关系呈非线性,如图 2.2 所示。

当极板初始距离由 d_0 减少 Δd 时,则电容量相应增加 ΔC,即

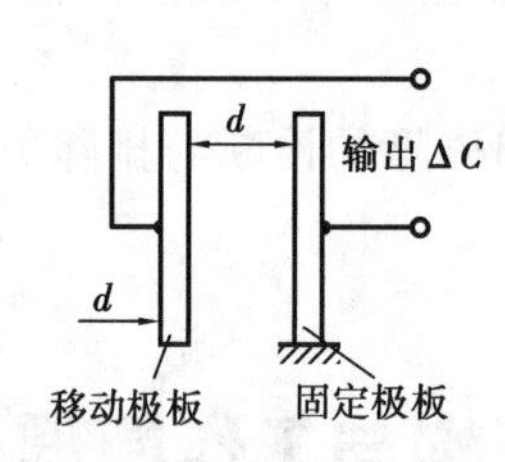

图 2.1　变极距式电容传感器

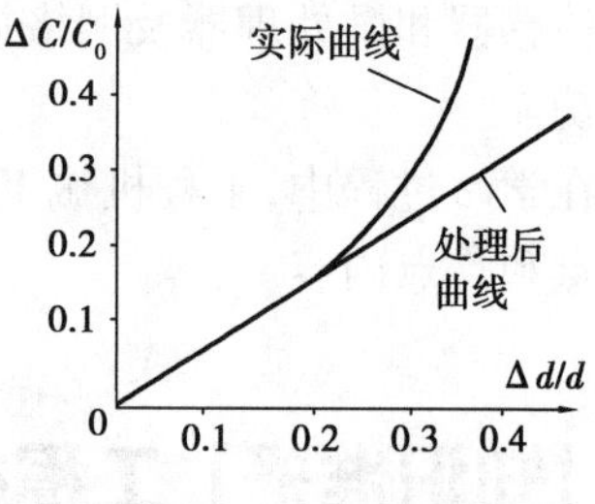

图 2.2　变极距式电容传感器特性曲线

$$C = C_0 + \Delta C = \frac{\varepsilon_0 A}{d_0 - \Delta d} = \frac{C_0}{1 - \dfrac{\Delta d}{d_0}} \tag{2.2}$$

电容相对变化量 $\Delta C/C_0$ 为

$$\frac{\Delta C}{C_0} = \frac{\Delta d}{d_0}\left(1 - \frac{\Delta d}{d_0}\right)^{-1} \tag{2.3}$$

由于 $\Delta d/d_0 \ll 1$,在实际使用时常采用近似线性处理,即

此时产生的相对非线性误差 γ_0 为

$$\gamma_0 = \pm\left|\frac{\Delta d}{d_0}\right|\times100\% \tag{2.4}$$

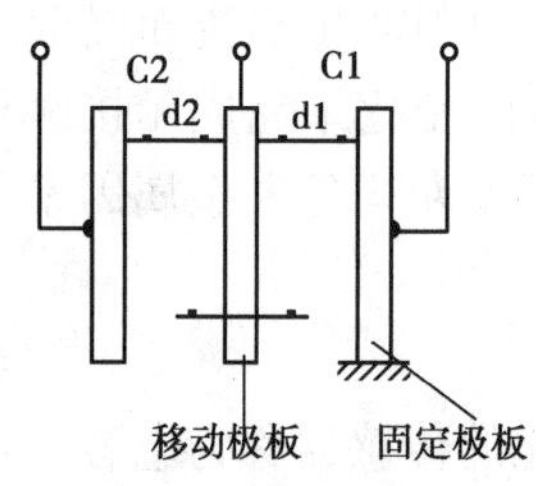

图 2.3　差动变极距式电容传感器

这种处理的结果,使得传感器的相对非线性误差增大,如图 2.2 所示。

$$\frac{\Delta C}{C_0} = \frac{\Delta d}{d_0} \tag{2.5}$$

其工作特性曲线如图 2.2 所示。

为改善这种情况,可采用差动变极距式电容传感器。这种传感器的结构如图 2.3 所示。它有三个极板,其中两个固定不动,只有中间活动极板可产生移动。当中间活动极板处于平衡位置时,即 $d_1 = d_2 = d_0$,则 $C_1 = C_2 = C_0$,如果活动极板向右移动 Δd,则 $d_1 = d_0 - \Delta d$,$d_2 = d_0 + \Delta d$,采用上述相同的近似线性处理方法,可得传感器电容总的相对变化,为

$$\frac{\Delta C}{C_0}=\frac{C_1-C_2}{C_0}=2\frac{\Delta d}{d_0} \tag{2.6}$$

传感器的相对非线性误差 γ_0 为

$$\gamma_0=\pm\left|\frac{\Delta d}{d_0}\right|^2\times 100\% \tag{2.7}$$

不难看出，变极距式电容传感器改成差动之后，不但非线性误差大大减小，而且灵敏度也提高了一倍。

②变面积式电容传感器

变面积式电容传感器结构示意图如图2.4所示，它由两个电极构成，其中一个为固定极板，另一个为可动极板，两极板均成半圆形。假定极板间的介质不变(即电介质常数不变)，当两极板完全重叠时，其电容量为

$$C_0=\frac{\varepsilon A}{d} \tag{2.8}$$

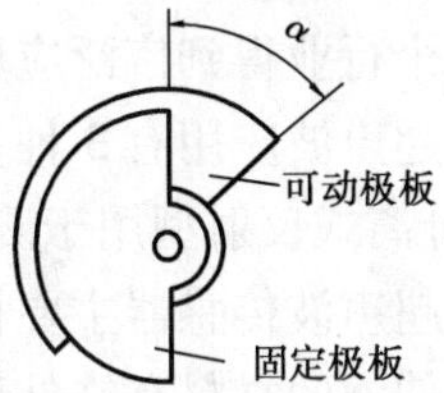

图2.4 变面积式电容传感器结构示意图

当动极板绕轴转动一个 α 角时，两极板的对应面积要减小 ΔA，则传感器的电容量就要减小 ΔC。如果我们把这种电容量的变化通过谐振电路或其他回路方法检测出来，就实现了角位移转换为电量的电测变换。

电容式位移传感器的位移测量范围为1 μm~10 mm，变极距式电容传感器的测量精度约为2%，变面积式电容传感器的测量精度较高，其分辨率可达0.3 μm。

(3)光电式位移传感器

光电式传感器，是一种基于光电效应的传感器，在受到可见光照射后即产生光电效应，将光信号转换成电信号输出。它除能测量光强之外，还能利用光线的透射、遮挡、反射、干涉等测量多种物理量，如尺寸、位移、速度、温度等，因而是一种应用极广泛的重要敏感器件。光电测量时不与被测对象直接接触，光束的质量又近似为零，在测量中不存在摩擦和对被测对象几乎不施加压力。因此在许多应用场合，光电式传感器比其他传感器有明显的优越性。其缺点是在某些应用方面，光学器件相比电子器件价格较贵，并且对测量的环境条件要求较高。

通过对光电效应和器件原理的研究已经发展了多种光电器件(如光敏电阻、光电二极管、光电三极管、场效应光电管、雪崩光电二极管、电荷耦合器件等)，适用于不同的场合。光电式传感器的制造工艺也随薄膜工艺、平面工艺和大规模集成电路技术的发展而达到很高的水平，并使产品的成本大为降低。被称为新一代摄像器件的聚焦平面集成光敏阵列元件正在取代传统的扫描摄像系统。光电式传感器的最新发展方向是采用有机化学气相沉积、分子束外延、单分子膜生长等新技术和异质结等新工艺。光电式传感器的应用领域已扩大到纺织、造纸、印刷、医疗、环境保护、机械等领域。在红外探测、辐射测量、光纤通信、自动控制等传统应用领域的研究也有新发展。例如，硅光电二极管自校准技术的提出为光辐射的绝对测量提供了一种

很有前途的新方法。

(4)超声波式位移传感器

超声波是一种在弹性介质中的机械振荡,有两种形式:横向振荡(横波)和纵向振荡(纵波)。在工业中应用主要采用纵向振荡。超声波可以在气体、液体及固体中传播,其传播速度不同。另外,它也具有折射和反射现象,并且在传播过程中有衰减。在空气中传播超声波,其频率较低,一般为几十千赫兹,而在固体、液体中则频率较高。在空气中衰减较快,而在液体及固体中传播,衰减较小,传播较远。利用超声波的特性,可做成各种超声波传感器,配上不同的电路,制成各种超声波测量仪器及装置,并在各个行业得到广泛应用。

超声波应用有3种基本类型,透射型用于遥控器、防盗报警器、自动门、接近开关等;分离式反射型用于测距、液位或料位传感器;反射型用于材料探伤、测厚传感器等。

超声波传感器主要材料有压电晶体(电致伸缩)及镍铁铝合金(磁致伸缩)两类。电致伸缩的材料有锆钛酸铅(PZT)等。压电晶体组成的超声波传感器是一种可逆传感器,它可以将电能转变成机械振荡而产生超声波,同时它接收到超声波时,也能转变成电能,所以它可以分成发送器或接收器。超声波传感器包括三个部分:超声换能器、处理单元和输出级。

首先处理单元对超声换能器加以电压激励,其受激后以脉冲形式发出超声波,接着超声换能器转入接受状态(相当于一个麦克风),处理单元对接收到的超声波脉冲进行分析,判断收到的信号是不是所发出的超声波的回声。如果是,就测量超声波的行程时间,根据测量的时间换算为行程除以2,即为反射超声波的物体距离。

把超声波传感器安装在合适的位置,对准被测物变化方向发射超声波,就可测量物体表面与传感器的距离。

(5)霍尔式位移传感器

霍尔元件作为测量系统或自动控制系统中的变换元件或计算元件得到了广泛应用。随着半导体工艺的提高,它们的性能也得以大幅度地改善。高性能的霍尔元件和高性能的磁性材料为研究高性能的霍尔式传感器提供了条件。霍尔式位移传感器的突出优点是输出变化量大、灵敏度高、分辨率高、质量轻、惯性小、反应速度快。霍尔元件的频响范围宽,适合作动态位移测试。

霍尔式位移传感器结构和工作原理。

霍尔式位移传感器置于磁场中的静止载流体,若电流方向与磁场方向垂直,则在载流体的平行于电流与磁场方向所组成的两个侧面产生电势:

$$U_H = K_H IB \tag{2.9}$$

式中 U_H——霍尔电势,V;

K_H——霍尔片的灵敏度,V/A,T;

I——流过载流体的电流,A;

B——磁场感应强度,T。

如果保持控制电流 I 不变，使霍尔元件在一个均匀梯度的磁场中移动，则输出霍尔电压 U_H 取决于它在磁场中的位移量 x。磁场梯度越大，灵敏度越高，梯度变化越均匀，霍尔电压与位移之间的线性度越高，这就是霍尔式位移传感器的原理。当霍尔元件处于单块永磁体形成的磁场中，任一工作点都有霍尔电势输出，这使得传感器没有零点，对测量来讲是很不方便的。采用两块永磁体同极性放置构成的磁系统，既解决了零点问题又改善了传感器的线性度。图2.5为传感器的结构示意图，霍尔元件感受轴向的磁场变化，沿轴向运动，这样可使传感器获得较高的灵敏度。

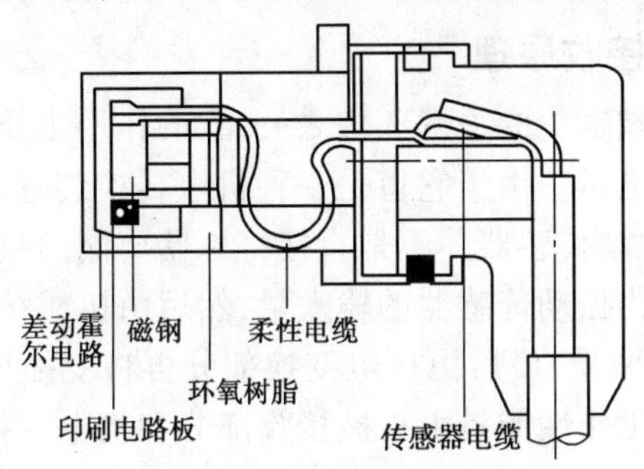

图2.5 传感器结构示意图

2)扭矩传感器的基本结构和工作原理

传感器扭矩测量采用应变电测技术。在弹性轴上粘贴应变计组成测量电桥，当弹性轴受扭矩产生微小变形后引起电桥电阻值变化，应变电桥电阻的变化转变为电信号的变化从而实现扭矩测量。图2.6为扭矩传感器的结构图。其测量原理如下：在受扭

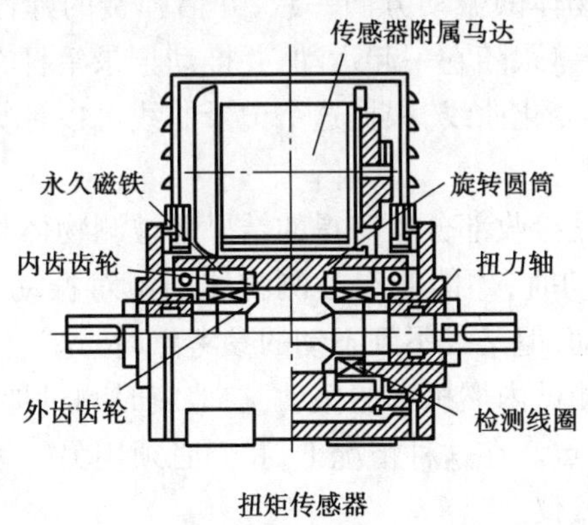

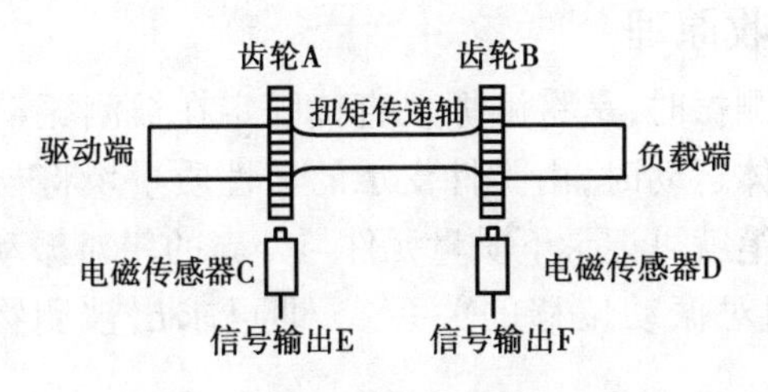

图2.6 扭矩传感器

轴的两端各安上一个齿轮,对着齿面再各装一个电磁传感器,从传感器上就能感应出两个与动力轴非接触的交流信号。取出其信号的相位差,在这两个相位差之间,插入由晶体振荡器产生的高精度、高稳定的时钟信号,以这个时钟信号为基准,运用数字信号处理技术就能精确地测量加载的扭矩。

2. 振动传感器的基本构造与工作原理

1)传感器的机械接收原理

振动传感器是测试技术中的关键部件之一,它的作用主要是将机械量接收下来,并转换为与之成比例的电量。由于它也是一种机电转换装置。所以我们有时也称它为换能器、拾振器等。振动传感器并不是直接将原始要测的机械量转变为电量,而是将原始要测的机械量作为振动传感器的输入量,然后由机械接收部分加以接收,形成另一个适合于变换的机械量,最后由机电变换部分再将变换以后的机械量变换为电量。因此一个传感器的工作性能是由机械接收部分和机电变换部分的工作性能来决定的。

2)相对式机械接收原理

由于机械运动是物质运动的最简单的形式,因此人们最先想到的是用机械方法测量振动,从而制造出了机械式测振仪(如盖格尔测振仪等)。传感器的机械接收原理就是建立在此基础上的。相对式测振仪的工作接收原理是在测量时,把仪器固定在不动的支架上,使触杆与被测物体的振动方向一致,并借弹簧的弹性力与被测物体表面相接触,当物体振动时,触杆就跟随它一起运动,并推动记录笔杆在移动的纸带上描绘出振动物体的位移随时间的变化曲线,根据这个记录曲线可以计算出位移的大小及频率等参数。

由此可知,相对式机械接收部分所测得的结果是被测物体相对于参考体的相对振动,只有当参考体绝对不动时,才能测得被测物体的绝对振动。这样,就发生一个问题,当需要测的是绝对振动,但又找不到不动的参考点时,这类仪器就无用武之地。例如:在行驶的内燃机车上测试内燃机车的振动,在地震时测量地面及楼房的振动……,都不存在一个不动的参考点。在这种情况下,我们必须用另一种测量方式的测振仪进行测量,即利用惯性式测振仪。

3)惯性式机械接收原理

惯性式机械测振仪测振时,是将测振仪直接固定在被测振动物体的测点上,当传感器外壳随被测振动物体运动时,由弹性支承的惯性质量块将与外壳发生相对运动,则装在质量块上的记录笔就可记录下质量元件与外壳的相对振动位移幅值,然后利用惯性质量块与外壳的相对振动位移的关系式,即可求出被测物体的绝对振动位移波形。

4)振动传感器的机电变换原理

一般来说,振动传感器在机械接收原理方面,只有相对式、惯性式两种,但在机电变换方面,由于变换方法和性质不同,其种类繁多,应用范围也极其广泛。在现代振动测量中所用的传感器,已不是传统概念上独立的机械测量装置,它仅是整个测量系统中的一个环节,且与后续的电子线路紧密相关。

由于传感器内部机电变换原理的不同,输出的电量也各不相同。有的是将机械量的变化变换为电动势、电荷的变化,有的是将机械振动量的变化变换为电阻、电感等电参量的变化。一般说来,这些电量并不能直接被后续的显示、记录、分析仪器所接受。因此针对不同机电变换原理的传感器,必须附以专配的测量线路。测量线路的作用是将传感器的输出电量最后变为后续显示、分析仪器所能接受的一般电压信号。因此,振动传感器按其功能可有以下几种分类方法:

按机械接收原理分:相对式、惯性式;

按机电变换原理分:压电式、压阻式、电容式、电感式(电动式、电涡流式)以及光电式;

按所测机械量分:位移传感器、速度传感器、加速度传感器、力传感器、应变传感器、扭振传感器、扭矩传感器。

3.应变、力和转矩传感器的基本构造与工作原理

1)电阻应变片的结构和工作原理

电阻应变片概述:是以电阻应变片作为传感元件,将其牢固地粘贴在构件的测点上,构件受力后由于测点发生应变,应变片也随之变形而使应变片的电阻发生变化,再由专用仪器测得应变片的电阻变化大小,并转换为测点的应变值。

电阻应变片是基于金属的应变效应工作的。由欧姆定理可知,金属丝的电阻($R=\rho L/S$)与材料的电阻率(ρ)及其几何尺寸(长度 L 和截面积 S)有关,而金属丝在承受机械变形的过程中,其电阻率 ρ、长度 L 和截面积 S 都要发生变化,因而引起金属丝的电阻变化。金属丝的电阻随着它所受的机械变形(拉伸或压缩)的大小而发生相应的变化的现象称为金属的电阻应变效应。

(1)应变片的结构

应变片种类繁多、形式多样,但基本构造大体相同。现以丝绕式应变片为例说明。丝绕式应变片的结构如图2.7所示,它以直径为0.025 mm左右的、高电阻率的合金电阻丝2,绕成形如栅栏的敏感栅。敏感栅为应变片的敏感元件,作用是敏感应变。敏感栅粘结在基底1上,基底除能固定敏感栅外,还有绝缘作用。敏感栅上面粘贴有覆盖层3,敏感栅电阻丝两端焊接引出线4,用以和外接导线相连。

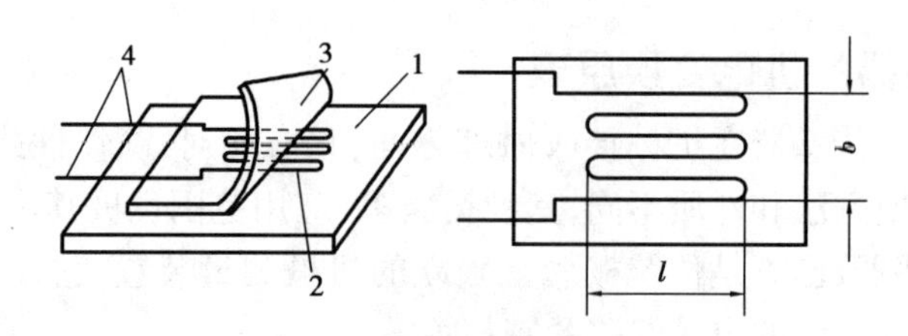

图 2.7 电阻丝应变片结构

1—基底;2—电阻丝;3—覆盖层;4—引线

(2)电阻—应变特性

由物理学可知,金属丝的电阻为

$$R = \rho \frac{L}{S} \tag{2.10}$$

式中 R——金属丝的电阻,Ω;

ρ——金属丝的电阻率,$\Omega \cdot m^2/m$;

L——金属丝的长度,m;

S——金属丝的截面积,m^2。

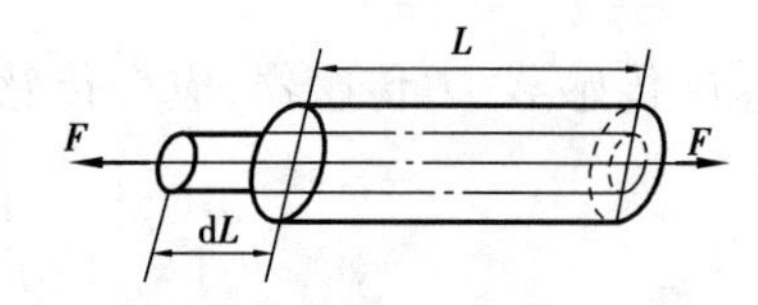

图 2.8 金属导体的电阻—应变效应

取如图 2.8 所示一段金属丝,当金属丝受拉而伸长 dL 时,其横截面积将相应减小 dS,电阻率则因金属晶格发生变形等因素的影响也将改变 dρ,则有金属丝电阻变化量为

$$dR = \frac{L}{S}d\rho + \frac{\rho}{S}dL - \frac{\rho L}{s^2}dS \tag{2.11}$$

两边同时除以 R 得

$$\frac{dR}{R} = \frac{dL}{L} - \frac{dS}{S} + \frac{d\rho}{\rho} \tag{2.12}$$

设金属丝半径为 r,有

$$\frac{dS}{S} = 2\frac{dr}{r} \tag{2.13}$$

令,$\varepsilon_x = dL/L$ 为金属丝的轴向应变;$\varepsilon_y = dr/r$ 为金属丝的径向应变。金属丝受拉时,沿轴向伸长,沿径向缩短,两者之间的关系为

$$\varepsilon_y = -\mu\varepsilon_x \tag{2.14}$$

式中 μ——金属材料的泊松系数。

将式(2.13)、式(2.14)代入式(2.12)得

$$\frac{dR}{R} = (1+2\mu)\varepsilon_x + \frac{d\rho}{\rho}$$

或

$$\frac{\frac{dR}{R}}{\varepsilon_x}=(1+2\mu)\frac{\frac{d\rho}{\rho}}{\varepsilon_x} \tag{2.15}$$

令

$$K_S=\frac{\frac{dR}{R}}{\varepsilon_x}=(1+2\mu)\frac{\frac{d\rho}{\rho}}{\varepsilon_x} \tag{2.16}$$

K_S 称为金属丝的灵敏系数,表征金属丝产生单位变形时,电阻相对变化的大小。显然,K_S 越大,单位变形引起的电阻相对变化越大。由式(2.16)可知,金属丝的灵敏系数 K_S 受两个因素影响:第一项$(1+2\mu)$是由于金属丝受拉伸后,几何尺寸发生变化而引起的;第二项 $\frac{d\rho/\rho}{\varepsilon_x}$ 是由于材料发生变形时,其自由电子的活动能力和数量均发生了变化的缘故。由于 $\frac{d\rho/\rho}{\varepsilon_x}$ 还不能用解析式来表示,所以 K_S 只能靠实验求得。实验证明,在弹性范围内,应变片电阻相对变化 dR/R 与应变 ε_x 成正比,K_S 为一常数,可表示为

$$\frac{dR}{R}=K_S\varepsilon_x \tag{2.17}$$

应该指出,将直线金属丝做成敏感栅之后,电阻-应变特性与直线时不同,相关标准需重新进行实验测定。实验表明,应变片的 dR/R 与 ε_x 的关系在很大范围内具有很好的线性关系,即

$$K=\frac{\frac{dR}{R}}{\varepsilon_x} \tag{2.18}$$

式中 K——电阻应变片的灵敏系数。

由于横向效应的影响,应变片的灵敏系数 K 恒小于同一材料金属丝的灵敏度系数 K_S。灵敏度系数是通过抽样测定得到的,一般每批产品中按一定比例(一般为5%)的应变片测定灵敏系数 K 值,再取其平均值作为这批产品的灵敏系数,这就是产品包装盒上注明的“标称灵敏系数”。用应变片测量应变或应力时,是将应变片粘贴于被测对象上,在外力作用下,被测对象表面发生微小机械变形,粘贴在其表面上的应变片亦随其发生相同的变化,因而应变片的电阻也发生相应的变化,如用仪器测出应变片的电阻值变化 dR,则根据式(2.18)可得到被测对象的应变值 ε_x,而根据应力-应变关系可得到应力值 σ。

$$\sigma=E\varepsilon \tag{2.19}$$

式中 σ——试件的应力;

ε——试件的应变。

(3)电阻应变片的横向效应

将直的金属丝绕成敏感栅之后,虽然长度相同,但应变状态不同,应变片敏感栅的

电阻变化较直的金属丝小,因而灵敏系数有所降低,这种现象称为应变片的横向效应。

(4)电阻应变片的种类、材料和参数

①电阻应变片的种类

电阻应变片的种类繁多,分类方法各异,几种常见的应变片及其特点介绍如下。

A. 丝式应变片

a. 回线式应变片

回线式应变片是将电阻丝绕制成敏感栅粘贴在各种绝缘基底上而制成的,是一种常用的应变片,基底很薄(一般在 0.03 mm 左右),粘贴性能好,能保证有效地传递变形,引线多用 0.15 ~ 0.30 mm 直径的镀锡铜线与敏感栅相连,如图 2.9(a)所示。

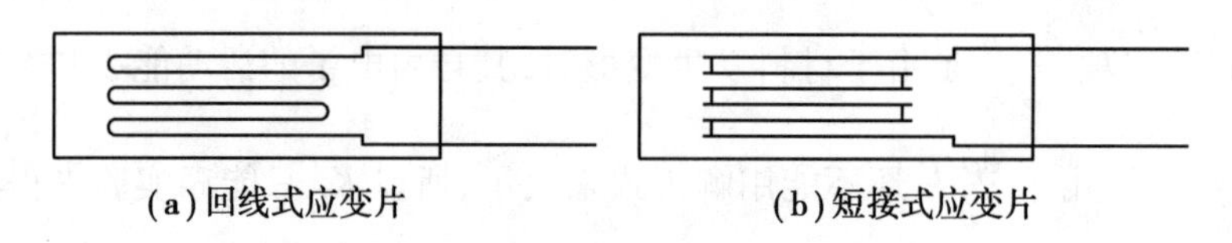
(a)回线式应变片　(b)短接式应变片

图 2.9　常见的回线式应变片构造图

b. 短接式应变片

敏感栅平行安放,两端用直径比栅丝直径大 5 ~ 10 倍的镀银丝短接而构成。如图 2.9(b)所示。

该应变片优点是克服了回线式应变片的横向效应。但由于焊点多,在冲击、振动试验条件下,易在焊接点处出现疲劳破坏,且制造工艺要求高。

B. 箔式应变片

箔式应变片利用照相制版或光刻腐蚀的方法,将箔材在绝缘基底下制成各种图形而成。图 2.10 为常见的几种箔式应变片形式,在常温条件下,已逐步取代了线绕式应变片。它的主要优点是:

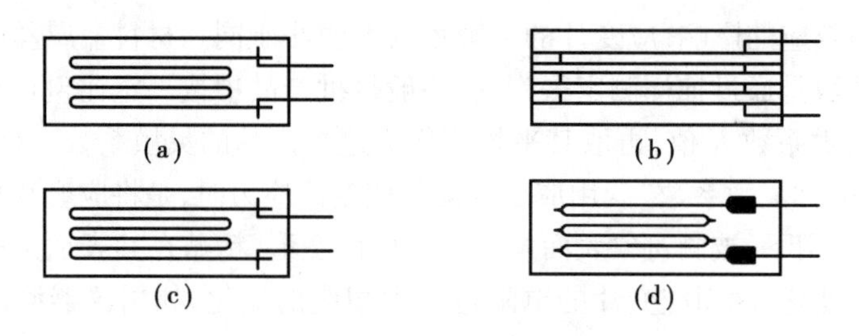

图 2.10　箔式应变片

a. 能确保敏感栅尺寸正确、线条均匀,可制成任意形状以适应不同的测量要求;

b. 敏感栅界面为矩形,表面积对截面积之比远比圆断面的大,故黏合面积大;

c. 敏感栅薄而宽,粘结性能及传递试件应变性能好;

d. 散热性能好,允许通过较大的工作电流,从而增大输出信号;

e. 敏感栅弯头横向效应可忽略,蠕变、机械滞后较小,疲劳寿命高。

C. 半导体应变片

半导体应变片的工作原理是基于半导体材料的电阻率随作用应力而变化的所谓"压阻效应"。所有材料在某种程度上都具有压阻效应,但半导体的这种效应特别显著,能直接反映出很微小的应变。常见的半导体应变片是用锗或硅等半导体材料作敏感栅,一般为单根状,如图2.11所示。根据压阻效应,半导体和金属丝一样可把应变转换成电阻的变化。

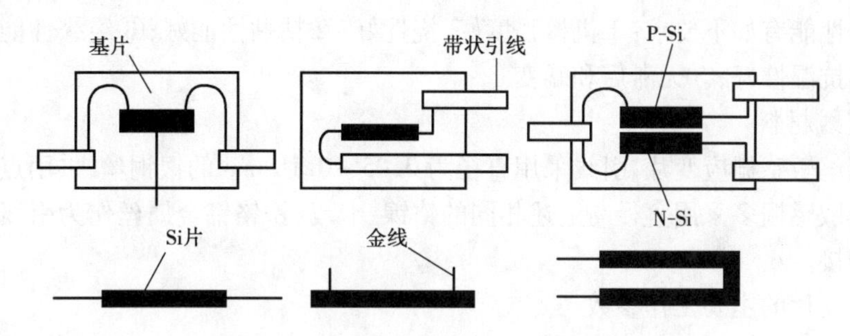

图2.11 半导体应变片

半导体应变片受纵向力作用时,电阻相对变化可用式(2.20)表示:

$$\frac{\Delta R}{R} = (1 + 2\mu)\varepsilon_x + \frac{\Delta\rho}{\rho} \tag{2.20}$$

式中,$\Delta\rho/\rho$ 为半导体应变片的电阻率相对变化,其值与半导体小条的纵向轴所受的应力之比为一常数:

即
$$\frac{\Delta\rho}{\rho} = \pi_E\varepsilon_x \tag{2.21}$$

将式(2.21)代入式(2.20)得

$$\frac{\Delta R}{R} = (1 + 2\mu + \pi_E)\varepsilon_x \tag{2.22}$$

式中,$1+2\mu$ 项随半导体几何形状而变化,π_E 项为压阻效应系数,随电阻率而变。实验表明,π_E 比 $1+2\mu$ 大近百倍,$1+2\mu$ 可忽略,故半导体应变片的灵敏系数为

$$K = \frac{\frac{\Delta R}{R}}{\varepsilon_x} = \pi_E \tag{2.23}$$

半导体应变片的优点是尺寸、横向效应、机械滞后都很小,灵敏系数大,因而输出也大。缺点是电阻值和灵敏系数的温度稳定性差,测量较大应变时非线性严重,灵敏系数随受拉或受压而变,且分散度大,一般为3%~5%。

②电阻应变片的材料

A. 敏感栅材料

制造应变片时,对敏感栅材料的要求:a. 灵敏系数和电阻率要尽可能高而稳定,电阻变化率与机械应变之间应具有良好而宽广的线性关系,即要求灵敏系数在很大范围内为常数;b. 电阻温度系数小,电阻-温度间的线性关系和重复性好;c. 机械强度高,碾压及焊接性能好,与其他金属之间接触热电势小;d. 抗氧化、耐腐蚀性能强,无明显机械滞后。敏感栅常用的材料有康铜、镍铬合金、铁铬铝合金、铁镍铬合金、贵金属(铂、铂钨合金等)材料等。

B. 应变片基底材料

应变片基底材料有纸和聚合物两大类,纸基逐渐被胶基取代,因胶基各方面都好于纸基。胶基是由环氧树脂、酚醛树脂和聚酰亚胺等制成胶膜,厚约0.03～0.05 mm。基底材料性能有如下要求:①机械强度好,挠性好;②粘贴性能好;③绝缘性能好;④热稳定性和抗湿性好;⑤无滞后和蠕变。

C. 引线材料

康铜丝敏感栅应变片,引线采用直径为0.05～0.18 mm 的银铜丝,采用点焊焊接。其他类型敏感栅多采用直径与上述相同的铬镍、卡玛、铁铬铝金属丝作为引线,与敏感栅点焊相接。

③应变片的主要工作参数

A. 应变片的尺寸

顺着应变片轴向敏感栅两端转向处之间的距离称为标距 L。电阻丝式 L 一般为5～180 mm,箔丝的一般为0.3～180 mm。敏感栅的横向尺寸称为栅宽,以 b 表示。小栅长的应变片对制造要求高,对粘贴的要求亦高,且应变片的蠕变、滞后及横向效应也大。因此应尽量选取栅长大一些的片子,应变片的栅宽也以小一些的为好。

B. 应变片的电阻值

应变片的电阻值指应变片没有安装且不受力的情况下,在室温时测定的电阻值。应变片的标准名义电阻值通常为60,120,350,500,1 000 W5 种。用得最多的为120 W和350 W 两种。应变片在相同的工作电流下,电阻值愈大,允许的工作电压亦愈大,可提高测量灵敏度。

C. 机械滞后

对已安装的应变片,在恒定的温度环境下,加载和卸载过程中同一载荷下指示应变的最大差数,称为机械滞后。造成此现象的原因很多,如应变片本身特性不好;试件本身的材质不好;黏结剂选择不当;固化不良;粘接技术不佳,部分脱落和粘结层太厚等。在测量过程中,为了减小应变片的机械滞后给测量结果带来的误差,可对新粘贴应变片的试件反复加、卸载3～5 次。

D. 热滞后

对已安装的应变片试件可自由膨胀而并不受外力作用,在室温与极限工作温度之间增加或减少温度,同一温度下指示应变的差数,称为热滞后。这主要由黏结层的残余应力、干燥程度、固化速度和屈服点变化等引起。应变片粘贴后进行“二次固化处理”可使热滞后值减小。

E. 零点漂移

对已安装的应变片,在温度恒定、试件不受力的条件下,指示应变随时间的变化称为零点漂移(简称零漂),这是由于应变片的绝缘电阻过低及通过电流而产生热量等原因造成。

F. 蠕变

对已安装的应变片，在温度恒定并承受恒定的机械应变时，指示应变随时间的变化称为蠕变。这主要是由胶层引起，如黏结剂种类选择不当，粘贴层较厚或固化不充分及在黏结剂接近软化温度下进行测量等。

G. 应变极限

温度不变时使试件的应变逐渐加大，应变片的指示应变与真实应变的相对误差（非线性误差）小于规定值（一般为10%）的情况下所能达到的最大应变值为该应变片的应变极限。

H. 绝缘电阻

应变片引线和安装应变片的试件之间的电阻值称为绝缘电阻。此值常作为应变片粘结层固化程度和是否受潮的标志。绝缘电阻下降会带来零漂和测量误差，尤其是不稳定绝缘电阻会导致测试失败。

I. 疲劳寿命

对已安装的应变片在一定的交变机械应变幅值下，可连续工作而不致产生疲劳损坏的循环次数，称为疲劳寿命。疲劳寿命的循环次数与动载荷的特性及大小有密切的关系。

J. 最大工作电流

允许通过应变片而不影响其工作特性的最大电流值，称为最大工作电流。该电流和外界条件有关，一般为几十毫安，箔式应变片有的可达500 mA 。流过应变片的电流过大，会使应变片发热引起较大的零漂，甚至将应变片烧毁。静态测量时，为提高测量精度，流过应变片的电流要小一些；短期动测时，为增大输出功率，电流可大一些。

④应变片的粘贴

A. 应变片的工作情况

试件表面的变形（应变）是通过胶层、基底以剪力的形式传给电阻丝的，如图2.12所示。当试件沿 x 方向变形时，胶层下表面与试件一起移动，和基底黏合的上表面是被动的，基底被带动，胶层发生剪应力 γ_1。基底发生剪应力 γ_2 将应变传到电阻丝上。剪应力分布规律如图2.12(b)所示：应变片两端剪切应力最大，中间最小，因此在粘贴应变片时应注意将应变片的两端贴牢固。

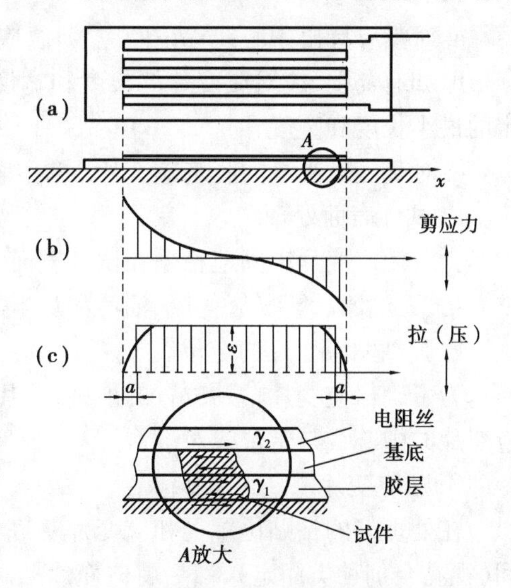

图2.12 应变片的受力状态

B. 黏合剂

在测试被测量时，黏合剂所形成的胶层起着非常重要的作用，应准确无误地将试件或弹性元件的应变传递到应变片的敏感栅上去。

对黏合剂有如下要求：①有一定的粘结强度；②能准确传递应变；③蠕变小；④机械滞后小；⑤耐疲劳性能好、韧性好；⑥长期稳定性好；⑦具有足够的稳定性能；⑧对弹性元件和应变片不产生化学腐蚀作用；⑨有适当的贮存期；⑩有较大的使用温度范围。选用黏合剂时要根据应变片的工作条件、工作温度、潮湿程度、有无化学腐蚀、稳定性要求，加温加压、固化的可能性，粘贴时间长短要求等因素考虑，并注意黏合剂的种类是否与应变片基底材料相适应。

C. 应变片粘贴工艺

质量优良的电阻应变片和黏合剂，只有在正确的粘贴工艺基础上才能得到良好的测试结果，因此正确的粘贴工艺对保证粘贴质量，提高测试精度关系很大。

a. 应变片检查　根据测试要求而选用的应变片，要做外观和电阻值的检查，对精度要求较高的测试还应复测应变片的灵敏系数和横向灵敏度。

b. 外观检查　线栅或箔栅的排列是否有造成短路、断路的部位或是否有锈蚀斑痕；引出线焊接是否牢固，上下基底是否有破损部位。

c. 电阻值检查　对经过外观检查合格的应变片，要逐个进行电阻值测量，配对桥臂用的应变片电阻值应尽量相同。

D. 修整应变片

a. 对没有标出中心线标记的应变片，应在其基底上标出中心线；

b. 如有需要，应对应变片的长度和宽度进行修整，但修整后的应变片不可小于规定的最小长度和宽度；

c. 对基底较光滑的胶基应变片，可用细沙将基底轻轻的稍许打磨，并用溶剂洗净。

E. 试件表面处理

为了使应变片牢固地粘贴在试件表面上，须将要贴应变片的试件表面部分使之平整光洁、无油漆、锈斑、氧化层、油污和灰尘等。

F. 画粘贴应变片的定位线

为了确保应变片粘贴位置的准确，可用画笔在试件表面划出定位线，粘贴时应使应变片的中心线与定位线对准。

G. 贴应变片

在处理好的粘贴位置上和应变片基底上，各涂抹一层薄薄的黏合剂，稍待一段时间(视黏合剂种类而定)，然后将应变片粘贴到预定位置上。在应变片上面放一层玻璃纸或一层透明的塑料薄膜，然后用手滚压挤出多余的黏合剂，黏合剂层的厚度尽量减薄。

H. 黏合剂的固化处理

对粘贴好的应变片，依黏合剂固化要求进行固化处理。

I. 应变片粘贴质量的检查

a. 外观检查　最好用放大镜观察黏合层是否有气泡,整个应变片是否全部粘贴牢固,有无造成短路、断路等危险的部位,还要观察应变片的位置是否正确。

b. 电阻值检查　应变片的电阻值在粘贴前后不应有较大的变化。

c. 绝缘电阻检查　应变片电阻丝与试件之间的绝缘电阻一般大于 200 MΩ。

J. 引出线的固定保护

将粘贴好的应变片引出线与测量用导线焊接在一起,为了防止电阻丝和引出线被拉断,用胶布将导线固定于试件表面,但固定时要考虑使引出线有呈弯曲形的余量和引线与试件之间的良好绝缘。

K. 应变片的防潮处理

应变片粘贴好固化好后要进行防潮处理,以免潮湿引起绝缘电阻和黏合强度降低,影响测试精度。简单的方法是在应变片上涂一层中性凡士林,有效期为数日。最好是石蜡或蜂蜡熔化后涂在应变片表面上(厚约 2 mm),这样可长时间防潮。

2)力传感器的结构和工作原理

力传感器的组成,力是一种非电物理量,不能用电工仪表直接测量,需要借助某一装置将力转换为电量进行测量,能实现这一功能的装置就是力传感器。力传感器主要由力敏感元件、转换元件和测量电路组成。如图 2.13 所示。

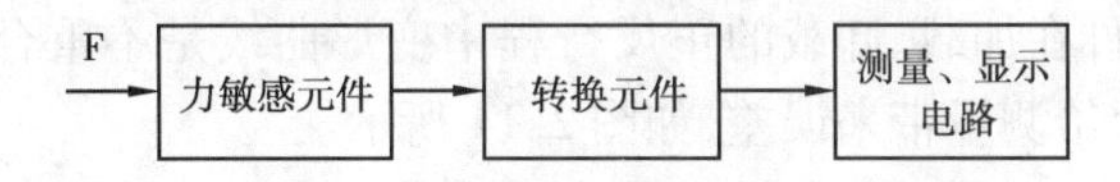

图 2.13　力传感器测量示意图

(1)力的计量单位及测量原理

力的计量单位为牛顿,力的测量原理分为力的静力效应和力的动力效应。

力的静力效应指弹性物体受力后产生变形的一种物理现象。由胡克定律可知:如在弹性范围内,弹性物体在力的作用下产生的变形 x 与所受的力 F 成正比(k 为弹性元件的劲度系数)。因此,只要通过一定的手段测出物体的弹性变形量,就可间接确定物体所受力的大小。

$$F = kx$$

力的动力效应指具有一定质量的物体受到力的作用时,其动量将发生变化,从而产生相应加速度的物理现象。由牛顿第二定律可知:当物体质量 m 确定后,物体受到的力 F 与所产生的加速度 a 成单值对应关系。只要测出物体的加速度,就可间接测得物体所受到力的大小。

$$F = ma$$

(2)测量力传感器类型

电阻式测量力传感器包括电位器式和电阻应变片式;电感式包括自感式、互感式和涡流式;其他测量力传感器包括电容式、压电式、压磁式、压阻式等。

(3)弹性敏感元件

弹性敏感元件把力或压力转换成了应变或位移,然后再由转换电路将应变或位移转换成电信号。

弹性敏感元件是力传感器中一个关键性的部件,应具有良好的弹性、足够的精度,应保证长期使用和温度变化时的稳定性。

①刚度

刚度是抵抗变形的能力。刚度是弹性元件在外力作用下变形大小的量度,即

$$k = \frac{dF}{dx} \tag{2.24}$$

式中 F —— 作用在弹性元件上的外力;

x—— 弹性元件产生的变形。

②灵敏度

灵敏度是弹性敏感元件在单位力作用下产生变形的大小,在弹性力学中称为弹性元件的柔度。

它是刚度的倒数,在测控系统中希望它是常数。

$$k = \frac{dx}{dF} \tag{2.25}$$

③弹性滞后

实际的弹性元件在加载、卸载的正反行程中变形曲线是不重合的,这种现象称为弹性滞后现象,它会给测量带来误差,如图 2.14 所示。

原因:弹性元件在工作过程中分子间存在内摩擦。当比较两种弹性材料时,应都用加载变形曲线或都用卸载变形曲线来比较,这样才有可比性。

④弹性后效

当载荷从某一数值变化到另一数值时,弹性元件变形不是立即完成相应的变形,而是经一定的时间间隔逐渐完成变形的,这种现象称为弹性后效。如图 2.15 所示。

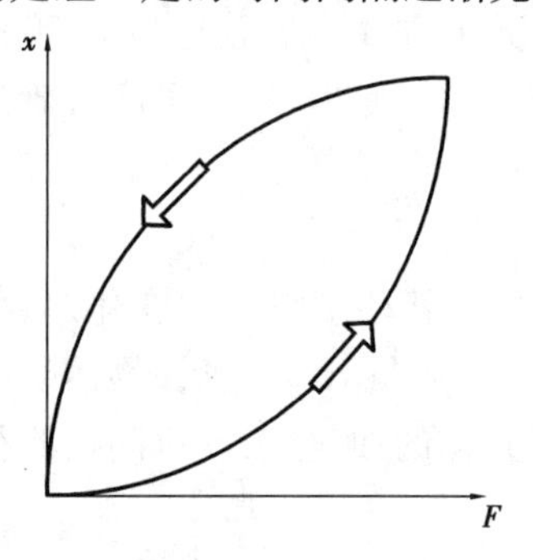

图 2.14 弹性滞后

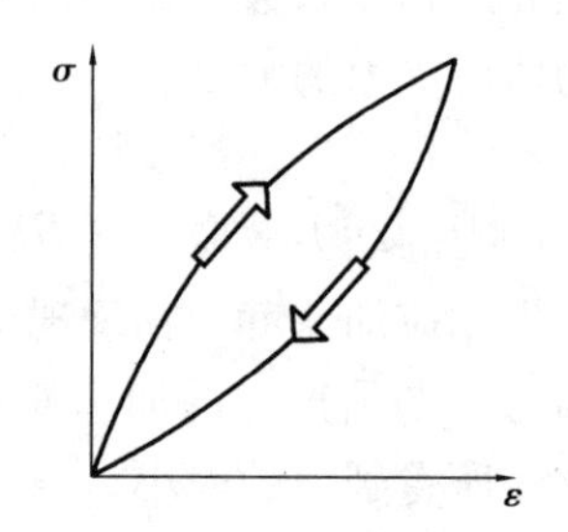

图 2.15 弹性后效

弹性后效造成的结果,由于弹性后效的存在,弹性敏感元件的变形始终不能迅速地跟上力的变化,在动态测量时将引起测量误差。造成这一现象的原因是由于弹性敏

感元件中的分子间存在内摩擦。

⑤固有振荡频率

弹性敏感元件都有自己的固有振荡频率f_0,它将影响传感器的动态特性。传感器的工作频率应避开弹性敏感元件的固有振荡频率。

⑥弹性敏感元件的分类

弹性敏感元件的分类:力转换为应变或位移的变换力的弹性敏感元件;压力转换为应变或位移的变换压力的弹性敏感元件。变换力的弹性敏感元件如图2.16所示。

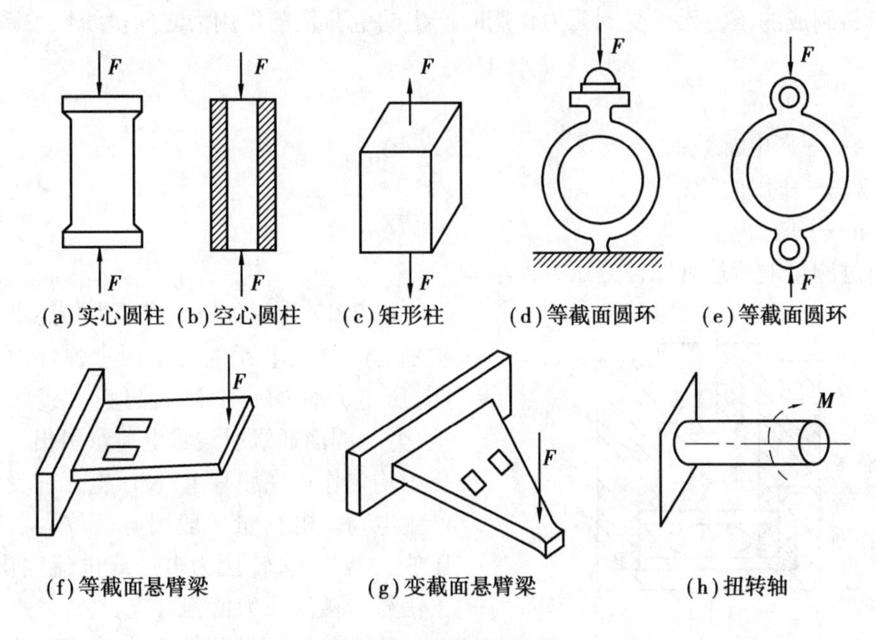

图2.16 弹性敏感元件

(4)常用压力传感器简介

①振膜式谐振压力传感器

振膜式压力传感器结构如图2.16所示。振膜为一个平膜片,且与环形壳体做成整体结构,它和基座构成密封的压力测量室,被测压力p经过导压管进入压力测量室内。参考压力室可以通大气用于测量表压,也可以抽成真空测量绝压。装于基座顶部的电磁线圈作为激振源给膜片提供激振力,当激振频率与膜片固有频率一致时,膜片产生谐振。没有压力时,膜片是平的,其谐振频率为f_0;当有压力作用时,膜片受力变形,其张紧力增加,则相应的谐振频率也随之增加,频率随压力变化且为单值函数关系。

在膜片上粘贴有应变片,它可以输出一个与谐振频率相同的信号。此信号经放大器放大后,再反馈给激振线圈以维持膜片的连续振动,构成一个闭环正反馈自激振荡系统。

②压电式压力传感器

某些电介质沿着某一个方向受力而发生机械变形(压缩或伸长)时,其内部将发生极化现象,而在其某些表面上会产生电荷。当外力去掉后,它又会重新回到不带电的状态,此现象称为“压电效应”。常用的压电材料有天然的压电晶体(如石英晶体)和压电陶瓷(如钛酸钡)两大类,它们的压电机理并不相同,压电陶瓷是人造多晶体,压电常数比石英晶体高,但机械性能和稳定性不如石英晶体好。它们都具有较好的压电特性,均是较理想的压电材料。

压电式压力传感器是利用压电材料的压电效应将被测压力转换为电信号的。由压电材料制成的压电元件受到压力作用时产生的电荷量与作用力之间呈线性关系

$$Q = ksp$$

式中 Q——电荷量;

k——压电常数;

s——作用面积;

p——压力。

通过测量电荷量可知被测压力大小。

图 2.17 为一种压电式压力传感器的结构示意图。压电元件夹于两个弹性膜片之间,压电元件的一个侧面与膜片接触并接地,另一侧面通过引线将电荷量引出。被测压力均匀作用在膜片上,使压电元件受力而产生电荷。电荷量一般用电荷放大器或电压放大器放大,转换为电压或电流输出,输出信号与被测压力值相对应。

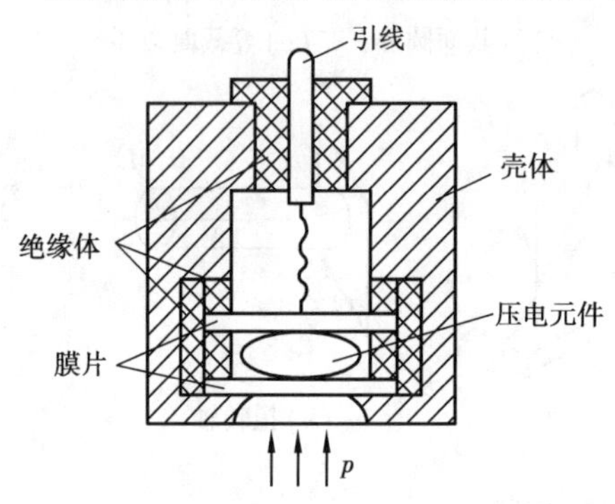

图 2.17 压电式压力传感器结构示意图

除在校准用的标准压力传感器或高精度压力传感器中采用石英晶体做压电元件外,一般压电式压力传感器的压电元件材料多为压电陶瓷,也有用高分子材料(如聚偏二氟乙烯)或复合材料的合成膜。

更换压电元件可以改变压力的测量范围。在配用电荷放大器时,可以将多个压电元件并联的方式提高传感器的灵敏度;在配用电压放大器时,可以将多个压电元件串联的方式提高传感器的灵敏度。

压电式压力传感器体积小,结构简单,工作可靠;测量范围宽,可测 100 MPa 以下的压力;测量精度较高;频率响应高,可达 30 kHz,是动态压力检测中常用的传感器。但由于压电元件存在电荷泄漏,故不适宜测量缓慢变化的压力和静态压力。

③振筒式谐振压力传感器

振筒式谐振压力传感器的感压元件是一个薄壁金属圆筒,圆柱筒本身具有一定的固有频率,当筒壁受压张紧后,其刚度发生变化,固有频率相应改变。

传感器由振筒组件和激振电路组成,如图 2.18 所示。振筒用低温度系数的恒弹

性材料制成，一端封闭为自由端，开口端固定在基座上，压力由内侧引入。绝缘支架上固定着激振线圈和检测线圈，二者空间位置互相垂直，以减小电磁耦合。激振线圈使振筒按固有的频率振动，受压前后的频率变化可由检测线圈检出。

此种仪表体积小，输出频率信号，重复性好，耐振；精确度高，其精确度为 ±0.1% 和 ±0.01%；适用于气体测量。

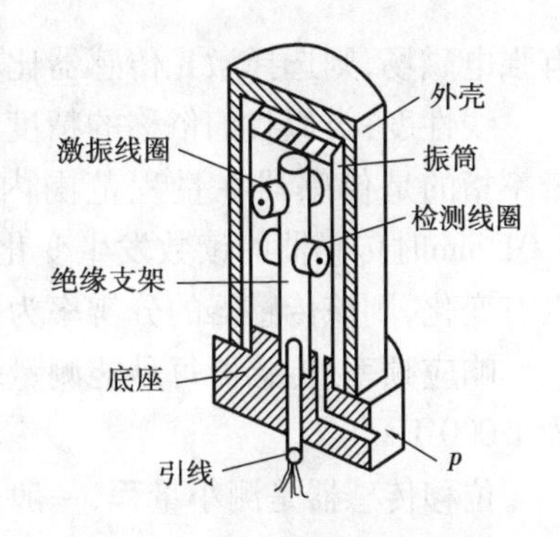

图 2.18 振筒式谐振压力传感器结构示意图

④振筒式拉力传感器

拉力传感器又叫电阻应变式传感器，隶属于称重传感器系列，是一种将物理信号转变为可测量的电信号输出的装置，它使用两个拉力传递部分传力，在其结构中含有力敏器件和两个拉力传递部分，在力敏器件中含有压电片、压电片垫片，后者含有基板部分和边缘传力部分。其特征是使两个拉力传递部分的两端分别固定在一起，用两端之间的横向作用面将力敏器件夹紧，压电片垫片在一侧压在压电片的中心区域，基板部分位于压电片另一侧与边缘传力部分之间并紧贴压电片，其用途之一是制成钩秤以取代杆秤。实际工作环境对于正确选用拉力传感器至关重要，它不仅关系到拉力传感器能否正常工作以及它的安全和使用寿命，甚至整个传感器的可靠性和安全性。

拉力传感器基于这样一个原理：弹性体（弹性元件，敏感梁）在外力作用下产生弹性变形，使粘贴在它表面的电阻应变片（转换元件）也随同产生变形，电阻应变片变形后，它的阻值将发生变化（增大或减小），再经相应的测量电路把这一电阻变化转换为电信号（电压或电流），从而完成了将外力变换为电信号的过程。

考虑到使用地点的策略加速度和空气浮力对转换的影响，拉力传感器的性能指标主要包括有线性误差、滞后误差、重复性误差、蠕变、零点温度特性和灵敏度温度特性等。

拉力传感器的优点是精度高，测量范围广，寿命长，结构简单，频响特性好，能在恶劣条件下工作，易于实现小型化、整体化和品种多样化等。它的缺点是对于大应变有较大的非线性、输出信号较弱，但可采取一定的补偿措施。因此它广泛应用于自动测试和控制技术中。

【任务实施】传感器的选择与检修

1. 位移与扭矩传感器的选择与检修

1）选择依据

其实选择传感器最主要的依据是你要测什么，在什么环境下测量。例如比较恶劣的环境，灰尘很大或者在高温液体里进行测量，需要用电涡流传感器。若测量环境中有强电磁场,则选择激光传感器比较合适。

线性度:类似我们俗称的精度,一般位移传感器的线性度与量程是相关的。而分辨率指的是传感器在量程范围内能分辨出的最小位移。例如:被测体的位移变化0.01 mm时传感器的读数发生变化,而被测体的位移变化小于0.01 mm时传感器读数没有变化,则该传感器的分辨率为0.01 mm。

响应频率:传感器每秒能测量多少个数据,每秒能测1 000个测量数据则响应频率为1 000 Hz。

位移传感器是测小量程,一般是2 m以内,若你要测几十米或几百米,则需要用激光测距仪。

2)扭矩传感器的选择方式

所测力矩较小时,选用A,AG,AE,AGE,V,VE型。测量大扭转力矩选用A,AE型。测量力矩小且转速高时选用AG,AGE型,测量力矩小且精度高时选用V,VE型,AE,AGE,VE型传感器的测速方式为编码器。所测力矩为静态力矩时,选用F,mF型。

3)位移与扭矩传感器的检修

位移与扭矩传感器的检修是检查其标称阻值、重复精度、分辨率、允许误差、线性精度、寿命、响应频率等。

2. 振动传感器的选择与检修

工程振动量值的物理参数常用位移、速度和加速度来表示。由于在通常的频率范围内振动位移幅值量很小,且位移、速度和加速度之间都可互相转换,所以在实际使用中振动量的大小一般用加速度的值来度量,常用单位为米/秒^2(m/s^2),或重力加速度(g)。

描述振动信号的另一重要参数是信号的频率。绝大多数的工程振动信号均可分解成一系列特定频率和幅值的正弦信号,因此,对某一振动信号的测量,实际上是对组成该振动信号的正弦频率分量的测量。对传感器主要性能指标的考核也是根据传感器在其规定的频率范围内测量幅值精度的高低来评定。

最常用的振动测量传感器按各自的工作原理可分为压电式、压阻式、电容式、电感式以及光电式。压电式加速度传感器因为具有测量频率范围宽、量程大、体积小、重量轻、对被测件的影响小以及安装使用方便,所以成为最常用的振动测量传感器。

3. 应变、力和转矩传感器的选择与检修

1)应变片结构形式的选择

根据应变测量的目的、被测试件的材料和其应力状态以及测量精度,选择应变片的

形式,对于测试点应力状态是一维应力的结构。可以选用单轴应变片,已经知道主应力方向的二维应力结构,可以使用直角应变片,并使其中一条应变栅与主应力方向一致,如主应力方向未知就必须使用三栅或四栅的应变片。对于传感器设计来说,应变片的形式主要决定于弹性体的结构,如柱式、板环、双孔平行梁等弹性体,他们采样正应力或弯曲应力,所以应变片均采用单轴应变片,如金钟公司生产的BA350—2AA系列。

(1)应变片尺寸的选择

选择应变片尺寸时应考虑应力分布、动静态测量、弹性体应变区大小等因素。若材质均匀、应力梯度大,应选用栅长小的应变片,若材质不均匀而强度不等的材料(如混凝土)或应力分布变化比较缓慢的构件,应选用栅长大的应变片。对于冲击载荷或高频动荷作用下的应变测量,还要考虑应变片的响应频率。一般来说,应变片丝栅越小,测量精度越高,越能正确反映出被测量点的真实应变,因此,在加工精度可以保证的情况下,综合考虑各种因素的影响,应变片的栅长小一些比较好。

(2)电阻值的选择

国家标准中电阻应变片的阻值规定为60,120,200,350,500,1 000 Ω,目前传感器生产中大多选用350 Ω的应变片,但是由于大阻值应变片具有通过电流小、自热引起的温升低、持续工作时间长、动态测量信噪比高等优点,大阻值应变片应用越来越广。目前金钟公司已经掌握了制作2 500 Ω大阻值应变片的技术,该BA2500—4AA系列应变片已经应用在超市购物车传感器上,取得很好的效果。并且大阻值应变片在测力应用范围内。特别是材料试验机用的负荷传感器,由于传感器的零漂特性,对测量精度影响极大,而高阻值(如1 000 Ω)应变片,不仅可以减小应变焦耳热引起的零漂,提高传感器的长期稳定性,而且在要求高分辨率的电子天平中应用也是非常有利的。因此,在不考虑价格因素的前提下,使用大阻值应变片,对提高传感器精度是有益的。

(3)使用温度的选择

使用环境温度对应变片的影响很大,应根据使用温度选用不同丝栅材料的应变片。国家标准中规定的常温应变片使用温度为-30~60 ℃。一般康铜合金的最高使用温度为300 ℃,卡玛合金为450 ℃,铁镍铝合金可达到700~1 000 ℃。常温应变片一般采用康铜制造,在应变片型号中省略使用温度。如果需要高温应变片应在订货时说明使用温度,以便厂家提供合适的应变片。由于基底材料和粘接胶的限制,目前中温箔式电阻应变片一般都使用卡玛合金制作200~250 ℃的中温应变片,金钟公司生产的BA350—2HA(250)系列中温应变片,基本上可以满足钢铁行业的高温测量要求,并且质量稳定精度较高。

(4)蠕变的选择

传感器一般由弹性体、应变片、粘接剂、保护层等部分组成,弹性体金属材料本身存在的弹性后效以及热处理工艺等原因可以造成传感器的正蠕变现象,而粘接剂、基底材质可以造成负蠕变影响,因此传感器的蠕变指标是由各种因素综合作用最终形成的。在上述因素中,对于某一传感器生产厂家,许多因素都是相对固定的。一般不会有很大改变,因此应变片生产厂家都通过应变片的图形设计、工艺控制来制造出蠕变不同的系列应变片供用户选用。每一个传感器生产厂由于原材料、黏接剂、贴片、固化工艺的不同,在应变片选型时,必须进行蠕变匹配试验。一般规律是同一种结构形式的传感器量程越小,传感器的蠕变越正,应该选用蠕变补偿序号更负的应变片来与之匹配。

2)转矩传感器的选择与检修

(1)转矩传感器的选择

①选用时,必须了解被保护对象的工作环境、启动情况、负载性质、工作机制及电动机允许的过载能力。原则是热继电器的安全特性位于电动机过载特性之下,并尽可能接近。

②选用带断相保护的热继电器,即型号后面有D,T系列或3UA系列。

③保护反复短时工作制的电动机时热继电器的选用。

使用热继电器时仅有一定范围的适应性。当电动机启动电流为额定电流的6倍,启动时间为1 s、满载工作、通电持续率为60%时,每小时允许操作数不能超过40次。如操作频率过高,可选用带速饱和电流互感器的热继电器,或者不用热继电器保护而选用电流继电器。

④特殊工作制电动机保护。正反转及频繁通断工作的电动机不宜采用热继电器来保护,较理想的方法是用埋入绕组的温度继电器或热敏电阻来保护。

(2)转矩传感器的检修

调试。首先检查热继电器热元件的额定电流或调整旋钮的刻度值是否与电动机的额定电流值相当。热继电器的调整试验,不能简单地将调整旋钮刻度调至要求值处,而应通入适当的电流进行调整试验。

试验方法。试验电路一般为自耦变压器后接一大电流变压器,将热继电器各相热元件串联连接,再串入电流表接入电流变压器二次侧。对具有断相保护的热元件可将热元件分相串联试验。有条件的应采用稳压电源,以保证试验电流的稳定。试验时周围温度在20~25 ℃为宜。试验时,热继电器通1.05le,待发热稳定后(一般为5~10 min),立即将电流提升到1.2le,经2~3 min后旋动电流调节凸轮使热继电器动作,该刻度值即为热继电器所要求的整定电流值。对于保护要求高的电动机,动作时间可调快些(如2 min),对于要求低一点的,可调慢些(如3 min),但不能过快或过慢。对热继电器,一般都将进行复试,按规定的动作特性进行。通常做法是检查1.5le,动作时间是否小于2 min,以90 s左右为宜。有时还查1.05le,动作时间是否大于20 min,再查6le,是否大于5 s。

其他要检查的地方:

①动作机构:用手拨动4~5次,应正常可靠,再扣按钮应灵活,出厂时,触头一般是自动复位,若改为手动复位,对于JRl6类热继电器,只要将复位螺钉逆时针转动,并稍为拧紧即可。对于3UA系列,出厂时触头一般是手动复位,若需自动复位,只需将旋钮转至“A”(即Auto—自动)位置即可。

②触头:要用万用表检查接触是否良好。

③螺钉:固定螺钉应在试验前检查,确保拧紧。

4.流量传感器的选择与检修

1)流量传感器的选择

为了选择适合于测量要求的传感器,有必要定出选择的标准。虽然应该考虑的事项很多,但是,不一定要满足所有事项的要求,随着使用目的的不同,侧重点也会不一样。例如,需要长时间以及连续使用传感器时,就必须要选择使用性能相对稳定的传感器,而对机械加工或化学分析等时间比较短的工序来说,则要求使用灵敏度和动特性较好的传感器。此外,还需要考虑与使用传感器有关的事项,以及购买传感器时需要注意的事项等。需要注意的事项大致如下:

与测量条件有关的事项:测量的目的,被测量的选择,测量范围,超标准过大的输入信号的产生次数(产生频度),输入信号的频带宽度,精度要求,测量所需要的时间。

与传感器性能有关的事项:精度,稳定性,响应速度,模拟量与数学量,输出量及其数量级,对被测物体产生的负载效应,校正周期,超标准过大的输入信号保护。

与使用条件有关的事项:设置场所,环境条件(温度、湿度、振动),测量时间,与显示器之间的距离,与其他设备的连接,所需功率。

不管被测量的目标是否有很大变动的情况,平常使用时的显示应在满刻度的50%以上来选择测量范围或刻度范围以提高精度。选择传感器的响应速度,目的是适应输入信号的频带宽度,从而得到高信噪比,另外,还要考虑到超出的范围是否会降低传感器的精度以及在何种范围内则能保持其精度等。精度较高的传感器,其价格一般也相对较高,所以,一定要按照要求来精心使用。此外,还必须注意设置场所的选择和安装方法,充分了解传感器有关的外形尺寸和重量,等等。在未被提及的事项中,还有应从传感器的工作原理出发,联系被测物体中可能会产生的效应等问题来分析什么样的传感器适合选用。

2)流量传感器的检修

(1)开路(加温)检测方法:①拆卸方法;②外观检查;③静态检查;④动态检查;⑤安装方法。

(2)在路检测方法。

【知识拓展】工程机械搅拌设备常用称重传感器的选型

称重系统中选用传感器通常要考虑称重系统的量程、准确度、传感器的安装空间、周围环境对传感器的可能影响、加载的类型以及传感器的寿命等诸方面因素。工程机械搅拌设备的称重系统也不例外。只是不同的称重系统由于要求不同，工作条件不同，所要考虑的问题侧重点有所不同罢了。

工程机械搅拌设备通常包括水泥混凝土搅拌楼（站）、沥青混凝土搅拌站、稳定土拌和厂等。下面以水泥混凝土搅拌楼（站）为例进行分析。

1. 水泥混凝土搅拌楼（站）对称重系统的基本要求

1）准确

称量误差对混凝土的强度影响很大，特别是水灰比计量精度，因为强度和水灰比是线性关系。相关国家标准规定，水泥、水、外加剂、掺和料的动态计量精度为 ±1%，砂、石料的动态计量精度为 ±2%。

2）快速

满足搅拌楼（站）工作循环的要求。

3）种类多

称量值预选的种类要多，变换要方便，以适应多种配比和不同容量的要求。

4）结构简单

称量装置要结构简单，牢固可靠，性能稳定，操作容易。

显然，采用传感器电子称重系统较之机械秤更能满足要求。因此，称重传感器在水泥混凝土搅拌楼（站）中得到了越来越广泛的应用。

2. 水泥混凝土搅拌楼（站）中称重传感器的运行条件

与一般用于商贸计量的电子秤的一个很大的不同之处在于，水泥混凝土搅拌楼（站）中称重传感器处于相当恶劣的运行条件中，应力环境十分复杂，与一般的电子产品的运行环境相比，有更大的随机性。

1）环境温度和湿度

混凝土搅拌楼（站）通常是露天安装，传感器可能遭受日晒雨淋，温度剧烈变化。而不少工程建设项目是在自然条件相当恶劣的山区或边远地区。所以，必须考虑更大的温度范围，更高的湿度条件。混凝土在生产过程中需要水，在水的输送和称量过程中也会产生不少水气，在一定的小范围内形成较为潮湿的环境。在温控搅拌楼中，则有高温工况和低温工况的不同要求。夏天运行在低温工况时要通入零度以下的冷风以及加冰搅拌，这时楼内会出现冷凝水，说明楼内湿度很高。

2）粉尘

混凝土在生产过程中需要大量的水泥、煤粉灰以及适量的外加剂。这些粉状物在输送和称量过程中会产生粉尘。即使是骨料,在输送过程中也有粉尘产生。这些粉尘有一部分会附着在传感器表面。在粉尘和水汽的共同作用下,传感器将受到较为严重的腐蚀。所以,粉料秤传感器的损坏通常要比其他秤的传感器更频繁一些。

3)冲击与振动

在进料过程中,砂石料会产生冲击,传感器应能承受 5 g 的加速度。在搅拌过程中,会产生持续的振动,而振动会产生疲劳破坏。

4)人为环境

人为环境是产品可靠性设计时必须考虑的因素之一。水泥混凝土搅拌楼(站)一般安装在施工现场。在设备的维修和清洗等工作中,很有可能发生传感器受到高压水的溅射,误操作引起过载等情况。显然,传感器要在这样的环境条件下长期可靠的运行,需要进行一些特殊的设计。

上述基本要求和运行条件可作为混凝土搅拌楼(站)用称重传感器的选型依据。

3. 混凝土搅拌楼(站)用称重传感器选型时需要考虑的几个问题

1)称重传感器载荷容量的确定

称重传感器载荷容量通常按下式计算:

传感器额定载荷 = 料斗自重 + 额定称重量 × (0.6 ~ 0.7) × 传感器只数

事实上人们在选择传感器容量时往往还要综合考虑冲击载荷的大小以及选定的安全系数,安全系数的选择与传感器的灵敏度有密切关系。国内外常见的应变式称重传感器灵敏度多数为 2 mV/V,但是也有 1 mV/V 的。如柱式传感器,也有 3 mV/V 的,如部分悬臂梁式传感器和板环式传感器;扭环式传感器则通常是 2.85 mV/V。目前在搅拌楼上使用的传感器基本上都是 2 mV/V 的。

2)称重传感器准确度的选择

称重传感器准确度的选择以满足称量系统的准确度要求为准,不必片面追求过高的传感器准确度等级。在多只传感器组合使用时,其综合误差按下式计算:

$$\delta_r = \delta / \sqrt{n}$$

式中 δ——单只传感器的准确度;

n——组合使用的传感器只数。

目前搅拌楼上常用的 S 型传感器、悬臂梁式传感器、板环式传感器,其线性、滞后、重复性、灵敏度温度影响、蠕变等主要指标绝大多数厂家均优于 0.05%,大多数厂家优于 0.03%,部分厂家优于 0.02%。其单只传感器的综合误差都接近或优于 0.1%,多只传感器组合后其综合误差就更小了,可以说一般称重传感器生产厂家的产品都能满足要求。

以前，不少搅拌楼生产厂家规定其称重系统的静态精度分别为0.1%和0.3%。这样，对于使用单只传感器的秤而言，单项指标为0.05%的传感器就可以满足0.3%精度的秤的要求。对于使用3只以上传感器的秤而言，单项指标0.05%的传感器也能满足0.1%精度的秤的要求。

需要指出的是，上述精度是称重系统的静态精度，而混凝土国家标准要求的是动态精度，这是由于原材料不断地向称量机构供料在重力的冲击下称量误差明显增加。上述0.1%和0.3%的静态精度能否保证分别达到1%和2%的动态精度还与供料系统的设计有关。

在用标准载荷进行静态检定和进行非自动称量时，通常将1.0级秤设计为1 000分度，2.0级秤设计为500分度。可以看出，在高量程端1.0级秤的误差为0.15%，2.0级秤的误差为0.3%，并不比以前厂家规定的0.1%和0.3%静态精度高。但是在低量程端精度要求确实是提高了，在这种情况下需要确认所选用的传感器在低量程端能否也满足要求。

按秤的分度数选择传感器最简单的方法就是1 000分度的秤选用1 000分度的传感器，500分度的秤选用500分度的传感器。称重传感器国家标准中准确度就是用分度数来表示的，但是由于多方面的原因，目前大多数生产厂仍用单项指标表示传感器的精度。用户再根据单项精度指标算出综合误差。选用起来较为麻烦。

国外发达国家的混凝土搅拌楼（站）称重系统精度一般用分度数来表示，规定为1 000分度。可能与他们使用高性能混凝土所占比例高有关。

随着经济和技术的不断发展，超高层建筑、超长桥梁、大型水利工程以及其他暴露在严酷环境中的建筑对混凝土的性能提出了越来越高的要求，混凝土技术也进入了高科技时代，高性能混凝土的应用比例不断提升。生产高性能混凝土除了要正确选用原材料、确定合理的工艺参数外，施工工艺的控制也是十分重要的。混凝土搅拌楼中配料系统的准确度是其中重要的一环。

3）传感器结构形式的选择

常用的拉式传感器有S型、板环式以及中心十字筋板环式等。中心十字筋板环式传感器精度高、抗偏载性能优异，但价格较高，通常只在高精度测量场合使用。其中S型传感器因其精度高、抗偏载能力强、同时可以带过载保护、量程范围宽等优点用得最多。搅拌楼上常用的为S型传感器和板环式传感器。

常用的压式传感器有悬臂梁式、轮辐式、柱式、桥式、扭环式等。综合考虑精度、量程范围、安装方式、价格等因素，绝大多数搅拌楼生产厂选择了悬臂梁式。

4）载荷类型的考虑

混凝土生产主要使用砂、石子、水泥以及水、外加剂、掺和料。几种材料中数石子秤的冲击为最大。在电子秤大家族中，此类冲击不算最大，一般传感器均能承受。

过载情况。从工程应用情况来看，传感器因过载而损坏的情况时有发生。比如控制系统出故障，造成大量物料倾泻而下，造成过载。也有使用过程中人为因素造成的过载,特别是小量程传感器因操作者踩踏秤架而过载损坏的事时有发生。因此传感器的过载能力、传感器有无过载保护对称重系统的可靠运行还是有一定的影响。

传感器的性能指标中有两项与此有关,一是允许过负荷,二是极限过负荷。

允许过负荷是指卸去这一负荷后,传感器的性能指标不变。极限过负荷是指在这一负荷下传感器不会产生有害的永久性机械变形。

一般传感器的允许过负荷为150%,极限过负荷在200%~300%之间,有些带过载保护的传感器则可能超过这一范围。如莆田传感器厂的CFCKN-1型传感器因其特殊设计,允许过负荷高达500%。此类传感器在频繁过载的情况下也能可靠地工作。

5)传感器的防护等级

传感器的防护等级通常用IP表示。一般传感器厂家均称自己的产品达到IP67水平,少数厂家的部分产品达到IP68水平。

IP代码所表示的是电压不超过72.5 kV电气产品的外壳防护等级。国家标准《GB 4208—93外壳防护等级》中规定,IP67是指产品能防尘、防短时间浸水影响;IP68是指产品能防尘、防持续潜水影响。需要指出的是,这样的防护中未包括机械损坏、锈蚀、潮湿等外部影响或环境条件,涉及此类保护通常由有关产品标准规定。称重传感器与一般的电器产品和二次仪表产品不同的是,它同时还是一个受力构件,在运行中不断地受到力的作用并产生变形。此外还有可能受到震动、冲击或撞击这样的机械损伤,粉尘和水汽共同作用下的较为严重的腐蚀以及在非常潮湿的环境条件下运行。

一般说来,有外壳的设计优于无外壳的设计,在焊缝设计方面则要尽可能避免焊缝受力。在无法避免的情况下,则要校核焊缝强度,特别是疲劳强度。疲劳引起的细微裂纹是导致潮气进入,传感器失效的重要原因。前面提到的某国际知名品牌焊接密封传感器在现场使用寿命短的原因就是过分依赖焊接密封,内部应变片仅薄薄一层面胶密封,一旦焊缝裂纹,传感器就在潮气的作用下迅速失效。在密封材料方面需要提醒的是,能通过IP67半小时浸水试验的传感器未必能通得过传感器标准中的12周期湿热试验。应该说传感器标准中规定的湿热试验更符合传感器的使用环境要求,其严酷程度并不低于IP67。

6)不同类型搅拌楼对称重传感器选型的细分

大中型水利工程的混凝土搅拌楼、城市商品混凝土搅拌楼、小型水利工程和县级公路建设中使用的混凝土搅拌楼在规格大小、使用连续时间、安装地点的环境条件都有很大的不同,所生产的混凝土性能要求也有很大差别。因此,对传感器的可靠性、防护等级等性能事实上也有不同的要求,应区别对待。对连续运行时间长、环境条件恶劣以及生产高性能混凝土的搅拌楼应选择可靠性、防护等级高的传感器,其余的则可适当降低要求。

实训 2.1 霍尔传感器的测量实验

1. 实验目的

了解霍尔转速传感器的结构和工作原理,了解霍尔转速传感器的类型和安装位置及其作用,明确其安装在工程车辆中的应用。

2. 基本原理

利用霍尔效应表达式:$U_H = K_H IB$,当被测圆盘上装上 N 只磁性体时,圆盘每转一周磁场就变化 N 次,霍尔电势相应变化 N 次,输出电势通过放大、整形和计数电路就可以测量被测旋转物的转速。

3. 需用器件与单元

霍尔转速传感器、直流源 +5 V、转速调节 2 ~ 24 V、转动源单元、转速表。

4. 实验步骤

(1)根据图 2.19 所示,将霍尔转速传感器装于传感器支架上,探头对准反射面内的磁钢。

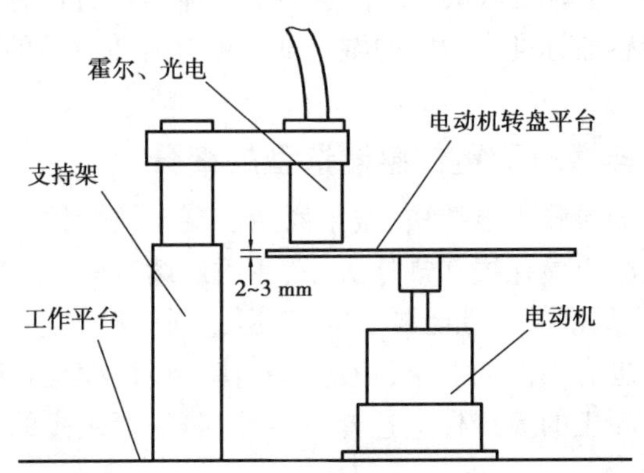

图 2.19 霍尔转速传感器安装示意图

(2)将5 V 直流电源加于霍尔元件电源输入端。红(+)黑(⊥)绿(F_0)。
(3)将霍尔转速传感器输出端(绿)插入频率表输入端。
(4)将转速调节中的2~24 V 转速电源引入到台面上转动源插孔。
(5)将等精度频率表直键开关拨到转速挡,此时频率表指示转速。
(6)调节转速调节电压使转动速度变化。观察频率表转速显示的变化。

5. 思考题

(1)利用霍尔元件测转速,在测量上是否有限制?
(2)本实验装置上用了6 只磁钢,能否用一只磁钢?
(3)绘制霍尔转速传感器实验曲线?

任务2.2 工程机械控制电器的选择与应用

在工程机械控制系统中,工程机械控制电器主要用来切换控制电路,使电路接通或分断,利用它们可以实现对控制电器的操作或实现控制电器的顺序控制以满足生产的要求。工程机械控制主令电器种类繁多,按其作用可以分为控制按钮、行程开关、万能转换开关、继电器、接触器、电磁离合器等。

工程机械控制主令电器主要指用于对电路进行接通、分断,对电路参数进行变换以实现对电路或用电设备的控制、调节、切换、检测和保护等作用的电路设备和元件。

本任务主要对工程机械控制主令电器的结构和工作原理及故障诊断方法进行分析,并且结合工程案例,分析了工程机械控制主令电器的故障诊断与检修过程。

任务描述

控制按钮开关是一种靠外力操作接通或断开小电流控制电路的主令电器。一般情况下它直接控制主电路的通断,主要利用控制按钮开关远距离发出手指令或信号去控制接触器、继电器等电磁装置,实现主电路的分合、功能转换或电气连锁。

行程开关又称限位开关或位置开关,是一种常用的小电流主令电器。当机械的部件运动到某一位置时,与部件相连的挡铁碰到行程开关,行程开关的触头动作,将机械信号转变为信号,从而对控制电路发出接通、分断或变换某些电路参数的指令,以实现自动控制。行程开关的作用是实现顺序控制、定位控制和位置状态的检测。

万能转换开关是一种多挡位、多段式、控制多回路的主令电器,当操作手柄转动时,带动开关内部的凸轮转动,从而使触点按规定顺序闭合或断开。万能转换开关主要用于各种控制线路的转换,电压表和电流表的换相测量控制,配电装置线路的转换和遥控等，还可以用于直接控制小容量电动机的启动、调速和换向。

本任务主要从工程机械控制主令电器结构和工作原理及故障诊断方法等几个方面进行分析。

任务分析

随着现代工业飞速发展，工程机械的种类日益繁多，功能也日益强大。

电器元件在运动中，无论是自然的或人为的原因，都难免会产生故障而影响工作。电器元件故障排除是必要的，但最为重要的是正确使用和正常维修。

其自身的结构、组成变得越来越复杂，因而发生故障的几率也随之增多，从而对工程机械的故障诊断和维护提出了更高的要求。

在学习过程中，工程机械控制主令电器工作状态的监测、信号的处理和故障的诊断与排除方法是重点和难点内容。

【知识准备】工程机械常用控制电器

1. 控制按钮的基本构造与工作原理

控制按钮是结构简单、应用广泛的主令电气设备。在低压控制电路中，用于手动发出控制信号，以接通或断开控制电路中的电流。

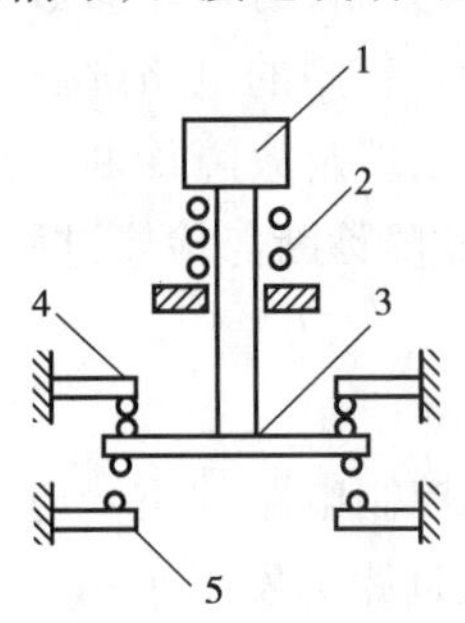

图 2.20 控制按钮开关

1—按钮帽;2—复位弹簧;3—动触头;4—常闭静触头;5—常开静触头

控制按钮一般由按钮帽、复位弹簧、桥式触头和外壳等组成，通常做成复合式。即具有动断触头和动合触头，其结构示意图如图 2.20 所示。当按下按钮帽时，先断开动断触头，然后接通动合触头，这可同时控制两条电路，松开按钮帽后，在复位弹簧作用下触头就可恢复原位。

控制按钮有单联式、双联式、三联式等几种，可用于电动机的“启动”和“停止”，以及“正、反、停”的控制。此外，有时由许多个按钮元件组成一个所谓的控制按钮站，可控制许多台电动机的运转。为了方便识别各个按钮的作用，避免误操作，通常在按钮上作出不同的标志或涂以不同的颜色，一般常以红色表示停止按钮，绿色表示启动按钮。

控制按钮的选用依据主要是需要的触点对数、动作要求、是否需要带指示灯、使用场合以及颜色等。

2. 万能转换开关的基本构造与工作原理

万能转换开关的基本构造如图 2.21 所示。

万能转换开关是一种多挡位、多段式、控制多回路的主令电器，当操作手柄转动时，带动开关内部的凸轮转动，从而使触点按规定顺序闭合或断开。

万能转换开关是由多组相同结构的触点组件叠装而成的多回路控制电器。它由操作机构、定位装置和触点等 3 部分组成。触点为双断点桥式结构，动触点设计成自动调整式以保证同步性。静触点装在触点座内。

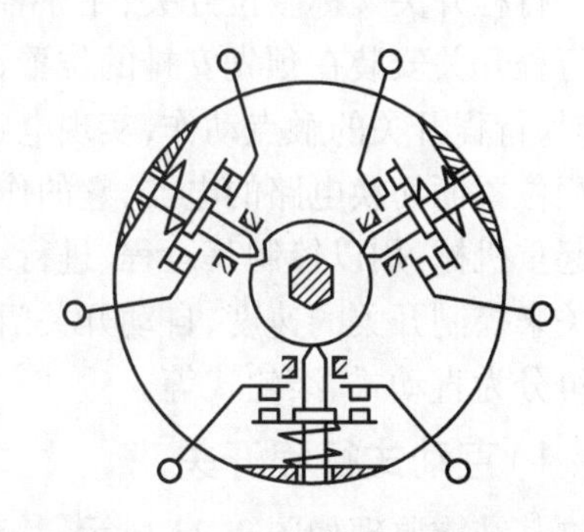

图 2.21　万能转换开关单层结构示意图

万能转换开关主要用于各种控制线路的转换、电压表、电流表的换相测量控制、配电装置线路的转换和遥控等。万能转换开关还可以用于直接控制小容量电动机的启动、调速和换向。

常用产品有 LW5 和 LW6 系列，LW5 系列可控制 5.5 kW 及以下的小容量电动机，LW6 系列只能控制 2.2 kW 及以下的小容量电动机。用于可逆运行控制时，只有在电动机停车后才允许反向启动。LW5 系列万能转换开关按手柄的操作方式可分为自复式和自定位式两种。所谓自复式是指用手拨动手柄于某一挡位时，手松开后，手柄自动返回原位；定位式则是指手柄被置于某挡位时，不能自动返回原位而停在该挡位。

万能转换开关的手柄操作位置是以角度表示的。不同型号的万能转换开关的手柄有不同万能转换开关的触点，电路图中的图形符号如图 2.22 所示。但由于其触点的分合状态与操作手柄的位置有关，所以，除在电路图中画出触点图形符号外，还应画出操作手柄与触点分合状态的关系。图中当万能转换开关打向左 45°时，触点 1—2，3—4，5—6 闭合，触点 7—8 打开；打向 0°时，只有触点 5—6 闭合，打向右 45°时，触点 7—8 闭合，其余触点打开。

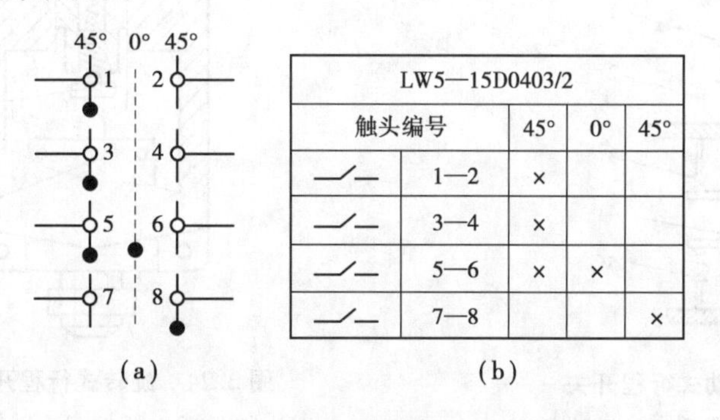

LW5—15D0403/2				
触头编号		45°	0°	45°
—/—	1—2	×		
—/—	3—4	×		
—/—	5—6	×	×	
—/—	7—8			×

图 2.22　万能转换开关的手柄操作位置

3.行程开关的基本构造与工作原理

行程开关又称限位开关,用于控制机械设备的行程及限位保护。在实际生产中,将行程开关安装在预先安排的位置,当安装于生产机械运动部件上的模块撞击行程开关时,行程开关的触点动作,实现电路的切换。因此,行程开关是一种根据运动部件的行程位置而切换电路的电器,它的作用原理与按钮类似。行程开关广泛用于各类机床和起重机械,用以控制其行程、进行终端限位保护。在电梯的控制电路中,还利用行程开关来控制开关的速度、自动开关门的限位,轿厢的上、下限位保护。行程开关按其结构可分为直动式、滚轮式等。

1)直动式行程开关

其结构原理如图 2.23 所示,其动作原理与按钮开关相同,但其触点的分合速度取决于生产机械的运行速度,不宜用于速度低于 0.4 m/min 的场所。

2)旋转式行程开关

旋转式行程开关结构如图 2.24 所示。当运动机械的挡铁撞到行程开关的滚轮 1 时,行程开关的杠杆 2 连同转轴 3、凸轮 4 一起转动,凸轮将撞块 5 压下;当撞块被压至一定位置时便推动微动开关 7 动作,使常闭触头断开,常开触头闭合;当滚轮上的挡铁移走后,复位弹簧 8 就使行程开关各部件恢复到原始位置。

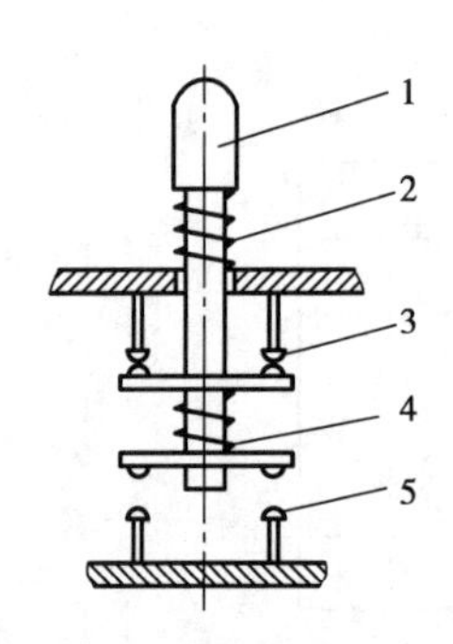

图 2.23　直动式行程开关

1—推杆;2—弹簧;3—动断触点;
4—动合触点;5—静合触点

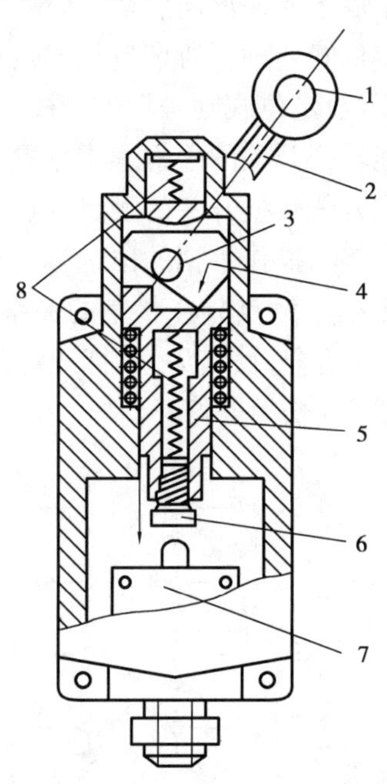

图 2.24　旋转式行程开关结构图

1—滚轮;2—杠杆;3—转轴;4—凸轮;
5—撞块;6—调节螺钉;7—微动开关;8—复位弹簧

4. 接触器的基本构造与工作原理

交流接触器一般有主触点和辅助触点之分,主触点是用来接通和断开低压电气设备主电源回路中的,相对来说触点容量较大;而辅助触点则是用在控制回路中,有常开和常闭之分,由于控制回路中的电流相对要小,因此相对于主触点来说其容量要小许多。

而继电器则只应用在控制回路和保护回路中,但可以在回路中实现用小电流、低电压来控制大电流、高电压设备的功能,在接点容量和数量不足时还能起到扩容的作用。根据继电器功能不同,在控制回路中可以起到不同的作用,如:时间继电器、电流继电器、电压继电器、中间继电器、信号继电器,等等。继电器的线圈有电压、电流、直流、交流等之分,根据回路的要求分别用于不同的回路中,由于这些回路的电流一般都比较小因此继电器的接点容量也都相对较小,因此不能直接用于主电源回路中。

交流接触器如图 2. 25 所示交流接触器,它由以下 4 部分组成:

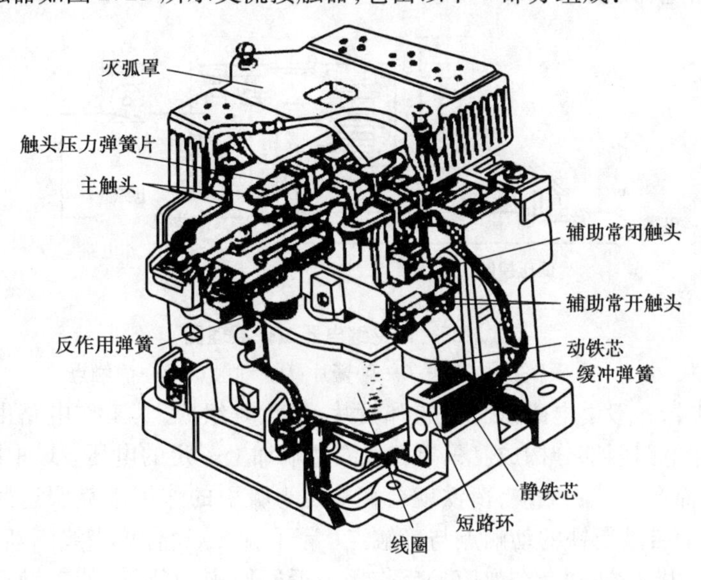

图 2. 25 交流接触器

(1)电磁机构　电磁机构由线圈、动铁芯(衔铁)和静铁芯组成,其作用是将电磁能转换成机械能,产生电磁吸力带动触点动作。

(2)触点系统　包括主触点和辅助触点。主触点用于通断主电路,通常为三对常开触点。辅助触点用于控制电路,起电气联锁作用,故又称联锁触点,一般是常开、常闭各两对。

(3)灭弧装置　容量在 10 A 以上的接触器都有灭弧装置,对于小容量的接触器,常采用双断口触点灭弧、电动力灭弧、相间弧板隔弧及陶土灭弧罩灭弧。对于大容量的接触器,采用纵缝灭弧罩及栅片灭弧。

(4)其他部件　包括反作用弹簧、缓冲弹簧、触点压力弹簧、传动机构及外壳等。

工作原理:接触器的线圈是接于低压设备的控制回路中,当线圈两端电压达到额定值的70%以上时,使铁芯磁饱和吸合衔铁,同时带动其主触点接通主电源至电气设备,当接触器的线圈失电后衔铁释放,主触点断开切断设备主电源。

继电器的线圈根据直流、交流、电流、电压的不同接于相应的回路中,当满足线圈吸合的条件时,吸合衔铁,带动其常开常闭接点相应动作,在回路中起到不同的作用,有些继电器可长期带电,有些则不能,所以回路中有些继电器即便失电也不会造成电气设备的停运,而有些继电器即便得电也不会造成设备的启动运转。

5. 继电器的基本构造与工作原理

电磁继电器是继电器中应用最早、最广泛的一种继电器。如图 2.26 所示为一种典型的电磁继电器的工作过程。

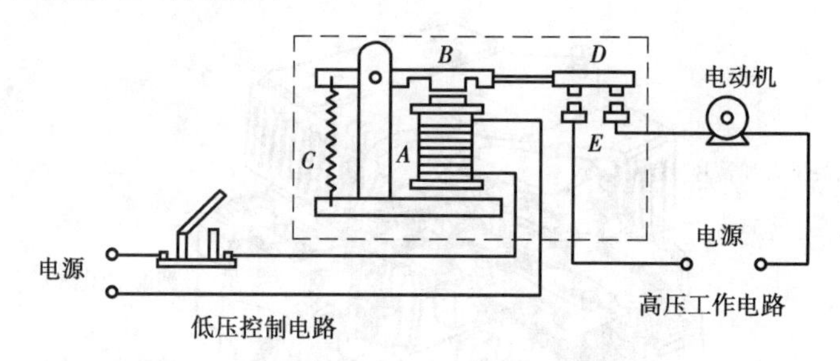

图 2.26　电磁继电器工作原理图

A—电磁铁;*B*—衔铁;*C*—弹簧片;*D*—动触点;*E*—静触点

电磁继电器一般由电磁铁、衔铁、弹簧片、触点等组成,其工作电路由低压控制电路和高压工作电路两部分构成。只要在线圈两端加上一定的电压,线圈中就会流过一定的电流,从而产生电磁效应,衔铁就会在电磁力吸引的作用下克服返回弹簧的拉力吸向铁芯,从而带动衔铁的动触点与静触点(常开触点)吸合。当线圈断电后,电磁的吸力也随之消失,衔铁就会在弹簧的反作用力返回原来的位置,使动触点与原来的静触点(常闭触点)释放。这样吸合、释放,从而达到了在电路中的导通、切断的目的。对于继电器的"常开、常闭"触点,可以这样来区分:继电器线圈未通电时处于断开状态的静触点,称为"常开触点";处于接通状态的静触点称为"常闭触点"。

电磁继电器一般由铁芯、电磁线圈、衔铁、复位弹簧、触点、支座及引脚等组成,如图 2.26 所示。

【任务实施】工程机械常用控制电器的选择与检修

1.控制按钮的选择与检修

1)控制按钮的选择

(1)根据使用场合,选择按钮开关的种类。如开启式、保护式和防水式等;

(2)根据用途选择合适的形式。如一般式、按钮式和紧急式等;

(3)根据控制回路的需要,确定不同的按钮数。如单联按钮、双联按钮和三联按钮等;

(4)按工作状态指示和工作情况要求,选择按钮和指示灯的颜色,如停止用红色灯,启动用绿色灯。

2)控制按钮的检修

(1)检查按钮帽、复位弹簧、桥式触头和外壳等。即当按下按钮帽时,先断开动断触头,然后接通动合触头,这可同时控制两条电路;松开按钮帽后,在复位弹簧作用下触头就可恢复原位。

(2)检查电动机的"启动"和"停止",以及"正、反、停"的控制工作情况。

2.万能转换开关的选择与检修

1)万能转换开关的选择

根据万能转换开关主要用于各种控制线路的转换、电压表、电流表的换相测量控制、配电装置线路的转换和遥控等情况进行选择。

根据万能转换开关用于直接控制小容量电动机的启动、调速和换向进行选择。

2)万能转换开关的检修

(1)检查万能转换开关的操作机构、定位装置和触点等。

(2)检查各种控制线路的转换、电压表、电流表的换相测量控制、配电装置线路的转换和遥控等工作情况。

3.行程开关的选择与检修

行程开关又称限位开关,用于控制机械设备的行程及限位保护。在实际生产中,将行程开关安装在预先安排的位置,当装于生产机械运动部件上的模块撞击行程开关时,行程开关的触点动作,实现电路的切换。

4. 接触器的选择与检修

选择接触器容量的方法有两种:一是根据设备的特性,二是按照一定的寿命次数。按操作频率选择接触器时,要根据大于或等于实际负荷的最大允许负载来选择最小的接触器。这种选择方法的投资低,在低操作频率时有其优越性。操作频率对接触器寿命的影响,显然操作频率越高,其寿命越短。

接触器的检修:

(1)接触器在使用中支架受到反复重击,如果材料强度差或制造不良,支架易破碎;另外,轴孔配合过松,孔容易受到碰撞,支架也易破坏,因此,要求接触器轴孔要滑动配合,不要过松或过紧。如果轴有磨损,应及时更换,否则将造成支架的损坏。

(2)支架扎柱不能工作。原因是:①轴孔配合过紧。②经频繁操作后,轴从一端移出。③轴的两端没有加工成圆角,在基座上磨出深槽而轧住。应急解决办法是将轴推回原位,接触器即可工作,但使用一段时间后,还会出现此毛病,最好换一根销轴。如果是由于基座被磨出深槽而将支架轧住,可将支座磨出的深槽用环氧树脂填平,接触器又可以工作。

(3)铁芯磨损极面变形是接触器普遍存在问题,铁芯极面经过长期频繁碰撞后,沿迭片厚度方向向外扩张,并且极面还碰得高低不平,造成铁芯有噪声,还会造成因剩磁较大而粘住衔铁。极面变形的原因是铁芯铆压不紧或材料强度不够。另外,接触器的冲击动能过大也是一个原因。为消除后一种毛病,应适当调节铁芯的吸力特性与反作用力特性。在应急修理中,为防止铁芯粘住,常在中柱气隙里垫上 0.05 mm 厚的一层电缆纸,如果这样噪声过大,可将中柱铁芯向下锉去 0.1 mm,使它具有一定气隙,也可以采用更换铁芯的办法。

(4)短路匝裂断或跳出。短路匝裂断常发生在槽外的转角上或接近槽口部分。修复时可将断处焊牢,两端用环氧树脂固定。短路匝跳出后,应重新把它压入或重新做一个换上,也可在槽内用钢锯条将槽壁刮毛,然后用扁头钻子压入槽内。

(5)接触器在使用中发生噪声是常见故障。主要原因是铁芯和衔铁接触的极面有油垢或尘屑产生不应有的气隙,使铁芯抖动且温升增高。另外上、下铁芯支架轴孔同心度不好,极面不能紧密接触都会产生噪声。解决的办法:及时消除中柱铁芯和衔铁端面上的油垢,可用汽油或香蕉水擦洗,即可除掉;另外适当的调节调整螺丝,保证轴孔的同心度;还有,例如 CJ12 系列接触器,由于磁系统受力偏转也产生噪声,可以加强缓冲弹簧力来消除。电源网络电压太低,接触器铁芯吸力减小,接触器也会有噪声。

5. 继电器的选择与检修

1）按使用环境选型

使用环境条件主要是指温度（最大与最小）、湿度（一般指40 ℃下的最大相对湿度）、低气压（使用高度1 000 m以下可不考虑）、振动和冲击。此外，尚有封装方式、安装方法、外形尺寸及绝缘性等要求。由于材料和结构不同，继电器承受的环境力学条件各异，超过产品标准规定的环境力学条件下使用，有可能损坏继电器，可按整机的环境力学条件或高一级的条件选用。

对电磁干扰或射频干扰比较敏感的装置周围，最好不要选用交流电激励的继电器。选用直流继电器要选用带线圈瞬态抑制电路的产品。那些用固态器件或电路提供激励及对尖峰信号比较敏感的地方，也要选择有瞬态抑制电路的产品。

2）按输入信号不同确定继电器种类

按输入信号是电、温度、时间、光信号确定选用电磁、温度、时间、光电继电器，这是没有问题的。这里特别说明电压、电流继电器的选用。若整机供给继电器线圈是恒定的电流应选用电流继电器，是恒定电压值则选用电压继电器。

3）输入参量的选定

与用户密切相关的输入量是线圈工作电压（或电流），而吸合电压（或电流）则是继电器制造厂控制继电器灵敏度并对其进行判断、考核的参数。对用户来讲，它只是一个工作下极限参数值。控制安全系数是工作电压（电流）或吸合电压（电流），如果在吸合值下使用继电器，是不可靠的、不安全的，环境温度升高或处于振动、冲击条件下，将使继电器工作不可靠。整机设计时，不能以空载电压作为继电器工作电压依据，而应将线圈接入作为负载来计算实际电压，特别是电源内阻大时更是如此。当用三极管作为开关元件控制线圈通断时，三极管必须处于开关状态，对6VDC以下工作电压的继电器来讲，还应扣除三极管饱和压降。当然，并非工作值加得越高越好，超过额定工作值太高会增加衔铁的冲击磨损，增加触点回跳次数，缩短电气寿命，一般工作值为吸合值的1.5倍，工作值的误差一般为±10%。

4）继电器的检修

（1）感测机构的检修

对于电磁式（电压、电流、中间）继电器，其感测机构即为电磁系统。电磁系统的故障主要集中在线圈及动、静铁芯部分。一般遇到的故障和检修方法有：

①线圈故障检修

线圈故障通常有线圈绝缘损坏；受机械伤形成匝间短路或接地；由于电源电压过低，动、静铁芯接触不严密，使通过线圈电流过大，线圈发热以致烧毁。其修理时，应重绕线圈。如果线圈通电后衔铁不吸合，可能是线圈引出线连接处脱落，使线圈断路。

检查出脱落处后焊接上即可。

②铁芯故障检修

铁芯故障主要有通电后衔铁吸不上。这可能是由于线圈断线动、静铁芯之间有异物,电源电压过低等造成的,应区别情况修理。通电后,若衔铁噪声大。这可能是由于动、静铁芯接触面不平整,或有油污染造成的。修理时,应取下线圈,锉平或磨平其接触面;如有油污染应进行清洗。

(2)执行机构的检修

大多数继电器的执行机构都是触点系统。通过它的"通"与"断",来完成一定的控制功能。触点系统的故障一般有触点过热、磨损、熔焊等。引起触点过热的主要原因是容量不够,触点压力不够,表面氧化或不清洁等;引起磨损加剧的主要原因是触点容量太小,电弧温度过高使触点金属氧化等;引起触点熔焊的主要原因是电弧温度过高或触点严重跳动等。触点的检修顺序如下:

①打开外盖,检查触点表面情况。

②如果触点表面氧化,对银触点可不作整修,对铜触点可用油光锉锉平或用小刀轻轻刮去其表面的氧化层。

③如果触点表面不清洁,可用汽油或四氯化碳清洗。

④如果触点表面有灼伤烧毛痕迹,对银触点可不必整修,对铜触点可用油光锉或小刀整修。不允许用砂布或砂纸来整修,以免残留砂粒,造成接触不良。

⑤触点如果熔焊,应更换触点。如果是因触点容量太小造成的,则应更换容量大一级的继电器。

⑥如果触点压力不够,应调整弹簧或更换弹簧来增大压力。若压力仍不够,则应更换触点。

(3)中间机构的检修

①对时间继电器,其中间机构主要是气囊。其常见故障是延时不准。这可能是由于气囊密封不严或漏气,使动作延时缩短,甚至不延时;也可能是气囊空气通道堵塞,使动作延时变长。修理时,对于前者应重新装配或更换新气囊,对于后者应拆开气室,清除堵塞物。

②对速度继电器,其胶木摆杆属于中间机构。如反接制动时电动机不能制动停转,就可能是胶木摆杆断裂。检修时应予以更换。

【知识拓展】工程机械电气系统检测与诊断

1. 工程机械电气系统的组成与特点

工程机械电气系统可分为电气设备和电子系统两大部分。工程机械电气设备包括蓄电池、发电机与调节器、启动系统、充电系统和各种用电设备;工程机械电子系统包括发动机电子控制燃油喷射系统、电子控制自动变速器、电子检测与监控系统、电子负荷传感系统、电子功率控制系统、电子智能控制系统等,该系统也可看作是电气系统中用电设备的一部分。

1)工程机械电气设备的特点

工程机械电气设备主要由电源(蓄电池、发电机及调节器等,电压为12 V或24 V)、用电设备(启动机、灯光、信号等)以及电气控制装置等组成,具有低压、直流、单线制和负极搭铁等特点。工程机械电气设备上的电路属模拟电路,模拟电路故障诊断具有多样性。因信号的连续性、非线性、容差和噪声以及检测的有限性,使对其的诊断变得十分复杂,故难度大、精度低、稳定性差,从而导致检测诊断的效益低。目前对模拟电路的故障诊断尚未建立起完整的理论,没有通用的诊断方法。诊断模拟电路故障,一般借助于相似产品的使用经验或通过电路模拟得到故障特征集,再通过主动或被动的测试,将测试结果与故障特征作比较,以发现和定位故障。

2)工程机械电子系统的特点

工程机械电子系统也采用低压、直流、单线制,一般由传感器、微机控制器和执行装置等组成。电子控制系统总体上采用的是数字电路,采用高度集成模块化结构。数字电路仅有两种状态,即0和1。列出其输入、输出关系真值表,可以很方便地找出原因—结果对应关系。数字电路的故障诊断具有规范性、逻辑性和可监测性的特点,故障诊断理论发展迅速,并日趋成熟。目前已经有相当多的诊断程序和诊断设备投入到实际使用中。工程机械电气设备故障率较高,同时引起电气设备发生故障的因素也很多,但归纳起来也不外乎是电器件损坏或调整不当、电路断路或短路、电源设备损坏等。为了较准确迅速地查找出故障部位,可采用以下检测与诊断法。

(1)感觉诊断法

电气设备发生故障多表现为发热异常,有时还冒烟、产生火花、工程机械工况突变等。这些现象通过人的眼看、耳听、手摸或鼻嗅就可直观地发现故障所在部位。

(2)试灯检查法或刮火检查法

试灯检查法或刮火检查法,用来检查电路的断路故障。

①试灯检查法　试灯检查法是指用一试灯检查某电路的断路情况。用试灯的一根导线搭接电源接点,若试灯亮,表示由此至电源线路良好,否则表明由此至电源断路。

②刮火检查法　刮火检查法与试灯检查法基本相同,即将某电路的怀疑接点用导线与搭线处刮碰,若有火花出现,表明由此至电源的线路良好,否则表明此处线路断路。用刮火的方法检查电器绕组(如电动刮水器定子绕组)好坏时,使绕组一端搭铁,另一端与电极刮火,根据火花的强烈程度和颜色来判断故障。若刮火时出现强烈的火花,多数是电器绕组匝间严重短路;若刮火时无火花,表明电路绕组匝间断路;若刮火时出现蓝色小火花,表示电器绕组良好。

(3)置换法

置换法是将认为已损坏的部件从系统中拆下,换上一个质量合格件的部件来进行工作,以判断机件是否有故障。诊断时,如换上新件后系统能正常工作,则说明其他器件性能良好,故障在被置换件上;如果不能正常工作,则故障在本系统的其他部件上。置换法在工程机械电气系统的故障诊断中应用十分广泛。

(4)仪表检查法

仪表检查法(仪表诊断法)也叫直接测试法。它是利用测量仪器直接测量电器元件的一种方法。譬如,怀疑转速传感器有故障,可用万用电表或示波器直接测试该器件的各种性能指标。再如,可用万用电表检查交流发电机激磁电路的电阻值是否符合技术要求,若被查对象电阻值大于技术文件规定,说明激磁电路接触不良;若被测电路电阻值小于技术文件规定值,说明发电机的电磁绕组有短路故障。此外,还可通过测量某电气设备的电压或电压降来判断故障。采用这种方法诊断故障,应首先了解被测电器件的技术文件规定值,然后再测当前值,将两者进行比较,即可查明故障。

(5)导线短路试验法与拆线试验法

短路试验法是指用一根良好的导线由电源直接与用电设备进行短接,以取代原导线,然后进行测试。如果用电设备工作正常,说明原来线路连接不好,应再继续检查电路中串接的关联件,如开关、熔断器或继电器等。拆线试验法是将导线拆下来,以判断电路中的短路故障,即将某系统的导线从接线点拆下,若搭铁现象消除,表明此段线路搭铁。

(6)跟踪法

跟踪法实际上是顺序查找法。在电器系统故障诊断中,通过仔细观察和综合分析来追寻故障,一步一步地逼近故障的真实部位。例如,查找汽油机的点火系低压电路断路故障时,可先打开点火开关,查看电流表是否有电流显示;若没有,再查看保险装置是否断路等,最后再查看蓄电池是否有电等。由于工程机械电气系统属于串联系统,跟踪法实际上是顺序查找法。查找电路故障有顺查法和逆查法两种。查找电路故障时,由电源至用电设备逐段检查的方法称为顺查法。逆查法是指查找电路故障时,由用电设备至电源作逐段检查的方法。

(7)熔断器故障诊断法

工程机械上各用电设备均应串接熔断器,若某熔断器常被烧断,说明此用电设备多半有搭铁故障。

(8)条件改变法

有些故障是间歇出现的,有些故障是在一定的条件下才明显地显示出来。在电气系统故障诊断中,经常采用条件改变法查找故障。条件改变法包括条件附加法和条件去除法。条件附加法是指在某些条件下故障不明显,若此时诊断该机件是否有故障,则必须加上一些条件。条件去除法则正好相反,正因为有这些条件,故障现象不明显,必须设法将该条件除去。例如,许多电子元器件在低温时工作良好,但当温度稍高时就不能可靠地工作,此时可采用一个附加环境温度的方法,促使该故障明显化。

(9)分段查找法

分段查找法是把一个系统根据结构关系分成几段,然后在各段的输出点进行测量,迅速确定故障在哪一段内。由于分段查找法是在一个缩小的范围内查找故障,因此故障诊断效率大为提高。

(10)特性诊断法

检查电气设备的电磁线圈是否断路,有时不必拆开电气设备,可接通被检查对象的电源,然后将螺丝刀放在电磁线圈的支承部分的周围,看螺丝刀是否有被吸的感觉,如果有,说明此电磁线圈没有断路。经验丰富者还可根据吸力的大小判断电磁线圈损坏的程度。

以上是工程机械电气系统故障诊断经常采用的办法,每一种方法都有它的应用条件。当遇到具体故障时,通过仔细分析,选择一种合适的方法,即可迅速而准确地找出故障。

任务2.3 工程机械执行元件的选择与应用

工程机械执行元件主要包括电动机、液压油缸和液压马达等。

三相交流异步电动机是由定子和转子两部分构成,定子主要由定子铁芯、定子绕组和机座等组成,是电动机的静止部分。转子主要由转子铁芯、转子绕组和转轴等组成,是电动机的转动部分。定子的作用是用来产生磁场和作电动机的机械支撑。电动机的定子由定子铁芯、定子绕组和机座3部分组成。

三相交流异步电动机的工作原理是在旋转磁场作用下,转子绕组产生感应电动势,从而产生转子电流,转子电流与磁场相互作用便产生电磁转矩,转子在电磁转矩作用下旋转起来,转向与旋转磁场的转向一致,其转速始终低于旋转磁场的转速,故称异步电动机。

液压油缸的结构和工作原理是:液压油缸从结构上可分为活塞缸、柱塞缸和摆动缸,汽缸从结构上可分为活塞式汽缸、薄膜式汽缸、伸缩式汽缸。液压油缸的基本构造主要由缸筒和缸盖、活塞和活塞杆、密封装置、缓冲装置和排气装置等组成。

液压油缸在液压传动中,液压油缸和液压马达是能量转换装置。液压油缸将驱动它工作的电动机(或其他发动机)输入的机械能转换成为油液的压力能量,是液压系统的心脏。

液压马达是将流动油液的压力能再转换为旋转运动形式的机械能。从原理上讲,液压泵和液压马达是可逆的,同类型的液压泵和液压马达在结构上是相似的。

本任务主要对工程机械执行元件的故障诊断发展趋势、诊断方法进行分析,并且结合工程案例,分析工程机械执行元件的故障诊断与检修过程。

任务描述

由于现代控制技术、电子技术、计算机技术与液压、气动技术的结合,使液压和气动控制技术也在不断创新,并大大地提高了它的综合技术指标。特别是采用电子控制技术、液压控制技术,一方面使工程机械自动化程度大大提高,另外也对工程机械执行元件工作状态监测和故障诊断技术的提出有了更高的要求。

本任务主要从工程机械执行元件故障诊断技术的发展情况和故障诊断方法以及工程机械自诊断技术等几个方面进行分析。

任务分析

工程机械的种类日益繁多,功能也日益强大。工程机械执行元件中广泛采用的液压元件、电机传动系统等,由于这些系统的多单元、多层次、多信号模式等特点使其在结构、功能、行为间形成了复杂的关系,从而对工程机械执行元件的故障诊断和维护提出了更高的要求。

在学习过程中,工程机械执行元件工作状态的监测、信号的处理和故障的诊断与排除方法是重点和难点内容。

【知识准备】工程机械执行元件

1. 三相交流异步电动机的基本构造与工作原理

1)三相交流异步电动机的结构

三相交流异步电动机的结构如图 2.27 所示。

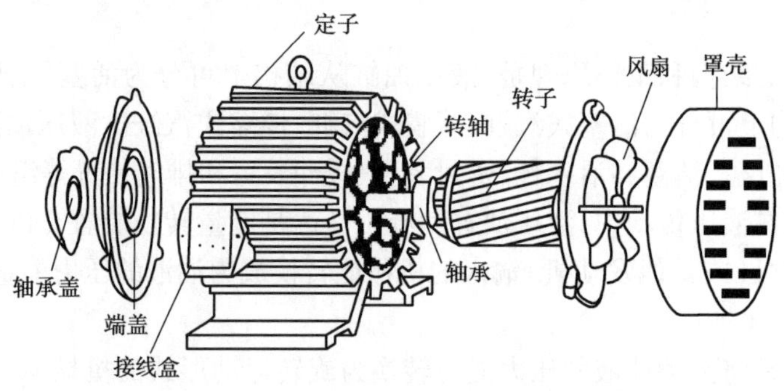

图 2.27　三相交流异步电动机结构图

三相交流异步电动机是由定子和转子两部分构成。定子主要由定子铁芯、定子绕组和机座等组成,是电动机的静止部分。转子主要由转子铁芯、转子绕组和转轴等组成,是电动机的转动部分。定子的作用是用来产生磁场和作电动机的机械支撑。电动机的定子由定子铁芯、定子绕组和机座3部分组成。定子绕组镶嵌在定子铁芯中,通过电流时产生感应电动势,实现能量转换。机座的作用主要是固定和支撑定子铁芯。电动机运行时,因内部损耗而发生的热量通过铁芯传给机座,再由机座表面散发到周围空气中。为了增加散热面积,一般电动机在机座外表面设计为散热片状。

电动机的转子由转子铁芯、转子绕组和转轴组成。转子铁芯也是作为电动机磁路的一部分。转子绕组的作用是感应电动势,通过电流而产生电磁转矩。转轴是支撑转子的重量,传递转矩,输出机械功率的主要部件。

三相交流电动机的定子绕组为三相对称绕组,一般有6根引出线,出线端装在机座外面的接线盒内。三相交流异步电动机的转速关系为:

$$n = \frac{60f(1-s)}{p}$$

式中 n——转速;

f——交流电频率;

p——磁极对数;

s——转差率。

2)三相交流异步电动机的工作原理

三相交流异步电动机的工作原理是在旋转磁场作用下,转子绕组产生感应电动势,从而产生转子电流,转子电流与磁场相互作用便产生电磁转矩,转子在电磁转矩作用下旋转起来,其转向与旋转磁场的转向一致,转速 n 始终低于旋转磁场的转速 n_0,故称异步电动机。

2. 液压油缸的基本构造与工作原理

1)液压油缸的基本构造

普通液压油缸的结构如图2.28所示,一般可分为活塞缸、柱塞缸和摆动缸等,主要由缸筒和缸盖、活塞和活塞杆、密封装置、缓冲装置和排气装置等组成。

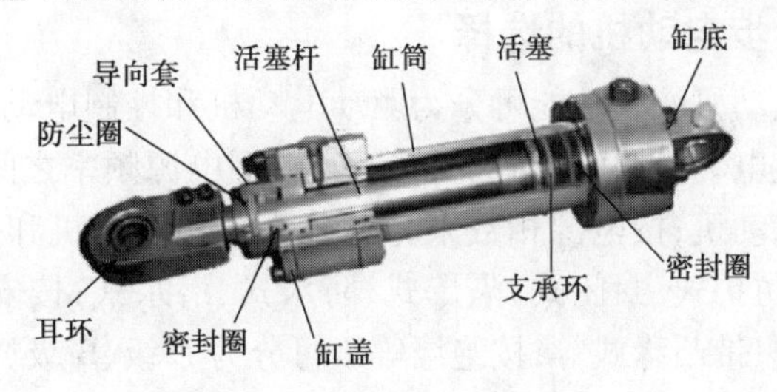

图2.28 液压油缸结构图

2)液压油缸的工作原理

液压油缸是输出力和活塞有效面积以及其两边的压差成正比的直线运动式执行元件。它的职能是将液压能转换成机械能,其输入量是流体的流量和压力,输出的是直线运动速度和力。其活塞能完成直线往复运动,输出的直线位移是有限的,是将液压能转换为往复直线运动的机械能的能量转换装置。

3)液压马达的基本构造与工作原理

液压马达是将流动油液的压力能再转换为旋转运动形式的机械能,普通液压柱塞马达的结构如图2.29所示。从原理上讲,液压泵和液压马达是可逆的,同类型的液压泵和液压马达在结构上是相似的。工程机械常用液压马达主要有齿轮马达、叶片马达、柱塞马达等。液压马达的基本结构和工作原理可以参考其他相关教材,在此不再赘述。

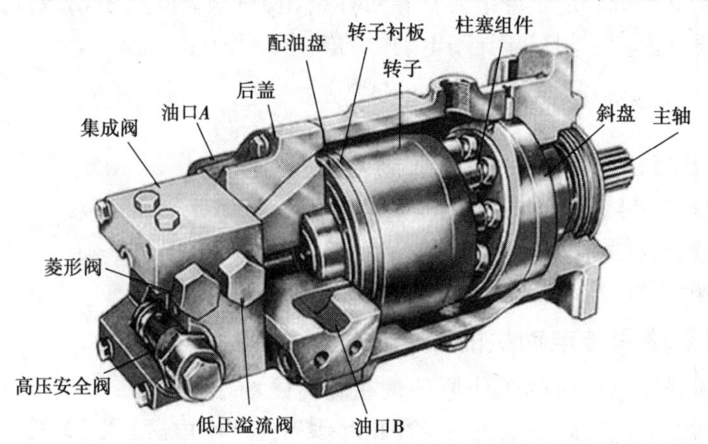

图2.29 液压柱塞马达结构图

【任务实施】工程机械执行元件的选择与检修

1.三相交流异步电动机的选择与检修

1)三相交流异步电动机的选择

三相交流异步电动机按其功能可分为驱动电动机和控制电动机;按电能种类可分为直流电动机和交流电动机;从电动机的转速与电网电源频率之间的关系来分可分为同步电动机与异步电动机;按电源相数来分可分为单相电动机和三相电动机;按防护形式可分为开启式、防护式、封闭式、隔爆式、防水式、潜水式;按安装结构型式可分为卧式、立式、带底脚式、带凸缘式等;按绝缘等级可分为E级、B级、F级、H级等。

2)三相交流异步电动机的检修

三相交流异步电动机出现故障时,一般都采取以下 4 种方法进行故障检修。

(1)直观法:望、问、闻、听和摸;

(2)电压法:分阶测量法和分段测量法;

(3)电阻测量法:分阶测量法和分段测量法;

(4)短接法。

2. 液压油缸的选择与检修

根据液压设备的工作性能、系统工作压力和流量的需要来确定泵的类型、输出流量和出口压力。

根据各执行元件的运动速度及其运动特性要求确定流量。

根据各负载特性确定系统的工作压力。

根据系统分析确定电动机的规格。

检修液压油缸密封性差产生漏气故障;检修噪声大、压力波动故障;检修容积效率低,流量不足,压力低故障;检查机械效率低故障;检修液压油缸压力低或者完全没有压力等故障。

3. 液压马达的选择与检修

一般精度差、价格低、效率低的场合可用齿轮式马达。

高速、小转矩及要求动作灵敏的工作场合可采用叶片式液压马达。

低速大扭矩、大功率的场合应采用柱塞式马达。

检修泵不出油,压力表显示没有压力故障;检查容积效率低,压力提不高故障;检查噪声大故障;检查油量不足故障;检查漏油故障;检查压力脉动大故障,等等。

实训 2.2 三相交流异步电动机降压启动与正、反转控制实验

1. 三相交流异步电动机降压启动实验

三相交流异步电动机减压启动可减小启动电流,但由于启动转矩随电压的平方而降低,因此也大大减小了启动转矩,因此减压启动仅适用于在空载或轻载情况下启动

的电动机。笼型异步电动机Y/△减压启动线路图,如图2.30所示。

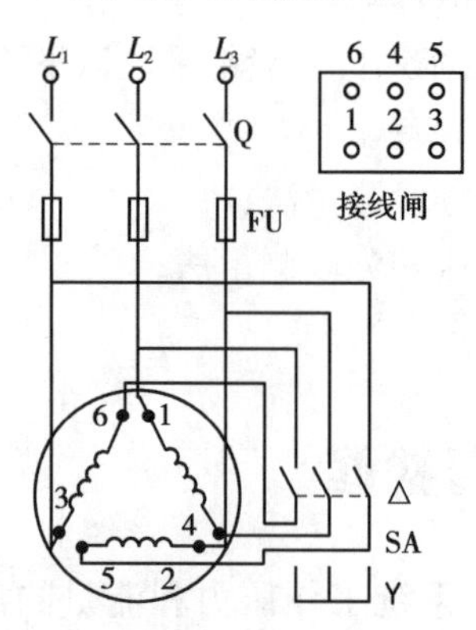

图2.30 笼型异步电动机Y/△减压启动线路图

(1)安装熔断器、交流接触器、热继电器、停启按钮、时间继电器等;

(2)接通主电路电源和控制电路电源;

(3)检查三相交流异步电动机转速启动次序;

(4)检查热继电器是否有过载保护;

(5)合上开关,记录其工作时的相关数据,并进行分析。

2. 三相交流异步电动机正转控制实验

(1)绘制出三相交流异步电动机Y/△减压启动线路图;

(2)安装熔断器、交流接触器、热继电器、停启按钮、时间继电器等;

(3)接通主电路电源和控制电路电源;

(4)检查三相交流异步电动机转速启动次序;

(5)检查热继电器是否有过载保护;

(6)按下正向启动按钮,电动机才能正向运行,记录其工作时的相关数据,并进行分析。

3. 三相交流异步电动机反转控制实验

三相交流异步电动机的转动方向是和旋转磁场的方向一致的,因此改变旋转磁场的旋转方向,即可改变电动机的转动方向。而改变旋转磁场的旋转方向,只需把三相异步电动机的任意两根电源线对调即可。

(1)绘制出三相交流异步电动机Y/△减压启动线路图;

(2)安装熔断器、交流接触器、热继电器、停启按钮、时间继电器等;

(3)接通主电路电源和控制电路电源;

(4)检查三相交流异步电动机转速启动次序;

(5)检查热继电器是否有过载保护;

(6)按下反向启动按钮,电动机才能反向运行,记录其工作时的相关数据,并进行分析。

项目小结

本项目首先介绍了工程机械常用电液控制元件的种类、结构和工作原理,分析了工程机械常用电液控制元件故障的形式和特点,以及工程机械常用电液控制元件的一般诊断方法,为后续内容的学习打下良好的基础。

项目3 电喷柴油机的应用与检修

项目剖析与目标

柴油机电子控制技术始于20世纪70年代。自那以后,英国卢卡斯公司、德国博世公司、奔驰汽车公司、美国通用的底特律柴油机公司、康明斯公司、卡特彼勒公司、日本五十铃汽车公司以及小松制作所等都竞相开发新产品并投放市场,以满足日益严格的排放法规要求。

由于柴油机具备高扭矩、高寿命、低油耗、低排放等特点,柴油机成为解决汽车及工程机械能源问题最现实和最可靠的手段。因此柴油机的使用范围越来越广,数量越来越多。同时对柴油机的动力性能、经济性能、控制废气排放和噪声污染的要求也越来越高。依靠传统的机械控制喷油系统已无法满足上述要求,也难以实现喷油量、喷油压力和喷射正时完全按最佳工况运转的要求。近年来,随着计算机技术、传感器技术及信息技术的迅速发展,使电子产品的可靠性、成本、体积等各方面都能满足柴油机进行电子控制的要求,并且电子控制燃油喷射技术也更加容易实现。

本项目主要以工程机械电喷柴油机的工作原理、结构以及故障诊断与检修方法进行分析和论述。

任务　工程机械电喷柴油机的选择与应用

任务描述

低油耗、低排放和高可靠性的柴油机已经是当今工程机械发动机的首选目标。随着对公路工程机械的施工质量与生产率的要求不断提高,传统的机械式传动以及机械液力式调节方式已经不能满足公路工程机械柴油机的使用要求。因此,电子控制喷油量、具有喷射时间调节的控制装置和能够高压喷射的组合蓄压式喷射装置等已经在公路工程机械柴油机上应用日趋广泛。电控系统的优越性就在于它能实现多功能的自动调节,并改善柴油机的低速、低负荷时的燃料经济性,减少故障,提高可靠性。本任务主要针对工程机械电喷柴油机的工作原理、结构特点、信号检测、拆装过程以及综合故障诊断过程进行分析。

任务分析

电喷柴油机结构复杂,同时牵涉电液信号的转换、传输、放大、控制和执行等诸多环节,是一款典型的工程机械机电一体化产品,对相关知识的掌握程度要求较高。学习过程中需要从电喷柴油机的机械结构、工作原理、控制电路、信号转换和故障诊断等方面进行详细分析。

【知识准备】工程机械电喷柴油机的工作原理

1.工程机械柴油机的排放标准与控制技术

1)柴油机排放标准发展趋势

柴油机以其热效率高、油耗低、扭矩特性好、可靠性高、使用寿命长、运行成本低等优点,在工程机械中得到了广泛应用。作为非道路用发动机的主体,工程机械柴油机的排放污染不容忽视。以美国为例,非道路用柴油机每年排放的氮氧化合物(NO_x)、一氧化碳(CO)、碳氢化合物(HC)和颗粒物(PM)等有害物质的总量几乎相当于其他道路用车的年排放总量。我国目前对此类污染还没有监测手段,无法给出统计数字,不过也成了社会关注的重大问题。随着发达国家对非公路发动机的排放控制标准日趋严格,我国必将跟随世界前进的脚步,尽快承担起工程机械需要环保的责任。

2)非公路用发动机的排放标准

目前世界上非道路用机动设备排放标准以美国和欧盟的标准最具代表性。美国是世界上治理尾气排放最早的国家。1964 年,美国加利福尼亚州在世界上率先迈出了控制车辆尾气排放的第一步;1970 年美国国会通过了“净化空气法案”,并组建了美国联邦环保署(EPA)。

同年,欧洲和日本也制定了相应的排放控制标准。此后的几十年,各国都相继制定了越来越严格的汽车排放标准。但非道路用机动设备尾气排放引起的空气污染问题,并未引起人们的重视。直到 20 世纪 90 年代,欧美国家才开始着手研究和限制非道路用机动设备的尾气排放。

(1)美国 EPA 标准

美国环保署(EPA)制定的非道路用发动机排放标准见表 3.1。此标准由三级渐进式排放标准构成,每一级都有一个在数年内逐步实施的计划(以额定功率确定)。

表 3.1 美国联邦环保署非道路用机动设备排放标准/[g·(kW·h)$^{-1}$]

发动机功率/kW	排放标准	实施年份	CO	HC	NMHC + NO_x	NO_x	PM
130≤P< 225	Tier 1	1996	11.4	1.3	—	9.2	0.54
	Tier 2	2003	3.5	—	6.6	—	0.20
	Tier 3	2006	3.5	—	4.0	—	—*
225≤P< 450	Tier 1	1996	11.4	1.3	—	9.2	0.54
	Tier 2	2001	3.5	—	6.6	—	0.20
	Tier 3	2006	3.5	—	4.0	—	—*
450≤P< 560	Tier 1	1996	11.4	1.3	—	9.2	0.54
	Tier 2	2002	3.5	—	6.6	—	0.20
	Tier 3	2006	3.5	—	4.0	—	—*
P≥560	Tier 1	2000	11.4	1.3	—	9.2	0.54
	Tier 2	2006	3.5	—	6.6	—	0.20

注:* 表示未采用,发动机必须满足 Tier 2 颗粒物标准。

(2)欧盟标准

1998 年 2 月 27 日,第一个欧洲非道路用机动设备排放法规以立法形式通过,即 Directive97/68/EC。

针对非道路发动机,该法规分为两个阶段:第一阶段(Stage Ⅰ)于1999年实施,第二阶段(Stage Ⅱ)于2001—2004年执行,法规的实施因发动机功率输出大小不同而不同。在2000年12月18日,欧洲委员会为Directive97/68/EC提出了修正案,将功率小于19 kW的非道路用汽油发动机纳入其中,使欧洲与美国现行的小型发动机的排放标准在更大范围内取得一致,见表3.2。

表3.2 欧洲非道路用机动设备第一和第二阶段排放标准/[g·(kW·h)$^{-1}$]

阶 段	发动机功率/kW	实施时间	CO	HC	NO_x	PM
第一阶段	130~560	1999.01	5	1.3	9.2	0.54
	75~130	1999.01	5	1.3	9.2	0.7
第二阶段	130~560	2002.01	3.5	1	6	0.2
	75~130	2003.01	5	1	6	0.3
	37~75	2004.01	5	1.3	7	0.4

(3)我国非道路用柴油机排气污染物排放标准

我国目前仅对公路用发动机排放提出了限制标准,尚未涉及非公路发动机的排放。但一些重点城市已经开始关注并着手治理工程机械的污染问题。北京于2003年4月1日开始颁布实施“非道路用柴油机排气污染物限值及测量方法”和“非道路用柴油机排气可见污染物限值及测量方法”,在国内率先对非道路用机动设备的排放进行标准化管理,见表3.3。它为国家标准的出台做好了前期尝试和准备。

表3.3 北京非道路用柴油机排气污染物型式认证和生产一致性检查限值/[g·(kW·h)$^{-1}$]

执行日期	柴油机净功率/kW	CO	HC	NO_x	PM
第一阶段 2003年1月	P≥130	5.0	1.3	9.2	0.54
	75≤P<130	5.0	1.3	9.2	0.70
	37≤P<75	6.5	1.3	9.2	0.85
第二阶段 2005年1月	P≥130	3.5	1.0	6.0	0.2
	75≤P<130	5.0	1.0	6.0	0.3
	37≤P<75	5.0	1.3	7.0	0.4

对比表3.2、表3.3可知,北京与欧洲标准的限值基本一样,只是在执行时间上晚了几年。对比表3.1、表3.2可知,美国的Tier Ⅰ标准实施时间最早,排放限值较低。到第二阶段,欧美标准趋于一致。自2007年开始,欧美实施第三阶段控制标准,而且美国TierⅡ标准与欧盟的StageⅡ标准基本相同。

我国很快将对工程机械实施Tier Ⅰ排放标准,与欧美现行的第三阶段控制标准显然存有较大的距离。若要在短时间内与国际排放水平接轨,我国只有按照北京地区的办法,缩短实行每一排放标准阶段的时间间隔。显然这对排放技术落后的产品是个沉重打击,对国内工程机械及发动机产业造成很大压力。但如果国内企业不能从根本上认识到工程机械需要更加清洁动力的发展趋势,切实采取技术改进措施,提高排放限值标准,这种差距还会越来越大。最终将被市场所淘汰。

3)国内工程机械及发动机产业的现状

作为工程机械的用户,在进行机械选型时,不仅要考察机械的动力性,还要注意工程机械是否环保可靠。工程机械工作环境复杂多样,需要的发动机功率级别相差很大,因此排放量值差别很大;另外各国、各地政治与经济发展水平不同,对工程机械的排放指标与执行时间要求不同。这些因素导致了工程机械发动机的排放技术与排放性能差别很大。

目前工程机械柴油机,高端产品市场一直为国外先进技术所垄断,配套的工程机械也仅限于出口。如柳工、徐工等工程机械主机厂为开拓欧美市场,选择了康明斯新一代 QSB 系列全电控发动机为整机配套,满足了当今最为严格的欧美非公路用机动设备第三阶段排放标准(TierⅢ/StageⅢ)。目前已有 5 t,6 t 装载机和 PY200 平地机等设备批量出口欧美。国内工程机械市场,发动机的一流技术目前被国外发动机厂商的独资及合资公司掌握。康明斯现为中国发动机行业最大的外国投资企业,其 14 个系列的发动机产品有 8 个系列按照康明斯统一的质量标准在中国生产。作为合资公司的东风康明斯和重庆康明斯,生产的机械式增压中冷 5. 9 L 的 B 系列和 8. 3 L 的 C 系列工程机械用柴油机,以及 14 L 的 NT 重型机械柴油机,都是获得市场认可的成熟产品,满足欧美非公路用机动设备第一和第二阶段排放标准。

国产工程机械柴油机,由于多年来没有排放法规限制,基本不采用针对性的技术措施。太多的发动机厂都不能达到欧洲非公路用机动设备第一阶段排放标准,这也成为制约国标出台的重要因素。可喜的是北京地区非道路用发动机排放标准的颁布与执行,为我国的产品与国际接轨作了政策与技术的规范;不能满足排放标准的非道路用柴油机及其设备将不能进入北京地区销售和使用。这对于落后的产品无疑是一个沉重打击,同时也为国内工程机械及发动机产业的技术进步注入了发展动力。

4)对策与措施

(1)发动机产业是技术密集型和资金密集型产业

国外品牌发动机厂商因拥有强大技术实力和研发资源,能够面向市场需要开发出适合的技术解决方案和产品,从而占据了工程机械发动机的高端市场。国内发动机产业对此要有清醒的认识,要积极迎接挑战。要通过企业之间重组、兼并、合作等活动来达到优势互补、扩大销售网络、提高自身实力的目的。要虚心学习并借鉴国内外的成功经验,这样的合作范例很多,不胜枚举:如瑞典 SCANIA 重卡公司与美国康明斯公司共同协作研发发动机的燃油系统,并将研发成果成功地运用在各自的发动机上,这一方面提高了双方的发动机技术含量,同时也降低了双方在燃油系统研发和制造上的成本,实现了企业的双赢。通过强强联合可以尽快提高国内发动机行业的整体技术水平，逐步淘汰效率低、排放高的工程机械柴油机，使低油耗、低排放、高效率的柴油机成为未来市场的主流。

(2)车用发动机的数量远大于工程机械，车用发动机的技术代表了发动机行业的发展水平。目前不断提高的汽车排放标准推动了车用柴油机技术的高速发展，大量新技术应用到柴油机上控制排放污染，目前常用的柴油机排放技术见表3.4。这些措施为提高工程机械柴油机的排放标准奠定了技术基础。

表3.4 柴油机常用的排放技术

技术措施	贡献大小	难 度	成 本	欧Ⅰ	欧Ⅱ	欧Ⅲ
空空中冷器	NO_x↓＋＋＋	＋	＋	Y	Y	Y
正时延迟	NO_x↓＋＋＋	＋		Y	Y	Y
四气门＋＋＋	PM↓＋＋	＋＋＋	＋＋＋	N	Y	Y
进气涡流	PM↓＋＋	＋＋	＋	N	Y	Y
喷油压力70 MPa以上	PM↓＋＋	＋＋	＋	N	Y	N
喷油压力100 MPa以上	PM↓＋＋	＋＋＋	＋＋	N	N	Y
可变正时	NO_x↓＋＋	＋＋	＋＋	N	Y/N	Y
电喷	NO_x↓＋＋＋	＋＋＋	＋＋＋	N	N	Y
EGR	NO_x↓＋＋＋	＋＋	＋＋	N	N	Y/N
后处理	PM↓＋＋＋	＋＋＋	＋＋＋	N	N	N

但是不能认为将车用柴油机的排放控制技术移植于工程机械柴油机上，仅仅是改变设计工况点而已，实际没有这样简单。因为对于已发展多年、系列化的工程机械产品而言，解决排放问题不仅仅是发动机的问题，还关系到零部件设计、整车设计匹配等一系列问题。任何一个问题解决不好，都会给设备带来麻烦。比较典型的问题如增加空空中冷器后就需要重新改变整车的布置，因为它破坏了原有散热系统的平衡，使原来的风阻增加，风扇的风量降低，水箱的冷却能力下降，从而出现水温高的问题。因此需要对风扇、水箱、空空中冷器这个新的散热系统重新进行平衡计算。有的发动机虽然开发出来，满足了排放标准，但受工程机械的空间限制，困难更大。这些问题处理不当，必然要付出代价，导致排放技术成本的大幅度提高，降低设备的市场竞争力。

对工程机械发动机排放技术升级时，要因地制宜地改造产品，制定最为经济、可行的技术措施，尽量避免在外形尺寸和各输出端口进行重大改动，使整机无需因发动机升级而在结构设计上进行调整，为整机的技术开发提供持续的后备动力。从而提高研发效率，降低改进成本。

在选择控制排放的技术措施时，切忌不分主次，面面俱到。要牢牢把握主攻方向，有的放矢。电喷技术通过改进柴油机的燃烧和工作过程，从源头对排放污染物进行控制，一直是控制排放的关键。所有满足欧Ⅱ以上的车用发动机无一例外的采用了电喷系统。对工程机械发动机排放的控制,电喷技术将发挥更重要的作用。对此,业内已有成功的范例。电喷技术的发展目前已经历了3个阶段:第一代为位置控制型(电子调速器);第二代时间控制型;第三代为时间控制+压力控制型(高压共轨电控喷射)。重庆康明斯生产的NT重型机械柴油机采用了废气涡轮增压、空空中冷以及第二代电喷技术,达到了北京非道路用发动机第二阶段的排放标准,是目前我国工程机械的环保动力。美国康明斯新款QSB系列全电控发动机采用了第三代高压共轨电控喷射技术,满足了当今最为严格的欧美非公路用发动机第三阶段排放标准。这两款发动机的突出特征都是主要采用缸内燃烧优化技术,无需使用废气再循环或后处理系统就能满足特定的排放标准。由于无需加装后处理系统或其他硬件设备,发动机尺寸没有多大变化,不用调整主机设备的结构,节约了针对排放法规的开发成本。是两款性价比高的优化排放控制方案。

2.电喷柴油机对电子控制装置的基本要求

众所周知,柴油机的燃烧方式是将燃油喷射到被压缩的空气中,然后进行燃烧、做功,这种燃烧方式是通过自动发火实现的。它在很大程度上受喷射方式或燃油喷射装置类型的影响。对此,燃油的雾化程度以及喷射油束的分布、方向及其对热的燃烧表面的冲击起着很大的作用。并且相关的活塞位置或曲轴转角到上止点前的喷油始点,决定了柴油机的燃烧过程。

电喷柴油机对电子控制装置的基本要求如下所示:

(1)较高的喷射压力

为满足排放法规的要求,柴油喷射压力可以从10 MPa提高到200 MPa以上。如此高的喷射压力可明显改善柴油和空气的混合质量,缩短着火延迟期,使燃烧更迅速、更彻底,并且控制燃烧温度,从而降低废气排放。

(2)独立的喷射压力控制

传统柴油机供油系统的喷射压力与柴油机的转速负荷有关。这种特性对于低转速、部分负荷条件下的燃油经济性和排放不利。若供油系统具有不依赖转速和负荷的喷射压力控制能力,就可选择最合适的喷射压力使喷射持续期、着火延迟期最佳,使柴油机在各种工况下的废气排放最低而经济性最优。

(3)改善柴油机燃油经济性

用户对柴油机的燃油消耗率非常关注。高喷射压力、独立的喷射压力控制、小喷孔、高平均喷油压力等措施都能降低燃油消耗率,从而提高了柴油机的燃油使用经济性。

(4)独立的燃油喷射正时控制

喷射正时直接影响到柴油机活塞上止点前喷入汽缸的油量,决定着汽缸的峰值爆发压力和最高温度。高的汽缸压力和温度可以改善燃油使用经济性,但导致氮氧化合物(NO_x)增加。而不依赖于转速和负荷的喷射正时控制能力,是在燃油消耗率和排放之间实现最佳平衡的关键措施。

(5)可变的预喷射控制能力

预喷射可以降低颗粒排放,又不增加氮氧化合物(NO_x)排放,还可改善柴油机冷启动性能、降低冷态工况下的自排放,降低噪声,改善低速扭矩。但是预喷射量、预喷射与主喷射之间的时间间隔在不同工况下的要求是不一样的。因此,具有可变的预喷射控制能力对柴油机的性能和排放十分有利。

(6)最小油量的控制能力

供油系统具有高喷射压力的能力与柴油机怠速所需要的小油量控制能力发生矛盾。当供油系统具有预喷射能力后将会使控制小油量的能力进一步降低。由于工程机械用柴油机的工况很复杂,怠速工况经常出现,而电喷柴油机容易实现最小油量控制。

(7)快速断油能力

喷射结束时必须快速断油,如果不能快速断油,在低压力下喷射的柴油就会因燃烧不充分而冒黑烟,增加 HC 排放。电喷柴油机喷油器上采用的高速电磁开关阀很容易实现快速断油。

(8)降低驱动扭矩冲击载荷

燃油喷射系统在很高的压力下工作,既增加了驱动系统所需要的平均扭矩,也加大了冲击载荷。燃油喷射系统对驱动系统平稳加载和卸载的能力,是一种衡量喷射系统的标准。而电喷柴油机技术中的高压共轨技术则大大降低了驱动扭矩冲击载荷。

3. 电喷柴油机传感器的基本构造与工作原理

1)工程机械用柴油发动机电子控制系统组成与工作原理

工程机械用柴油发动机电子控制系统组成,如图 3.1 所示,主要由传感器、电控单元、执行器等部件组成。

传感器是用来监控发动机上各部件及各系统的运行状况,并将数据传输给 ECU。下面介绍各种传感器及其作用:

①增压压力与温度　根据检测到进气压力与温度计算进气量为 ECU 提供计算喷油量的数据。

②燃油温度　燃油温度的升高会影响发动机性能,温度高会降低柴油黏度,增加泄漏量需要加大供油量。

③冷却液温度　检测发动机温度提供为 ECU 喷油正时修正的数据,并为驾驶员提供发动机运行状况。

④冷却液液位　监测水箱水位变化。

⑤发动机凸轮轴速度　为 ECU 提供点火正时信号。

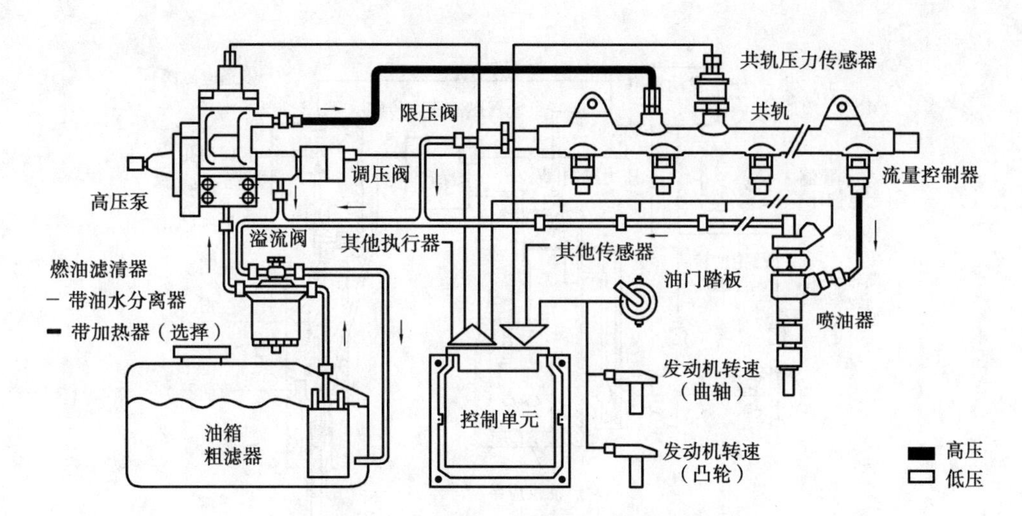

图 3.1　高压共轨燃油喷射系统结构图

⑥发动机曲轴速度　也称为发动机转速传感器，提供发动机转速信号。

⑦机油压力　监测发动机润滑系统运行状况，为驾驶员提供发动机信息。

执行器根据电控单元所传输过来的电压信号来控制喷油正时与喷油量，在外部环境变化的情况下，ECU 通过一系列传感器采集到的信息，经过计算对比分析，然后通过对喷油器电磁阀通电时间的长短和早晚来调整喷油量与喷油正时。

2）D85EX-15 型推土机用电喷柴油机

D85EX-15 型推土机配套的柴油机具有电子喷射控制系统。它是利用各种传感器检测柴油机的转速、冷却水温度等工作参数。在柴油机最佳工况下使用微机控制燃油喷射量、喷油正时和喷射压力。微机可以对燃油系统的主要部件进行检测诊断，能自行诊断故障并通过机械报警提醒操作者进行故障检修。还具有安全自锁功能，能根据故障所在部位自行停机。采用备用开关，可避免电子控制系统在发生电子故障时继续操作推土机。

电子喷射控制系统由燃油系统和电子控制系统两部分组成。燃油系统由高压油泵产生的高压油通过燃油共轨器分配到各个工作汽缸，喷油器里的电磁阀的关闭和开启控制燃油喷射的开始和结束。

电子控制系统中，微机的各控制单元执行控制功能，利用安装在柴油机和推土机上不同部位的传感器检测到的信号，计算时间的长短和电流到达喷油器的时刻，以便按照适当的燃油喷射量和喷射时刻进行喷射，如图 3.2 所示。

燃油供应泵在燃油共轨器里产生高压燃油，油压大小取决于来自供油泵的燃油量的多少。柴油机控制单元同时将电子信号传递到燃油供应泵的压力控制阀，此阀的开启和关闭可控制燃油的排出量。高压油从燃油共轨器直接分配到各个工作汽缸。燃油压力由安装在燃油共轨器上的燃油压力传感器进行检测，并将检测到的实际燃油压力值反馈到柴油机控制单元，以确保实际压力值与设定值相匹配。燃油共轨器的高压

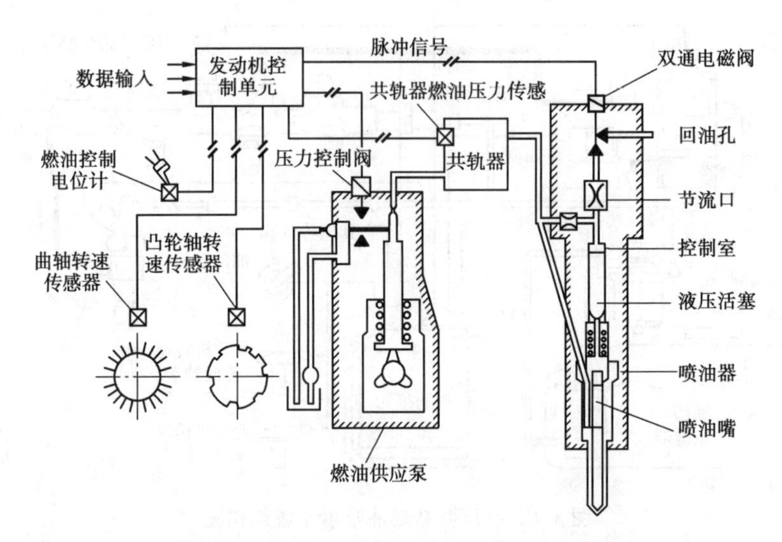

图 3.2　D85EX-15 型推土机用电喷柴油机燃油喷射系统示意图

油通过每个工作汽缸的燃油喷射管到达喷油器的油压控制腔,电子燃油喷射器控制燃油喷射量和喷射时间。当双通电磁阀接通时,油路被打开,控制腔内高压燃油通过节流口流出,高压燃油作用在喷油嘴的末端,喷油嘴在油压的作用下,针阀上升,燃油喷射开始。双通电磁阀断开时,随着高压油通过节流孔与控制腔形成燃油回路,针阀回落,燃油喷射结束。燃油喷射时刻由电流通过电磁阀的时刻进行控制,喷油量的大小由电磁阀的通电时间长短控制,控制电路如图 3.3 所示。

这种电子喷射控制系统的燃油喷射量和喷油正时,比传统高压油泵中使用的机械式调速器和正时器更加稳定可靠。它根据来自柴油机和推土机上安装的传感器检测到的信号,在柴油机控制单元中进行必要的计算处理,从而使柴油机喷油正时和喷油器通电时间的长短得以控制,使柴油机在最佳时刻以最佳油量进行喷射。该控制系统具有以下 3 种功能:

①燃油喷射量控制功能　燃油喷射量控制功能取代了传统的调速器功能。这一功能主要是根据来自柴油机的转速和燃油喷射量的信号控制燃油喷射在最佳喷油量时进行。

②燃油喷射正时功能　燃油喷射正时功能取代了传统的正时器功能。这一功能主要是根据柴油机的转速和燃油喷射量的信号控制燃油喷射器在最佳时刻进行燃油喷射。

③燃油喷射压力控制功能(燃油共轨器压力控制功能)　燃油喷射压力控制功能主要是通过燃油压力传感器测量燃油压力,这一功能将燃油压力反馈给柴油机控制单元,控制来自燃油供应泵的燃油流量。

燃油压力的反馈使柴油机实际喷油正时、喷油量大小与柴油机控制单元中的设定值相匹配,从而更加稳定可靠。

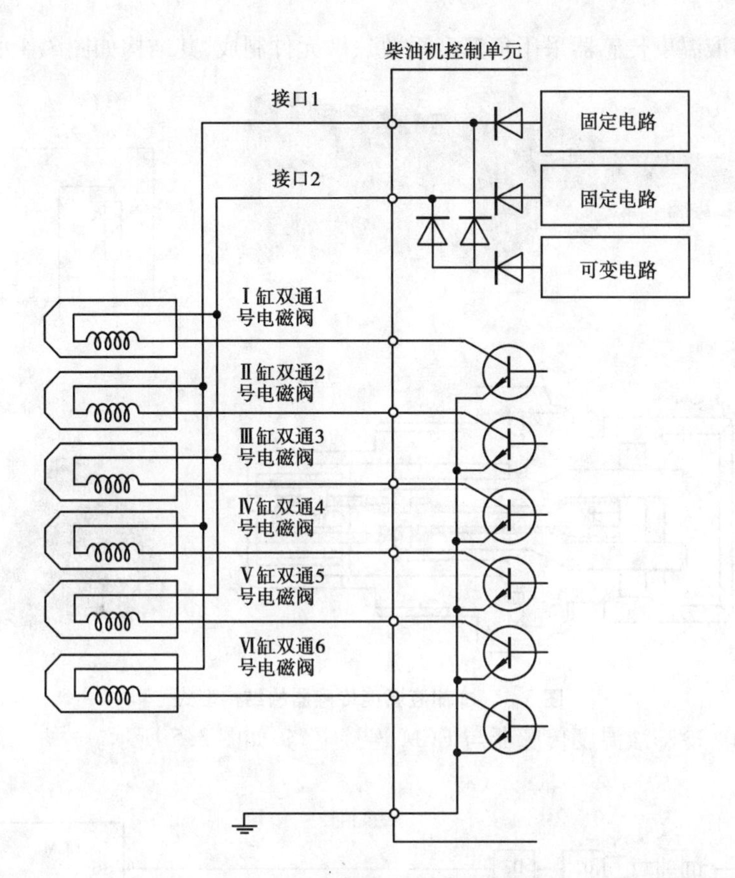

图3.3 D85EX-15 型推土机用电喷柴油机燃油喷射控制电路示意图

【任务实施】工程机械电喷柴油机的应用与检测

下面以康明斯 ISBE 电喷柴油机为例介绍电喷柴油机的应用与检测过程。

1. 电喷柴油机传感器的应用与检测

1)温度类传感器

温度类传感器主要包括冷却液温度、进气温度、燃油温度、机油温度传感器等。上述温度类传感器几乎都采用了负温度系数(NTC)热敏电阻式的,其工作原理完全相同。

(1)冷却液温度传感器

①作用。作用是把当前冷却液温度信号传送给 ECM。ECM 根据冷却液温度传感器信号,用于修正发动机的启动、暖机时的喷油量。

②冷却液温度传感器采用负温度系数热敏元件制成,其结构如图3.4所示。

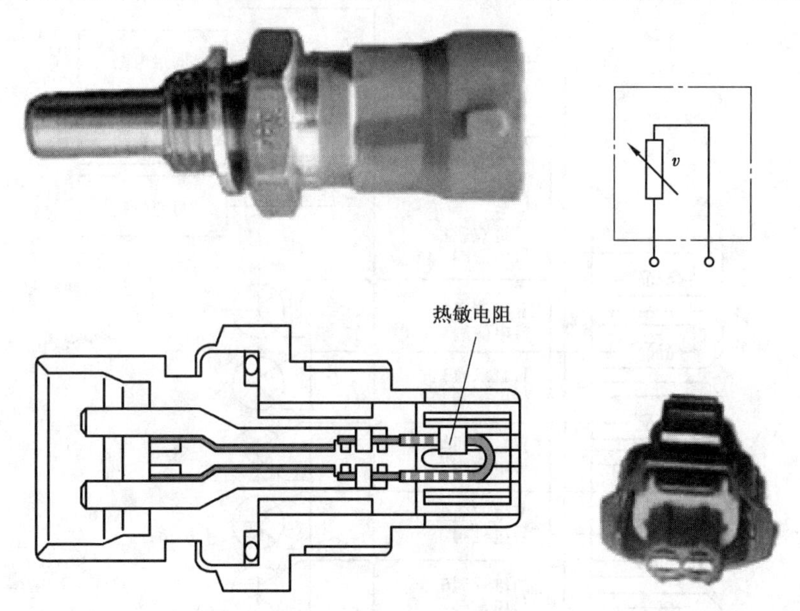

图3.4 冷却液温度传感器的结构型式

③检修。冷却液温度传感器与ECM连接电路,如图3.5所示。

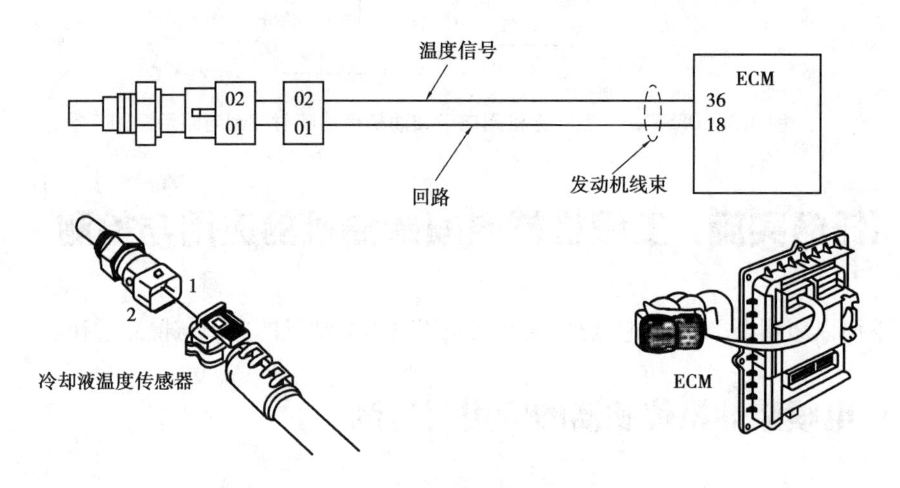

图3.5 冷却液温度传感器与ECM连接电路

A. 外线路检查。用万用表的电阻挡,分别测量02#端子与36#端子、01#端子与18#端子之间的电阻值,来判断外线路是否存在短路及断路故障。

B. 传感器电压值测量。关闭点火开关,拔下水温传感器插头,点火开关ON,测量线束侧01#、02#端子之间的电压应为5 V。

C. 传感器电阻值测量。将水温传感器的工作部分放入水中进行加热,测量两端子之间的电阻值是否符合规定值,否则应更换传感器。

(2)进气温度传感器

①作用。增压柴油机中,不同温度下的增压空气密度不同,发动机需要进气歧管温度传感器产生的信号来修正增压压力和喷油量。

②进气温度传感器用负温度系数热敏电阻制成,因为进气温度传感器元件的温度系数要大,随温度变化的电阻值也要大,负温度系数热敏电阻正好适应这种需要,如图3.6所示。

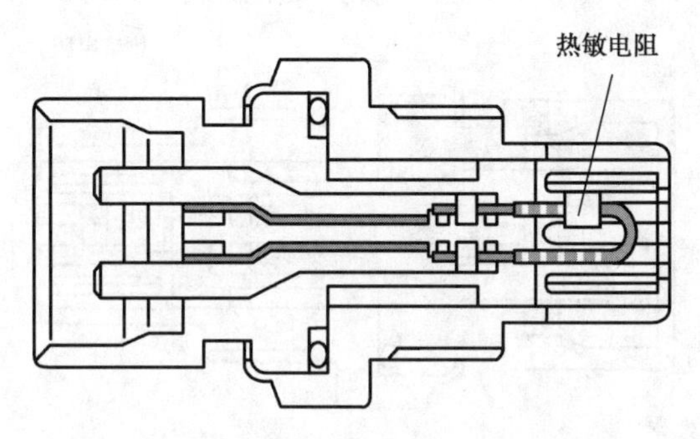

图3.6 进气温度传感器的外形

③检修。进气温度传感器与ECM连接电路,如图3.7所示。

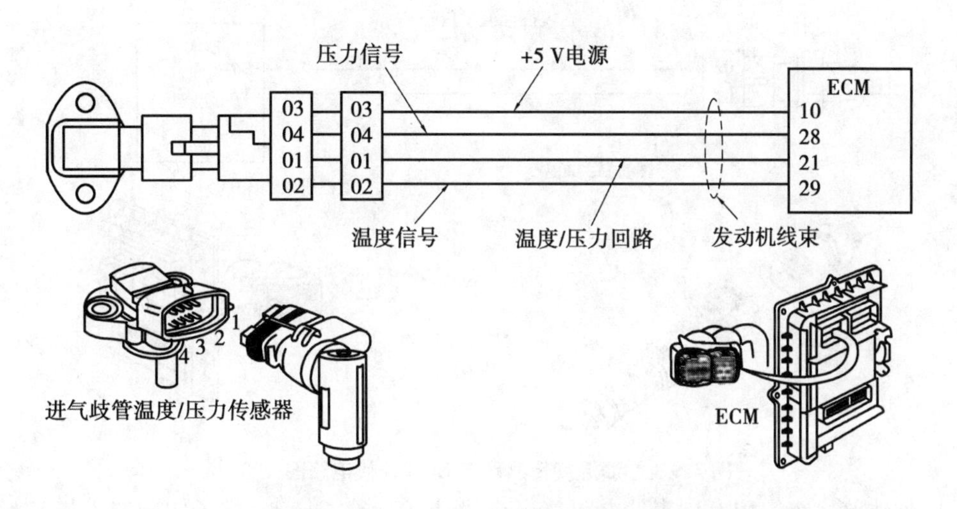

图3.7 进气温度传感器与ECM连接电路图

A. 外线路检查。用万用表的电阻挡,分别测量02#端子与29#端子,01#端子与21#端子之间的电阻值,来判断外线路是否存在短路及断路故障。

B. 传感器电压值测量。关闭点火开关,拔下进气温度传感器插头,点火开关ON,测量线束侧01#,03#端子之间的电压应为5 V。

C. 传感器电阻值测量。将进气温度传感器的工作部分放入水中进行加热,测量两端子之间的电阻值是否符合规定值,否则应更换传感器。

(3)燃油温度传感器

①作用。燃油温度传感器用于检测燃油温度,并将信号送入 ECM。ECM 利用燃油温度信号计算喷油始点和喷油量。电子控制模块(ECM)使用燃油温度传感器来监测发动机燃油的温度。如果燃油温度太高且启用发动机保护,会引起功率降低情况,并可能导致停机。

②燃油温度传感器由 NTC 负温度系数热敏电阻制成,如图 3.8 所示。

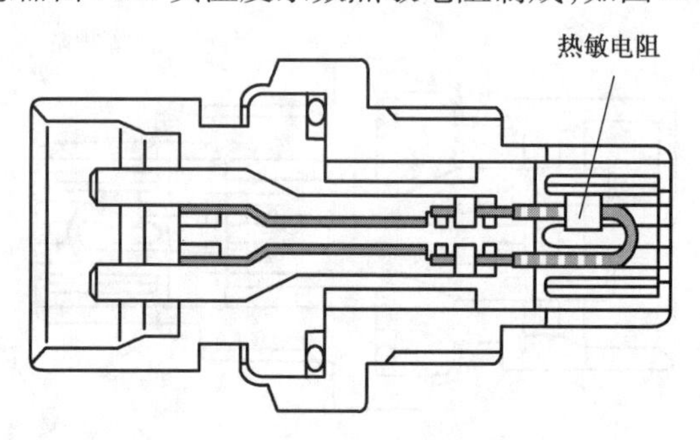

图 3.8　燃油温度传感器的外形

③检修。燃油温度传感器与 ECM 连接电路如图 3.9 所示。

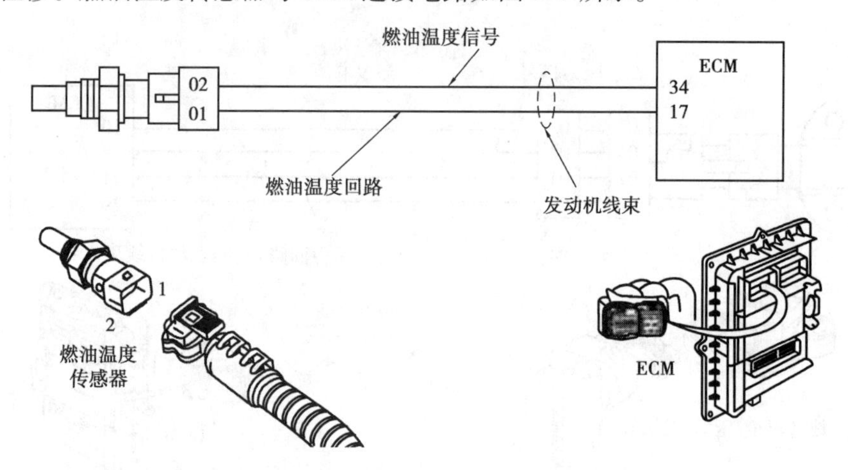

图 3.9　燃油温度传感器与 ECM 连接电路图

A. 外线路检查。用万用表的电阻挡,分别测量 02#端子与 34#端子,01#端子与 17#端子之间的电阻值,来判断外线路是否存在短路及断路故障。

B. 传感器电压值测量。关闭点火开关,拔下燃油温度传感器插头,点火开关 ON,测量线束侧 01#,02#端子之间的电压应为 5 V。

C. 传感器电阻值测量。将燃油温度传感器的工作部分放入水中进行加热,测量两端子之间的电阻值是否符合规定值,否则应更换传感器。

(4)机油温度传感器

①作用。测量发动机的机油温度,机油温度变高并且发动机保护特性起作用。

②机油温度传感器由 NTC 负温度系数热敏电阻制成，如图 3.10 所示。

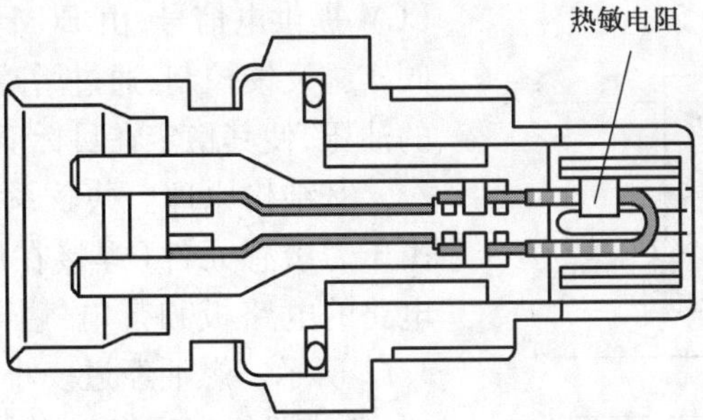

热敏电阻

图 3.10　机油温度传感器的外形

③检修。机油温度传感器与 ECM 连接电路如图 3.11 所示。

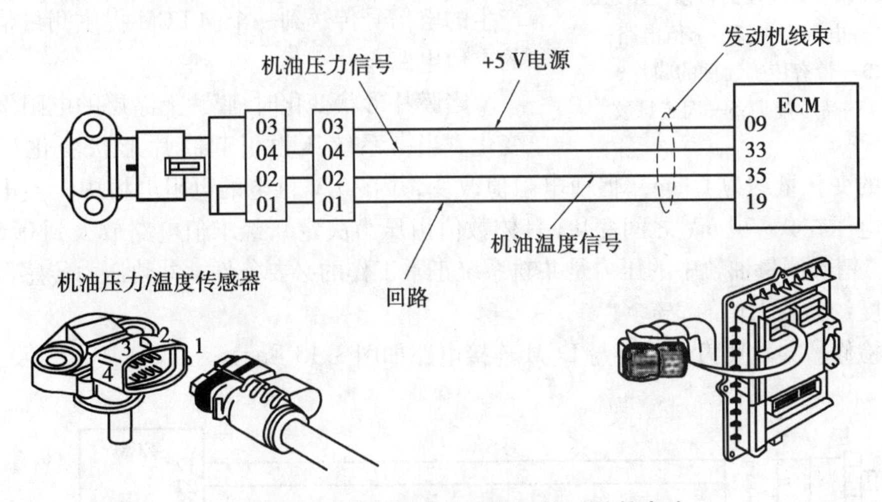

图 3.11　机油温度传感器与 ECM 连接电路

A. 外线路检查。用万用表的电阻挡，分别测量 02#端子与 35#端子，01#端子与 19#端子，03#端子与 09#端子之间的电阻值，来判断外线路是否存在短路及断路故障。

B. 传感器电压值测量。关闭点火开关，拔下机油温度传感器插头，点火开关 ON，测量线束侧 01#，03#端子之间的电压应为 5 V。

C. 传感器电阻值测量。将机油温度传感器的工作部分放入水中进行加热，测量两端子之间的电阻值是否符合规定值，否则应更换传感器。

2）压力类传感器

电控柴油机用压力类传感器主要包括共轨压力传感器、增压压力传感器、机油压力传感器等，主要用于进行压力测定，并向 ECM 提供电信号。

（1）共轨压力传感器

该传感器是普通的电控汽油机所没有的，为共轨柴油机所必需的。共轨压力是柴油机共轨系统的重要参数。

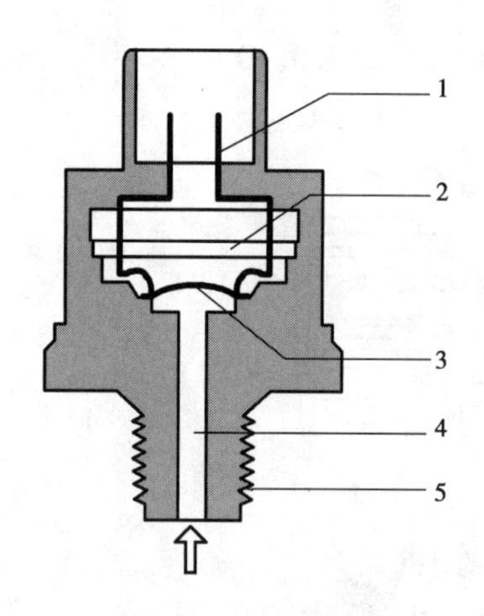

图 3.12　共轨压力传感器示意图
1—电气接头;2—求值电路;
3—带有传感元件的膜片;
4—高压接头;5—固定螺纹

①作用。测定油轨中的燃油压力,并向ECM提供电信号,由ECM对高压油泵上的PCV阀实施反馈控制,通过增减供油量来调节油轨中的油压,使其稳定在目标值范围。

②结构原理。共轨系统的共轨压力传感器由压力敏感元件(焊接在压力接头上)、带求值电路的电路板和带电气插头的外壳组成,如图3.12所示。燃油经过一小孔流向共轨压力传感器,传感器的膜片将孔的末端封住。高压燃油经压力室的小孔流向膜片。膜片上安装有半导体敏感元件,可将压力转换成电信号。通过导线将产生的电信号传送到一个向ECM提供测量信号的求值电路。

当膜片形状变化时,膜片上涂层的电阻发生变化。当由系统压力引起膜片形状变化(150 MPa时的变化量约为1 mm),促使电阻值改变,并在5 V供电的电阻电桥中产生电压变化。电压在0~70 mV之间变化(具体数值由压力决定),经求值电路放大到0.5~4.5 V。精确测量油轨中的压力是共轨系统正常工作的必要条件。共轨压力传感器的测量精度约为最大值的2%。

③检修。共轨压力传感器与ECM连接电路如图3.13所示。

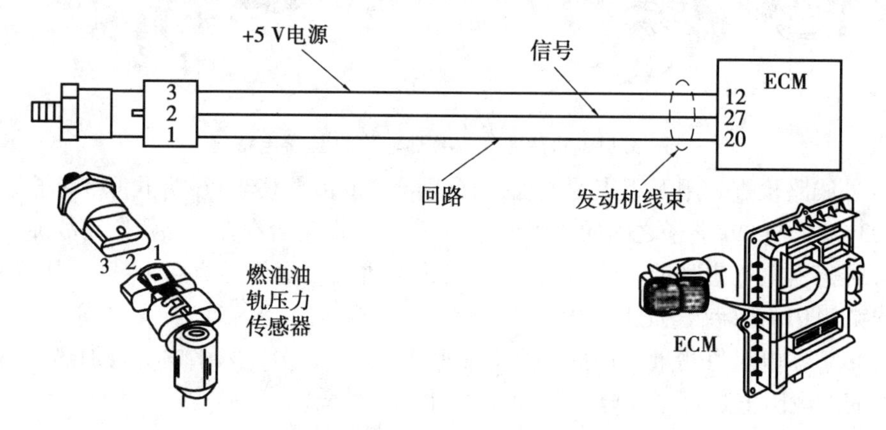

图 3.13　共轨压力传感器与ECM连接电路

A. 外线路检查

用万用表的电阻挡,分别测量1#端子与20#端子,2#端子与27#端子,3#端子与13#端子之间的电阻值,来判断外线路是否存在短路及断路故障。

B. 传感器电压值测量

关闭点火开关,拔下共轨压力传感器插头,点火开关ON,测量传感器侧插头3#端子与搭铁间的电压应为5 V、2#端子与搭铁间的电压应为0.5 V左右,1#端子与搭铁间的电压为0 V。

C. 数据流检测

用"INSITE故障诊断软件"读取发动机系统数据流,涉及共轨压力的数据流共有4个:"燃油系统共轨压力""共轨压力设定值""实际共轨压力最大值""共轨压力传感器输出电压"。

当发动机水温达到80 ℃、怠速运转时,"共轨压力传感器输出电压"应为1 V左右,"燃油系统共轨压力"及"共轨压力设定值"均为25.00 MPa左右,"共轨压力设定值"与"燃油系统共轨压力"数值十分接近。

当逐渐踩下加速踏板,提高发动机转速时,上述4个数据流逐渐增加,"燃油系统共轨压力""共轨压力设定值""实际共轨压力最大值"等最大数值为180.00 MPa,"共轨压力传感器输出电压"的最大值为4.5 V。如无变化应检查线束连接情况和传感器。

(2)增压压力(进气压力)传感器

①作用。增压压力传感器提供的电信号用于检查增压压力。发动机ECM将测量值与增压压力设定值进行比较。如果实际值与设定值不符,ECM将通过电磁阀调整增压压力,实现增压压力控制。ECM还根据增压压力传感器输入的信号防止在冷机启动时发动机冒白烟。

当驾驶员踏下油门踏板要求增加喷油量时,ECM将检查涡轮增压压力所要求的喷油量是否相适应,如果不适应,ECM将按照涡轮增压压力成一定比例地控制喷油量,以免喷油量过大导致不完全燃烧,防止废气排放超标。

②结构原理

A. 结构

半导体压敏电阻式增压压力传感器由硅膜片、真空室、硅杯、底座、真空管接头和引线组成,如图3.14所示。硅膜片用单晶硅制成,它是压力转换元件。硅膜片的长和宽约为3 mm,厚度约为160 μm,在硅膜片的中部经光刻腐蚀成直径2 mm、厚度为

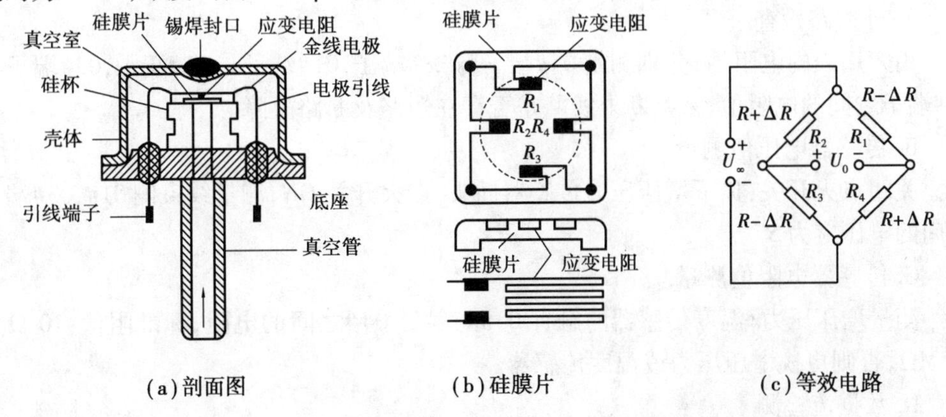

图3.14 半导体压敏电阻式增压压力传感器的结构图

50 μm的薄膜片。在薄膜片的圆周上有四个应变电阻,用惠斯通电桥方式连接。然后再与传感器内部的温度补偿电阻和信号放大电路混合集成电路连接。

B.工作原理

半导体压敏电阻式增压压力传感器的工作原理如图3.15所示。硅膜片的两面一面通真空室,一面通进气歧管。在进气压力作用下,膜片会产生应力,应变电阻的阻值会发生变化,惠斯通电桥上的电阻值平衡就被打破,在电桥的输入端输入一定的电压时,输出端可得到变化的信号电压。当发动机运转时,进气流作用在硅膜片上,使硅膜片产生应力,应变电阻的阻值会发生变化,电桥输出电压也随之变化。当节气门开度变大时,进气压力升高,膜片的应力也增大,应变电阻的阻值变化率也增大,电桥输出电压升高,经放大电路放大后,传感器输入ECM的信号电压也升高。而当节气门开度变小时,由于气流流速升高,进气压力反而降低,膜片的应变力减小,应变电阻的变化率减小,电桥输出电压降低,经放大后,传感器输入ECM的信号电压也降低。

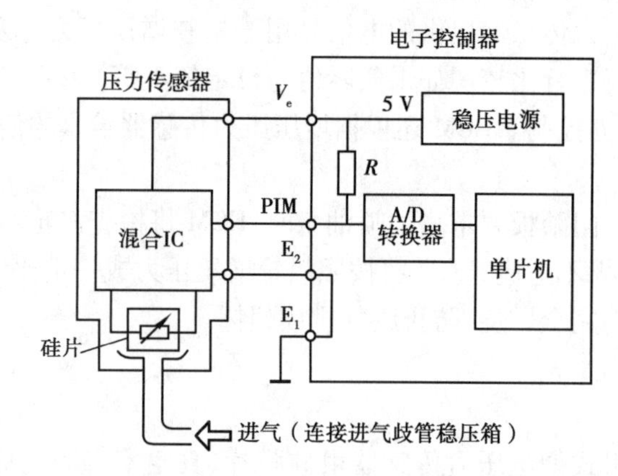

图3.15　半导体压敏电阻式增压压力传感器的工作原理

③检修。增压压力传感器与ECM连接电路如图3.16所示。

A.外线路检查

用万用表的电阻挡,分别测量04#端子与28#端子,01#端子与21#端子,03#端子与10#端子之间的电阻值,来判断外线路是否存在短路及断路故障。

B.传感器电压值测量

关闭点火开关,拔下增压压力传感器插头,点火开关ON,测量线束侧01#,03#端子之间的电压应为5 V。

C.传感器电阻值测量

测量增压压力/温度传感器的触针03#与触针04#之间的电阻,标准阻值:10 Ω ~ 10 MΩ,否则更换增压压力或温度传感器。

D.数据流检测

用“INSITE故障诊断软件”读取发动机系统数据流,涉及进气温度的数据流有2

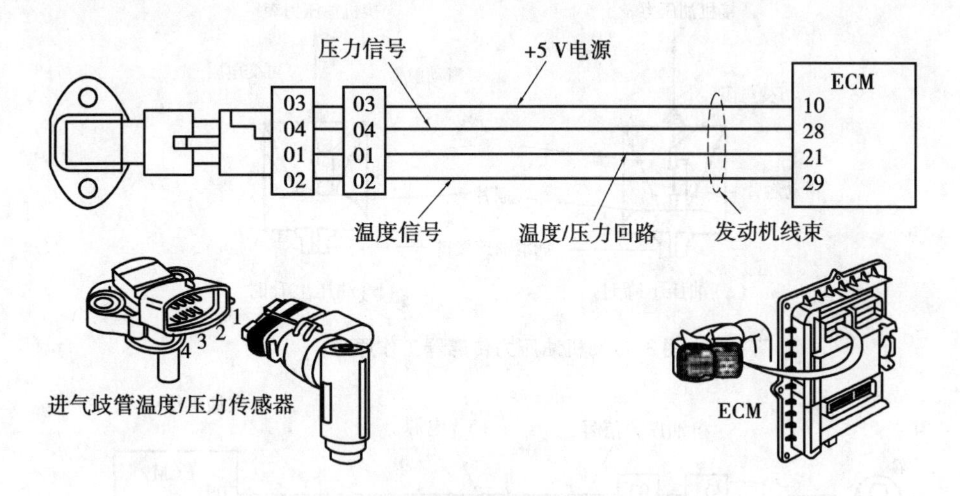

图 3.16 增压压力传感器与 ECM 连接电路

个:增压压力传感器输出的电压值和增压压力。

启动发动机,INSITE 故障诊断软件,读取发动机系统数据流,此时踩下油门,观察"增压压力"数值应逐渐增加,"增压压力传感器输出的电压值"数值应逐渐增加,如无变化应检查线束连接情况和传感器。

(3)机油压力传感器

①作用

机油压力传感器用于向 ECM 输入发动机主油道的压力,当机油压力低于预定值时,ECM 将降低发动机转速和功率,以保护发动机。当机油压力下降到一定值,ECM 将使仪表板上的红色报警灯闪亮,以提醒驾驶员应当立即停车检修。如果 ECM 不设有停机保护功能,当机油压力低于极限值 30 s 后会使发动机自动停机。有些车辆安装有手动延时按钮,当按下按钮后,发动机运转时间将再延长 30 s,以使驾驶员将车开到安全地点。

②结构原理

机油压力传感器的内部有一个可变电阻,一端输出信号,另一端搭铁。当油压增高时,压力油通过润滑油道接口推动膜片弯曲,膜片推动滑动臂移动到低电阻位置,输出电流增大;当油压降低时,输出电流减少。机油压力传感器的工作原理如图 3.17 所示。

③检修

机油压力传感器与 ECM 连接电路如图 3.18 所示。

A.外线路检查

用万用表的电阻挡,分别测量 04#端子与 33#端子,01#端子与 19#端子,03#端子与 09#端子之间的电阻值,来判断外线路是否存在短路及断路故障。

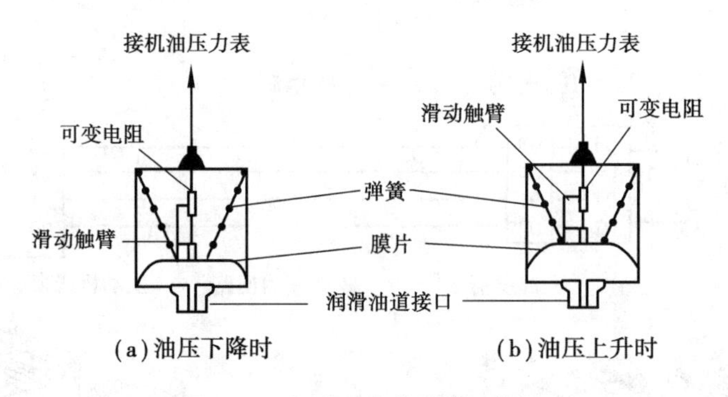

图3.17　机油压力传感器工作原理

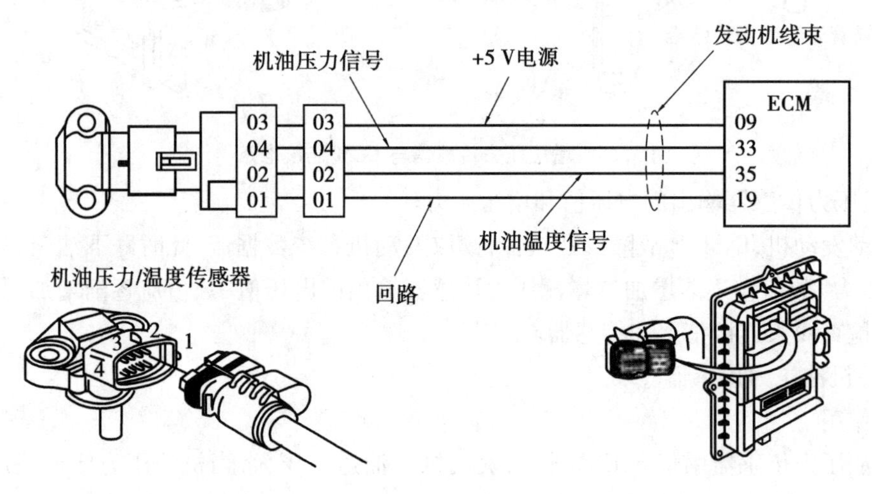

图3.18　机油压力传感器与ECM连接电路

B.传感器电压值测量

关闭点火开关,拔下机油压力传感器插头,点火开关ON,测量线束侧01#,03#端子之间的电压应为5 V。

C.传感器电阻值测量

测量机油压力/温度传感器的触针03#与触针04#之间的电阻,标准阻值:10 Ω ~ 10 MΩ欧姆,否则更换增压压力或温度传感器。

D.数据流检测

用"INSITE故障诊断软件"读取发动机系统数据流,涉及机油压力的数据流有2个:机油压力传感器输出的电压值和机油压力。

启动发动机,INSITE故障诊断软件,读取发动机系统数据流,此时踩下油门,使发动机转速上升,观察"机油压力"数值应逐渐增加,"机油压力传感器输出的电压值"数值应逐渐增加,如无变化应检查线束连接情况和传感器。

3)位置类传感器

在柴油机电控系统中,位置传感器主要是:发动机转速(曲轴位置)传感器、凸轮轴位置传感器、加速踏板位置传感器等。

(1)发动机转速(曲轴位置)传感器

①作用

发动机转速(曲轴位置)传感器又称作发动机曲轴位置传感器(或发动机转角传感器)。在电控柴油机中,发动机转速传感器用于检测发动机转速和曲轴位置,ECM 根据此信号计算喷油始点和喷油量。

②结构原理

A. 结构

Bosch 共轨系统广泛采用了电磁感应式的曲轴位置传感器,经常安装在飞轮壳上或齿轮室处(或其他位置),通常有两个接线端子(3 个端子的,增加端子为屏蔽线)。

电磁感应式速度传感器内部有一电磁铁芯和磁线绕组,电磁铁芯产生电磁场,速度信号轮在旋转时切割磁场,在磁线绕组上产生交流信号,ECM 通过计量交流信号的频率即可计算出信号轮的转速,如图 3.19 所示。

触发轮 6(或称信号盘)与曲轴同步旋转,在其外圆周加工了许多凸齿或凹齿。传感器固定在发动机机体上,磁铁芯与触发轮保持 0.5 ~ 1.2 mm 的间隙。

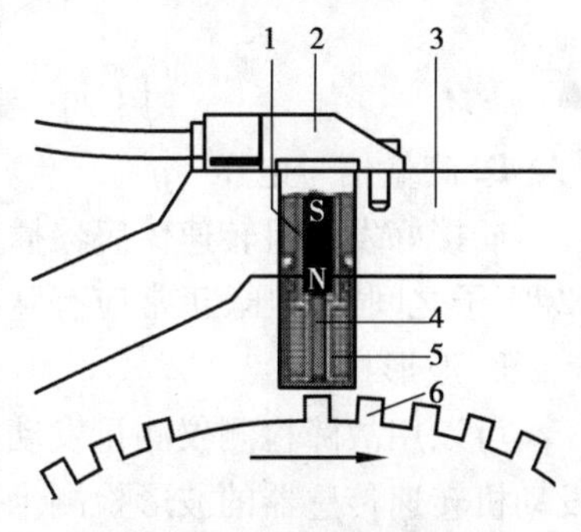

图 3.19 发动机转速传感器结构

1—永久磁铁;2—壳体;
3—发动机机体;
4—软磁铁芯;5—线圈绕组;
6—带定时记号的触发轮

B. 工作原理

当发动机旋转时,触发轮的轮齿顺序通过磁头,使磁隙不断发生变化,通过感应线圈的磁通也不断发生变化,从而在线圈的两端产生交变电动势。这些交流信号经过整形放大后,形成方波被送入 ECM。为了让 ECM 根据传感器信号判断曲轴位置,还应在触发轮上对应着某一缸的上止点做一个或几个空缺齿。

③检修

发动机转速传感器与 ECM 连接电路如图 3.20 所示。

A. 外观检查

检查传感器安装状态是否符合要求(传感器与信号轮的标准间隙一般为 0.8 ~ 1 mm);拆下传感器检查永久磁铁部位是否吸附有铁屑。

B. 外线路检查

参考电路图,用万用表的电阻挡,分别测量传感器线束端 01,02,03 端子与 ECM 线束端 25,24 对应端子之间的电阻值,来判断外线路是否存在短路及断路故障。

C. 传感器阻值测量

关闭点火开关,拔下发动机转速传感器插头,测量传感器端 01#与 02#端子间的电阻值,标准阻值:650 ~ 1 000 Ω(机型不同,差异较大),否则更换发动机转速传感器。

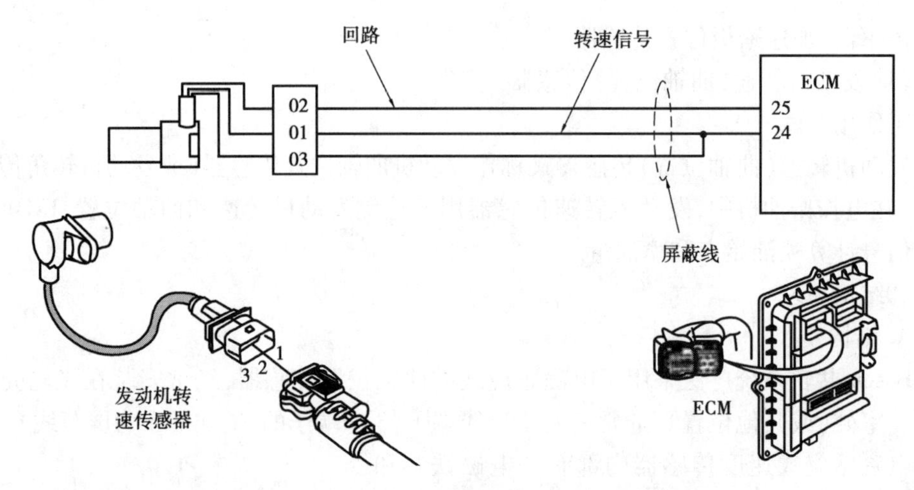

图 3.20 发动机转速传感器与 ECM 连接电路

D. 测量信号电压

插接好发动机转速传感器插头，启动发动机或发动机工作时，测量传感器端 01#与 02#端子之间的电压，正常应有脉冲信号输出。

E. 波形检测

可以用故障检测仪测量发动机转速传感器输出波形。因波形所含的信息量丰富，发动机转速传感器的波形检测十分实用。

(2)凸轮轴位置传感器

①作用

凸轮轴位置传感器的功用是采集配气凸轮轴的位置信号，并输入 ECM，以便 ECM 识别汽缸 1 压缩上止点，从而进行顺序喷油量、喷油时刻控制和爆燃控制。此外，凸轮轴位置信号还用于发动机启动时识别出第一次点火时刻。因为凸轮轴位置传感器能够识别哪一个汽缸活塞即将到达上止点，所以称为汽缸识别传感器。

②结构原理

磁感应式凸轮轴位置传感器的工作原理，磁力线穿过的路径为永久磁铁 N 极→定子与转子间的气隙→转子凸齿→转子凸齿与定子磁头间的气隙→磁头→导磁板→永久磁铁 S 极。当信号转子旋转时，磁路中的气隙就会周期性地发生变化，磁路的磁阻和穿过信号线圈磁头的磁通量随之发生周期性变化。根据电磁感应原理，传感线圈中就会感应产生交变电动势，如图 3.21 所示。

由于转子凸齿与磁头间的气隙直接影响磁路的磁阻和传感线圈输出电压的高低，因此在使用中，转子凸齿与磁头间的气隙不能随意变动。气隙如有变化，必须按规定进行调整，气隙一般设计为 0.2 ~0.4 mm。

③检修

凸轮轴位置传感器与 ECM 连接电路如图 3. 22 所示。

A. 外观检查

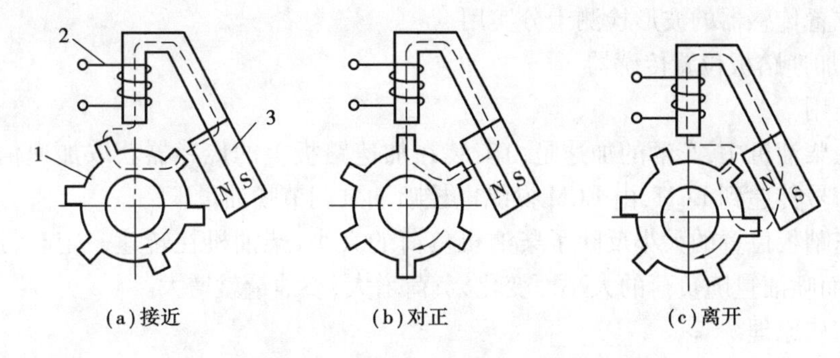

图3.21 磁感应式凸轮轴位置传感器工作原理

1—信号转子;2—传感线圈;3—永久磁铁

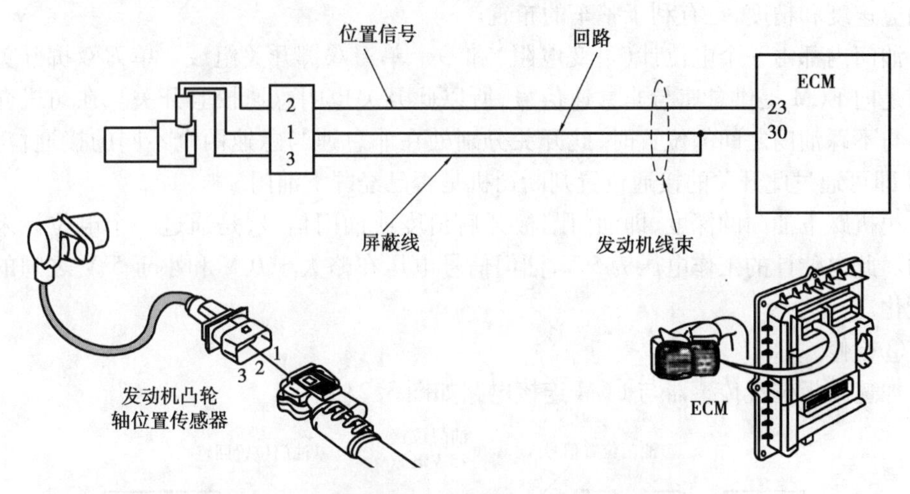

图3.22 凸轮轴位置传感器与ECM连接电路

检查传感器安装状态是否符合要求(传感器与信号轮的标准间隙一般为0.8～1 mm);拆下传感器检查永久磁铁部位是否吸附有铁屑。

B. 外线路检查

参考电路图,用万用表的电阻挡,分别测量传感器线束端1,2,3端子与ECM线束端23,30对应端子之间的电阻值,来判断外线路是否存在短路及断路故障。

C. 传感器阻值测量

关闭点火开关,拔下凸轮轴位置传感器插头,测量传感器端1#与2#端子间的电阻值,标准阻值:650～1 000 Ω(机型不同,差异较大),否则更换凸轮轴位置传感器。

D. 测量信号电压

插接好凸轮轴位置传感器插头,启动发动机或发动机工作时,测量传感器端01#与02#端子之间的电压,正常应有脉冲信号输出。

E. 波形检测

可以用故障检测仪测量凸轮轴位置传感器输出波形。因波形所含的信息量丰富,凸轮轴位置传感器的波形检测十分实用。

(3)加速踏板位置传感器

①作用

电控柴油机中,车辆的加速是由安装在加速踏板上的传感器获取加速信号,然后把加速信号传递到 ECM,由 ECM 操纵电控喷油泵调节喷油量。

加速踏板位置的大小反映了柴油机负荷的大小,柴油机在转速一定时,进气量基本不变,而喷油量随负荷的大小而变化,负荷增大,喷油量就增大。

②结构原理

在康明斯车用和工程机械用电控发动机上,传统的机械拉杆式油门被一个标准的6线式电子油门所取代,油门踏板和发动机之间不再有任何的机械连接,既提高了油门的响应速度和精度,也有利于整车的布置。

油门内部由一个电位计(可变电阻)和一个单刀双掷开关组成。单刀双掷开关的作用是向 ECM 提供怠速与非怠速信号,所以此开关也叫怠速校验开关。在司机介于踩下与不踩油门之间的位置时,此开关分别处在非怠速与怠速两个不同的接通位置,ECM 即可通过此开关的接通位置判断司机是否已经踩下油门。

司机踩下油门的深度,即油门踏板开启角度或油门信号,是通过一个电位计来提供的。此电位计的工作电压为 5 V,油门信号电压在略大于 0 V 和小于 5 V 之间的电压变化。

③检修

加速踏板位置传感器与 ECM 连接电路如图 3.23 所示。

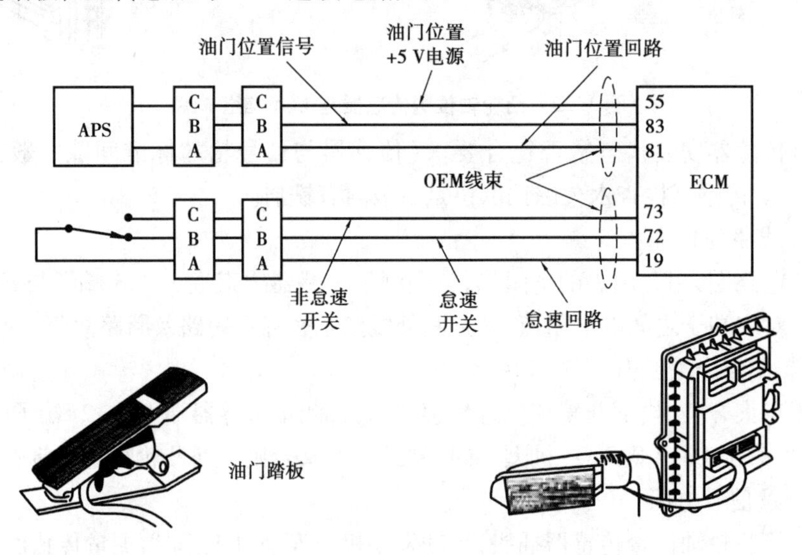

图 3.23 加速踏板位置传感器与 ECM 连接电路

A. 外线路检查

参考电路图,用万用表的电阻挡,分别测量加速踏板位置传感器的各端子与对应的 ECM 端子之间的电阻值,来判断外线路是否存在短路及断路故障。

B. 传感器电压值测量

关闭点火开关,拔下加速踏板位置传感器插头,点火开关 ON,测量 APS 线束侧插头 C,A 端子与搭铁之间电压值应为 5 V 电压。若没有电压,则检查 ECM 上相应端子的电压;若 ECM 上相应端子的电压正常,则说明 ECM 至传感器之间线路有故障;若 ECM 上相应端子没有电压,则说明 ECM 有故障。

C. 传感器电阻值测量

关闭点火开关,拔下 APS 传感器插头,测量传感器侧 C,A 端子之间电阻为 2 ~ 3 kΩ;测量 B,A 端子(释放踏板)之间电阻为 1.5 ~ 3 kΩ;测量 B,A 端子(踩下踏板)之间电阻为 0.2 ~ 1.5 kΩ。

D. 插接好线束连接器,打开点火开关,用万用表测量油门位置信号端子与油门位置回路端子之间的电压,其电压值应随加速踏板开度在 0.5 ~ 4.5 V 之间变化。

E. 怠速检验开关检测

在传感器侧分别测量怠速开关信号(B)端子、非怠速开关信号(C)端子与怠速回路(A)端子之间的导通情况。加速踏板完全放松时,怠速开关信号(B)端子与怠速回路(A)端子之间应导通,踩下加速踏板时应不导通;加速踏板踩到底时,非怠速开关信号(C)端子与怠速回路(A)端子之间应导通,加速踏板踩下深度小于 95% 时,应不导通。

2. 电喷柴油机 ECM 的应用与检测

和传统的机械控制的发动机相比,电控发动机通过一个中央电子控制单元(ECM)来控制和协调发动机的工作,ECM 就像人的大脑一样,通过各种传感器和开关实时监测发动机的各种运行参数和操作者的控制指令,通过计算后发出命令给相应的控制元件,如喷油器等,实现对发动机的优化控制。控制系统通过精确控制喷油时间和喷油量,以达到降低排放和提高燃油经济性的目的。

电喷柴油机 ECM 处在整个发动机控制系统的核心位置。各种输入设备,包括传感器、开关和油门踏板向 ECM 提供各种信息,ECM 通过这些信息来判断发动机当前的运行工况和操作者的控制指令。输出设备为执行元件,它们执行 ECM 通过计算得出的各种控制指令。在所有的执行元件中,最重要的执行元件是实现喷油量控制和喷油时间控制的元件。在不同的燃油系统中,实现喷油量和喷油时刻控制的元件各有不同。比如共轨系统中实现喷油量和喷油时刻控制的是喷油器中的电磁阀。

INSITE 是一种作用于康明斯电子控制模块(ECM)的 Windows 软件应用程序,它能诊断并解决发动机故障,存储并分析发动机历史信息和修改发动机运行参数。按图 3.24 所示连线后,并按相关要求进行设置,即可对康明斯电喷柴油机进行故障检测和诊断。

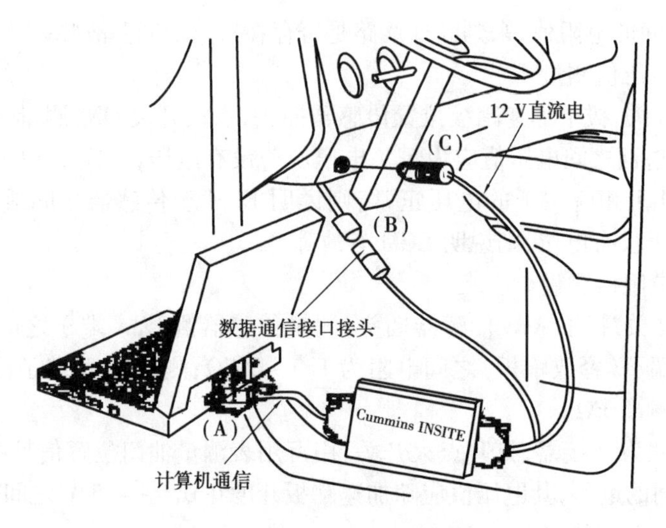

图 3.24　INSITE 和 ECM 通信连线

3. 电控柴油机控制系统执行器应用与检测

1) 作用

ECM 根据加速脚踏板位置传感器、凸轮轴位置传感器、曲轴位置传感器等信号，确定高压共轨内的燃油压力，通过占空比信号(PWM)调节共轨压力调节阀来控制共轨压力，并通过共轨压力传感器的反馈信号，ECM 实现对共轨内的燃油压力进行闭环控制。

2) 结构原理

电子燃油控制执行器安装有法兰，用以固定在高压泵或共轨上，其结构如图 3.25 所示。衔铁销将钢球压在密封座上，以使高压端对低压端密封。一方面弹簧将衔铁销往下压，另一方面电磁线圈还对衔铁销有作用力。为进行润滑和散热，整个电磁阀周围都有燃油流过。

电子燃油控制执行器有两个调节回路：一是低速电子调节回路，用于调整共轨中可变化的平均压力值；二是高速机械液压式调节回路，用以补偿高频压力波动。

(1) 电子燃油控制执行器不工作时

共轨或供油泵出口处的压力高于调压阀进口处的压力。由于无蓄电池的电磁铁不产生作用力，当燃油压力大于弹簧力时，调压阀打开，根据输油量的不同，打开程度大一些或小一些。弹簧的设计负荷约为 10 MPa。

(2) 电子燃油控制执行器工作时

如果要提升高压回路中的压力，除了弹簧力之外，还需要再建立一个磁力。控制调压阀，直至磁力和弹簧力与高压压力之间达到平衡时才被关闭。然后调压阀停留在

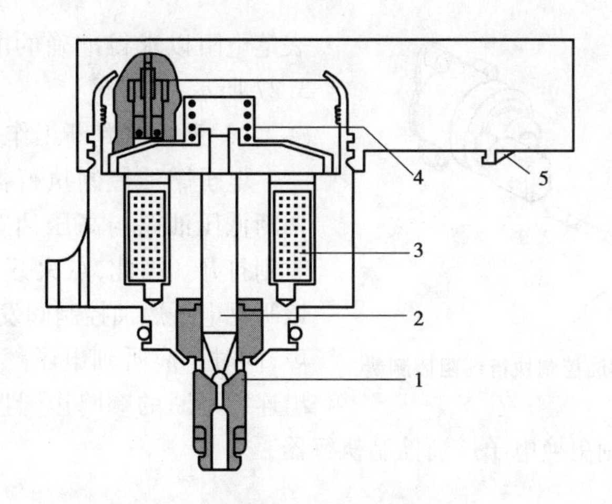

图3.25 电子燃油控制执行器工作原理

1—球阀;2—衔铁销;3—电磁线圈;4—弹簧;5—电气接头

某个开启位置,保持压力不变。当供油泵改变,燃油经喷油器从高压部分流出时,通过不同的开度予以补偿。电磁铁的作用力与控制电流成正比,控制电流的变化通过脉宽调制来实现。调制频率为1 kHz时,可以避免电枢的干扰运动和共轨中的压力波动。

3)检修

电子燃油控制执行器与ECM连接电路如图3.26所示。

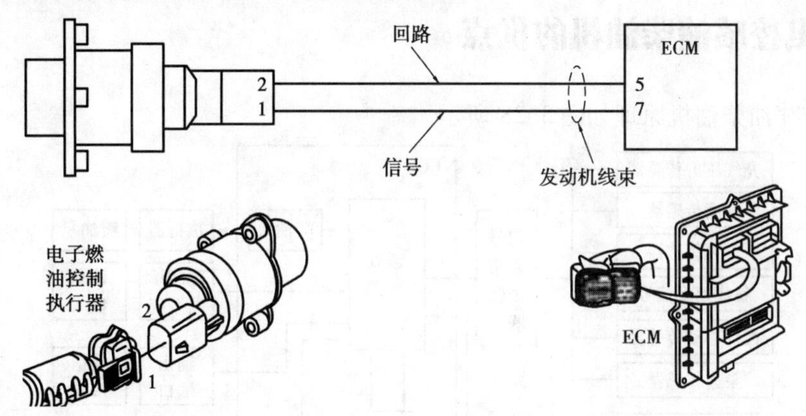

图3.26 电子燃油控制执行器与ECM连接电路

(1)外线路检查

参考电路图,用万用表的电阻挡,分别测量电子燃油控制执行器线束端1,2端子与ECM线束端5,7对应端子之间的电阻值,来判断外线路是否存在短路及断路故障。

(2)电子燃油控制执行器阻值测量

关闭点火开关,拔下电子燃油控制执行器插头,测量电子燃油控制执行器1#与2#端子间的电阻值,标准阻值:1.0 ~ 2.2 Ω,否则更换电子燃油控制执行器,减去万用表

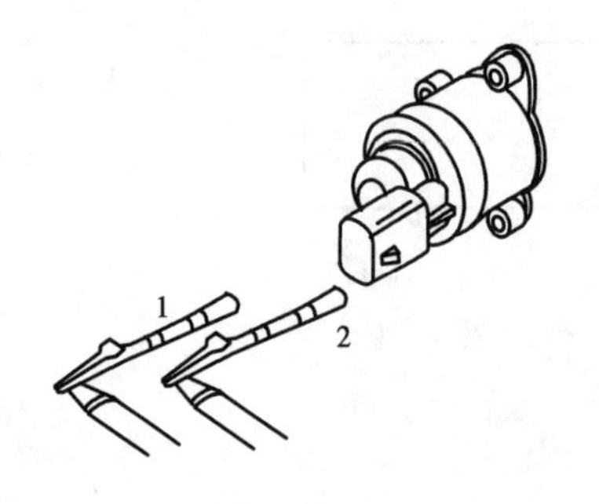

图 3.27　电子燃油控制执行器阻值测量

表笔电阻以求得准确的电磁阀电阻，如图 3.27 所示。

(3)听声音判断工作是否异常

电子燃油控制执行器在断电时关闭，切断低压油路与高压油路的联系，在通电时则打开。因此，点火开关 ON 时，此时应该听见电子燃油控制阀发出清脆的“咔哒”声，同时还应听到电子燃油控制执行器发出连续不断的嗡鸣声，且把手放上应能够感到明显震动，否则更换电子燃油控制执行器。

【知识拓展】电喷柴油机在工程机械中的应用

目前，国内工程机械发动机普遍采用涡轮增压及中冷技术，高技术含量的电喷技术还没有被广泛应用，发动机性能没有质的提高，影响了我国工程机械行业的整体水平。欧美国家对工程机械(非公路用)已经实施了相应严格的排放标准(欧Ⅱ或 Tier Ⅱ)，虽然我国还没有颁布统一的行业标准，但是颁布排放标准也势在必行。

1.电控喷油柴油机的优点

电控喷油柴油机原理如图 3.28 所示。

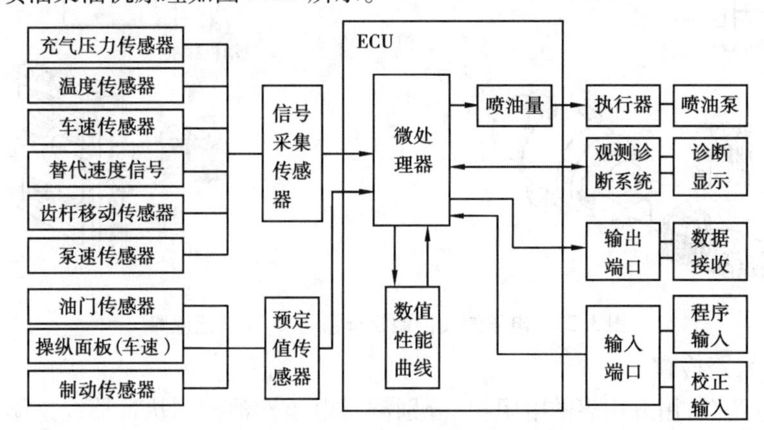

图 3.28　电控喷油柴油机原理图

通过各种传感器检测出发动机的实际运行状态，输入到电子控制单元(ECU)，形成数据 MAP，从数据 MAP 中计算目标喷油量，向执行器发出指令，进行控制，并且反复循环操作。电喷系统有如下的优点。

(1)自由控制喷油压力

电控喷油柴油机的喷油压力不受曲轴转速以及凸轮形状的影响,可以根据需要灵活控制,能够提高喷油压力、提高供油能量、改善雾化质量、缩短喷油延续时间,从而降低 NO_x 排放。在大负荷工况下可以通过提高喷射压力。推迟喷油定时的方法求得 NO_x 和 PM(颗粒)的折中关系。在低负荷工况下则需要减少混合燃料的比例,同时降低喷油初期的喷射压力。

(2)精确控制喷油量

根据传感器的信息。ECU 计算出目标喷油量,计算出喷油装置需要的供油时间,并向驱动单元发送驱动信号,从而控制喷油量。在基本喷油量、怠速转速控制、启动油量控制、各缸不均匀油量补偿控制、恒定转速控制等各种运行状况下,实现最佳喷油量控制。

(3)精确控制喷油定时

通过各种传感器监测发动机当时的工况条件和环境条件,并根据这些实时条件计算出最佳喷油时间,将结果送给执行器(定时控制阀 TCV),控制流入或流出提前机构的工作油。由于工作油对提前机构的作用,改变燃油压送凸轮的相位角,或提前、或延迟,从而控制喷油定时。

(4)自由控制喷油率

电喷柴油机能够自由地实现对喷油率的控制,不仅能够实现靴形喷油率,还可以实现如图 3.29 所示的多段喷油。各段喷油的作用和效果见表 3.5。

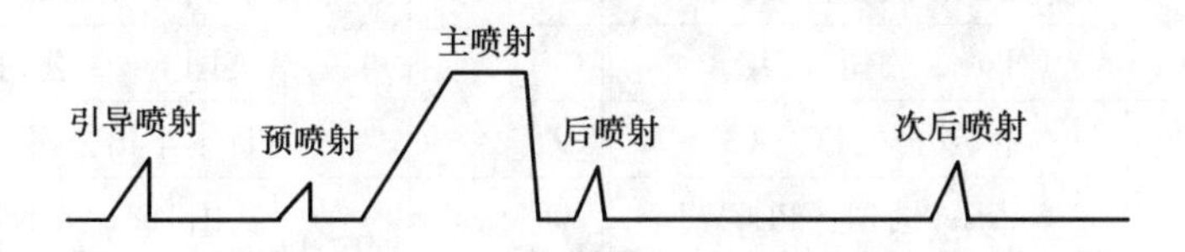

图 3.29　电喷柴油机各段喷油图

表 3.5　电喷柴油机各段喷射作用

序号	喷射阶段	效　果
1	引导喷射	通过预混合燃烧,降低颗粒排放
2	预喷射	缩短主喷射的着火延迟,降低 NO_x 和燃烧噪声
3	后喷射	促进扩散燃烧,降低颗粒排放
4	次后喷射	排温升高,通过供给还原剂促进后处理

(5)扩展了故障诊断、联络等功能

自我故障诊断功能就是由 ECU 监视,发现电子控制系统中故障产生的位置,并向驾驶员或修理人员提供故障信息的功能。同时可以解决运行参数及监测数据的存储与传递，有利于对机械的动态管理。

2. 工程机械中装配电喷柴油机的应用状况

采用电控喷射可以按照要求自由控制喷油时间、喷油压力、喷油量和喷油规律，在一定的意义上实现了可控燃烧。在工程机械上使用电控柴油机，应将柴油机电控系统与主机的控制系统结合，将机械的最大功率与一般功率等模态特征用程序写入控制单元中，并将工程机械液压油油压、油温以及负载传感器信号输入到 ECU 中，可根据作业情况，选择包括柴油机冷启动时的喷油量、低速加浓、最佳喷油提前角、调整特性、怠速、空燃比、正常压力补偿等最优化控制。达到较严的排放标准和更佳的经济性能，自我故障诊断能力可保证机械的可靠运行。

国外的电喷柴油机技术比较成熟，表 3.6 列举了常见的各种电控喷射系统的成熟产品。

表 3.6　常见的各种电控喷射系统的成熟产品

序号	控制形式	系列	产品名称	序号	控制形式	系列	产品名称
1	位置式控制系统	分配泵	日本电装公司:ECD-V1	14	时间式控制系统	分配泵	日本电装公司:ECD-V4
2			日本 Zexel 公司:CNE	15			日本 Zexel 公司:Model
3			德国 Bosch 公司:EDC	16			德国 Bosch 公司:VP44
4			美国 stanadyne 公司:PCF	17			美国 stanadyne 公司:DS
5			英国 Lucas 公司:EPIC	18			英国 Lucas 公司:ESR-10
6		直列泵	日本电装公司:ECD-P3	19			日本丰田公司:ECD-2
7			日本 Zexel 公司:CPEC\TICS	20	共轨式控制系统	高压式	英国 LucasVarity 公司:ECD-U2
8			德国 Bosch 公司:EDR	21			日本电装公司:LDCR
9			美国 Caterpilliar 公司:PEEC	22		蓄电式	美国 BKM 公司:Servojet
10			日本小松公司:KP21	23		液压式	日本小松公司:KOMPICS
11	时间式控制系统	泵喷嘴	德国 Bosch 公司:PDFE27/28	24			美国 Caterpilliar 公司:HEUI
12			英国 Lucas 公司:EUI				
13		单体泵	德国 Bosch 公司:EPU13				

工程机械中已经开始采用电控柴油机，如卡特彼勒公司生产的 PM-102，PM-200，PM-201 型路面冷铣刨机装配了机械驱动式电控单体喷油系统（MEUI），它将电子控制技术的先进性与机械直接控制燃油喷射的简单性互相结合，并且在整个发动机运行速度范围内对喷射压力具有优良的控制能力，精确控制的燃烧周期降低了燃烧室温度，从而减少排放，燃烧更充分，使得燃油费用转换成更多的工作输出，满足 Tier Ⅱ 和欧Ⅱ

排放标准。PM-200型发动机装有HEUI电子喷射装置及ADEM A-4模块,可提高22%的喷射压力。便于燃油完全、高效燃烧,燃烧效率可提高5%,NO_x下降40%,转矩增加35%,个别工程机械产品的机外噪声已降至72 dB。如北京三环路改造工程为了提高施工速度和质量,减少对环境的污染,采用了瑞典戴纳派克公司最新一代PL2100S铣刨机,该机配备了康明斯QSX15型全电控柴油机,具有非常明显的燃油经济性和超强动力性,大大降低了发动机的噪声,尾气排放达到汽车排放的欧Ⅱ标准。如迪尔采用EUI系统(电控泵喷嘴),康明斯采用IS系统(一种交互式共轨喷射系统)等,并且有逐步扩大应用的趋势。

在我国电控柴油机技术取得了一定的成果。一汽采用电控可变预行程泵实现对CA6110系列柴油机的喷油控制和怠速、巡航的调速控制;威孚公司先后对VE分配泵、时间控制式分配泵、高压共轨系统进行了系统的研究和开发;位置控制式VE分配泵已推向市场;吉林大学、北京理工大学等科研院所相继展开电控技术的研究,并取得阶段性成果。

国内工程机械品种齐全,包括挖掘机械、铲土运输机械、工程起重机械、压实机械、路面机械、桩工机械、叉车与工业搬运车辆、凿岩机械、混凝土机械等,电控柴油机在工程机械中的应用前景广阔,也符合我国工程机械的发展趋势。大型化、多用途、微型化、电子化与信息化、节能与环保是今后电喷柴油机技术发展的主流方向。

实训3 康明斯ISBE电控柴油机功率不足故障诊断与排除

1.诊断方法

故障闪码(闪码的读取及消除)——不需用诊断仪,方便有效。

ISBE电控柴油机普遍可以利用故障诊断灯进行读取故障闪码(不需要诊断仪),可以对柴油机电控系统进行初步诊断。

故障诊断灯:当车出现故障时,可以通过整车仪表盘上的闪码灯读出闪码,参照闪码表初步判断错误原因。

故障诊断开关及闪码灯如图3.30所示。

闪码读取操作:

①点火钥匙开关处于接通位置;

②按下一松开故障诊断请求开关;

③闪码灯将报出闪码;

④每一次操作只闪烁一个闪码,直至循环至第一个为止。

⑤闪码由三位组成。闪码 324 读取示意图如图 3.30 所示。

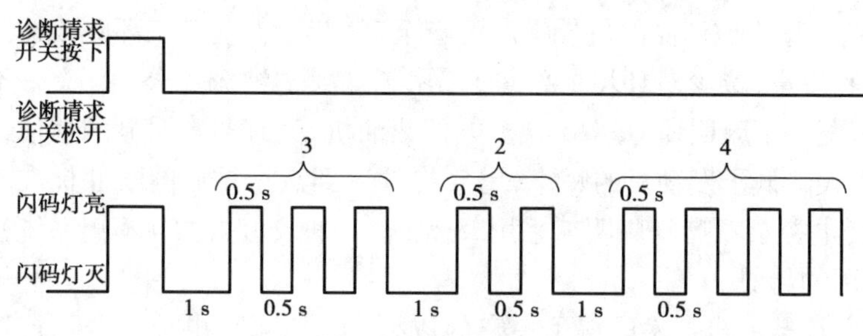

图 3.30　故障代码

注意:闪码闪烁时间和间隔时间可以由发动机厂自行定义。

专用诊断仪工具:用专用故障诊断仪可以进行较进一步的判断。

2. 电控柴油机功率不足故障诊断

电控柴油机功率不足故障比较常见,但是故障原因复杂,机型不同、电控系统不同,故障原因有所差异,应结合具体机型,参考相关技术资料,特别注意各传感器及执行器的失效保护模式。

下面以康明斯 ISBE Bosch 共轨为例,分析故障原因及故障诊断和排除。

1)热保护引起功率不足

(1)故障现象

①冷却液温度过高;

②进气温度过高;

③燃油温度过高;

④冷却液温度传感器线路故障(如断路),如图 3.31 所示;

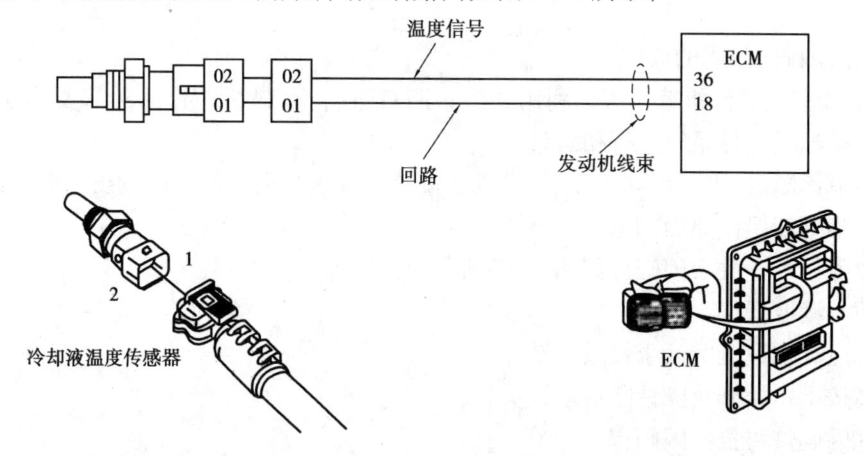

图 3.31　冷却液温度传感器与 ECM 连接电路

⑤进气温度传感器线路故障(如断路),如图3.32所示。

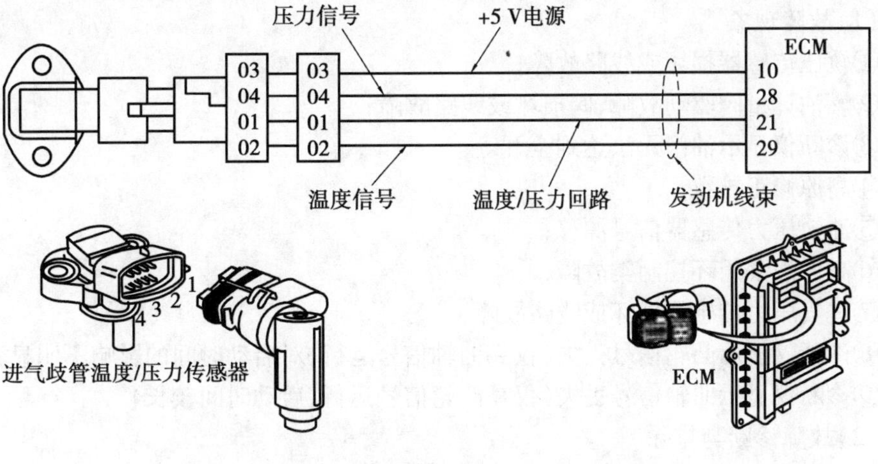

压力信号
+5 V电源
ECM
03
04
01
02
03
04
01
02
10
28
21
29
温度信号
温度/压力回路
发动机线束
1
2
3
4
进气歧管温度/压力传感器
ECM

图3.32 进气温度传感器与ECM连接电路

⑥燃油温度传感器线路故障(如断路),如图3.33所示。

燃油温度信号
ECM
02
01
34
17
燃油温度回路
发动机线束
1
2
燃油温度
传感器
ECM

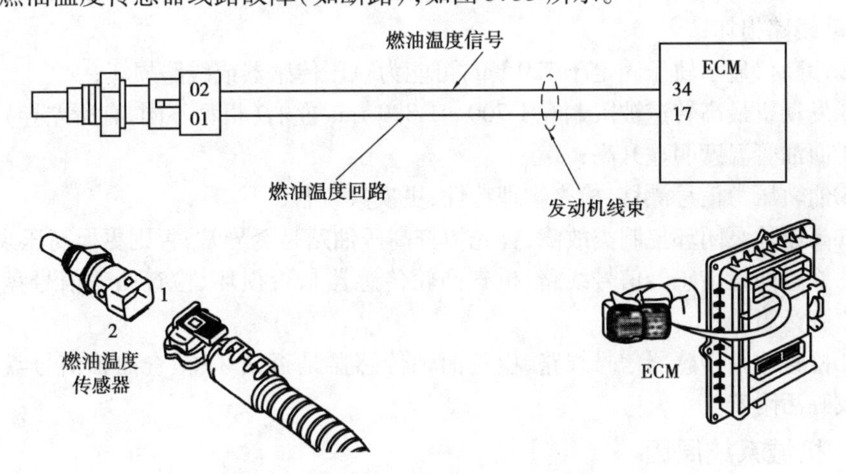

图3.33 燃油温度传感器与ECM连接电路

(2)故障诊断与排除

①检查发动机冷却系;

②检查发动机气路;

③检查燃油系统;

④检查进气温度传感器本身或信号线路是否损坏;

⑤检查水温传感器本身或信号线路是否损坏;

⑥检查燃油温度传感器本身或信号线路是否损坏。

上述温度值可用诊断仪读取数据流获得,断路故障可用万用表测量。

说明:电控柴油机热保护现已普遍采用,当温度值超过设定的阀值,ECM会控制喷油器减少喷油量,使发动机输出扭矩减少,功率下降。

2)电控柴油机进入失效保护模式

(1)故障现象

①轨压传感器损坏或线路故障;

②燃油计量阀驱动故障,阀损坏或线路故障;

③诊断仪显示油门无法达到全开等;

④高原修正导致;

⑤油轨压力传感器信号漂移;

⑥高压油泵闭环控制类故障;

⑦进气压力传感器损坏或线路故障;

⑧诊断仪显示凸轮信号丢失(仅靠曲轴信号运行,对启动时间的影响不明显);

⑨诊断仪显示曲轴信号丢失(仅靠凸轮信号运行,启动时间较长)。

(2)故障诊断与排除

对于轨压传感器或燃油计量阀故障:

①诊断仪显示轨压位于700~760 bar左右,随转速升高而升高,则可能燃油计量阀/驱动线路损坏;

②诊断仪显示轨压固定于720 bar,可能为轨压传感器或线路损坏;

③发动机最高转速被限制在1 700~1 800 rpm左右(机型不同,有所差异);

④回油管温度明显升高;

⑤油轨压力信号漂移,检查物理特性,更换共轨管;

⑥高压油泵闭环控制类故障,首先检查高压油路是否异常,否则更换高压泵;

⑦检查凸轮传感器信号线路、检查凸轮传感器是否损坏、检查凸轮信号盘是否有损坏或脏污附着;

⑧检查曲轴传感器信号线路、检查曲轴传感器是否损坏、检查曲轴信号盘是否有损坏或脏污附着。

3)机械系统原因

(1)故障现象

①进排气路阻塞,冒烟限制起作用;

②增压后管路泄漏,冒烟限制起作用;

③油路阻塞或泄漏;

④增压器损坏(例如旁通阀常开);

⑤低压油路:有空气或压力不足;

⑥进排气门调整错误;

⑦喷油器雾化不良,卡滞等;

⑧机械阻力过大;

⑨其他机械原因。

(2)故障诊断与排除

①检查高压/低压燃油管路;
②检查进排气系统,如图 3.34 所示;
③检查喷油器;
④参照机械维修经验进行。

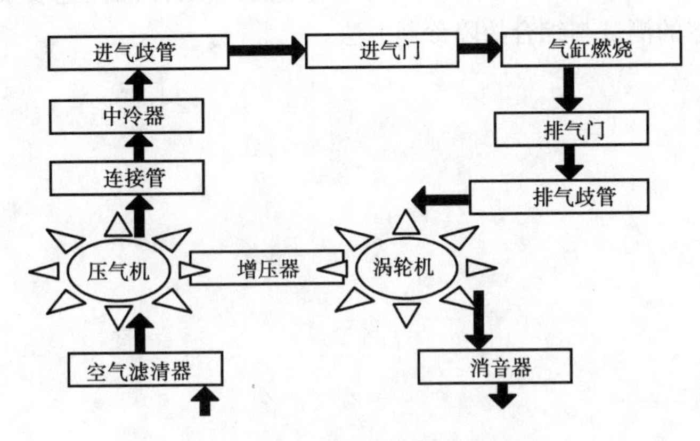

图 3.34　柴油机进排气系统

康明斯 ISBE 柴油机 Bosch 共轨系统功率不足故障排除见表 3.7。

表 3.7　发动机功率不足,可能的故障部位及特征、故障排除方法

可能的故障部位及特征	故障排除方法
(1)空气滤清器滤芯堵塞	(1)保养或更换空气滤清器滤芯
(2)燃油品质不正确	(2)按规定牌号更换燃油
(3)废气涡轮增压器失效	(3)维修或更换废气涡轮增压器
(4)低压油路供油不畅或压力过低	(4)检查低压油路
(5)加速踏板位置传感器位置故障	(5)检查加速踏板位置传感器
(6) 冷却液温度传感器故障(指示值过高)	(6)检查冷却液温度传感器
(7)共轨压力传感器故障	(7)检查共轨压力传感器
(8)高压油泵及进油电磁阀(高压压力低)	

项目小结

车用柴油机不仅随着转速改变喷油量和喷油时间相应改变,而且随着负荷的变化采用复杂的控制模型对温度、进气压力等参数进行补偿控制。随着微电子技术的迅速发展及其在汽油机电控方面的成功应用,解决柴油机电控技术的瓶颈,使得柴油机电控技术也发展起来。采用电控技术可以改善驾驶性能,降低噪声和振动,提供舒适、易

操作的行驶控制功能;可以借助于故障显示和自诊断功能改善车辆的安全性和维护保养的方便性;可以改善冷启动、稳定怠速和良好的加速等性能,从而推动和加速了柴油机电控的发展。

本任务项目根据现代工程机械电喷柴油机的发展趋势和特点,对工程机械电喷柴油机的结构、工作原理进行了详细分析;并着重论述了工程机械电喷柴油机传感器、ECM 以及执行器的测试与综合故障诊断方法。

项目4 工程机械行走电液控制系统的应用与检修

项目剖析与目标

行走驱动系统是工程机械的重要组成部分。与工作系统相比，行走驱动系统不仅需要传输更大的功率，要求器件具有更高的效率和更长的使用寿命，还希望在变速调速、差速、改变输出轴旋转方向及反向传输动力等方面具有良好的能力。于是，采用何种传动方式，如何更好地满足各种工程机械行走驱动的需要，一直是工程机械行业所要面对的课题。尤其是近年来，随着我国交通、能源等基础设施建设进程的快速发展，建筑施工和资源开发规模不断扩大，工程机械在市场需求大大增强的同时，面临的作业环境更为苛刻、工况条件更为复杂等所带来的挑战，也进一步推动了对其行走驱动系统的深入研究。

传统的手动机械变速器换挡操作非常频繁，劳动强度大，例如装载机在进行V形作业时，每小时换挡操作近1 000次；而且在作业换挡过程中换挡，不仅要进行驾驶，还要操纵工作装置，分散了驾驶员的注意力，增加了行驶的不安全因素。因而自动换挡系统在装载机、铲运机和自卸卡车等轮式工程机械上的应用越来越普遍。它在提高工程机械的使用效益及作业质量，改善使用性能，减轻操作人员的劳动强度，对操作人员的操作技术标准要求相对较低等方面显示出广泛的优越性。

液压传动系统调节方便、布局灵活，可以更加容易地实现对其运动参数（流量）和动力参数（压力）的控制，可以很好地适应工程机械的低速大扭矩工况，具有广阔的发展前景。在众多的工程机械中，特别是在进口设备中，采用液压传动和全液压驱动的传动方式更加普遍，如隧道掘进机、盾构机、大吨位的运梁车、吊车、升降台车，以及摊铺机、挖掘机、压路机、推土机等。

本项目主要以工程机械的自动换挡和全液压传动这两种行走驱动系统的工作原理、结构以及故障诊断与检修方法进行分析。

任务4.1 工程机械自动换挡变速器的选择与应用

任务描述

部分行走速度较快的轮式工程机械往往采用动力换挡系统进行动力传动。本任务主要针对工程机械自动换挡系统的工作原理、结构特点、信号检测、拆装过程以及综合故障诊断过程进行分析。

任务分析

自动变速器结构复杂、同时牵涉电液信号的转换、传输、放大、控制和执行等环节较多,是一款典型的工程机械机电液一体化总成,对相关知识的掌握程度要求较高。学习过程中需要从自动变速器的机械结构、工作原理、控制电路、液压系统和信号转换等方面进行详细分析。

【知识准备】工程机械自动换挡变速器的工作原理

1. 自动换挡变速器的类型

自动换挡控制系统能够根据发动机的负荷(节气门开度)和机动车的行驶速度,按照设定的换挡规律,自动接通或切断某些换挡离合器和制动器的供油油路,使离合器结合或分开、制动器制动或释放,以改变齿轮变速器的传动比,从而实现自动换挡。其工作原理如图4.1所示。

自动变速器种类很多,根据控制原理的不同可分为液力机械自动变速器(AT)、自动机械变速器(AMT)、无级变速器(CVT)、双离合器式自动变速器(DCT)4种类型。

液力机械自动变速器(AT)主要用在轿车和重型车辆上,目前轿车上AT所占的比例最大;AMT在中低档轿车、大客车、重型货车上得到了广泛的应用;CVT由于传递的转矩有限,所以多用在中小排量的轿车上。因此,目前在重型车上装用的自动变速器主要是AT和AMT,AMT在手动齿轮变速器基础上实现了换挡操作自动化,具有生产继承性好、投入费用低、效率高、制造简单、操纵方便等优点,已成为自动变速器研究开

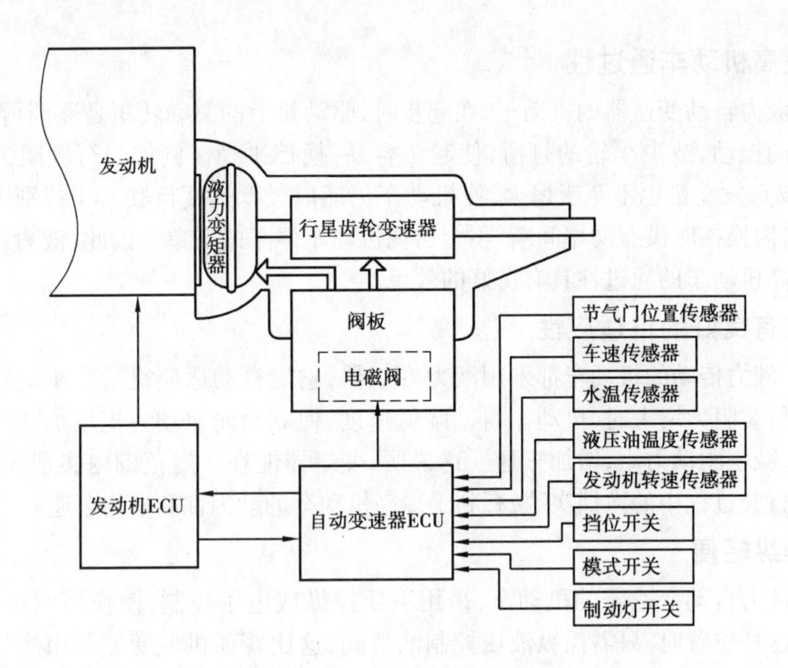

图 4.1 自动变速器工作原理图

发的热点。但由于 AMT 是非动力换挡,变速器输出转矩与转速变化比较大,易造成较大的换挡冲击,以及换挡期间动力中断等缺点,所以 AMT 本身也存在固有的矛盾。为了既可充分利用 AMT 所具有的优点,又可消除其中断动力换挡的缺点,DCT 应运而生,目前 DCT 正受到国外各大制造企业的重视。

液力机械自动变速器(AT)一直作为主流自动变速器,虽然存在结构复杂、效率偏低等缺点,但其优点也是很明显的,特别是在工程车辆上更体现出 AT 的优势,另外在大型客车、重型自卸车、高通过性军用越野车都有广泛的应用。AT 已有 60 余年的发展历史,至今仍占据自动变速车辆市场的主导地位。本项目将对一些应用于重型汽车的 AT 进行分析。

2. 自动变速器的特点

1)提高发动机和传动系的使用寿命

采取自动变速器的机动车与采用机械变速器的机动车对比试验表明:前者发动机的寿命可提高 85%,传动轴和驱动半轴的寿命可提高 75% ~100%。液力传动机动车的发动机与传动系,由于液体工作介质的“软”性连接特性,可以起到一定的吸收、衰减和缓冲的作用,大大减少冲击和动载荷。例如,当负荷突然增大时,可防止发动机过载和突然熄火。机动车在起步、换挡或制动时,能减少发动机和传动系所承受的冲击及动载荷,因而提高了有关零部件的使用寿命。

2)提高机动车通过性

采用液力自动变速器的机动车,在起步时,驱动轮上的驱动转矩是逐渐增加的,可防止很大的振动,减少车轮的打滑,使起步容易,换挡平稳。例如当行驶阻力很大时(如爬陡坡),发动机也不至于熄火,使机动车仍能以极低速度行驶。在特别困难的路面行驶时,因换挡时没有功率间断,不会出现机动车停车的现象。因此,液力机械变速器对于提高机动车的通过性具有良好的效果。

3)具有良好的自适应性

目前,液力传动的机动车都采用液力变矩器,它能自动适应机动车驱动轮负荷的变化。当行驶阻力增大时,机动车自动降低速度,使驱动轮驱动力矩增加。当行驶阻力减小时,减小驱动力矩,增加车速。这说明,变矩器能在一定范围内实现无级变速,大大减少行驶过程中的换挡次数,有利于提高机动车的动力性和平均车速。

4)操纵轻便

装备液力自动变速器的机动车,采用液压操纵或电子控制,使换挡实现自动化。在变换变速杆位置时,只需操纵液压控制的滑阀,这比普通机械变速器用拨叉拨动滑动齿轮或接合套实现换挡要简单轻松得多。而且,它的换挡齿轮组一般都采用行星齿轮组,是常啮合齿轮组,这就降低或消除了换挡时的齿轮冲击,不需要设置主离合器,大大减轻了驾驶员的劳动强度。

综上所述,液力自动变速器不仅能与机动车行驶要求相适应,而且具有单纯机械变速器所不具备的一些显著优点。不过与机械变速器相比,自动变速换挡系统也存在某些缺点,如结构复杂,制造成本较高,传动效率较低等。对液力变矩器而言,最高效率一般为82% ~86%,而机械传动的效率可达95% ~97%。由于传动效率低,使机动车的燃油经济性有所降低;由于自动变速器的结构复杂,相应的维修技术也较复杂,要求有专门的维修人员,具有较高的修理水平和故障检查分析的能力。

3. 自动换挡变速器的工作原理

1)AT 的发展

在底盘传动系统的发展历程中,出现了许多著名的工程师。如:辛普森(Simpson)、拉威娜(Rav-igneaus)、莱佩莱捷(Lepelletier),以他们的名字命名的自动变速器结构原理图如图 4.2 所示。

这些轮系推动了自动变速器从 3 个前进挡发展到 4 个前进挡,进而发展到 6 个前进挡(甚至 7,8,9 个前进挡)。辛普森轮系和拉威娜轮系作为经典的轮系,已在各乘用车制造商及原始设备制造商产品开发中得到了广泛应用,占有压倒性地位,以它们为基础通过增减行星排和改变换挡执行元件的连接方式,可得到不同的挡位数。

随着全球制造工业的发展,以及一系列能源环保法规的强制实施,客观上要求使

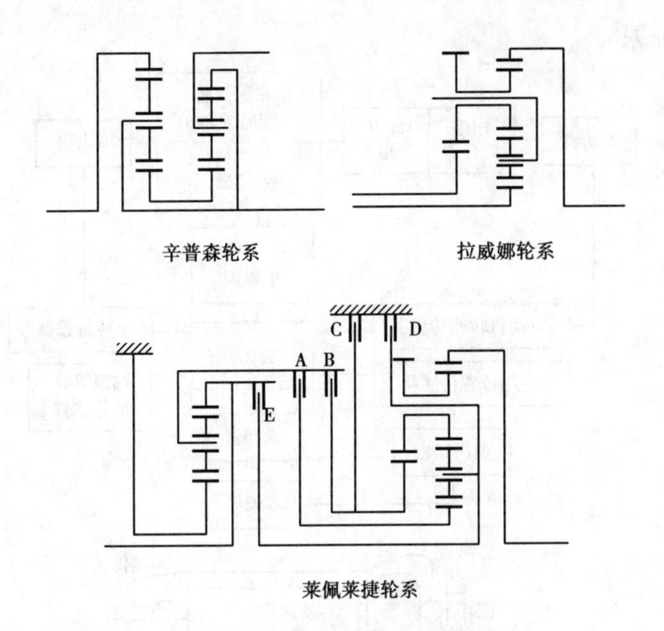

图4.2 自动变速器结构原理图

用更环保、更节省燃油的自动变速器,同时电子技术的发展又为新型自动变速器的应用创造了条件。莱佩莱捷轮系(简称莱式轮系)开创了自动变速器传动技术的新时代,引领机动车走进了6个前进挡时代。莱式变速器结构由一个简单的单排单级行星齿轮加上一组拉威娜轮系构成,有3个离合器和2个制动器,共5个换挡执行元件,仔细分析一下,莱式轮系没有直接挡,结构上没有采用单向离合器(OWC)从而简化了系统零部件的数量,节省了原材料;但对控制的软件和硬件要求较高。莱式变速器只用了5个换挡执行元件就实现了6个前进挡(若把前排固定的太阳轮用制动器控制取代即可实现7个前进挡),这比其他轮系实现相同挡位所用的行星排数和换挡执行元件都要少。

2)AT操纵技术的3个发展阶段

20世纪80年代以前的AT基本上全部采用全液压控制,达到了自动换挡的目的,但其换挡过程是通过各种液压阀和液压油路所构成的逻辑控制系统来完成的。因此仍存在着诸多问题:如结构复杂、制造精度要求高、制造成本高、传动效率低、通用性和可移植性差等;在性能上突出表现为:随着车辆使用期的增长,换挡点控制不精确,不能适应车辆结构参数的变化、外界行驶环境的变化和驾驶员意图的变化等。从20世纪70年代末到80年代初,随着电子技术和控制技术的发展,首先出现了电液控制操纵技术,传统的液控操纵被电控操纵所取代,使自动变速系统进入了一个新的发展时期。这一时期的电控自动变速系器(electronic automatic transmission,简称EAT),均实现了具有闭锁离合器的液力变矩器,配以电子控制系统后实现自动换挡以及实现液力变矩器的闭锁和解锁控制等,从而提高了车辆的使用性能,其控制原理如图 4.3 所示。

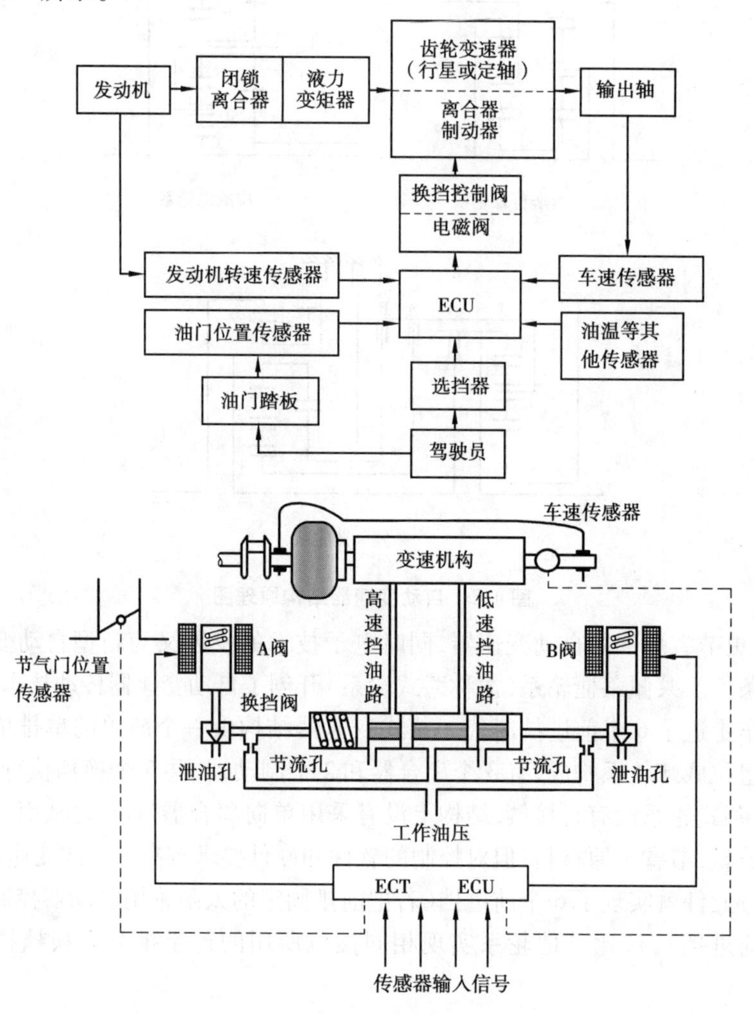

图 4.3　EAT 系统控制原理图

EAT 由于采用了以微处理器为核心的电控系统,因此具有以下特点:

①可根据需要提供不同的控制模式,如变矩器的闭锁解锁控制、滑摩控制;

②预设多种换挡规律,以适应不同类型驾驶员和外界行驶环境的要求;

③采用现代控制理论来改善换挡品质,如自适应控制、最优控制等;

④引入智能控制技术,使电控系统具有自学习功能;

⑤增加人工驾驶模式等。

目前,车辆自动变速技术已经进入智能化时代,控制策略的不断改进成为车辆自动变速技术发展的特点,一些智能控制理论纷纷用于车辆自动变速技术中,如人工神经网络、模糊控制等。

3)重型车辆自动换挡变速系统

重型车辆AT可分为以下3种类型。

①由液力变矩器与行星齿轮机械变速器串联组成的AT,如美国Allison公司和德国ZF公司生产的AT。

②由液力变矩器与固定轴式齿轮机械变速器串联组成的AT,如上海SH380型自卸车所采用的AT。

③双流液力机械传动自动变速器,其液力变矩器与2自由度行星齿轮机构并联,而后再与机械变速器串联,在并联部分中发动机功率的一部分经变矩器传递,其余部分经行星齿轮机构传递,因而兼具两种传动的优点,故被称为双流液力机械传动或液力机械分流传动,其中并联部分称为液力机械变矩器。

下面对Allison自动变速器的结构与工作原理进行分析。

(1)基本概况

Allison变速器分部是美国通用汽车公司的直属子公司,由Allison于1915年创办,1946年为军用设备和汽车生产变速器,成为变速器专业生产厂家。1955年Allison推出了全世界第一台用于货车和公共汽车的全自动变速器。车辆传动系统的传统观念从此发生了根本转变,自动变速器在机动车领域的应用从此迅速发展。目前Allison在全世界有4个生产厂,分别在美国的印第安纳波利斯和巴尔迪摩、匈牙利和巴西。其中美国工厂生产的产品主供北美市场,匈牙利工厂以供应北美以外的国际市场为主。

Allison的产品系列大部分为:公路型的1000,2000,3000和4000T系列;非公路型HD,5000,6000,8000,9000系列和军用型。其中T系列是专为客车配套,可选择Allison专用缓速器。Allison现已主要使用第4代控制系统,其换挡速度快,芯片内存增加,即按键触摸换挡,进一步降低了驾驶员的劳动强度,提高了行车安全性。

早在20世纪70年代,Allison自动变速器就进入了我国市场。目前,Allison自动变速器的使用遍及国内各大矿山、油田、水利工程、海港和消防系统,为我国的现代化建设发挥作用。进入21世纪以来,Allison自动变速器大量进入国内公路市场,目前,已有不少车辆生产厂家在产品上选用了Allison的变速器。

Allison的货车用自动变速器分为MD3000和HD4000两个系列。其中MD3000系列有4挡、5挡和6挡3种。HD4000系列分为6挡和7挡2种,HD4070PR自动变速器是Allison在21世纪初才投产的处于世界领先水平的电液控制AT,该型号变速器有7个前进挡,采用先进的模块化结构,由输入模块、齿轮箱模块、输出模块、电液控制系统模块、外部电子控制系统及辅助装置组成。每个模块都可单独装卸,并作为独立单元来进行维修,这种模块化的设计能简化变速器的装配和维修保养。

下面以Allison生产的HD4070PR型自动变速器为例进行进一步分析。

(2)基本结构

Allison4070PR型自动变速器结构如图4.4所示,其中含有锁止离合器、减速增扭的变矩器,4个行星齿轮装置,以及整体式减速器和动力输出装置。

由于在自动变速器的液力变矩器上安装了闭锁离合器，解决了低速起步问题，也继承了手动电子换挡变速器高速时的传递效率高的优点。此外这种自动变速器包含有节气门位置传感器和速度传感器，能全面反映发动机工作工况、外负荷工况以及行驶作业工况，使换挡工况更为合理。

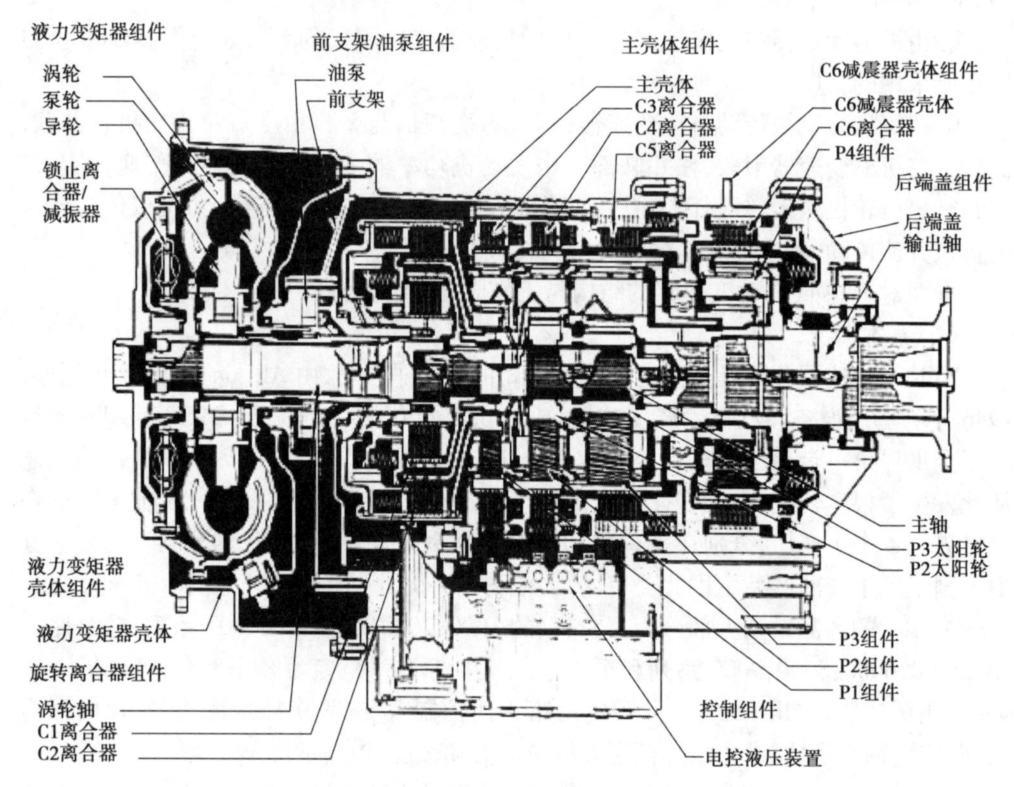

图4.4 Allison4070 PR 型自动变速器结构图

Allison4070 PR 型自动变速器传动简图如图4.5所示。

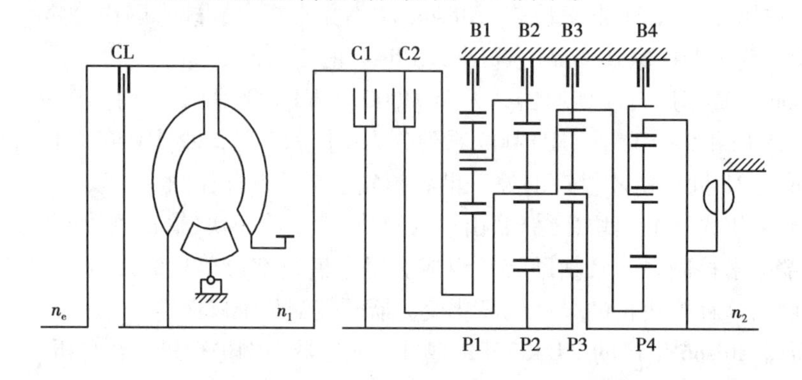

图4.5 Allison4070 PR 型自动变速器传动简图

Allison4070 PR 型自动变速器电液控制系统如图4.6所示。换挡的过程通常是一些换挡元件结合，另一些换挡元件分离的过程。Allison4070 PR 自动变速器通过如图

4.6 所示的电液控制系统控制 C1,C2 两个换挡离合器和 B1,B2,B3,B4 4 个换挡制动器分离与接合得到 7 个前进挡和一个倒挡。

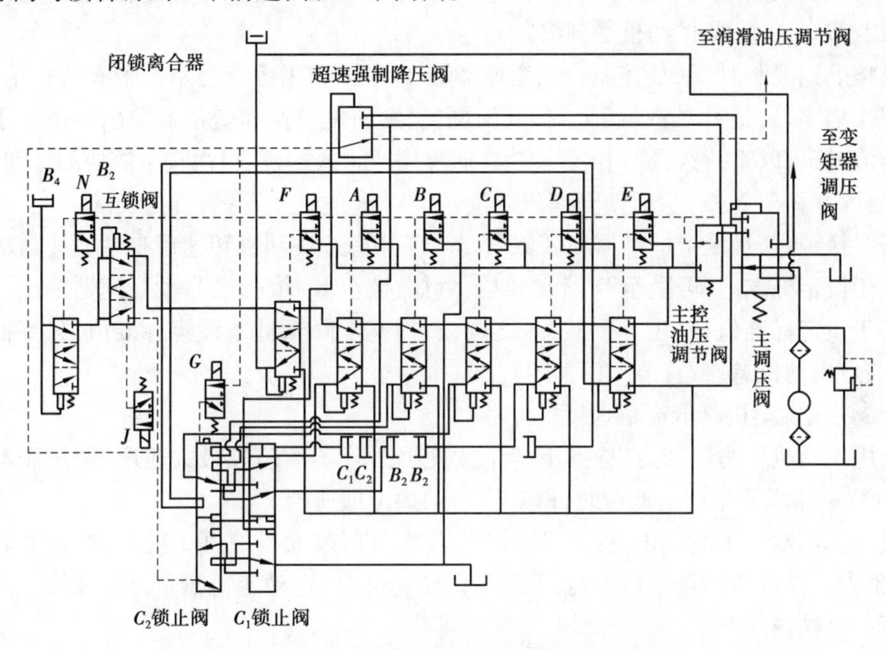

图 4.6 Allison 4070 型自动变速器电液控制系统图

(3)工作原理

油门开度传达传感器将油门开度信号和车速传感器将车速信号转变为电信号传递给电子控制单元(ECU), 经过处理以后将信号发送给变速器的控制装置中指定的电磁阀,电磁阀再控制换挡离合器、制动器的接合和分离。

Allison4070 型自动变速器操作时应注意如下事项:

(1)加速器的功用

油门踏板位置影响自动变速器换挡时刻,完全踏下油门踏板时,发动机就自动地挂上高速挡。部分踩下踏板会在发动机低速时挂上高速挡。电控节气门位置信号会告诉 ECU,驾驶员要踩下多大的油门(踏板)。过大的节气门位置信号会影响换挡(从 N 挡至 D 挡或 R 挡)。

(2)挂上低速挡和换挡锁止离合器特征

挂上高速挡没有速度限制。但挂低速挡和改变行驶方向就有限制。例如从 D 挡换至 R 挡或 R 挡至 D 挡。

速度接近程序设定速度时,不会出现手动换挡。手动换上低挡时,自动变速器输出转速超过程序设定的转速,自动变速器甚至认为仍然处于低挡,踩下制动踏板或减速器,降低自动变速器输出转速,达到程序设定的速度,可挂上低速挡。

选择节气门位置时,发动机转速或自动变速器输出转速超出设定标准值,改变行驶方向,可以从 D 挡换至 R 挡,或从 R 挡换至 D 挡。发动机目前换挡的标准时间是

0.5 s。限制节气门位置和输出转速的时间是 3 s。

按 ECU 设定的程序(输入/输出功能)检测附件是否处于工作和是否允许换挡,使得从 N 挡换至 D 挡或 R 挡也受到限制。

换挡受到限制时,ECU 控制自动变速器处于 N 挡和用数字显示。若有这种情况,会出现换挡字母,是 D 挡或 R 挡。节气门位置、发动机转速和变速器输出转速低于设定标准值时,可以重新选择 D 挡或 R 挡。通过按钮式换挡杆,再次按下需要的按钮,选择换挡杆,并移至 N 挡,然后换至理想挡位。

需要换挡时,且设定标准值在区域内,节气门位置,发动机转速或自动变速器输出转速低于设定标准值,可换至 D 挡或 R 挡,例如,换至 R 挡时,若自动变速器输出转速刚好高于设定标准值,但在下一个 3 s 之内,转速又下降至低于设定标准值,只好换至 R 挡(假定发动机怠速,且节气门关闭)。

(3)使用发动机降低车辆速度

使用发动机作为制动力,选择下一个低速挡。若车辆超过最大速度,使用制动器和(或)减速器降低车速。低速时,ECU 会自动换上低速挡。

发动机制动给下坡提供良好车速控制,车辆负荷过大或坡度太陡时,在达到斜坡之前,预先选择低速挡是很理想的,若发动机转速过大,自动变速器全自动地换至高速挡至下一个挡位。

(4)液压减速器的使用

Allison 每种形式的减速器都具有共同特点:

①在寒冷天气条件下或光滑的路面上,减速器不起作用。

②减速器起作用时,车辆制动灯将会一直发亮。

③ABS(防抱死控制系统)将信号传给自动变速器控制单元(ECU),显示制动系统已经起作用。

(5)在深沙、雨天、泥路、冰雪路面上行驶

若车辆处于深沙、雨雪、泥路中,有可能引起车辆来回颠簸,将车辆换到 D 挡,稳定加速,轻轻地打开节气门(不要全开)。车辆颠簸向前行驶时,踩下制动踏板,允许车辆恢复怠速;然后,选择 R 挡,松开制动踏板,稳定加速,轻轻地打开节气门,允许车辆处于 R 挡行驶。再次踩下并保持制动踏板,允许车辆恢复怠速。若持续换挡,使车辆行驶更远的距离,可以在 D 挡和 R 挡之间频繁换挡。车辆不处于怠速时,不要在 N 挡至 D 挡或其他挡位进行换挡。

(6)巡航控制

装有巡航控制 Allison WTEC Ⅲ的车辆,若巡航控制速度接近预定速度点。可以引起自动变速器进行周期换挡,采取下列方法可以消除周期换挡。

①按下换挡杆上的模式按钮,选择不同速度点。

②按下换挡杆上的↓(DOWN)箭头或移动换挡杆,选择低速挡。

③从换挡点改变设定的巡航控制速度点。

在某些车辆上装有 Allison 自动变速器的发动机制动装置由自动变速器 ECU 进行控制。由于外型不同,发动机制动或节气门按近怠速位置时,自动变速器自动选择低速挡。

装有巡航控制的车辆,发动机制动由自动变速器 ECU 控制。在巡航控制下坡时,会引起不希望的发动机制动。驾驶员可以断开巡航控制,减少发动机误制动的可能性。

Allison4070 PR 型自动变速器换挡逻辑表见 4.1。

表 4.1 Allison 4070 PR 型自动变速器换挡逻辑表

挡 位	传动比	离合器		制动器			
		C1	C2	B1	B2	B3	B4
N	—					●	
1	7.63	●					●
2	3.51	●				●	
3	1.91	●			●		
4	1.43	●		●			
5	1.00	●	●				
6	0.74		●	●			
7	0.64		●		●		
R	-4.8			●		●	

注:●表示离合器接合或制动。

下面对 ZF 公司生产的自动变速器的结构和工作原理进行分析。

(1)基本结构

德国 ZF 股份有限公司成立于 1921 年,是当今世界上最重要的传动系统产品专业制造厂家之一。其应用最为广泛的产品是 ZF-Ecomat 自动变速器,主要系列包括 4,5,6HP500,590,600 等。其结构如图 4.7 所示,主要由变矩器模块、供油系统模块、液力缓速器模块、行星齿轮传动模块和变速器控制系统模块组成。

图 4.7 ZF-Ecomat 自动变速器结构图

ZF-Ecomat 6HP500 自动变速器的传动简图如图 4.8 所示。

(2)工作原理

ZF-Ecomat 6HP500 自动变速器和 Allison4070 型自动变速器的换挡原理基本相似。ZF-Ecomat 变速器的主要特点是:

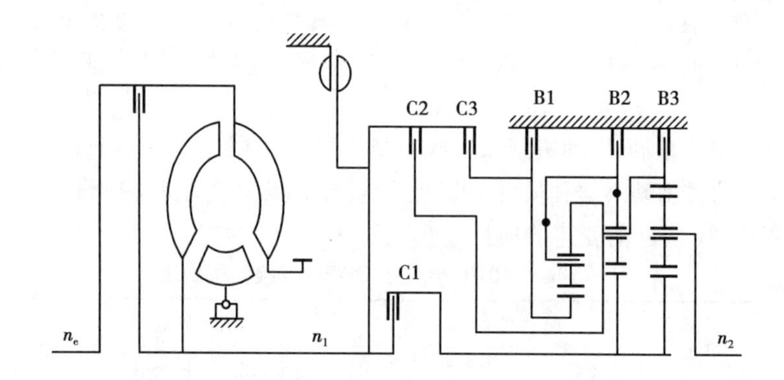

图 4.8　ZF-Ecomat 6HP500 自动变速器传动简图

①启动平稳,无机械磨损,无离合器磨损;

②自动换挡程序和平稳换挡特性,有利于保护发动机与传动系统;

③整体式一体化减速器增加行驶安全性,改进车辆性能;

④紧凑的传动比、换挡点的优化及车辆起步时变矩器的作用均有效地降低了油耗;

⑤操作简便,减轻了驾驶员的劳动强度,提高了驾驶安全性;

⑥在路况较差的路面与交通要道上,或在驾驶员经常更换的情况下,有利于降低车辆运行与维修费用。

ZF-Ecomat 变速器采用电液传动控制系统 EST18 来控制整个换挡过程。这种自动换挡控制器使换挡点随负荷的变化而变化,同时可使车辆与发动机的匹配更为合理。

EST18 还具有如下特点:

①可变换挡点;

②换挡控制程序化;

③负荷传感器自动调节;

④自动诊断能力;

⑤监控变速器运行;

⑥可与未来车辆其他电子系统互联信息。

ZF-Ecomat 6HP500 自动变速器的换挡逻辑表见表 4.2。

表 4.2　ZF-Ecomat 6HP500 自动变速器的换挡逻辑表

挡位	离合器			制动器		
N	C1	C2	C3	B1	B2	B3
1	●					
2	●				●	●
3	●			●		

续表

挡位	离合器			制动器		
N	C1	C2	C3	B1	B2	B3
4	●	●				
5		●		●		
6		●			●	
R			●			●

注:●表示离合器或制动器接合或制动。

【任务实施】工程机械自动变速器的检测维护、拆装与故障诊断

1. 自动换挡变速器的检测与维护

1)自动变速器的维护

(1)经常检查自动变速器油

自动变速器对油液的要求极其严格,它要求油液不仅有润滑、清洗、冷却作用,还应具有传递扭矩和传递液压以控制离合器、制动器的工作性能,所以自动变速器油是一种特殊的高级润滑油,通常称之为"ATF"。其型号有很多种,国内常见的有 Ford 标准 F 型和 GM 标准 DEXRON Ⅱ型,使用时切忌要认清。"ATF"型号不同,其摩擦系数就不一样。若该使用 DEXRON Ⅱ型而错用为 F 型,则会使自动变速器发生换挡冲击和制动器、离合器突然啮合的现象。F 型错用为 DEXRON Ⅱ型则会引起自动变速器内离合器、制动器打滑,加速摩擦片早期磨损。

另外,自动变速器油量的检查也很重要,自动变速器的生产厂家不同,工作液的检查条件也就不同。检查时一般都要求在变速器热态(油温 50 ~80 ℃)时将车辆停放在水平路面上,发动机怠速运转,选挡杆放在 P 位,此时抽出油尺擦净后重新插入再拔出检查,油面应达到油尺上规定的上限刻度附近为准。

油质的检查,一般使用和维护人员因无检测设备,只能从外观上判断,可用手指捻一捻,感觉一下黏度,用鼻子闻一闻气味如何,若已变色或有烧焦的气味,则应更换新油。

(2)自动变速器油液的更换

多数自动变速器要求定期换油,换油周期一般为 2 ~4 万千米。放油前,应将变速

器预热到工作温度，以便降低油的黏度，确保油内杂质和沉淀物随油一起排出。在预热和加油过程中，车辆应停放在水平地面，并拉紧手制动。

放完油后，视情况拆下机油盘，彻底清洗机油盘和过滤器滤网，然后再将机油盘装好。加油时，先从加油口注入工作液达到规定的标准，启动发动机，在发动机怠速运转的情况下，移动选挡杆经所有的挡位后回到 P 位，这样可使变速器迅速地热起，然后再加油。

(3)检查手动选挡机构

手动选挡机构从选挡杆到手动阀是通过连杆或拉线连接起来的，均有调整部位。手动手柄的位置应与自动变速器内的弹簧卡片位置一一对应，若不对应则需调整。手动选挡机构的调整往往被忽视，有时自动变速器修理结束后，由于没有调整选挡机构，最后导致换挡冲击力过大，甚至会造成事故。

(4)制动带的调整

自动变速器的制动带为可调结构的均需调整，以补偿其正常磨损。制动带的调整应遵照厂家的技术规定，调整后可通过道路试验判断调整的结果。制动带调整的作业位置，视变速器的型号而不同。

(5)停车挡的制动性能检查

在坡道上停车，应将选挡杆扳入 P 位，此时松开制动踏板，车辆应不会自行滑下。若需要将选挡杆从 P 位移开，应记住必须先踩下制动踏板，否则会摘不下来，因此在停车挡无制动性能时应检查维修。

2)自动变速器检测试验

(1)时滞试验

①驾驶车辆，使发动机和自动变速器达到正常工作温度。

②将车辆停放在水平地面上，拉紧手制动。

③检查发动机怠速。如不正常，应按标准予以调整。

④将自动变速器操纵手柄从空挡位置拨至前进挡位置，用秒表测量从拨动操纵手柄开始到感觉车辆振动为止所需的时间，该时间称为 N—D 时滞时间。

⑤将操纵手柄拨至 N 位，让发动机怠速运转 1 min 后，再做一次同样的试验。

⑥将上述试验进行 3 次，取其平均值。

(2)失速实验

①将车辆停放在宽阔的水平路面上，前后车轮用三角木塞住。

②拉紧驻车制动，左脚用力踩住制动踏板。

③启动发动机，将操纵手柄拨入 D 位。

④在左脚踩紧制动踏板的同时，用右脚将油门踏板踩到底，在发动机转速不再升高时，迅速读取此时发动机的转速。

⑤读取发动机转速后，立即松开油门踏板。

⑥将操纵手柄拨入 P 位或 N 位,让发动机怠速运转,以防止油液因温度过高而变质。

⑦将操纵手柄拨入其他挡位,做同样的试验。

(3)油压实验

①测试主油路油压

A. 前进挡主油路油压的测试。拆下变速器壳体上主油路测压孔或前进挡油路测压孔螺塞,接上油压表。启动发动机,将操纵手柄拨至前进挡位置,读出发动机怠速运转时的油压。该油压即为怠速工况下的前进挡主油路油压。

B. 左脚踩紧制动踏板,同时用右脚将油门踏板完全踩下,在失速工况下读取油压。该油压即为失速工况下的前进挡主油路油压。

C. 将操纵手柄拨至空挡或驻车挡,让发动机怠速运转 1 min 以上。将操纵手柄拨至各个前进低挡位置,重复上述步骤,读出各个前进低挡在怠速工况下和失速工况下的主油路油压。

②倒挡主油路油压

A. 拆下自动变速器壳体上的主油路测压孔或倒挡油路测压孔螺塞,接上油压表。

B. 启动发动机,将操纵手柄拨至倒挡位置,在发动机怠速运转工况下读取油压值,即怠速工况下的倒挡主油路油压。

C. 用左脚踩紧制动踏板,同时用右脚将油门踏板完全踩下,在发动机失速工况下读取油压,即失速工况下的倒挡主油路油压。

D. 将操纵手柄拨至空挡位置,让发动机怠速运转 1 min 以上,将测得的主油路油压与标准值进行比较。

2. 自动换挡变速器的拆装

以日本丰田 A341E 自动变速器为例说明其拆装过程。其结构原理图如图 4.9 所示。

1)自动变速器的分解

(1)拆卸自动变速器前、后壳体油底壳及阀板

①清洁变速器外部,拆除所有安装在自动变速器壳体上的零部件,如加油管、空挡启动开关、车速传感器、输入轴传感器等。

②从自动变速器前方取下液力变矩器,松开紧固螺栓,拆下自动变速器前端的液力变矩器壳,拆除输出轴凸缘和自动变速器后端壳,从输出轴上拆下车速传感器的感应转子。

③拆下油底壳,取下 19 个油底壳连接螺栓后,用维修专用工具的刃部插入变速器与油底壳之间,切开所涂密封胶,注意不要损坏油底壳凸缘。

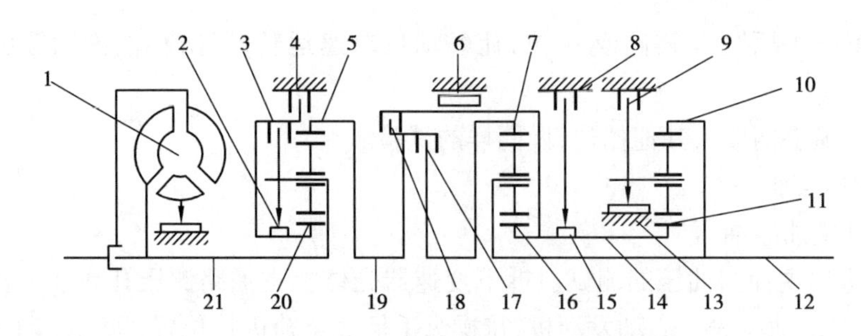

图 4.9　A341E 型自动变速器结构原理图

1—液力变矩器;2—单向离合器;3—超速挡离合器;4—超速挡制动器;
5—超速排齿圈;6—二挡强制制动器;7—前排齿圈;8—二挡制动器;
9—低、倒挡制动器;10—后排齿圈;11—后排太阳轮;12—输出轴;
13—单向离合器;14—前后太阳轮组件;15—单向离合器;16—前排太阳轮;
17—前进挡离合器;18—高、倒挡离合器;19—输入轴;20—超速排太阳轮;21—主动轴

④检查油底壳中的颗粒。拆下磁铁,观察其收集的金属颗粒,若是钢(磁性)性材料,则说明轴承、齿轮和离合器钢片存在磨损,若是黄铜(非磁性)材料,则说明是衬套磨损。

⑤拆下连接在阀板上的所有线束插头,拆下 4 个电磁阀,拆下与节气门阀连接的节气门拉索,用起子把液压油管小心的撬起取下,松开进油滤网与阀板之间的固定螺栓,从阀板上拆下进油滤清器。

⑥拆下阀板与自动变速器壳体之间的连接螺栓,取下阀板总成,取出自动变速器壳体油道中的止回阀、弹簧和蓄压器活塞,拆下手控阀拉杆和停车闭锁爪,必要时也可拆下手控阀操纵轴。

(2)拆卸油泵总成

拆下油泵固定螺栓,用专用工具拉出油泵总成。

(3)分解行星齿轮变速器

①从自动变速器前方取出超速行星架和超速(直接)离合器组件及超速齿圈。

②拆卸超速制动器,用起子拆下超速制动器卡环,取出超速制动器钢片和摩擦片。拆下超速制动器鼓的卡环,松开壳体上的固定螺栓,用拉具拉出超速制动器鼓。

③拆卸 2 挡强制制动带活塞,从外壳上拆下 2 挡强制制动带液压缸缸盖卡环,用手指按住液压缸缸盖,从液压缸进油孔吹入压缩空气,将液压缸缸盖和活塞吹出。

④取出中间轴,拆下高、倒挡离合器和前进挡离合器组件,拆出 2 挡强制制动带销轴,取出制动带,拆出前行星排,取出前齿圈,将自动变速器立起,用木块垫住输出轴,拆下前行星架上的卡环,拆出前行星架和行星齿轮组件,取出前后太阳轮组件和低挡单向离合器,拆卸 2 挡制动带,拆下卡环,取出 2 挡制动器的所有摩擦片、钢片及活塞衬套。

⑤拆卸输出轴、后行星排和低、倒挡制动器组件。拆下卡环,取出输出轴、后行星

排、前进挡单向离合器、低、倒挡制动器和2挡制动器鼓组件。在分解自动速器时，应将所有组件和零件按分解顺序依次排放，以便于检修和组装。要特别注意各个止推垫片、止推轴承的位置，不可错乱。

2）自动变速器的组装

(1)行星齿轮变速器的组装

①将止推轴承和装配好的输出轴、后行星排和低、倒挡制动器组件装入变速器壳，装入2挡制动器鼓，注意将制动器鼓上的进油孔朝向自动变速器下方。

②用厚薄规测量低、倒挡制动器的自由间隙，使其符合标准自由间隙。如不符合标准，应取出低、倒挡制动器，更换不同厚度的挡圈，予以调整。

③装入2挡制动器活塞衬套、止推垫片和低挡单向离合器，将2挡制动器的钢片和摩擦片装入变速器壳体，装入卡环。用厚薄规测量2挡制动器自由间隙，使之符合标准。如不符合标准，应更换不同厚度的挡圈，予以调整。

④装入前后太阳轮组件、前行星架和行星齿轮组件及止推轴承，将自动变速器立起，用木块垫住输出轴，安装前行星架上的卡环及止推垫片，安装2挡强制制动带及制动带销轴。

⑤将已装配好的高、倒挡离合器组件、前进挡离合器组件及前齿圈组装在一起，注意安装好各组件之间的止推轴承及止推垫片。

⑥让自动变速器前部朝下，将组装在一起的高、倒挡离合器组件、前进离合器组件及前齿圈装入变速器，让高、倒挡离合器鼓上的卡槽插入前后太阳轮驱动鼓上的卡槽内。

⑦用厚薄规测量高、倒挡离合器鼓与前后太阳轮驱动鼓卡槽之间的轴向间隙，其值应为9.8～11.8 mm。如不符，说明安装不当，应拆检并重新安装。安装2挡强制制动带活塞及液压缸缸盖。

⑧在2挡强制制动带活塞推杆上作一记号，将压缩空气吹入2挡强制制动带液压缸进油孔，使活塞推杆伸出，然后用厚薄规测量推杆的移动量，该值即为2挡制动带自由间隙。如不符合标准，应更换不同长度的活塞推杆，予以调整。

⑨安装止推轴承、止推垫片和超速制动器鼓。注意使超速制动器鼓上的进油孔和固定螺栓孔朝向阀板一侧。拧紧制动鼓固定螺栓，装上卡环；测量自动变速器输出轴的轴向间隙，其值应为1.23～2.49 mm。如不符，说明安装不当，应拆检后重新安装；安装超速制动器钢片和摩擦片，装上卡环。

⑩将压缩空气吹入超速制动器进油孔，检查超速制动器工作情况，并测量超速制动器自由间隙，如不符合标准，应更换不同厚度的挡圈，予以调整；装入超速齿圈和止推轴承、止推垫片；装入超速行星架、超速离合器组件及止推轴承；安装油泵，拧紧油泵固定螺栓，其拧紧力矩为21 N·m。

⑪用手转动自动变速器输入轴，应使它在顺时针和逆时针方向都能自由转动。如

有异常，应拆检后重新安装，再次将压缩空气吹入各个离合器、制动器的进油孔，检查其工作情况。在吹入压缩空气时，应能听到离合器或制动器活塞移动的声音。如有异常，应重新拆检并找出故障。

(2)阀板、油底壳及前后壳体的组装

①安装四个蓄压器活塞及其弹簧，装入壳体油道上的止回阀，将阀板总成装入自动变速器，安装节气门拉索，将节气门拉索与节气门阀连接，接上各个电磁阀的线束插头，安装进油滤网、油底壳；

②将车速传感器装到输出轴上，安装自动变速器后端壳和输出轴凸缘。输出轴凸缘的紧固螺母的拧紧力矩为123 N·m。用冲子将紧固螺母锁死在输出轴上，安装自动变速器前端壳。其固定螺栓有大小两种规格，大螺栓的拧紧力矩为57 N·m，小螺栓的拧紧力矩为34 N·m；

③安装自动变速器外壳上的其他部件，如车速传感器、输入轴转速传感器、空挡启动开关、加油管等。向液力变矩器内倒入2 L干净的自动变速器油，将加满液压油的液力变矩器装入自动变速器前端。

3)注意事项

①应用尼龙布把零件擦净，禁止使用一般棉丝；

②密封衬垫、密封圈和密封环一经拆卸都应更换；

③阀体内装有许多精密的零件，在对它们进行拆检时，需要特别小心，防止弹簧、节流球阀和小零件丢失或散落；在安装一些小零件(如止推轴承、止推垫片、密封环等)时，为了防止零件掉落，可在小件表面上涂抹一些润滑脂，以便将小零件固定在安装位置上。

④在装配之前，给所有零件涂一层自动变速器油，密封环和密封圈上可涂凡士林，切记不使用任何一种黄油。

3. 自动变速器的综合故障诊断与维修

1)自动变速器换挡冲击故障的排除

(1)故障现象

起步时，选挡手柄从P或N挂入D或R位时，车辆振动大；行驶中，自动变速器升挡瞬间产生振动。

(2)故障原因

发动机怠速过高；节气门拉线或节气门位置传感器调整不当，主油路油压高；升挡过迟；真空式节气门阀真空软管破损；主油路调压阀故障，使主油路油压过高；减振器活塞卡住，不起减振作用；单向阀球漏装，制动器或离合器接合过快；换挡组件打滑；油压电磁阀故障；电控单元故障。

(3)排除方法

检查发动机怠速;检查、调整节气门拉线和节气门位置传感器;检查真空式节气门阀的真空软管。路试检查自动变速器升挡是否过迟,升挡过迟是换挡冲击大的常见原因。

检测主油路油压。如果怠速时主油路油压高,说明主油路调压阀或节气门阀存在故障;如果怠速油压正常,而起步冲击大,说明前进离合器、倒挡及高挡离合器的进油单向阀损坏或漏装。

检查换挡时主油路油压。正常情况下,换挡时主油路油压瞬时应有下降。若无下降,说明减振器活塞卡住,应拆检阀体和减振器。

检查油压电磁阀的工作是否正常,检查电控单元在换挡瞬间是否向油压电磁阀发出控制信号。如果电磁阀本身有问题则应更换;如果线路存在问题则应修复。

2)自动变速器打滑故障的排除

(1)故障现象

起步时踩下加速踏板,发动机转速上升很快但车速升高缓慢;上坡时无力,发动机转速上升很高。

(2)故障原因

液压油油面太低;离合器或制动器磨损严重;油泵磨损严重,主油路漏油造成主油路油压低;单向超越离合器打滑;离合器或制动器密封圈损坏导致漏油;减振器活塞密封圈损坏导致漏油。

(3)排除方法

检查液压油油面高度和油的品质;若液压油变色或有烧焦味,说明离合器或制动器的摩擦片烧坏,应拆检自动变速器。

路试检查,若所有挡都打滑,原因出在前进离合器。

若选挡手柄在D位的2挡打滑,而在S位的2挡不打滑,说明2挡单向超越离合器打滑。若不论在D位、S位的2挡时都打滑,则为低挡及倒挡制动器打滑。若在3挡时打滑,原因为倒挡及高挡离合器故障。若在超速挡打滑,则为超速制动器故障。若在倒挡和高挡时打滑,则为倒挡和高挡离合器故障。若在倒挡和1挡打滑,则为低挡及倒挡制动器打滑。

在前进挡或倒挡都打滑,说明主油路油压低。此时应对油泵和阀体进行检修。若主油路油压正常,原因可能是离合器或制动器摩擦片磨损过度或烧焦,更换摩擦片即可。

3)自动变速器不能升挡故障的排除

(1)故障现象

行驶途中自动变速器只能升1挡,不能升2挡及高速挡;或可以升2挡,但不能升3挡或超速挡。

(2)故障原因

节气门拉线或节气门位置传感器调整不当;调速器存在故障;调速器油路漏油;车速传感器故障;2挡制动器或高挡离合器存在故障;换挡阀卡滞或挡位开关故障。

(3)排除方法

电控自动变速器应先进行故障诊断。检查调整节气门拉线和节气门位置传感器;检查车速传感器;检查挡位开关信号。测量调速器油压,如果车速升高后调速器油压为0或很低,说明调速器有故障或漏油。如果控制系统无故障,应拆检自动变速器,检查换挡执行组件是否打滑,用压缩空气检查各离合器、制动器油缸或活塞有无泄漏。

4)自动变速器升挡缓慢故障的排除

(1)故障现象

车辆行驶中,升挡车速较高,发动机转速也偏高;升挡前必须松开加速踏板才能使自动变速器升入高挡。

(2)故障原因

节气门拉线或节气门位置传感器调整不当;调速器存在故障;输出轴上调速器进出油孔的密封圈损坏;真空式节气门阀推杆调整不当;真空式节气门阀的真空软管或真空膜片漏气;主油路油压或节气门油压太高;强制降挡开关短路;传感器故障。

(3)排除方法

电控自动变速器应进行故障诊断。检查、调整节气门拉线或节气门位置传感器,测量节气门位置传感器电阻,如不符合标准应更换。采用真空式节气门阀的自动变速器,应检查真空软管是否漏气。检查强制降挡开关是否短路。

测量怠速主油路油压,若油压太高,应通过节气门拉线或节气门位置传感器予以调整。采用真空式节气门阀的自动变速器,应采用减少节气门阀推杆长度的方法进行调整。若以上调整无效,应拆检油压阀或节气门阀。

测量调速器油压,调速器油压应随车速的升高而增大。将不同转速下测得的调速器油压与规定值比较,若油压太低,说明调速器存在故障或调速器油路存在泄漏。此时应拆检自动变速器,检查调速器固定螺钉是否松动,调速器油路密封环是否损坏,阀芯是否卡滞或磨损过度。

如果调速器油压正常,升挡缓慢的原因可能是换挡阀工作不良。应拆卸阀体检查,必要时更换。

5)自动变速器无前进挡故障的排除

(1)故障现象

倒挡正常,但在D位时不能行驶;在D位时车辆不能起步,在S,L位(或2,1位)时可以起步。

(2)故障原因

前进离合器打滑;前进单向超越离合器打滑;前进离合器油路泄漏;选挡手柄调整

不当。

(3)排除方法

检查调整选挡手柄位置。测量前进挡主油路油压。若油压太低(说明主油路油压低),拆检自动变速器,更换前进挡油路上各处密封圈。检查前进挡离合器,如果摩擦片烧损或磨损过度应更换。若主油路油压和前进离合器均正常,应拆检前进单向超越离合器。

6)自动变速器无超速挡故障的排除

(1)故障现象

车辆行驶中,不能从3挡升入超速挡;车速已达到超速挡工作范围,采用松加速踏板几秒钟再踩下加速踏板的方法,自动变速器也不能升入超速挡。

(2)故障原因

超速挡开关故障;超速电磁阀故障;超速制动器打滑;超速行星排上的直接离合器或直接单向超越离合器故障;挡位开关故障;液压油温度传感器故障;节气门位置传感器故障;3～4换挡阀卡滞。

(3)排除方法

对电控系统自动变速器应进行故障诊断,检查有无故障码输出。

检查液压油温度传感器电阻值;检查挡位开关和节气门位置传感器的输出信号。挡位开关,信号应与选挡手柄的位置相符,节气门位置传感器输出电压应与节气门的开度成正比。

检查超速挡开关。在ON位时,超速挡开关触点应断开,指示灯不亮;在OFF位时,超速挡开关触点应闭合,指示灯应亮。否则检查超速挡电路或更换超速挡开关。

检查超速挡电磁阀的工作情况。打开点火开关,不启动发动机,按下O/D开关,超速挡电磁阀应有接合声音。若无接合声音,应检查控制电路或更换电磁阀。

用举升器举起车辆,使四轮悬空。启动发动机,使自动变速器在D挡工作,检查在无负荷状态下自动变速器升挡情况。如果能升入超速挡,并且车速正常,说明控制系统工作正常。如果不能升入超速挡是因为超速制动器打滑,所以在有负荷情况下不能升入超速挡。如果能升入超速挡,而升挡后车速提不高,发动机转速下降,说明超速行星排中直接离合器或直接单向超越离合器故障。如果在无负荷情况下不能升入超速挡,说明控制系统存在故障,应拆检阀体,检查相应的换挡阀。

7)自动变速器无倒挡故障的排除

(1)故障现象

车辆在D挡能行驶而倒挡不能行驶。

(2)故障原因

选挡手柄调整不当;倒挡油路泄漏;倒挡及高挡离合器或低挡及倒挡制动器打滑。

(3)排除方法

检查并调整选挡手柄位置。检查倒挡油路油压。若油压太低,说明倒挡油路泄漏,应拆检自动变速器。

如果倒挡油路油压正常,应拆检自动变速器,更换损坏的离合器或制动器摩擦片或制动带。

8)自动变速器频繁跳挡故障的排除

(1)故障现象

车辆行驶中,自动变速器出现突然降挡现象,降挡后发动机转速升高,并产生换挡冲击。

(2)故障原因

节气门位置传感器故障;车速传感器故障;控制系统电路故障;换挡电磁阀接触不良;电控单元故障。

(3)排除方法

对电控自动变速器进行故障诊断。

测量节气门位置传感器;测量车速传感器。

拆下自动变速器油底壳,检查电磁阀连接线路端子情况;检查控制系统各接线端子电压。

9)无发动机制动的故障排除

(1)故障现象

车辆行驶中,当选挡手柄位于2,1或S,L挡位时,松开加速踏板,发动机转速降至怠速,但车辆减速不明显;下坡时,自动变速器在前进低挡,但不能产生发动机制动作用。

(2)故障原因

选挡手柄位置调整不当;挡位开关调整不当;2挡强制制动器打滑或低挡及倒挡制动器打滑;控制发动机制动的电磁阀故障;阀体故障;自动变速器故障。

(3)排除方法

对电控自动变速器进行故障诊断。

路试检查自动变速器有无打滑现象。

如果选挡手柄在S位时没有发动机制动作用,而在L位时有发动机制动作用,说明2挡强制制动器打滑。如果选挡手柄在L位时没有发动机制动作用,而在S位时有发动机制动作用,说明低挡及倒挡制动器打滑。

检查控制发动机制动作用的电磁阀是否存在故障。拆检阀体,清洗所有控制阀。检查电控单元各接线端子电压,如果正常,再检查各个传感器电压。更换新的电控单元重新试验,如果故障消失,说明电控单元损坏。

10)液力变矩器离合器无锁止故障的排除

(1)故障现象

车辆行驶中,车速、挡位已经满足离合器锁止条件,但锁止离合器仍没有锁止作用;油耗增大。

(2)故障原因

锁止电磁阀故障;锁止控制阀故障;变矩器中锁止离合器损坏。

(3)排除方法

检查锁止电磁阀;检查清洗锁止控制阀;若控制系统无故障,则应更换变矩器。

11)不能强制降挡故障的排除

(1)故障现象

车辆以3挡或超速挡行驶时,突然把加速踏板踩到底,自动变速器不能立即降低一个挡位,车辆加速无力。

(2)故障原因

节气门拉线或节气门位置传感器调整不当;强制降挡开关损坏;强制降挡电磁阀短路或断路;强制降挡阀卡滞。

(3)排除方法

检查节气门拉线、节气门位置传感器的安装情况。

检查强制降挡开关。在加速踏板踩到底时,强制降挡开关触点应闭合;松开加速踏板时,强制降挡开关触点应断开。如果加速踏板踩到底时,强制降挡开关触点没有闭合,可用手动开关。如果按下开关后触点能闭合,说明开关安装不当,应重新调整;如果按下开关触点不闭合,说明开关损坏。

检查强制降挡电磁阀工作情况。拆卸阀体,分解清洗强制降挡控制阀,阀芯若有问题,应更换阀体总成。

【知识拓展】自动变速器在工程机械中的应用

1.自动变速器在国内、外工程机械中的应用概况

自动变速技术在汽车上的不断发展推动了它在工程机械上的发展应用,并且已经取得了一些可喜的成果。20世纪70年代末,美国70%以上的工程机械装备了自动变速器,日本达到了60%,欧洲一些发达国家也达到30%。

20世纪80年代初,工程机械上开始采用自动变速技术,主要用于装载机、铲运机、平地机、叉车和自卸车上。目前,日本小松已经开始开发研制无人驾驶装载机,走在世

界工程机械前列；瑞典 Volvo 公司的重型铰接式自卸卡车上采用了可提高动力性的自动换挡控制系统，而且该公司的轮式装载机也配备了 APS Ⅱ 全自动换挡控制器；日本川崎重工公司采用了电子控制式自动变速装置与电子式变速系统。

自动变速器在国外工程机械上虽早已广泛应用，但在我国直到 20 世纪 90 年代，特别是“九五”国家重大引进技术消化吸收“施工机械一条龙”的计划项目中，为反映世界 90 年代水平要求，开始在一些重大工程机械装备（如 5.4 m^3 轮式装载机和 42 t 集装箱叉车）上采用了自动变速器。如今自动变速器在国产工程机械上的应用也越来越广泛，山东推土机总厂承担的 320 马力履带式推土机上安装了从美国 CLARK 公司购买的现成产品；大连叉车总厂在 FD420 叉车上引进了美国 CLARK 公司的 APC100 自动变速器；柳州工程机械股份有限公司目前生产的 ZL50D 轮式装载机采用和德国 ZF 公司合资生产的自动变速器，率先完成了产品的技术更新换代，已引起国内同行业厂家的关注；徐州装载机厂开发出的高新技术产品“ZL50G 型机器人化装载机”充分利用计算机技术、控制技术、微电子技术、车辆自动变速技术，以及良好的人机工程和新的装载机设计理论，它集卡特、小松、川崎等国际著名的装载机优点于一身，是国内外市场上具有强大竞争力的新一代轮式装载机，是我国装载机行业产品开发的方向和行业更新换代的典范。

2. YZX160D 型液力传动变速箱

下面以 ZL50 型装载机用 YZX160D 型自动换挡变速箱为例，来分析其在工程机械中的应用情况。ZL50 装载机的动力传递路径如图 4.10 所示。

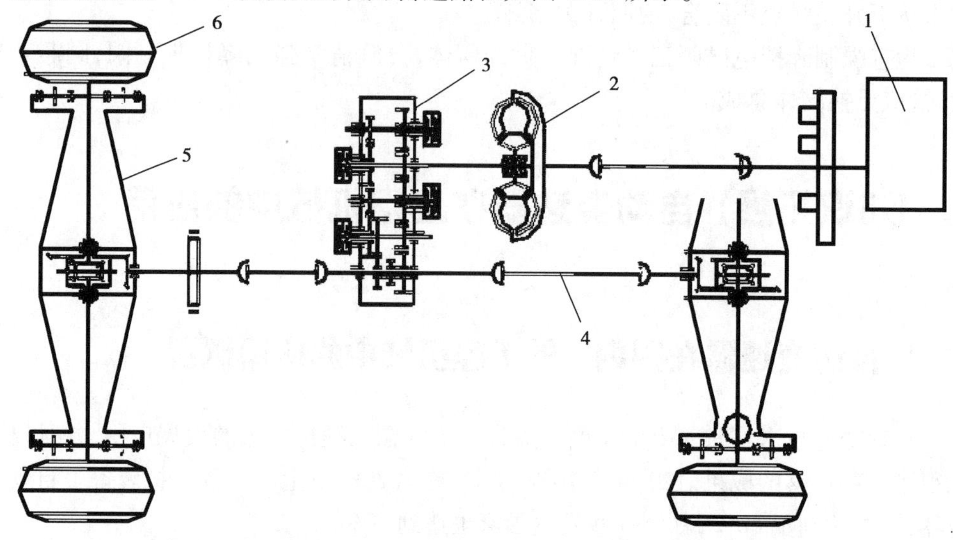

图 4.10　轮式装载机液力机械传动系简图

1—柴油机；2—液力变矩器；3—变速器；4—传动轴；5—驱动桥；6—车轮

YZX160D型液力传动变速箱是专门针对ZL50装载机研制的产品,其传动简图如图4.10所示。由液力变矩器和变速机构两大部分组成,变矩器是单级两相式,变速机构为定轴、动力换挡式变速箱,具有4个前进挡,3个倒挡。换挡采用电液操纵方式,通过控制电磁阀,实现换挡离合器切换,完成换挡操作。

3.换挡控制策略

1)装载机的工作特点

轮式装载机工况复杂,工作特点和一般车辆有很大的差别,其在不同使用工况下的工作特点可归纳为①行走运输工况:主要是前进方向的载货或空载行驶。②循环作业工况:装载作业是轮式装载机的主要用途,就其作业方式可分为V形、I形、L形、T形等。无论哪一种作业方式都要有快速接近物料、低速插入物料、低速离开物料、快速到达卸料点等多个步骤。此时换挡及前进、倒驶转换频繁,其中30%的时间需在倒车状况下工作。能否正确及时的换挡,不但是保证插入力的需要,而且也是降低燃料消耗、减少环境污染,提高生产率的需要。因此,要求装载机要操纵快捷、换挡平顺、换向迅速,以保证作业运行的快捷灵活。

2)控制策略分析

由于装载机作业工况复杂,实现完全自动化较困难,因此自动换挡电控系统采用人机协同配合的控制方式。充分利用智能技术,驾驶员只进行驾驶模式选择的操作,余下的工作均由智能化软件实现,从而使操作简单。同时,通过控制软件实现换挡规律控制,保证动力—传动系统的自身性能得到充分发挥,使车辆获得良好的动力性和经济性,提高作业效率。

该系统不但具有自动选挡操纵功能,还具有手动选挡操纵功能。在复杂的工况下,由驾驶员参与控制,发挥驾驶员的主观能动性,完成复杂作业的操作要求。针对装载机的特点,提出了强制降一挡功能(DSS)和前、倒挡直接转换功能。当驾驶员发现前方的阻力较大时,只需按下挡位选择器上的“DSS”按键,在条件许可(车速低于限定值)的情况下,电控系统就会自动降到1挡,保证装载机以足够的动力进行作业。当铲装作业完成后,驾驶员按下“↓”键,装载机直接挂入倒挡,并退出“DSS”功能模块。这一功能可以简化驾驶员的换挡操作,提高作业效率。

驾驶员通过直接操作挡位选择器上的“↑”“↓”按键,即可实现前、倒挡的直接转换,电控系统在前、倒挡直接转换时具有相应的保护措施。具体过程是:当驾驶员进行前、倒挡直接转换操作时,系统根据当前挡位及车速,分步骤地进行挡位转换操纵,防止冲击过大损坏变速箱。一般步骤为:先自动摘到空挡;车速降低到一定程度后,再结合所选方向及挡位的换挡离合器。在以前的装载机上,这些动作都要由驾驶员完成,劳动强度很大,电控系统具有这一功能后,可以简化驾驶员的操作。

3）换挡规律

换挡规律是指两排挡间自动换挡时刻随换挡控制参数变化的规律，换挡规律的好坏直接影响车辆动力性和经济性的优劣。换挡规律设计通常采用双参数（油门开度、车速）设计方法，即装载机根据油门开度和车速 V 的不同组合变换挡位。设计时根据发动机特性、变速箱传动比、负荷特性等参数做出装载机牵引特性曲线图，图中不同油门开度下各挡位牵引力曲线的交点就是理论上的升挡点。因此，在牵引力计算的基础上，求出不同油门开度下各挡交点的车速值，以此车速值为横坐标，油门开度值作为纵坐标，即可得到自动换挡的升挡规律。具体到装载机，由于其牵引力随工况的不同变化较大，ZL50 装载机发动机的动力除了驱动液力变矩器之外，还需要驱动一系列的其他设备，包括作业装置驱动泵、转向泵、变速箱油泵、风扇泵等。其中，作业装置驱动泵对动力分配的影响最大，当装载机作业装置工作时，会占用发动机输出功率的 50% ~ 60%，进而影响到各挡换挡点在换挡规律曲线图中的位置。因此，在装载机换挡规律的设计中，按照作业装置驱动泵是否工作分两种情况考虑。在匹配计算和牵引计算的基础上，图 4.11 给出了换挡规律曲线图。

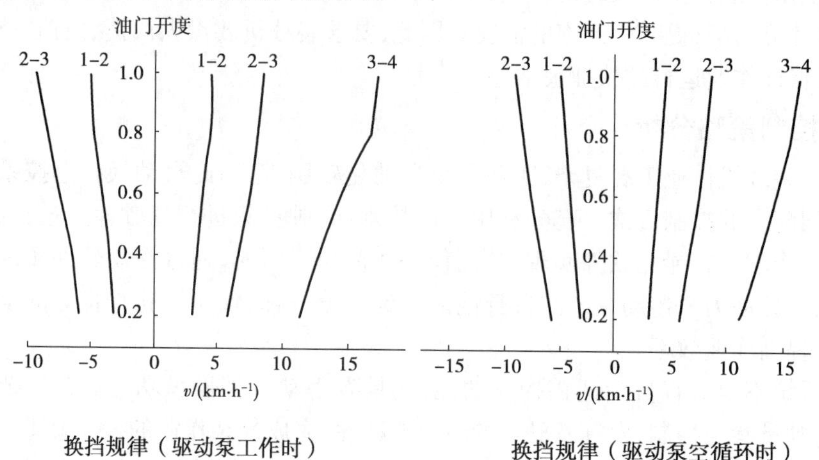

图 4.11　YZX160D 型自动换挡变速箱换挡规律

4. 电液控制系统

电液控制系统整体配置示意图如图 4.12 所示。该系统由电子控制器（ECU）、挡位选择器（包括"N，+，-，↑，↓，H，DSS"7 个按键）、传感器、显示器、换挡电磁阀等组成。涡轮转速传感器、泵轮转速传感器、变速箱输出轴传感器、油门位置传感器、挡位选择器以及其他相关信号首先输送给 ECU，经过分析、处理和计算以后，再将电信号送给换挡控制电磁阀 M1，M2，M3，M4，由 M1，M2，M3，M4 控制换挡机构来完成自动换挡。

该系统是基于变矩器效率的液力传动变速箱自动换挡模式，能够根据各种工况判断变矩器的工作状态,然后根据负载情况来确定当前的挡位,以保证变矩器工作在高效区,从而提高液力传动变速箱的工作效率,实现挡位的自动变换,减轻驾驶员的劳动强度,提高作业效率。

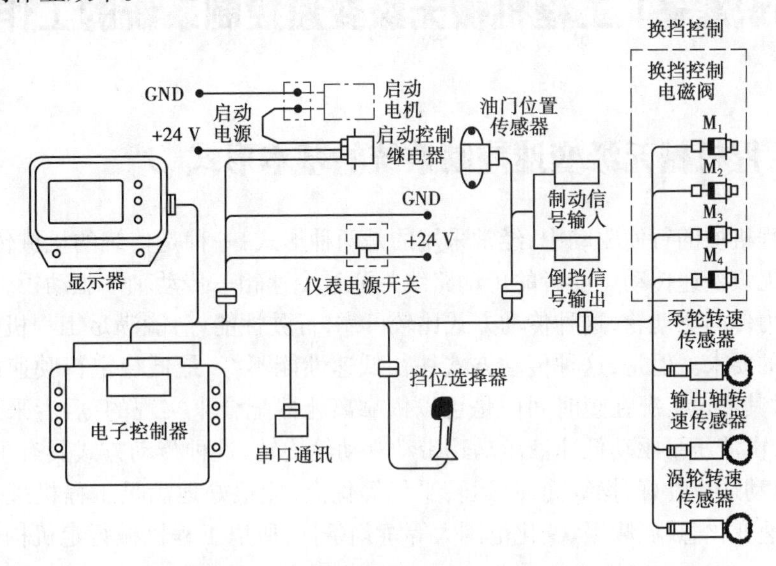

图 4.12 YZX160D 型自动换挡变速箱电液控制系统整体配置示意图

任务 4.2 工程机械无级变速控制系统的应用

任务描述

有级变速是指机械传动的速度变化是根据挡位而变化的,不同挡位有不同的速度范围。有级变速切换挡位时速度变化不连续,存在速度跳跃和换挡冲击现象,而进行无级变速时,速度是连续变化的,换挡过程平稳。由于采用变量泵或者变量马达的静液压传动系统具有无级变速功能,并且调速范围宽,适合工程机械低速大扭矩或负载变化剧烈的特点;同时可以实现恒扭矩或恒功率调速,容易实现电控等功能,因此在工程机械传动系统中具有良好的应用前景。本任务主要针对工程机械全液压无级变速系统的工作原理、结构特点、信号检测以及综合故障诊断等因素进行分析。

任务分析

工程机械无级变速系统普遍采用变量泵或变量马达组成的液压容积调速系统。学习过程中需要掌握容积调速的原理、特点和调速方法;尤其注意控制电路和液压系统之间的信号转换、传输和处理过程;最后熟悉工程机械无级变速系统的维护、检测与故障诊断及检修过程。

【知识准备】工程机械无级变速控制系统的工作原理

1. 工程机械无级变速控制系统的基本形式

在工程机械的行使驱动中，经常采用的是两种形式：一种是传统的机械传动；另一种是液压无级变速传动。前者的传动路线是通过变速箱—传动轴—驱动桥，完成将发动机的动力传向驱动轮，这种传动方式比较可靠，行驶性能好，能满足工程机械长距离转场作业的要求。但是，这种传动方式往往低速性能不好，最低稳定行驶速度值往往较高，有时其低速工况在短时间内是可以依靠离合器配合来实现的；后者采用液压传动的方式，由液压泵驱动低速液压马达带动驱动轮旋转，这种传动方式具有重量轻、结构紧凑、自动适应性好、操纵简便、运转平稳等优点，能很好地满足工程机械作业时牵引力和车速变化急剧、频繁、变化范围大等苛刻条件，所以工程机械行走机构中应用日趋广泛。

工程机械行走无级变速控制系统主要包括 3 种形式：变量泵—定量液压马达、定量泵—变量液压马达、变量泵—变量液压马达。

1）变量泵—定量液压马达容积调速回路

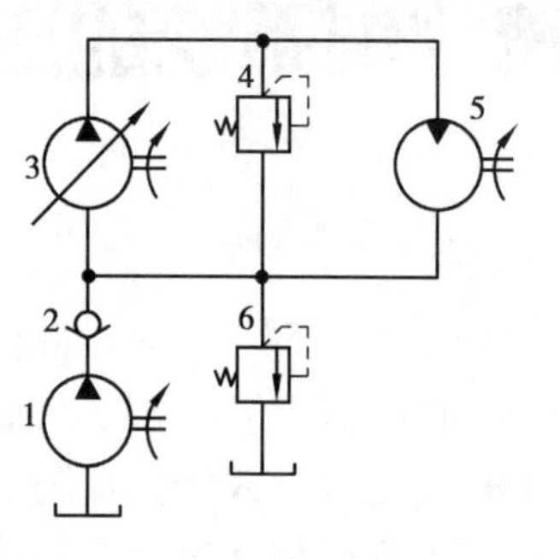

图 4.13　变量泵—定量液压马达调速回路
1—定量泵；2—单向阀；3—变量泵；
4，6—溢流阀；5—定量马达

变量泵—定量液压马达调速系统如图 4.13 所示。

回路中压力管路上的安全阀 4，用以防止回路过载，低压管路上连接一个小流量的辅助油泵 1，以补偿泵 3 和马达 5 的泄漏，其供油压力由溢流阀 6 调定。辅助泵与溢流阀使低压管路始终保持一定压力，不仅改善了主泵的吸油条件，而且可置换部分发热油液，降低系统温升。

在这种回路中，液压泵转速 n_p 和液压马达排量 V_M 都为恒值，改变液压泵排量 V_p 可使马达转速 n_M 和输出功率 P_M 随之成比例地变化。马达的输出转矩 T_M 和回路的工作压力 P 都由负载转矩来决定，不因调速而发生改变，所以这种回路常被称为恒转矩调速回路。值得注意的是，在这种回路中，因泵和马达的泄漏量随负载的增加而增加，致使马达输出转速下降。该回路的调速范围 R_C 大约为 40。

2)定量泵—变量马达式容积调速回路

定量泵—变量马达式容积调速回路如图4.14所示。定量泵1的排量 V_P 不变,变量液压马达2的排量 V_M 的大小可以调节,3为安全阀,4为补油泵,5为补油泵的低压溢流阀。

在这种回路中,液压泵转速 n_P 和排量 V_P 都是常值,改变液压马达排量 V_M 时,马达输出转矩的变化与 V_M 成正比,输出转速 n_M 则与 V_M 成反比。马达的输出功率 P_M 和回路的工作压力 P 都由负载功率决定,不因调速而发生变化,所以这种回路常被称为恒功率调速回路。该回路的优点是能在各种转速下保持很大输出功率不变,其缺点是调速范围小($R_C \leqslant 3$),因此这种调速方法往往不能单独使用。

3)变量泵—变量马达式容积调速回路

双向变量泵和双向变量马达组成的容积式调速回路如图4.15所示。回路中各元件对称布置,改变泵的供油方向,就可实现马达的正反向旋转,单向阀4和5用于辅助泵3双向补油,单向阀6和7使溢流阀8在两个方向上都能对回路起过载保护作用。一般工程机械要求低速时输出转矩大,高速时能输出较大的功率,这种回路恰好可以满足这一要求。在低速段,先将马达排量调到最大,用变量泵调速,当泵的排量由小调到最大,马达转速随之升高,输出功率随之线性增加,此时因马达排量最大,马达能获得最大输出转矩,且处于恒转矩状态;高速段,泵为最大排量,用变量马达调速,将马达排量由大调小,马达转速继续升高,输出转矩随之降低,此时因泵处于最大输出功率状态,故马达处于恒功率状态。该回路调速范围一般为 $R_C \leqslant 100$。

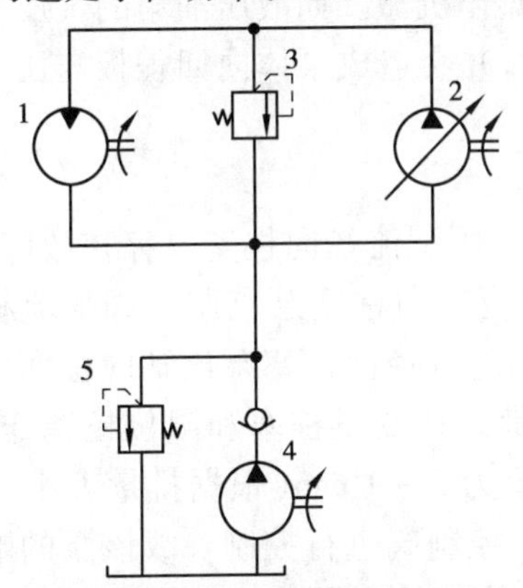

图4.14 定量泵—变量马达容积调速回路

1,4—定量泵;2—变量马达;3,5—溢流阀

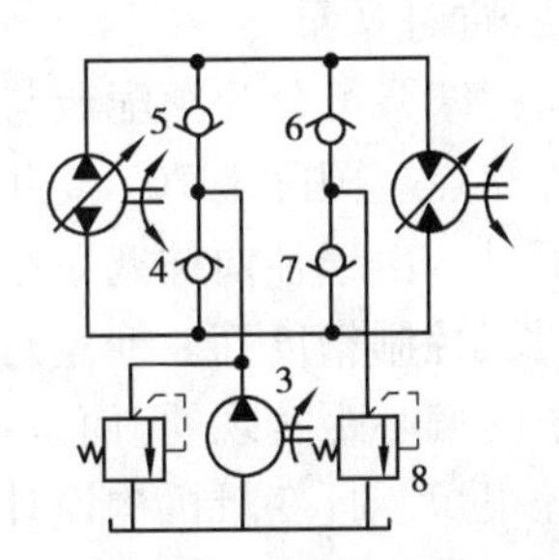

图4.15 变量泵—变量马达容积调速回路

3—定量泵;4,5,6,7—单向阀;8—溢流阀

2. 工程机械无级变速控制系统的工作原理

对于上述三种容积调速回路,具体工作原理如下。

设变量泵的排量为 V_P,转速为 n_P,定量马达的排量为 V_M,马达的转速为 n_M,在不考虑泄漏的情况下，则泵的输出流量和马达的输入流量是相等的，因此可得式(4.1)：

$$V_P n_P = V_M n_M \tag{4.1}$$

由此可得马达的输出转速和油泵的排量 V_P，马达的排量 V_M 之间的关系：

$$n_M = \frac{n_P}{V_M} V_P \tag{4.2}$$

由式(4.2)可得，只要改变油泵的排量 V_P 或者马达的排量 V_M，就可以改变马达的输出转速。

现代工程机械行走系统经常工作在低速大扭矩状态，负载变化剧烈，对调速要求较高，因而大量采用柱塞变量泵和柱塞变量马达。

1)柱塞泵

(1)轴向柱塞泵

轴向柱塞泵是活塞或柱塞的往复运动方向与缸体中心轴平行的柱塞泵。轴向柱塞泵是利用与传动轴平行的柱塞在柱塞孔内往复运动所产生的容积变化来进行工作的。由于柱塞和柱塞孔都是圆形零件，加工时可以达到很高的精度配合，因此容积效率高、运转平稳、流量均匀性好、噪声低、工作压力高等优点，但对液压油的污染较敏感、结构较复杂，造价较高。

直轴斜盘式柱塞泵分为压力供油型和自吸油型两种。压力供油型液压泵大都采用有气压的油箱，也有液压泵本身带有补油分泵向液压泵进油口提供压力油的。自吸油型液压泵的自吸油能力很强，无需外力供油。靠气压供油的液压油箱，在每次启动机器后，必须等液压油箱达到使用气压后，才能操作机械。如液压油箱的气压不足时就开动机器，会对液压泵内的滑靴造成拉脱现象，并会造成泵体内回程板与压板的非正常磨损。

(2)径向柱塞泵

径向柱塞泵可分为阀配流与轴配流两大类。阀配流径向柱塞泵存在故障率高、效率低等缺点。国际上70、80年代发展的轴配流径向柱塞泵克服了阀配流径向柱塞泵的不足。由于径向柱塞泵结构上的特点，轴配流径向柱塞泵比轴向柱塞泵耐冲击、寿命长、控制精度高。变量行程短，泵的变量是在变量柱塞和限位柱塞作用下，改变定子的偏心距实现的，而定子的最大偏心距为5~9 mm(根据排量大小不同)，变量行程很短。且变量机构设计为高压操纵，由控制阀进行控制。故该泵的响应速度快。径向结构设计克服了如轴向柱塞泵滑靴偏磨的问题。使其抗冲击能力大幅度提高。

2)柱塞马达

液压马达在结构、分类和工作原理上与液压泵大致相同。有些液压泵也可直接用作液压马达。柱塞马达的种类较多，有轴向柱塞马达和径向柱塞马达。轴向柱塞马达大都属于高速马达，径向柱塞马达则多属低速马达。工程机械行走系可以根据具体情况进行选择。

3. 工程机械无级变速电液控制系统

1)典型轮式车辆行走机构液压驱动系统的工作原理

典型轮式车辆行走机构液压驱动系统原理图,如图 4.16 所示。行走系统采用

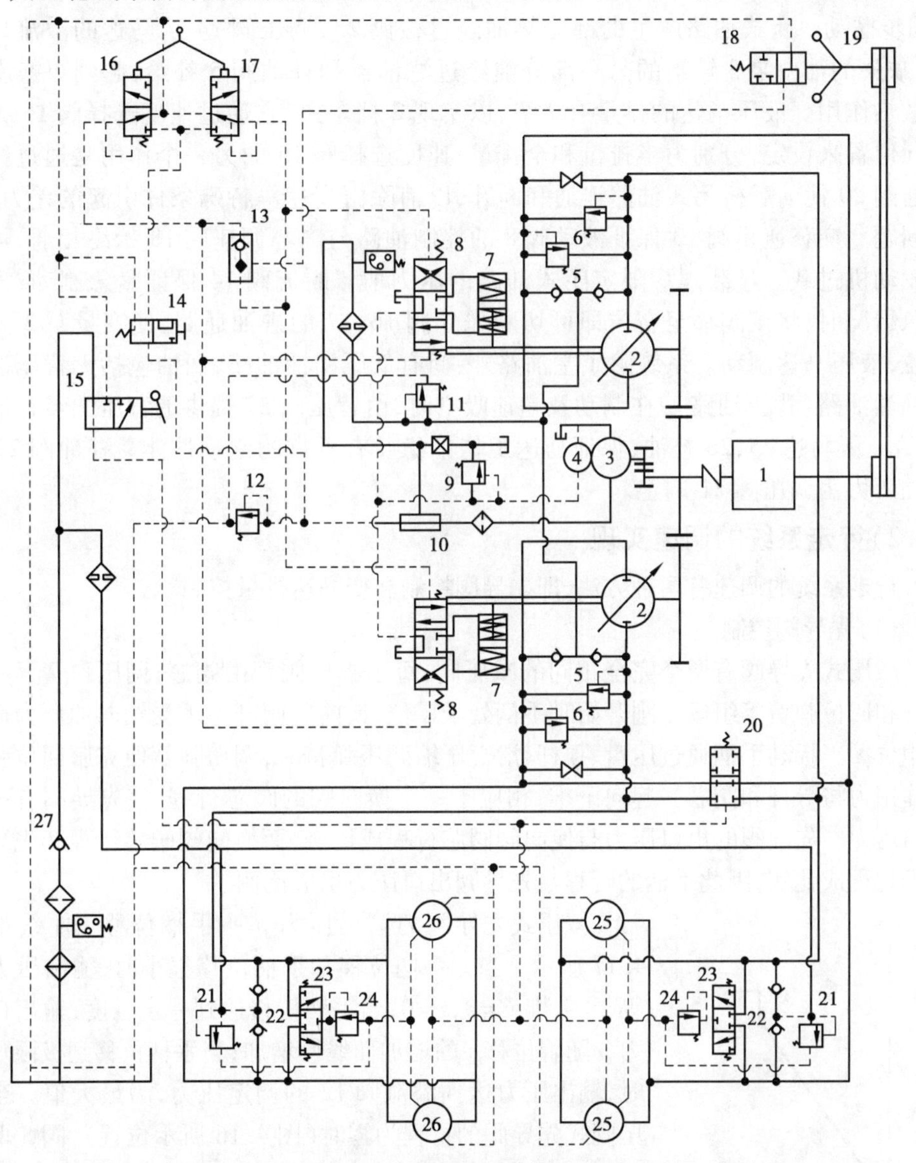

图 4.16　车辆行走机构液压系统

1—发动机;2—双向变量泵;3,4—齿轮泵;5,22—补油阀;6—过载阀;7—变量机构液压缸;8—液动阀;9,11,12,21,24—调压阀;10—分流阀;13—交替逆止阀;14—断流阀;15—速度选择阀;16,17—减压阀式先导阀;18—离心调速阀;19—调速器;20—连通阀;23—梭阀;25,26—前、后轮液压马达;27—背压阀

四轮驱动，2个轴向柱塞式变量泵2分别与前后轮4个液压马达25，26组成2个相互独立的闭式油路。由先导阀16，17控制的双向变量泵2分别对马达25，26并联供油。先导阀16，17的出口分别与2个伺服变量机构液动阀8的上下控制腔室连接，该阀由齿轮泵3供油，泵3来油经过分流阀10按需要输送到阀8相应的控制腔，推动阀芯移动，使齿轮泵4输出的油液进入变量机构液压缸7的相应腔室，使泵2同步摆动。闭式油路产生的部分热油经过梭阀23、调压阀24从马达的溢流口溢出，缺失的油由泵3输出的另一部分油经过滤油器和补油阀5补给，起到更换新油和散热作用。液压马达的排量有2级，以实现2挡车速，它通过速度选择阀15处于不同位置来设定，分别为半排量和全排量；速度选择阀15的另一个作用是通过控制连通阀20使前后桥闭式油路连通和断开，以消除由高速等特殊条件引起的差力、打滑问题。交替逆止阀13保证液动阀8的控制油路与离心调速阀18始终相通，可避免发动机过载。过载阀6限定闭式油路的压力值。断流阀14保证紧急制动，出现紧急情况时，将该阀移至右位即可切断先导阀16，17的进油通路，使变量泵2处于零位，液压马达制动。系统除了主油路外，尚有低压回油油路，回油包括无背压油路和补油油路（背压油路），在制动及超速吸空时，由背压阀27提供的背压油经补油阀22给液压马达25，26补油，保证马达工作平稳及有可靠的制动性能。补油阀22的补油压力由调压阀21调定。

2）行走系统的调速实现

行走系统的调速有两种方法，即先导阀控制和变马达排量控制。

（1）先导阀控制

减压式先导阀有两个完全相同的减压阀，每个减压阀都由阀芯、调压弹簧、导杆、推杆和回位弹簧等组成。刚开始时手柄处于零位，换向阀阀杆不承受轴向油压力而保持中位。当扳动手柄通过压盘、顶杆、滑套压缩调压弹簧时，调压弹簧便克服回位弹簧的作用力将导杆和阀芯一起向下推，相应于一个换向阀的阀芯行程，使先导阀有一个出口压力。先导阀的出口压力与换向阀阀芯行程成比例，而换向阀阀芯行程和先导阀手柄行程成比例，因此手柄的行程与先导阀出口压力也成比例。

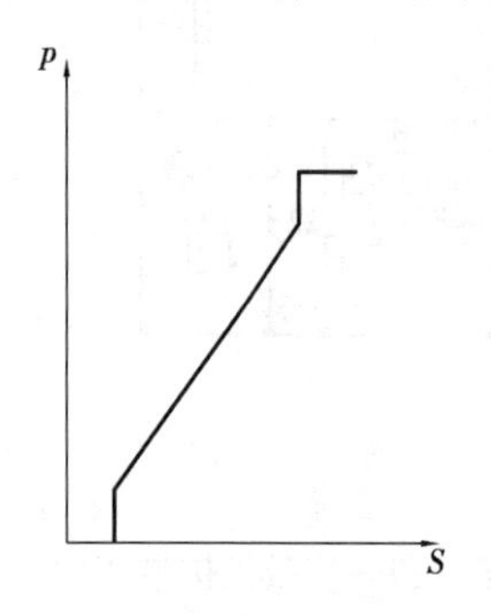

图4.17　减压式先导阀的输出压力 p 一手柄位移 s 曲线

减压式先导阀的输出压力 p 一手柄位移 s 曲线如图4.17所示。当无手柄位移和手柄位移很小时，输出压力约等于零，即 $p=0, s=0$；当手柄位移达到一定程度，输出口压力 p 随着位移 s 的增加而线性增加；当手柄位移到极限位置时，输出压力达到溢流阀12的调定压力，为最大值。当减压阀式先导阀的行程为零时（图4.16所示位置），阀8两端控制腔室均与油箱连通，活塞在弹簧作用下处于中位，变量机构液压缸7两腔室均通油箱，此时泵2摆角为零、排量为零，行走马达停止转动。当先导阀16，17行程变化时，泵2的摆角变化，驱动马达25，26运转。因此，通过改变先导阀行程的大小可控制泵摆角的大小,进而控制马达转速,使系统速度改变。

(2)变马达排量

该系统中马达的两种排量可实现2挡车速。系统使用的马达为双速内曲线马达,马达排量由马达内部的变速阀控制,对变速阀的控制通过速度选择阀15实现。当速度选择阀15处于图4.16所示左位时,背压油路进入马达内的变速阀,使液压马达25,26的部分柱塞处于工作状态,其余柱塞进出口油路连通,呈内部空循环,马达为部分排量,系统处于高速挡工作。速度选择阀15处在右位时,马达内的变速阀控制油路与油箱接通,马达全部柱塞参加工作,为低速挡。这样便通过一个液压阀实现了行走机构的2挡车速,操作简单。

3)发动机功率匹配及差速、差力、打滑问题的解决

(1)功率匹配

该系统通过液压调速器19来实现发动机的转速、车速和系统工作压力(外负载)之间的匹配。液压调速器的结构如图4.18所示。当外负载小于发动机的输出功率时,发动机转速基本恒定,车速取决于泵与马达的排量比,可通过调节先导阀16,17和速度选择阀15来调速;当外负载超过发动机的输出功率时,发动机转速下降,这时在调速器19的作用下,离心调速阀18向下移动,变量机构液压缸7的压力油路与油箱接通,其缸中油压力减小,在右端弹簧力作用下活塞杆带动泵2缸体向左移动,泵摆角减小,车速降低;反之,当负载降低时,车速升高。这样便于实现系统低速大转矩、高速小转矩的作业要求,保证发动机恒功率输出。可见,液压调速器很好地实现了发动机转速、车速和系统工作压力(负载)之间的匹配,使系统能根据外负载的大小自动调节发动机转速,实现闭环反馈控制。

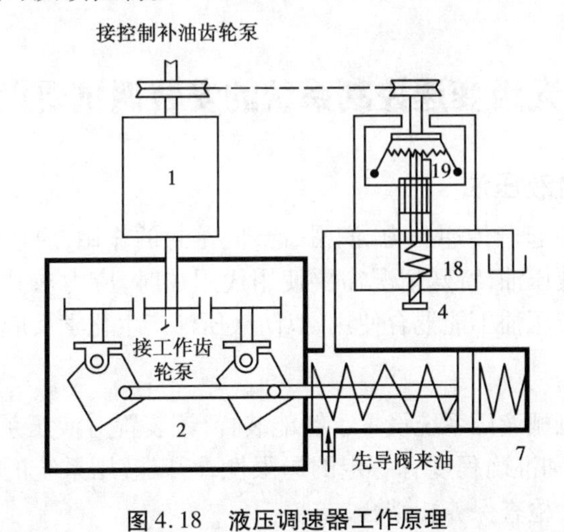

图4.18 液压调速器工作原理

1—发动机;2—双联变量泵;4—调节弹簧;7—变量机构液压缸;

18—离心调速阀;19—液压调速器

(2)解决差速问题

系统采用并联油路供油,可解决车辆转弯等特殊条件引起的差速问题。这是因为车辆转弯时,处于不同转弯半径上的一对车轮的两个驱动轮马达需要不同的流量,否则不能实现同步转弯,而两马达并联,工作时随机分配流量,可彻底解决差速问题。另外,马达并联布置,还起到了车辆差速器的作用,省却了车辆差速器复杂的机械装置,结构简单。

(3)解决差力、打滑问题

当速度选择阀15处于图4.16所示左位时,背压油路通过阀15进入连通阀20的控制端,连通阀20在低压控制油的作用下被推到图示位置,使前后轮油路连通,可消除由于高速造成的前后桥车轮的转速差对牵引力的影响和轮胎磨损。当速度选择阀15处于右位时,连通阀20的控制油路与油箱相通,在弹簧作用下连通阀20处于上位工作,前后轮油路断开,其作用是当一对车轮打滑时,另一对车轮还会产生相应的牵引力,可解决打滑问题。

该轮式车辆行走机构液压驱动系统采用双速内曲线马达直接驱动车轮,并由先导阀控制油泵,省去了前后桥变速机构,具有起步快、调速性能好、结构简单、操纵方便、装备功率小、功率匹配好、无差速、差力及不打滑等优点,是一个优秀的液压无级变速行走系统传动方案。

【任务实施】工程机械无级变速控制系统的检测维护、拆装与故障诊断

1.工程机械无级变速控制系统的安装调试要点

1)选择适合的液压油

在液压油系统中起着传递压力、润滑、冷却、密封的作用,应按随机《使用说明书》中规定的牌号选择液压油,特殊情况需要使用代用油时,应力求其性能与原牌号性能相同。不同牌号的液压油不能混合使用,以防液压油产生化学反应、性能发生变化。

2)定期保养

目前有的工程机械液压系统设置了智能装置,该装置对液压系统某些隐患有警示功能,但其监测范围和准确程度有一定的局限性,所以液压系统的检查保养应将智能装置监测结果与定期检查保养相结合。

(1)250 h检查保养

检查滤清器滤网上的附着物,如金属粉末过多,往往标志着油泵磨损或油缸拉缸。对此,必须确诊并采取相应措施后才能开机。如发现滤网损坏、污垢积聚,要及时更

换,必要时同时更换液压油。

(2)500 h检查保养

工程机械运行500 h后,不管滤芯状况如何均应更换,因为凭肉眼难以察觉滤芯的细小损坏情况,如果长时间高温作业还应适当提前更换滤芯。

(3)1 000 h检查保养

此时应清洗滤清器、清洗液压油箱、更换滤芯和液压油,长期高温作业换油时间要适当提前。如能通过油质检测分析来指导换油是最经济的,但要注意延长使用的液压油,每隔100 h应检测一次,以便及时发现并更换变质的液压油。

3)防止固体杂质混入液压系统

清洁的液压油是液压系统的生命。若固体杂质入侵将造成精密偶件拉伤,发卡、油道堵塞等,危及液压系统的安全运行。可从几个方面防止固体杂质入侵系统:加油人员应使用干净的手套和工作服;保养时拆卸液压油箱加油盖、滤清器盖、检测孔、液压油管等部位,液压系统油道暴露时要避开扬尘,拆卸部位要先彻底清洁后才能打开。液压元件、液压胶管要认真清洗,用高压风吹干后组装。选用包装完好的正品滤芯。换油的同时清洗滤清器,安装滤芯前应用擦拭材料认真清除滤清器壳内部污物;液压系统要反复清洗三次以上,每次清洗完后趁油热时将其全部放出系统。清洗完毕再清洗滤清器,更换新滤芯后加注新油。

4)防止空气和水入侵液压系统

首先,要防止空气入侵液压系统。维修和换油后要按随机《使用说明书》规定排除系统中的空气;液压油泵的吸油管口不得露出油面,吸油管路必须密封良好;油泵驱动轴的密封应良好,更换该处油封时应使用"双唇"正品油封,不能用"单唇"油封代替,因为"单唇"油封只能单向封油,不具备封气的功能。其次,要防止水入侵液压系统液压油中含有过量水分会使液压元件锈蚀,油液乳化变质、润滑油膜强度降低,加速机械磨损。除了维修保养时要防止水分入侵外,还要注意储油桶不用时要拧紧盖子,最好倒置放置;含水量大的液压油要经多次过滤,每过滤一次要更换一次烘干的滤纸。在没有专用仪器检测时,可将液压油滴到烧热的铁板上,没有蒸气冒出并立即燃烧方能加注。

5)在安装液压无级变速行走系统时,应尽量选用管式连接,避免使用液压集成块

因为液压无级变速行走系统的工作压力一般较高,若使用液压集成块,则必须采用钢件,而钢件的液压集成块是很难彻底清除残留铁屑的。

采用闭式回路的液压无级变速行走系统在装配时,必须对所有的液压元件及管件严格清洗,特别是必须选用按标准工艺生产的液压胶管。因为一般闭式液压系统的主回路上是没有滤油器的,一旦有铁屑或石英砂粒进入,它们就会随油液在主回路内循环,不断地破坏泵和马达的配油盘,从而导致主回路的泄漏量不断增加,当泄漏流量超

过补油流量时，主泵就会因吸油不足出现气蚀，最终导致泵的配油盘报废。

系统安装完毕后，最好能对主回路进行开式冲洗，即断开主回路，用其他高压大流量的泵，冲洗主回路。经充分冲洗后，将系统复原，更换新油，然后再调试闭式回路。

2. 工程机械无级变速控制系统的检测

工程机械液压系统状态监测和故障诊断对检测仪的要求，需要采用有效的测试方法，迅速简便地检查液压系统的流量、压力、温度等参数。传统测量方法要将流量、压力、温度分别测量，可传感器即便有较高的精度，仍有相当难以克服的问题，比如：三种传感器的物理安装位置始终存在着差别，所测出的流量、压力、温度不是同一测点的数值，距离测试模型的同点、同时、适时测量有很大的差距；其次，由于三种传感器同时接入，接入过程中会引起过多泄漏，影响测试的准确性和液压系统性能，增加了测试的复杂性。

为克服上述缺点，下面是有关方面设计的一种基于工程机械液压系统检测用的“三位一体传感器”。该传感器将三种传感器集成的设计思想，即将涡轮流量传感器、硅压阻式压力传感器和铂热电阻传感器有机结合，巧妙的安装在一起，做成三位一体传感器，并增加信号接口电路对其输出信号进行预处理，输出反映流量、压力和温度的数字信号。

1）三位一体传感器的构成及工作原理

根据工程机械液压系统的测试要求，流量传感器选用测量范围为 12 ~ 350 L/min 的涡轮流量传感器，压力传感器采用压力范围为 0 ~ 40 MPa 硅压阻式压力传感器，温度传感器采用温度范围为 0 ~ 150 ℃的铂热电阻传感器，并增加信号接口电路对传感器输出信号进行处理。

（1）涡轮流量传感器

①涡轮流量传感器的结构。涡轮流量传感器由壳体、导流器、叶轮、轴、轴承及信号检出器组成。壳体是传感器的主要部件，起到承受被测流体的压力，固定安装检测部件，连接管道的作用，也为多传感器的有机结合提供了支撑平台；壳体通常采用不导磁硬质合金制造，外壁装有信号检出器。导流器对流体起导向整流的作用，安装在传感器的进出口处；叶轮由轻质材料制成，是传感器的检测部件，是核心功能部件，动平衡性是其重要指标，能直接影响到传感器的性能和使用寿命；轴与轴承支撑叶轮旋转；信号检出器是传感器的输出设备，输出反映流量的电信号。其结构图如 4.19 所示。

②涡轮传感器的工作原理。当被测流体流过传感器时，在流体的作用下，叶轮受力而旋转，转速与液体流速成正比，叶轮转动引起磁电转换器的磁阻值周期性变化，检测线圈中的磁通随之产生周期性变化，产生周期性感应电动势，使装在壳外的非接触式磁电转速传感器输出频率与涡轮的转速成正比的脉冲信号。因此，只要测出传感器输出脉冲信号的频率 f 即可确定流体的流量，其计算公式如下：

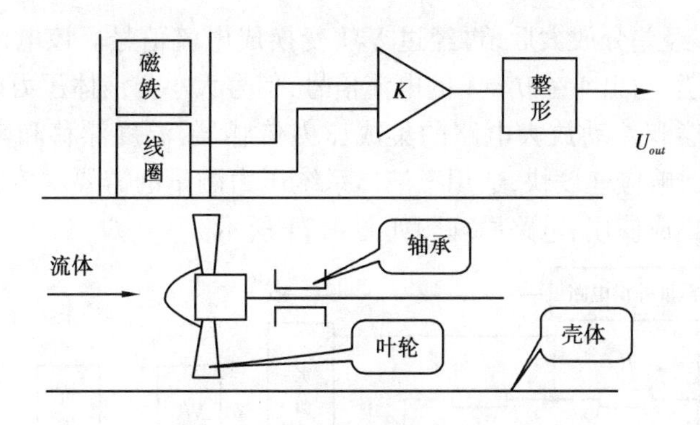

图 4.19 涡轮流量传感器原理图

$$Q = af + b \tag{4.3}$$

式中 Q——流量,L/min;

f——频率,Hz;

a,b——传感器标定参数。

③涡轮流量传感器的特点。涡轮流量传感器具有精度高、重复性好、量程范围大、结构紧凑等特点,输出脉冲频率信号,适用于与计算机连接,且无零点漂移,抗干扰能力强。涡轮流量传感器结构轻巧,安装维护方便,流通能力大,适用高压测量。涡轮流量传感器对管道内流速分布畸变及旋转流量是敏感的,进入传感器的应为充分发展管流。因此,在使用时要根据上游阻流件类型的实际情况配备必要的直管段长度。

(2)压力传感器

压力传感器采用硅压阻式压力传感器。硅压阻式压力传感器是利用单晶硅的压阻效应制成的器件,这种传感器采用了集成电路工艺技术,在硅片上制造出四个等值的薄膜电阻组成电桥电路,其原理图如图 4.20 所示。当不受压力作用时,电桥处于平衡状态,无电压输出。传感器工作时,流体压力通过传感器外壳传输到扩散硅膜片上,同时参考端压力作用于膜片的另一侧,在膜片两边形成一个压差产生的应力,使膜片的一侧压缩,另一侧拉伸,两个电阻位于压缩区内,另两个电阻位于拉伸区内,在电气性能上连接成一个全动态惠斯登电桥,输出的电压与所受的压力成正比,即:

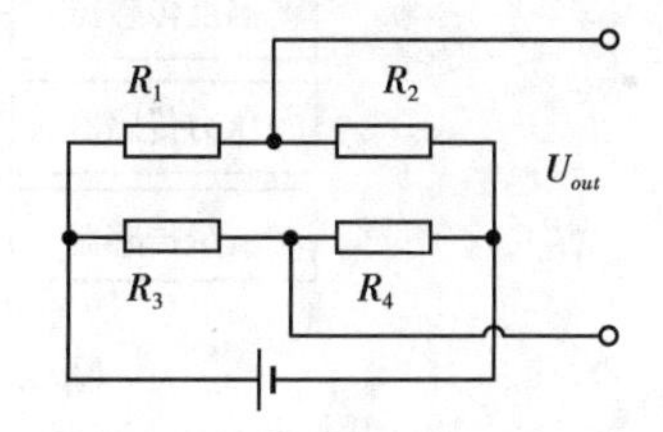

图 4.20 硅压阻式压力传感器工作原理图

$$U_{out} = A(R_1R_4 - R_2R_3) \tag{4.4}$$

式中 A——由桥壁电阻和电源电压决定的常数。

薄膜电阻:$R_1 = R_2 = R_3 = R_4$

在设计上,压力传感器采用 SENSYM 公司的硅压阻式压力传感器,该传感器已将检测电阻组成的桥路、温度补偿电路、电压放大器和 V/I 电路集成在一起。电桥检测出电阻值的变化，经差分放大后，再经过 V/I 变换成电流信号。该电流信号通过非线性矫正环路的补偿，输出 4～20 mA 的电流信号，信号大小与液体压力成线性关系。这种采用了温度补偿和差动放大电路的集成压力传感器，温度漂移和零位漂移几乎为零，且输出信号大，响应速度快，适用于液压系统压力测量的需要。传感器外形结构简单，尺寸小，适合集成使用，电路原理图如图 4.21 所示。

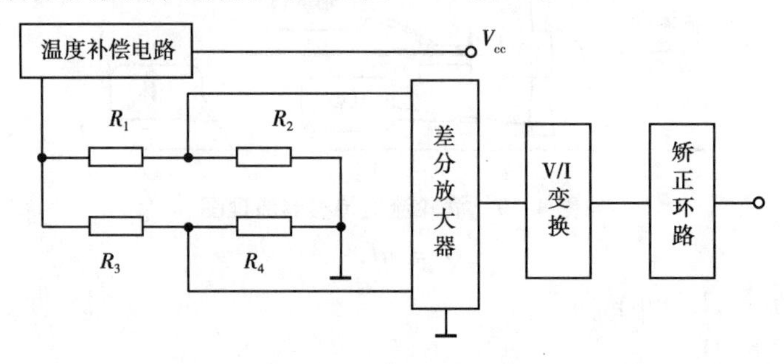

图 4.21　集成硅压阻式压力传感器电路原理图

(3)温度传感器

温度传感器采用铂热电阻温度传感器 Pt100，此传感器稳定性好，温度范围 0～150 ℃，精度高，适合液压系统中温度测量的需要；且结构简单，尺寸小，适于集成使用。

2)信号接口电路

信号接口电路由 I/V 变换电路、电桥变换电路和 A/D 转换电路组成，原理图如图 4.22 所示。

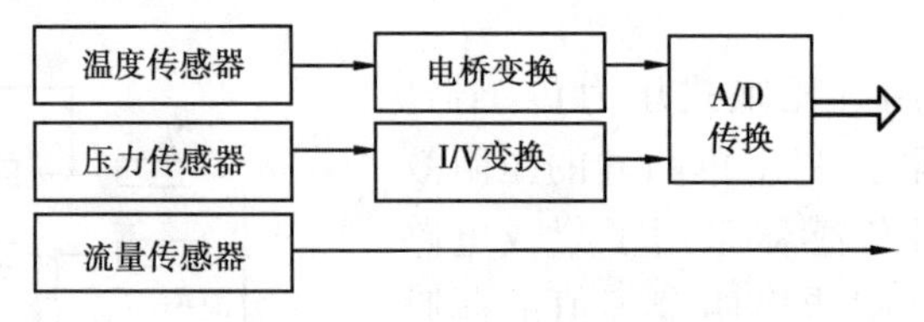

图 4.22　信号接口电路原理图

将流量、压力、温度信号经接口电路处理后输出数字信号。涡轮流量传感器输出的反映流速的脉冲频率信号；压力传感器输出的为 4～20 mA 电流信号，经 I/V 变换后，得到反映液体压力大小的电压信号 Vp，电路如图 4.23 所示。

温度传感器输出的信号经电桥变换、放大得到反映温度大小的信号 V_T，电路如图 4.24 所示。再将压力信号、温度信号送入双积分 A/D 转换器 MC14433，MC14433 的功能是将模拟电压信号转换为与模拟电压成正比的积分时间 T，然后用数字脉冲计时方法转换成计数脉冲，再将计数脉冲个数转换成二进制数字输出。这样，三位一体传感器输出反映流量、压力、温度大小的数字信号。

3)三位一体传感器的封装

为克服三种传感器分别接入液压管路造成的泄漏、工作效率低和测试精度低等问

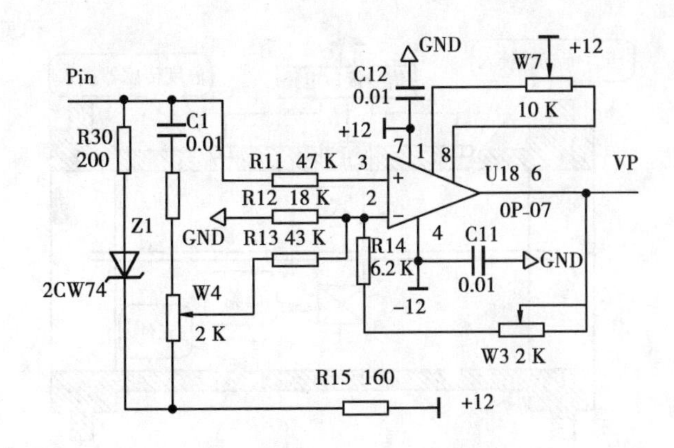

图 4.23 I/V 变换电路原理图(电容单位:μF)

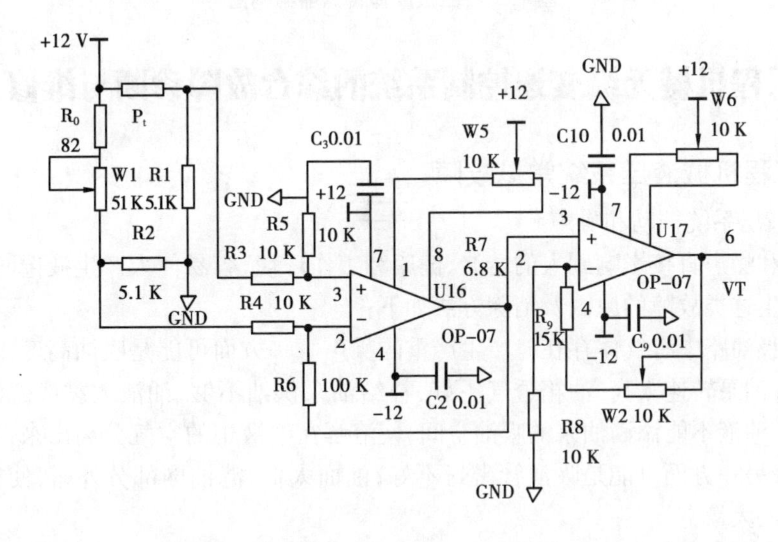

图 4.24 电桥变换电路图(电容单位:μF)

题,实现液压系统中流量、压力、温度的同时、同点、高精度测量。利用涡轮流量传感器壳体有一定的尺寸、硅压阻式压力传感器和铂热电阻传感器外形结构简单、尺寸小的特点,以涡轮流量传感器的壳体作为支撑平台,壳体上预留压力传感器和温度传感器的接入口,分别将压力传感器和温度传感器安装在接入口处,密封;将各传感器的输出端接入信号接口电路,实现三个传感器的一体化。其结构如图 4.25 所示。

该传感器在流量传感器的主体上同时安装三种传感器并对各传感器的输出信号进行变换、处理,实现了液压系统中流量、压力、温度等参数的同时、同点测量,避免了多传感器接入带来的泄漏,既方便了测量,又减轻了系统负担。三位一体传感器输出脉冲数字信号,根据设计需要适当处理,送入单片机系统。使小型化、智能化、精确可靠的工程机械液压系统检测仪器的设计成为可能。

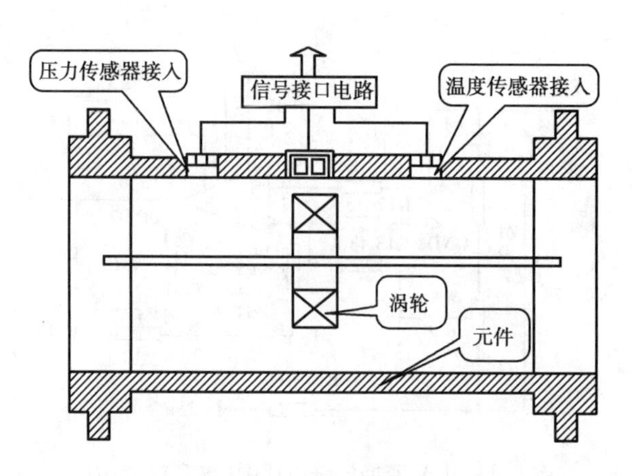

图 4.25　三位一体传感器结构图

3. 工程机械无级变速控制系统的综合故障诊断与维修

1) 工程机械液压系统常见故障

(1) 液压系统振动和噪声

振动和噪声直接影响到人的情绪、健康和工作环境，容易使人产生疲倦，造成安全事故。产生这类故障的原因及消除方法如下：

①当吸油路中有气体存在时产生严重的噪声。一方面可能是吸油高度太大，吸油管道太细，油泵转速太高，油箱透气不好，补给油泵供油不够，油液太黏或滤油网堵塞等原因，使油液不能添满油泵的吸油空间，使溶解在油液中的空气分离出来，产生所谓空蚀现象；另一方面可能是吸油管密封不好，油面太低，滤油网部分外露，使得在吸油的同时吸入大量空气。

②噪声和振动也可能是油泵或马达的质量不好所致。油泵和马达的流量脉动，困油现象未能很好消除，叶片或活塞卡死，都将引起噪声和振动。

(2) 油温过高

产生这类故障的主要原因往往是液压系统设计不当或使用时调整压力不当及周围环境温度较高等。调速方法、系统压力及油泵的效率、各个阀的额定流量、管道的大小、油箱的容量以及卸荷方式都直接影响油液的温升，这些问题在设计系统时要注意妥善处理。除了设计不当外，液压系统出现油温过高的一些可能原因如下：

①泄漏比较严重。

②散热不良，油箱散热面积不足，油箱储油量太小，致使油液循环太快，冷却器的冷却作用差。

③误用黏度太大的油液，引起液压损失过大。

④工作时超过了额定工作能力，因而产生热。

(3)液压系统泄漏

液压系统泄漏的原因错综复杂,主要与振动、温升、压差、间隙和设计、制造、安装及维护不当有关。泄漏分为外泄漏和内泄漏。外泄漏是指油液从元器件或管件内部向外部泄漏;内泄漏是指元器件内部由于间隙、磨损等原因有少量油液从高压腔流向低压腔。为控制内泄漏,国家颁布了各类元件出厂的试验标准,标准中对元件的泄漏量作出了详细的规定。控制外泄漏,常以提高元器件几何精度、表面粗糙度及合理设计、正确使用密封件来预防和解决漏油问题。

(4)工作机构运动速度不够或完全不动

产生这类故障的主要原因是油泵输油量不够或完全不输油,系统泄漏过多,进入液动机械流量不够,溢流阀调节的压力过低,克服不了工作机构的负载阻力等。一些可能的原因及消除方法如下:

①油泵转向不对或油泵吸油量不够,吸油管阻力过大,油箱中油面过低,吸油管漏气,油箱通大气的孔堵塞,使油面受到压力低于正常压力,油液黏度太大或油温太低,这些都会导致油泵吸油量不够,从而输油量也就不够了。

②油泵内泄漏严重。油泵零件磨损,密封间隙变大或油泵壳体的铸造缺陷,使压油腔与吸油腔连通起来。

③处于压力油路的管接头及各种阀的泄漏,特别是液动机内的密封装置损坏,内泄漏严重。判明原因后,便采取相应措施(如修理或更换磨损零件,清洗有关元件,更换损坏的密封装置等)加以改正。

2)故障的现场检测与诊断

(1)现场的初步检查与诊断

根据故障现象查清有关情况,对照液压系统图分析产生故障的部位和初步原因,不可忽视看起来十分简单的原因,更不可盲目乱拆,以免造成不必要的损失。在具体的检查过程中应按以下步骤进行。

①向驾驶员了解情况,对故障产生时机器的状态,声音等都要做详尽了解,避免了小题大做,化易为难。

②进行必要的具体操作。有时,驾驶员对机器故障的因果关系陈述不清,致使故障诊断困难,这时需进行必要的现场操作将获益匪浅。

③油质、油量的检查。此内容看似简单,实施起来却常被忽视。比如,一台日立EX220-2挖掘机,在修理完液压缸后发现液压油不足,而现场采购的液压油为土法提炼的再生油,续加到油箱后造成了油质的污染。变质起泡,致使机器动作无力,更换液压油后故障得以排除。因此,对油质,油量的检查必须引起足够的重视;否则将烧坏液压泵,损坏传动系统。

④检查各种滤芯。滤油器是液压系统的清洁工具,在故障诊断时,检查滤油器(如滤油器的脏污程度、滤芯上各种杂质的性状等)可为进一步分析故障提供依据。如一台加腾HD820型挖掘机,在运转了4 000 h左右后发现整机无力;拆检其液压系统滤油

器时,发现滤芯损坏,堵住了回油口,更换滤芯后故障得以排除。

如果通过以上的初步检查后仍不能排除故障,则应借助仪器做更为详细的检测。

(2)液压系统的仪器诊断

在一般的现场检测中,由于流量的检测比较困难,加之液压系统的故障往往又都表现为压力不足,因此在现场检测中,更多的是采用检测系统压力的方法。

(3)电脑诊断

随着机电液一体化在工程机械上的广泛应用,单一的压力测试已不能满足现场检测的需要,现在越来越多的进口工程机械,其故障诊断要借助专门的检测电脑来完成,检测电脑所测数据丰富、体积小且携带方便。比如一台日立 EX220-2 挖掘机,工作装置液压系统无力,当操作挖掘机手柄时,伴随发动朵变声并冒浓烟。利用检测电脑检测时发现,液压泵流量无显著变化,压力升高时发动机变声,经分析认为,液压泵流量太大,斜盘无法调整流量。解体液压泵伺服阀,发现伺服阀与液压泵流量调整斜盘的连接销轴断裂,更换销轴后故障被排除。

(4)其他诊断方法

现场维修中常采用不用仪器的对换诊断方法,这种方法常在不同型号机器进行整体测试时使用,即若现场无检测仪器或被查元件比较精密而不宜拆开时,可换上其他同型号机器上元件再进行检查,即能快速地诊断出有无故障。如一台 CAT320L 挖掘机在工作不到 500 h 时,工作装置液压系统无力,当时现场无检测仪器,根据经验初步判断主安全阀有故障;可是现场解体主安全阀,发现先导针阀锥面并无明显的磨损和伤痕,遂将同场另一台同型号的 320L 挖掘机上的主安全阀与该安全阀进行了对换,试机后故障被排除。这种对换诊断方法简单易行,但须判断准确。

【知识拓展】工程机械无级变速控制系统的应用

BW202AD—2 型压路机是德国 BOMAG 公司生产的一种全液压、双钢轮、双驱动、双频双幅(46/50 Hz 和 0.36/0.74 mm)振动压路机,下面分析 BW202AD—2 型压路机的行走系统和振动系统液压回路的工作原理及故障诊断与处理过程。

1. 行走系统

1)工作原理

行走系统采用闭式液压回路,如图 4.26 所示,主要由斜盘式双向变量泵 1、前行走马达 13 和 14、后行走马达 12 组成,前、后行走马达并联,分别驱动前、后钢轮行走。通过振动驾驶室操作杆 5,使斜盘控制阀组(手动)2 工作在左、右两个位置,通过斜盘式双向变量泵 1 使前、后行走马达实现正、反转,驱动前、后钢轮实现压路机前进与后退。

驾驶室操作杆5扳动角度越大,相应的变量泵斜盘拉杆装置3执行位移越大,斜盘式双向变量泵1的输出流量就越大,压路机行走速度更快。二位三通电磁阀16得电工作在右位时,单向定量泵供油克服停车制动器弹簧压力,解除前、后行走马达制动器约束,压路机前、后钢轮处于行走准备状态。

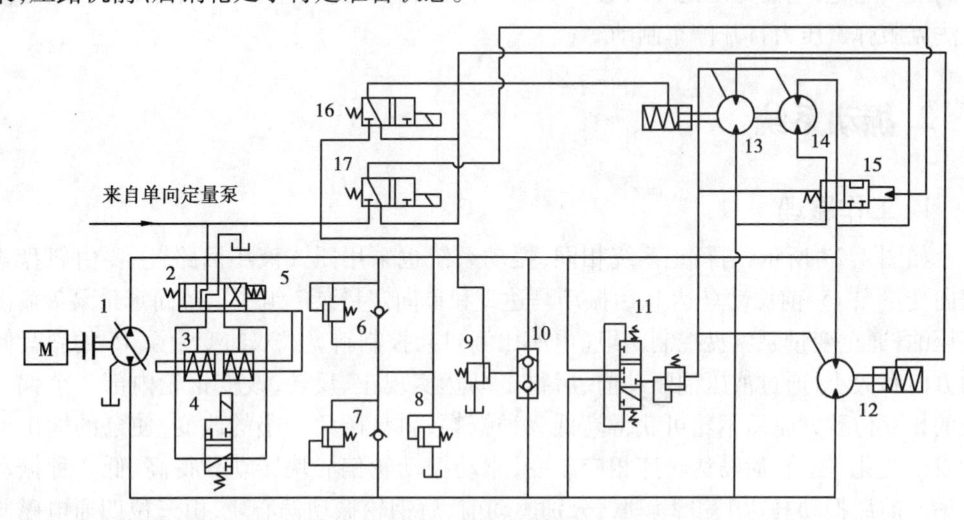

图4.26　行走液压系统原理图

1—斜盘式双向变量泵;2—斜盘控制阀组(手动);3—变量泵斜盘拉杆装置;4—急停电磁阀;5—驾驶室操作杆;6,7—系统补油与压力安全限定装置;8,9—溢流阀;10—梭阀;11—回油释放阀;12—后行走马达;13,14—前行走马达;15—两位四通液控阀;16,17—二位三通电磁阀

当二位三通电磁阀17工作在左位时,两位四通液控阀15无控制压力信号,处于导通状态,前行走马达13和14并联转动,压路机处于高速状态;当二位三通电磁阀17得电工作在右位时,两位四通液控阀15处于封闭状态,前马达13拖动马达14转动,压路机处于低速状态。急停电磁阀4工作在上位时,为正常行走状态;一旦发生紧急情况,及时操作急停开关使电磁阀4工作在下位,将变量泵斜盘拉杆装置3的控制油路短接回流,此时斜盘式双向变量泵的斜盘处于中间位置,油泵无压力油输出,行走动作随之停止。

2)故障现象

压路机在一次运行3~4 h后,突然无法前后行走,但前后轮振动均有效。

3)故障诊断与检修

①检查发动机工作是否正常,发动机与液压泵、液压马达与驱动轮的连接部件工作是否良好,有无漏油现象,驾驶室行走操作杆及传动机构是否处于正常位置。上述情况均正常,排除机械故障。

②启动发动机,油泵开始工作,旋转停车制动开关,检查发现前、后轮停车制动器未打开,无法开始行走。根据液压系统原理,行走过程中首先给二位三通电磁阀16上

电，导通单向定量泵高压油，才能打开前、后行走马达的停车制动，为此判定二位三通电磁阀16可能存在故障。

③更换二位三通电磁阀后停车制动顺利解除，系统行走恢复正常。拆检发现，电磁阀线圈老化，电磁力不足导致吸合不到位，无法顺畅实现左、右位转换，因此液压油无法克服弹簧压力打开停车制动。

2. 振动系统

1）工作原理

如图4.27所示，与行走系统相同，振动系统也采用闭式液压回路，主要由斜盘式双向变量泵15、前振动马达1、后振动马达2和单向定量泵7组成。单向定量泵7输出高压油，通过变量泵斜盘控制阀组（电液比例）14，控制斜盘式双向变量泵15的斜盘倾角方向和大小，通过液压油驱动前、后行走马达实现正、反转，改变钢轮内部2个偏心块的相互位置，前、后钢轮可获得高低2种振幅；斜盘倾角大小的改变，使泵的输出流量发生变化，使前、后马达转速相应改变，驱动振动轮偏心块转动获得高、低2种振动频率。前后振动马达1和2串联，分别驱动前、后钢轮振动偏心块，由三位四通电磁阀4实现前轮单振、后轮单振和前后轮同时振动。当电磁阀4工作在左位，后振动马达2被短路，只有前振动马达1工作，此时前钢轮单振。

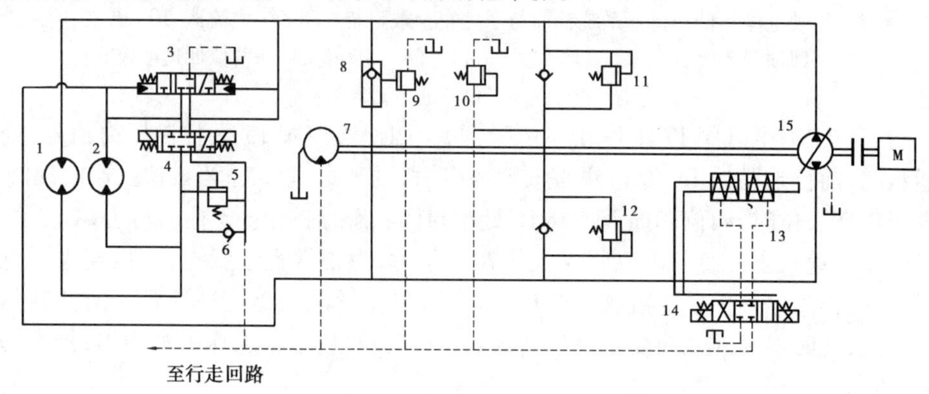

图4.27　振动液压系统原理图

1—前振动马达；2—后振动马达；3—液控三位三通阀；4—三位四通电磁阀；5，9，10—溢流阀；6—单向阀；7—单向定量阀；8—梭阀；11，12—系统补油与压力安全限定装置；13—变量泵斜盘拉杆装置；14—斜盘控制阀组（电液比例）；15—斜盘式双向变量泵

当电磁阀4工作在右位，前振动马达1被短路，只有后振动马达2工作，此时后钢轮单振；当电磁阀4工作在中位，前、后振动马达串联同时工作，此时前后钢轮同时振动。单向定量泵7一方面为整机闭式液压回路补油，一方面如前所述，为各斜盘式双向变量泵提供控制油。

2)故障现象

压路机前、后钢轮单独振动时正常,但前、后钢轮同时振动时后轮无力。

3)故障诊断与检修

①检查驾驶室振动开关是否完好、是否存在接触不良的现象,前、后钢轮单独振动正常说明发动机动力充足、转速正常,马达与驱动轮的连接机构工作良好。

②启动发动机和振动油泵、马达,工作一段时间,使液压油温度上升到50~60 ℃,目测发现液压油黏度过稀,液压油滤芯污物较多,更换液压油及滤芯后,故障仍未消除。

③启动发动机和振动油泵、马达,使液压油温度上升到50~60 ℃,将振动开关置于前、后钢轮同时振动位置,将压力表接在各测压口上测试,其中振动泵40 MPa、前马达30 MPa,而后马达仅为9 MPa且压力不稳定。根据振动系统原理,同时振动时前、后2个马达串联,正常情况下压力应基本相等,压力相差较大说明马达自身存在内泄或两马达在压力分配上存在问题。

④对调前、后马达位置试机故障仍然存在,排除马达自身内泄问题。依次检查振动液压管路、电磁阀时发现,控制前、后马达振动选择的三位四通电磁阀4有异响,温度很高(烫手),将其更换后故障排除。拆检发现电磁阀得电工作在左、右位均正常,但弹簧复位有卡滞现象,失电后电磁阀无法从左位完全恢复到中位,后马达油路被部分短路,前、后马达压力不均,造成后轮振动无力。

实训4 容积调速性能实验

1.实验目的

(1)了解容积调速的工作原理、性能和应用场合;

(2)了解容积调速的特点;

(3)学会测定泵—马达式容积调速回路的调速特性和机械特性。

2.实验原理

在大功率的调速系统中,多采用回路效率高的容积式调速回路。

容积式调速回路是通过改变变量泵或变量马达的排量来调节执行元件的运动速度。在容积式调速回路中,液压泵输出的液压油全部直接进入液压缸或液压马达,无溢流损失和节流损失,而且液压泵的工作压力随负载的变化而变化,因此,这种调速回路效率高,发热量少。容积调速回路多用于工程机械、矿山机械、农业机械和大型机床等大功率的调速系统中。

液压系统的油液循环，有开式和闭式两种方式。在开式循环回路中，液压泵从油箱中吸入液压油，压送到液压执行元件中去，执行元件的回油排至油箱。这种循环回路的主要优点是油液在油箱中能够得到良好的冷却，使油温降低，同时便于沉淀、过滤杂质和析出气体。主要缺点是空气和其他污染物侵入油液机会多，侵入后影响系统正常工作，降低油液使用寿命；另外，油箱结构尺寸较大，占有一定空间。在闭式循环回路中，液压泵将液压油压送到执行元件的进油腔，同时又从执行元件的回油腔吸入液压油。闭式回路的主要优点是结构尺寸紧凑，改变执行元件运动方向较方便，空气和其他污染物侵入系统的可能性小。主要缺点是散热条件差，对于有补油装置的闭式循环回路来说，结构比较复杂，造价较高。

按液压执行元件的不同，容积调速回路可分为泵—缸式和泵—马达式两类容积调速回路。绝大部分泵—缸式容积调速回路和泵—马达式容积调速回路的油液循环采用闭式循环方式。

QCS006A 变量泵—变量马达容积调速实验台的液压原理图如图 4.28 所示。变量泵和变量马达均为轴向柱塞式，可以双向进油或出油，同时采用手动方式操纵伺服变量泵和马达的拉杆控制变量头的倾角 $\pm\gamma$ 以达到变量的目的。使用液压桥连接的溢流阀起安全作用(安全阀)，回路的最高安全压力由其限定。补油装置由叶片泵和溢流阀组成，补油压力由溢流阀调定。双向齿轮泵用作加载泵，采用节流阀和溢流阀两种加载形式。由梭阀连接的背压阀使管路中的热油能够交换，整个系统工作较长时间而温升不大。为使流量计在液流方向发生变化时保持一定的转向，采用了液动阀结构。另外，实验台可在轴向柱塞马达和加载齿轮泵中间安置 ZJ 型转矩传感器和 PY1A 型转矩转速仪来测试转矩和转速。

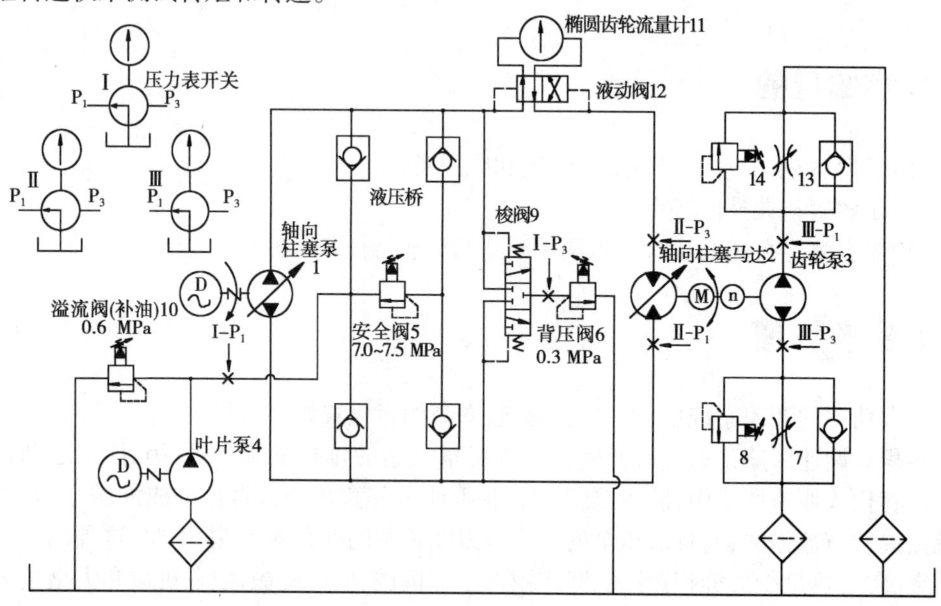

图 4.28　QCS006A 变量泵—变量马达容积调速实验台液压原理图

(1)转速特性

通过改变变量泵的排量 V_P 或变量马达的排量 V_M 便可调节液压马达的输出转速 n_M。当不考虑管路、泵和马达的泄漏损失时,马达的输出转速为:

$$n_M = \frac{n_P \cdot V_P}{V_M} \tag{4.5}$$

式中:n_p——变量泵的转速;

V_P——变量泵的排量;

V_M——变量马达的排量。

可见,马达的输出转速 n_M 与 V_P 成正比,与 V_M 成反比。

(2)转矩特性

马达的输出转矩 T_M 与负载转矩 T_L 相等,加载泵的负载转矩 T_L 由其液压转矩(理论转矩)T_{th}和摩擦转矩 T_f 组成 ,即 $T_M = T_L = T_{th} + T_f$ 　而

$$T_{th} = \frac{\Delta p_L \cdot V_{PL}}{2\pi} \tag{4.6}$$

式中,$\Delta p_L = p_{L1} - p_{L2}$,$p_{L1}$,$p_{L2}$为加载泵的输入和输出压力,一般 $p_{L2} = 0$,p_{L1}与加载方式有关,V_{PL}为加载泵的排量。

摩擦转矩 T_f 不是常数,而是转速的函数,其关系如图 4.29 所示。马达的输出转矩 T_M 会随输出转速 n_M 而变化。

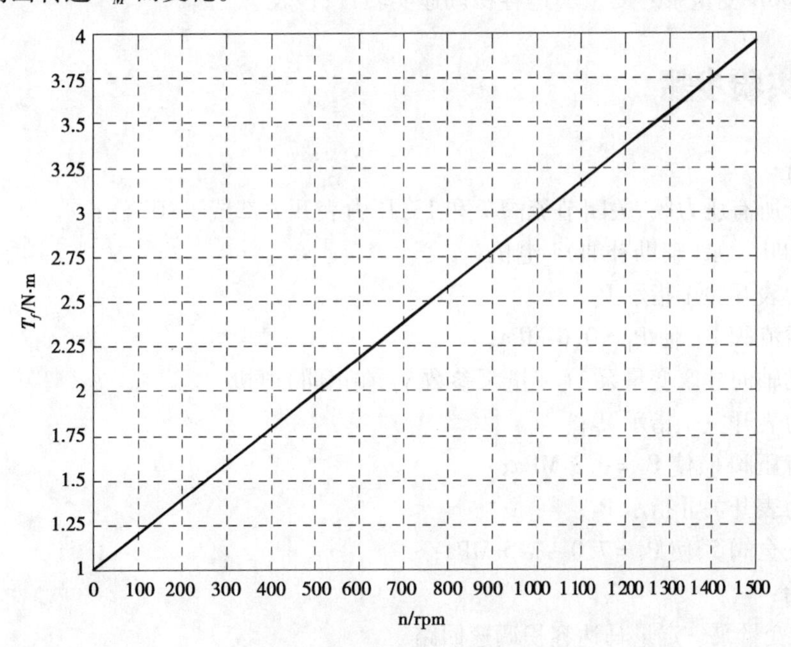

图 4.29　摩擦转矩 T_f 特性曲线

(3)功率特性

马达功率为

$$P_M = 2\pi T_M n_M \tag{4.7}$$

式中,T_M、n_M为马达的输出转矩和输出转速,加载方式不同,功率特性则不同。

(4)机械特性

容积调速回路的机械特性是指马达的输出转速随负载转矩而变化,可用负载刚度来衡量,负载刚度

$$k = -\frac{\partial T_M}{\partial n_M} \tag{4.8}$$

可以通过实验测量 $n_M = f(T_M)$ 的关系曲线。

3. 实验内容

测定泵—马达闭式容积调速回路调速特性、机械特性。

4. 实验设备

CS006A 变量泵—变量马达容积调速实验台;秒表。

5. 实验步骤

准备:

松开所有压力阀、关闭节流阀 7 和 13,压力表开关都置于“0”位;

启动叶片泵(辅助补油)4 电机;

压力表开关Ⅰ指示 P_1;

调溢流阀 10,使 $P_1 = 0.6$ MPa;

启动轴向柱塞变量泵 1(变量泵参数 γ_P 在正向)电机;

压力表开关Ⅰ指示 P_3;

调背压阀 6,使 $P_3 = 0.3$ MPa;

压力表开关Ⅱ指示 P_3;

调安全阀 5,使 $P_3 = 7.0 \sim 7.5$ MPa;

开始:

(1)变量泵—定量马达容积调速回路

调节变量泵的参数 $\gamma_P = 9$ 格(正向),调节变量马达参数 $\gamma_M = 7$ 格(正向)并固定;

用溢流阀加载:将节流阀 7 关死,压力表开关Ⅱ指示 P_3,将溢流阀 8 调到适当压力(0.3 ~ 0.4 MPa),调节变量泵参数 γ_P 从 3 格到 9 格,分别读压力表开关Ⅱ-P_1 和 P_3、压

力表开关Ⅱ-P_3、转速表和用流量计测流量。

用节流阀加载：将溢流阀8关死，压力表开关Ⅱ指示P_3，将节流阀7调到适当压力(6 MPa)，调节变量泵参数γ_P从9格到3格，分别读压力表开关Ⅱ-P_1和P_3、压力表开关Ⅱ-P_3、转速表和用流量计测流量。

(2)定量泵—变量马达容积调速回路

调节变量泵的参数$\gamma_P=5$格(正向)并固定，调节变量马达参数γ_M从正向9格到5格，用溢流阀或节流阀加载，分别读压力表开关Ⅱ-P_1和P_3、压力表开关Ⅱ-P_3、转速表和用流量计测流量。

(3)变量泵—变量马达容积调速回路

调节变量马达参数$\gamma_M=9$格(正向)并固定，调节变量泵的参数γ_P从正向0到5格并固定，再调节变量马达参数γ_M从正向9格到5格，用溢流阀加载，分别读压力表开关Ⅱ-P_1和P_3、压力表开关Ⅱ-P_3、转速表和用流量计测流量。

(4)容积调速回路的机械特性

选择几组泵和马达的不同排量实验，注意马达的转速不宜太高，每组调好后都要将调节机构固定，然后逐渐加大负载泵压力，测量转速。

结束：

松开所有压力阀，压力表开关都置于“0”位；

关轴向柱塞变量泵1(变量泵参数γ_P在正向)电机；

关叶片泵4(辅助补油)电机。

6.实验要求

(1)通过实验绘制变量泵—定量马达、定量泵—变量马达、变量泵—变量马达3种容积调速回路的转速特性、扭矩特性和功率特性曲线，并分析比较它们之间的性能差别。

(2)通过实验绘制几种典型排量的机械特性曲线，并分析负载刚度变化原因。

(3)分析实验曲线与理论分析曲线不同的原因。

项目小结

传动系统是工程机械底盘的重要系统。本任务项目根据现代工程机械技术发展的趋势和特点，对工程机械的自动换挡系统和全液压无级变速系统的结构、工作原理进行了详细分析；并且着重论述了工程机械自动换挡系统和全液压无级变速系统的保养维护、故障检修以及工作系统的安装与调试方法，为后续具体工程机械电液控制系统的学习打下重要基础。

项目5 工程机械动力转向与制动系统应用与检修

项目剖析与目标

自行式工程机械相对于其他工程机械具有作业场地狭小,地面起伏不平,作业内容变换频繁,工作负载变化剧烈等特点,因而对其操控性能提出了更高的要求。传统工程机械的机械式底盘往往达不到现代施工作业的要求,因而动力转向系统和制动系统逐渐得到了越来越广泛地应用。本任务项目主要以这两个动力系统的结构、原理以及故障诊断与检修方法进行论述。

任务5.1　工程机械动力转向系统的应用与检修

任务描述

工程机械在行驶和作业中，需要利用转向系统改变其行驶方向或保持直线行驶。工程机械动力转向系统的基本要求是操纵轻便灵活，工作稳定可靠，使用经济耐久。转向性能是保证工程机械安全行驶，减轻驾驶员的劳动强度，提高作业生产率的主要因素，因而是工程机械的一个重要性能指标。

机械转向系统是依靠驾驶员操纵转向盘的转向力来实现车轮转向；动力转向系统则是在驾驶员的控制下，借助于工程机械发动机产生的液体压力或电动机驱动力来实现整机转向。

本任务在详细分析了工程机械液压助力转向、全液压转向和电控液压转向系统的结构、工作原理的基础上，一是提出了工程机械动力转向系统的拆装与检测方法，二是系统地论述了工程机械动力转向系统的综合故障诊断与检修方法。

任务分析

对于转向系来说，最主要的要求是转向的灵敏性和操纵的轻便性。好的转向灵敏性，要求转向器具有小的传动比；好的操纵轻便性，则要求转向器具有大的传动比。可见这是一对矛盾，普通的机械转向系很难兼顾机动车的转向灵敏性和操纵的轻便性。为解决这一矛盾，越来越多的车辆采用了以发动机输出的部分动力为能源的动力转向系。

工程机械动力转向系统主要包括液压助力转向、全液压转向和电控液压转向3种类型，都是典型的工程机械电液反馈控制系统。在学习过程中需要结合转向系的基本结构、液压技术、电子控制技术等相关知识进行分析。此外，工程机械动力转向系统的综合故障诊断与维修方法既要考虑一般转向系的因素外，同时也要考虑由于液压传动部分泄漏、进入空气、油泵工作不良或操纵阀失效等方面的因素，还需考虑由于电气部分短路、断路、接触不良或者信号干扰等所产生的问题。

【知识准备】工程机械动力转向系统的工作原理

1. 工程机械动力转向系统的基本组成

根据所用转向器的不同，自行式工程机械的转向形式一般分为机械转向、液压助力转向、全液压转向和电控液压转向4种形式。液压助力转向、全液压转向、电控液压转向统称为液压动力转向。

机械转向,是以驾驶员手动操纵力为动力的转向方式。它是最早出现的转向形式。但是随着生产率的不断提高,工程机械重量和操作速度亦相应增加,加之有些车辆使用条件复杂以及采用了宽基或超宽基的低压轮胎,这就要求转向系统能克服更大的转向阻力矩,并要求转向过程中具有相当的速度,这就意味着要求提高转向的功率。在这种情况下采用机械转向不仅无法实现诸如大型铰接车辆的折腰转向,而且也无法同时满足诸如重型车辆对操纵轻便性和灵活性两方面的要求,而液压动力转向恰好能满足这些要求。因此,液压动力转向越来越广泛地应用于各种车辆。

液压助力转向,是依靠驾驶员控制,由液压动力转向装置动力油源和转向杆系等组成的液压动力转向系统来实现,它又可分为液压助力式、全液压式和电控液压转向3种形式。

液压助力转向:一般由转向器,控制阀和转向油缸等组成,各部分之间均保持机械联系。液压助力转向具有操纵轻便,转向灵敏,随动精度高,可根据需要增设作用元件来取得较理想的"路感"以及当液压系统发生故障时能够蜕化为机械转向装置实现应急转向等优点,广泛地应用于各种车辆。但是,由于这类装置保留了复杂的转向杆系,总体布置欠灵活,此外应用于大流量液压系统中时系统效率较低,因此在低速车辆上逐渐被全液压转向装置取代。

全液压转向:在输出端与输入端之间没有机械联系的液压动力转向装置。全液压转向具有操纵灵活省力,结构简单,总体布置方便以及动力油源中断后仍能实现人力转向等优点。但是,由于全液压转向器在转向工况时无"路感",随同精度较低,反应较慢,以及当液压转向系统本身发生故障时,不能蜕变为机械转向装置继续工作等缺点,使用范围受到限制,一般用于时速低于50 km/h的车辆。

电控液压动力转向系统是在传统的液压动力转向系统的基础上增设了控制液体流量的电磁阀、车速传感器和电子控制单元等,电子控制单元根据检测到的车速信号,控制电磁阀,使转向动力放大倍率实现连续可调,从而满足高、低速时的转向助力要求。

2. 工程机械动力转向系统的工作原理

1)液压助力转向

液压式助力转向系统在各类自行式工程机械上得到了广泛的应用。液压式助力转向系统按液流形式可分为常流式和常压式;按转向控制阀的运动方式又可分为滑阀式和转阀式。下面对液压式助力转向装置进行分析。

(1)液压常流滑阀式动力转向装置

液压常流滑阀式动力转向装置的基本组成如图5.1所示,主要包括转向储油罐、转向油泵、转向控制阀、转向动力缸等。

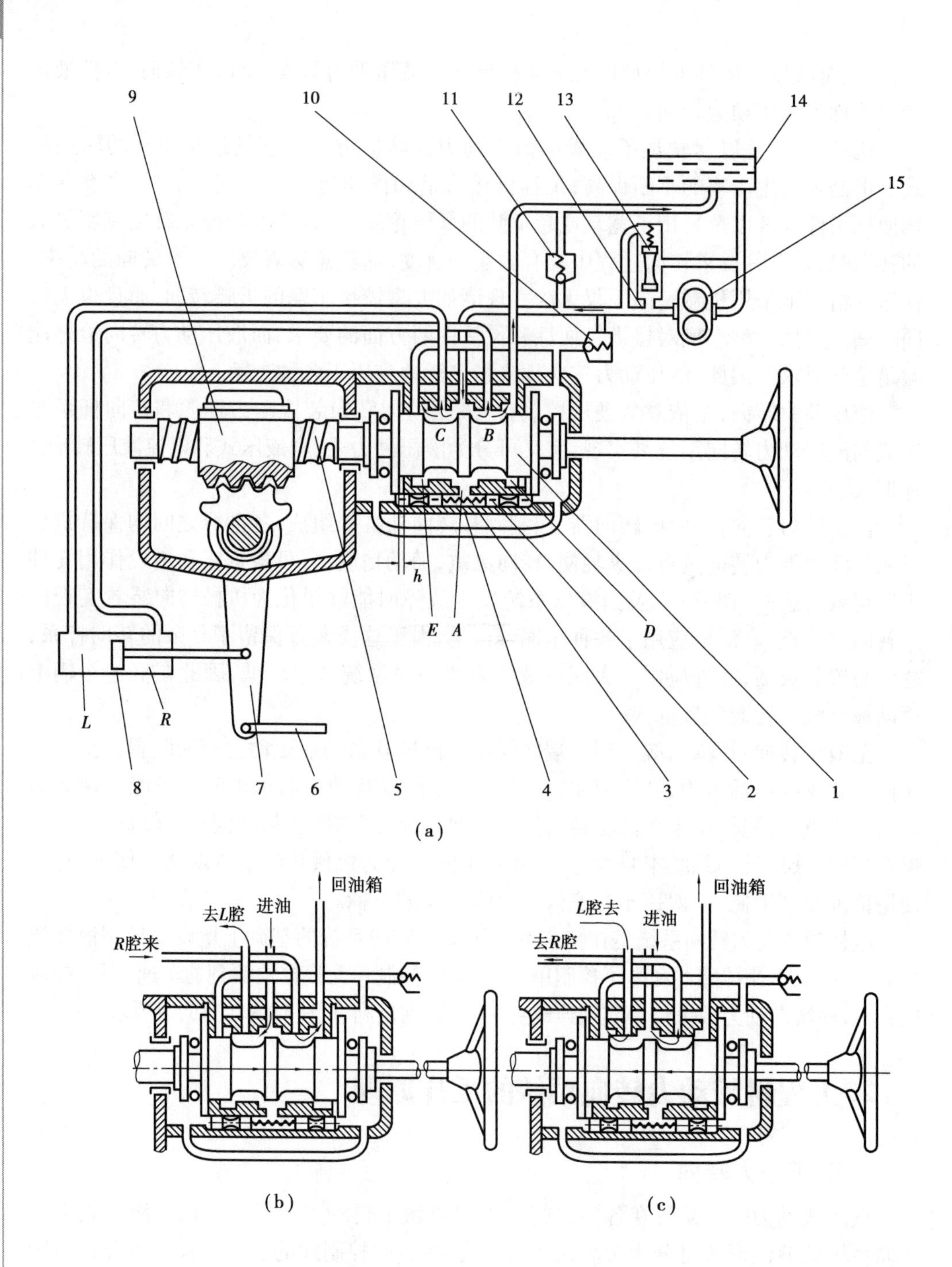

图 5.1 液压常流滑阀式动力转向装置

1—滑阀;2—反作用柱塞;3—滑阀复位弹簧;4—阀体;5—转向螺杆;6—转向直拉杆;7—转向摇臂;8—转向动力缸;9—转向螺母;10—单向阀;11—安全阀;12—节流孔;13—溢流阀;14—转向储油罐;15—转向油泵

工程机械直线行驶时,如图 5.1(a)所示,滑阀 1 在复位弹簧 3 的作用下保持在中间位置。转向控制阀内各环槽相通,自油泵 15 输送出来的油液进入阀体环槽 A 之后,经环槽 B 和 C 分别流入动力缸 8 的 R 腔和 L 腔,同时又经环槽 D 和 E 进入回油管道流回油罐 14。这时,滑阀与阀体各环槽槽肩之间的间隙大小相等,油路畅通,动力缸 8 因左右腔油压相等而不起加力作用。

工程机械右转向时,驾驶员通过转向盘使转向螺杆 5 向右转动(顺时针)。开始时,转向螺母暂时不动,具有左旋螺纹的螺杆 5 在螺母 9 的推动下向右轴方向移动,带动滑阀 1 压缩弹簧 3 向右移动,消除左端间隙 h,如图 5.1(b)所示。此时环槽 C 与 E 之间、A 与 B 之间的油路通道被滑阀和阀体相应的槽肩封闭,而环槽 A 与 C 之间的油路通道增大,油泵送来的油液自 A 经 C 流入动力缸的 L 腔,L 腔成为高压油区。R 腔油液经环槽 B,D 及回油管流回储油罐 14,动力缸 8 的活塞右移,使转向摇臂 7 逆时针转动,从而起加力作用。

只要转向盘和转向螺杆 5 继续转动,加力作用就一直存在。当转向盘转过一定角度保持不动时,转向螺杆 5 作用于转向螺母 9 的力消失,但动力缸活塞仍继续右移,转向摇臂 7 继续逆时针方向转动,在其上端拨动转向螺母,带动转向螺杆 5 及滑阀一起向左移动,直到滑阀 1 恢复到中间稍偏右的位置。此时 L 腔的油压仍高于 R 腔的油压。此压力差在动力缸活塞上的作用力用来克服转向轮的回正力矩,使转向轮的偏转角维持不动,这就是转向的维持过程。如转向轮进一步偏转,则需继续转动转向盘,重复上述全部过程。

松开转向盘,滑阀在回位弹簧 3 和反作用柱塞 2 上的油压的作用下回到中间位置,动力缸停止工作。转向轮在前轮定位产生的回正力矩的作用下自动回正,通过转向螺母 9 带动转向螺杆 5 反向转动,使转向盘回到直线行驶位置。如果滑阀不能回到中间位置,工程机械将在行驶中跑偏。

在对装的反作用柱塞 2 的内端,复位弹簧 3 所在的空间,转向过程中总是与动力缸高压油腔相通。此油压与转向阻力成正比,作用在柱塞 2 的内端。转向时,要使滑阀移动,驾驶员作用在转向盘上的力,不仅要克服转向器内的摩擦阻力和复位弹簧的张力,还要克服作用在柱塞 2 上的油液压力。所以,转向阻力增大,油液压力也增大,驾驶员作用于转向盘上的力也必须增大,使驾驶员感觉到转向阻力的变化情况。这种作用就是“路感”。

(2)液压常流转阀式动力转向装置的工作原理

液压常流转阀式动力转向装置的基本组成如图 5.2 所示,也是由转向油泵、转向动力缸、转向控制阀等组成。

当工程机械直线行驶时,转阀处于中间位置,如图 5.3(a)所示。工作油液从转向器壳体的进油孔 B 流到阀体 13 的中间油环槽中,经过其槽底的通孔进入阀体 13 和阀芯 12 之间,此时阀芯处于中间位置。进入的油液分别通过阀体和阀芯纵槽和槽肩形成的两边相等的间隙,再通过阀芯的纵槽以及阀体的径向孔流向阀体外圆上、下油环

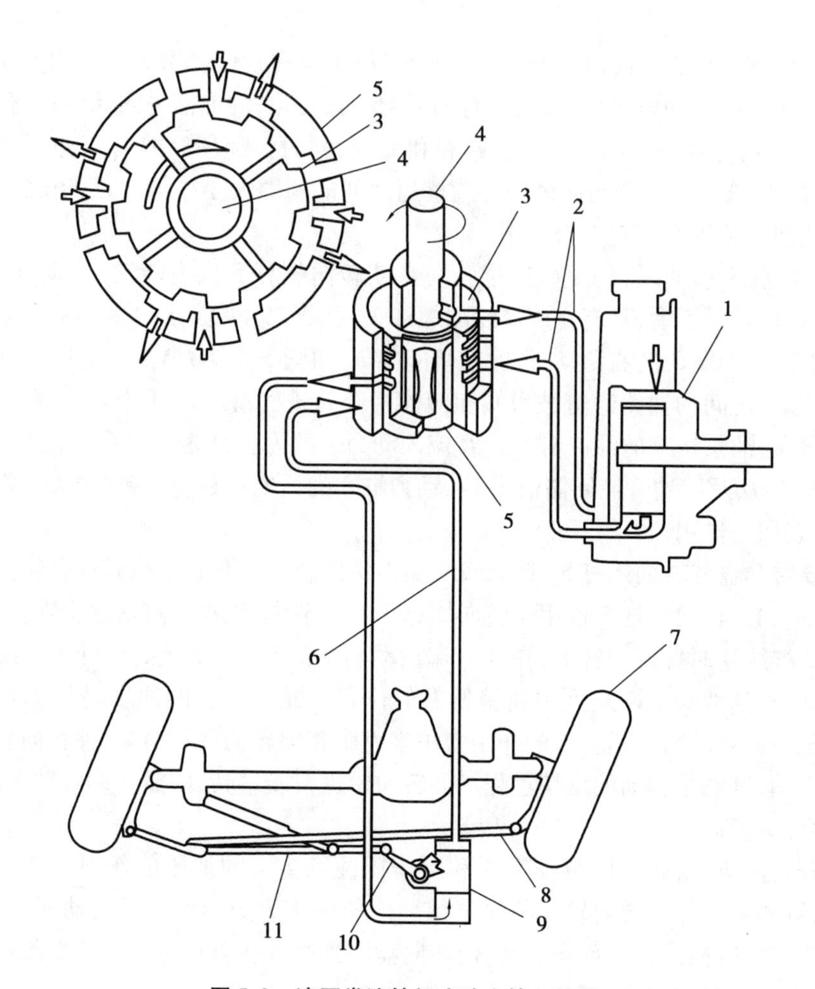

图 5.2 液压常流转阀式动力转向装置

1—转向油泵;2—油管;3—阀体;4—阀芯;5—转向阀; 6—油管;7—车轮;
8—转向拉杆;9—转向动力缸;10—转向摇臂;11—转向横拉杆

槽,通过壳体油道流到动力缸的左转向动力腔 *L* 和右转向动力腔 *R*。流入阀体内腔的油液在通过阀芯纵槽流向阀体上油环槽的同时,通过阀芯槽肩上的径向油孔流到转向螺杆和输入轴之间的空隙中,从回油口经油管回到油罐中去,形成常流式油液循环。此时,上下腔油压相等且很小,齿条—活塞既没有受到转向螺杆的轴向推力,也没有受到上、下腔因压力差造成的轴向推力。齿条—活塞处于中间位置,动力转向器不工作。

左转向时(右转向与此正相反),转动转向盘,短轴逆时针转动,通过下端轴销带动阀芯同步转动,同时弹性扭杆也通过轴盖、阀体上的销子带动阀体转动,阀体通过缺口和销子带动螺杆旋转,但由于转向阻力的存在,促使扭杆发生弹性扭转,造成阀体转动角度小于阀芯的转动角度,两者产生相对角位移,如图 5.4(b)所示。造成通下腔的进油缝隙减小(或关闭),回油缝隙增大,油压降低;上腔正相反,油压升高,上下动力腔产

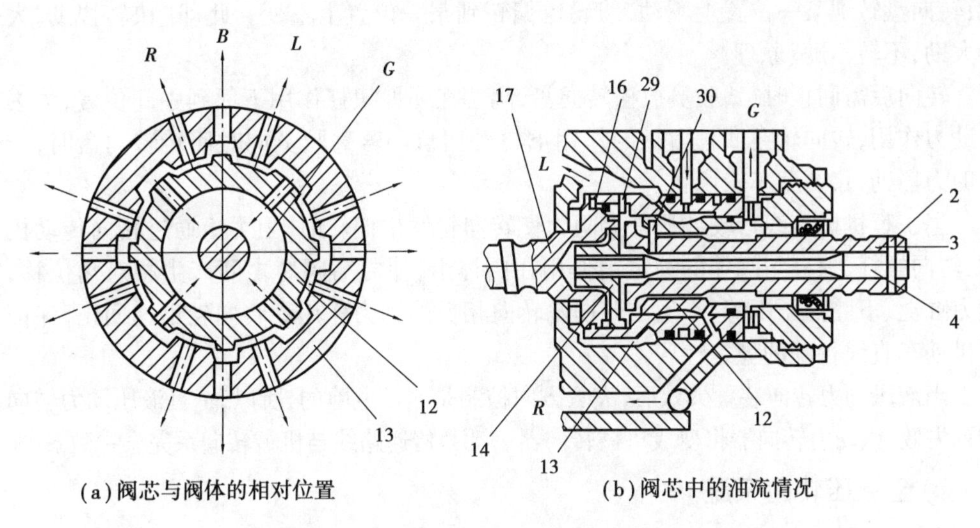

图5.3　机动车直线行驶时转阀的工作情况

R—接右转向动力缸；*L*—接左转向动力缸；*B*—接转向油泵；*G*—接转向油罐

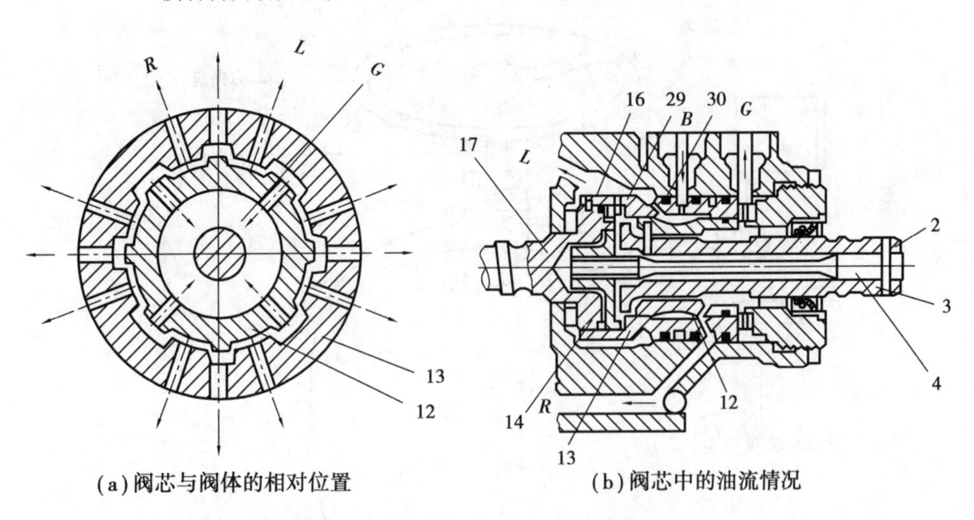

图5.4　机动车左转向时转阀的工作情况

R—接右转向动力缸；*L*—接左转向动力缸；*B*—接转向油泵；*G*—接转向油罐

生油压差，齿条—活塞在油压差的作用下移动，产生助力作用。

当转向盘转动后停在某一位置，阀体随转向螺杆在液力和扭杆弹力的作用下，沿转向盘转动方向旋转一个角度，使之与滑阀的相对角位移量减小，上、下动力缸油压差减小，但仍有一定的助力作用。使助力转矩与车轮的回正力矩相平衡，车轮维持在某一转角位置上。

在转向过程中，若转向盘转动的速度快，阀体与阀芯的相对角位移量也大，上下动力腔的油压差也相应加大，前轮偏转的速度也加快；转向盘转动得慢，前轮偏转的也慢;转向盘转到某一位置上不动,前轮也偏转到某一位置上不变。此即"快转快助,大转大助,不转不助"原理。

转向后需回正时,驾驶员放松转向盘,阀芯在弹性扭杆作用下回到中间位置,失去了助力作用,转向轮在回正力矩的作用下自动回位。若驾驶员同时回转转向盘时,转向助力器助力,帮助车轮回正。

当工程机械直线行驶偶遇外界阻力使转向轮发生偏转时,阻力矩通过转向传动机构、转向螺杆、螺杆与阀体的锁定销作用在阀体上,使之与阀芯之间产生相对角位移,动力缸上、下腔油压不等,产生与转向轮转向相反的助力作用。转向轮迅速回正,保证了机动车直线行驶的稳定性。

当液压动力转向装置失效后,失去方向控制是非常危险的,所以,一旦液压动力转向装置失效,该动力转向器将变成机械转向器。动力传递路线与机械转向系完全一致。

2)全液压转向系统

全液压转向系统组成如图5.5所示,是由一对转阀和一对转定子计量装置组成。通过转向柱使转向器连接到车辆的方向盘上,当方向盘转动时,从油泵来的油经转阀

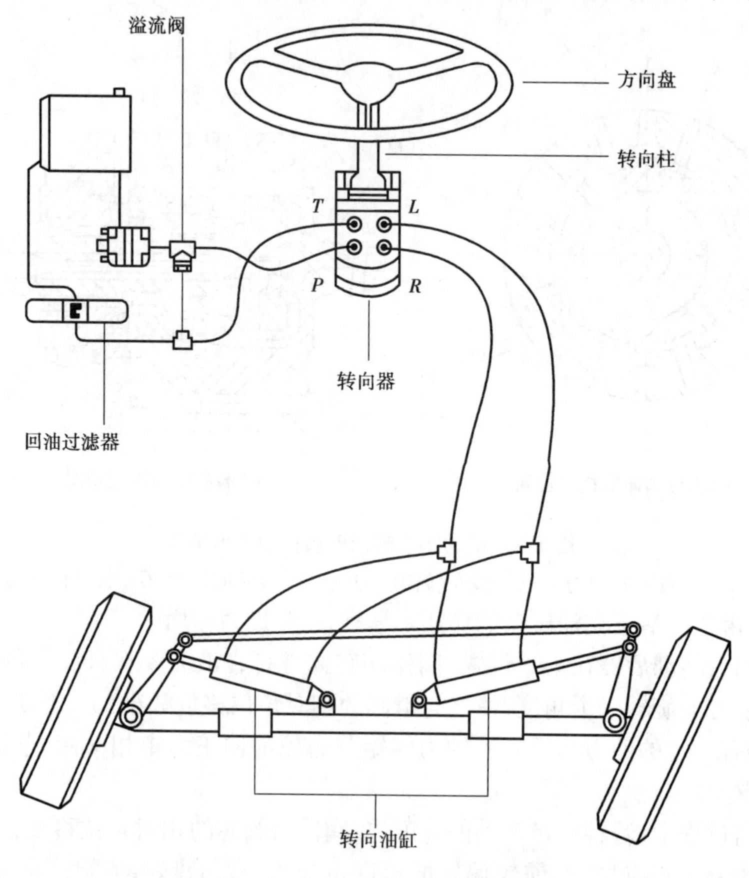

图5.5 全液压转向系统示意图

和转定子计量装置流到油缸的左或右腔（取决于转动方向）。定子副排出的油与方向盘的转角成正比。

全液压转向加力器系统中没有机械转向器和转向传动装置。全液压转向器利用行星传动原理把机械传动与计量马达双重功能用一摆线马达来实现，因此体积小、质量小、操作轻便，同时随动力系统的反馈功能是在转向器内完成，因此不需反馈连杆系统，在车速低于 50 km/h 的工程机械上使用优越性较为突出。

下面分析全液压转向系统工作原理

全液压转向系统工作原理图，如图 5.6 所示。它主要由油泵、转阀式转向阀、计量泵、转向油缸等组成。转阀阀芯直接安装在转向盘 8 下的转向轴上，而阀套（转阀套）则和计量马达 2 的转子相连。当不转向时，阀芯 11 处于中位（图示位置），油泵来油从阀体 P 口进入阀套 3，经阀套进阀芯 11，然后由阀体 O 口流回油箱，这时转向油缸 1 不动作，机械保持原行驶状态。

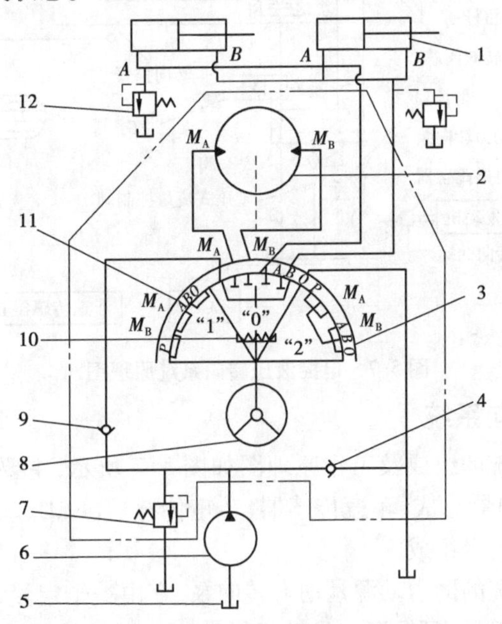

图 5.6　全液压转向系统工作原理图

1—转向油缸；2—计量马达；3—转阀套；4，9—单向阀；5—油箱；6—油泵；7—安全阀；8—转向盘；10—定位弹簧；11—转阀芯；12—缓冲阀

向左转向时，转向盘 8 向右转，并带动阀芯 11 一起转动，而阀套 3 不动，阀被接通左边油路。这时油泵来的油进入阀体 P 口经阀芯通道由 M_A 口进入计量马达，并经 M_B 口及阀芯通道进入转向油缸一腔，而转向油缸另一腔油经 B、O 流回油箱，通过转向油缸的伸缩运动使机械偏转。

向左转向时，转向盘 8 向左转动，工作原理与向右转时相同。

计量马达在系统中有两种作用：一是由于油泵来油在进入转向油缸之前先经过

计量马达，使马达转子转动，同时也带动转阀套3转动，且转动的方向与转向盘转动的方向一致，因此阀套与阀芯重新处于相对的中位，油不再流入计量马达，车轮停止偏转。即计量马达产生的反馈信号保证了转向油缸的运动始终追随转向盘的转动要求。二是当油泵不能供油时，转动转向盘使阀芯转到一定位置后，再继续转动转向盘就可使阀芯、阀套一起转动，即可带动计量马达转子转动使其变为油泵，它可将转向油缸一腔的油液自单向阀吸入，经增压后送入转向油缸另一腔，从而可以实现人力转向。

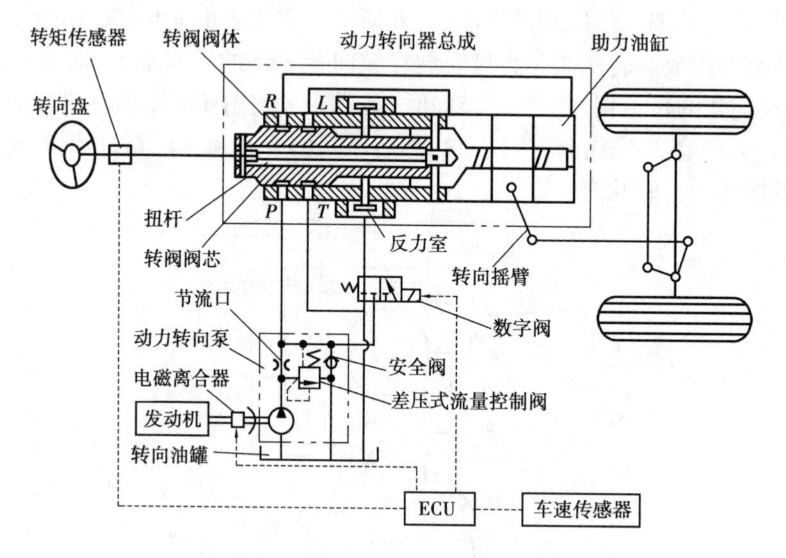

图5.7　电控液压转向系统原理图

3）电控液压转向系统

电控液压转向系统的组成及工作原理图如图5.7所示，主要由转向操纵机构、转向传动机构、动力转向器总成、车速传感器、转矩传感器、ECU、动力转向泵、电磁离合器、数字阀、油罐及油管等组成。

电控液压转向系统的助力动源是动力转向泵，它由一个定量泵加集成在泵体内的流量控制阀和安全阀组成，可保证在发动机转速变化时其输出流量固定不变，且在转向阻力矩过大时能起过载保护作用。动力转向器中扭杆的上端通过圆柱销与转向输入轴及转阀阀芯相连，下端通过圆柱销与转向螺杆和转阀阀体相连。转向时，转向盘上的转矩通过扭杆传递给转向螺杆及转阀，当转矩增大，扭杆发生扭转变形，转阀阀芯和阀体之间将发生相对转动，阀芯和阀体之间油道的通、断关系和工作油液的流动方向将发生改变，由动力转向泵供给的压力油进入助力油缸，实现转向助力作用。系统中的ECU能根据转向盘转矩信号来控制电磁离合器工作，当不需助力时，电磁离合器处于分离状态，动力转向泵不工作；当需要助力时，电磁离合器闭合，ECU再根据车速传感器传来的信号控制数字阀，使油压反力室的油压随车速的变化而改变，进而使驾驶员转动转向盘时所需克服的阻力矩发生变化，转阀阀芯和阀体之间相对位置关系也发生相应变化，进入助力油缸油液的压力也相应变化。实现低速行驶时，提供大助力，保证转向轻便；高速行驶时，提供小助力，保证驾驶员获得较强的路感。

【任务实施】工程机械动力转向系统的检测维护、拆装与故障诊断

1.工程机械动力转向系统的检测与维护

1)工程机械动力转向系统定期检查项目

(1)转向储油罐液面高度的检查及油液的更换

转向储油罐的功用是储存、滤清、冷却动力转向系统工作油液，其表面有不同方式表示的液面高度要求。如果液面高度太低，将使动力转向系统渗入空气，造成转向操作不稳，忽轻忽重或有噪声。

①转向储油罐液面的检查

A.将车辆停放在平坦的地面上，使前轮处于直行位置。

B.启动发动机，并使其达到正常的工作温度。

C.使发动机怠速运转大约2 min，左、右打几次转向盘，使油温达到40～80 ℃，关闭发动机。

D.观察储油罐的液面，此时液面应处于“MAX”(上限)与“MIN”(下限)之间，液面低于“MIN”时，应加至“MAX”，如图5.8所示。

E.对于用油尺检查的转向系统，拧下带油尺的封盖，用布将油位标尺擦净，将带油尺的封盖插入储油罐内拧好，然后重新拧出，观察油尺上的标记，应处于“MAX”与“MIN”之间，必要时将转向油加至“MAX”标记处。

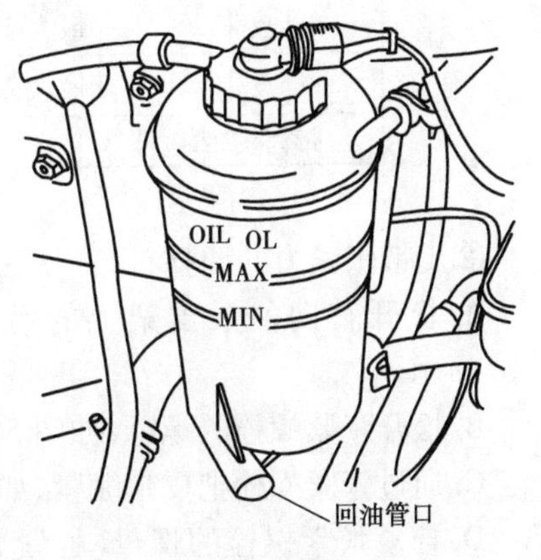

图5.8 转向储油罐油面的检查

②转向油液的更换

A.放油

a.支起工程机械前部，使两前轮离开地面。

b.拧下转向储油罐盖，拆下转向油泵回油管，然后将转向油放入容器中。

c.发动机怠速运转，在放转向油的同时，左右转动转向盘。

B.加油与排气

a.向转向储油罐内加注符合规定的转向油。

b. 停止发动机工作，支起机动车前部，并用支架支撑，连续从左到右转动转向盘若干次，将转向系统中多余的空气排出。

c. 检查转向储油罐中油面高度，视需要加至“MAX”标记处。

d. 降下工程机械前部，启动发动机怠速运转，连续转动转向盘，注意油面高度的变化，当油面下降时就应不断加注转向油，直到油面停留在“MAX”处，并在转动转向盘后，储油罐中不再出现气泡为止。

(2)转向油泵皮带张紧力的检查与调整

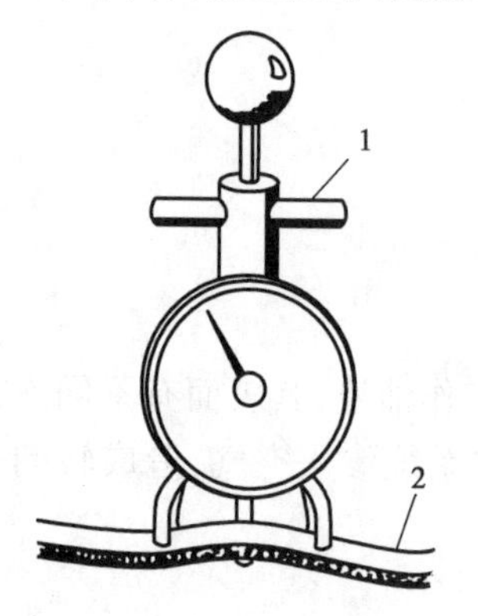

图5.9　皮带张紧度测量表
1—测量仪;2—皮带

①皮带张紧力的检查

方法一:工程机械停在干燥路面上，运转发动机使油液上升到正常温度，左右转动转向盘，此时驱动皮带负荷最大，如果皮带打滑，说明皮带张紧度不够或油泵内有机械损伤。这种方法为快速经验法。

方法二:关闭发动机，用手以约100 N的力从皮带的中间位置按下，皮带应有约10 mm挠度为合适，否则必须调整。

方法三:有条件时可使用如图5.9所示的皮带紧度测量表。将测量表安装在驱动皮带上，然后测量皮带产生标准变形量时所需力的大小。各种尺寸的皮带的张紧度要求见表5.1。

表5.1　各种尺寸的皮带的张紧度

类　型	皮带宽度/mm		
	8.0	9.5	12.0
新皮带	最大350 N	最大620 N	最大750 N
旧皮带	最大200 N	最大300 N	最大400 N
带齿皮带	最大250 N		

②皮带张紧力的调整

A. 松开转向油泵支架上的后固定螺栓，如图5.10所示。

B. 松开张紧螺栓的螺母，如图5.11所示。

C. 通过张紧螺栓把皮带绷紧，如图5.12所示。

D. 拧紧张紧螺栓的螺母，拧紧转向油泵支架上的固定螺栓。

(3)转向盘的检查

①检查转向操纵力

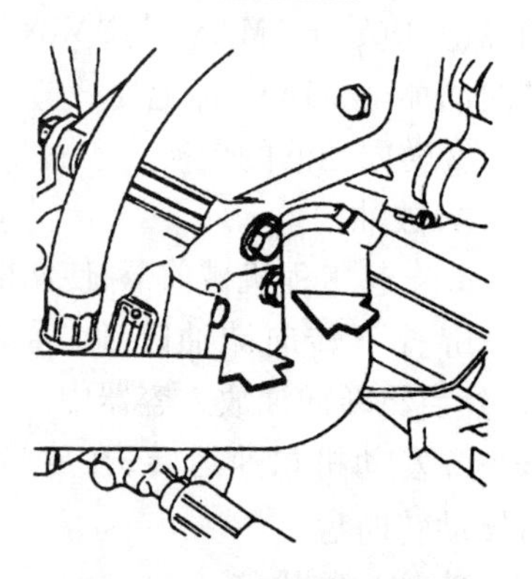

图5.10　松开后固定螺栓

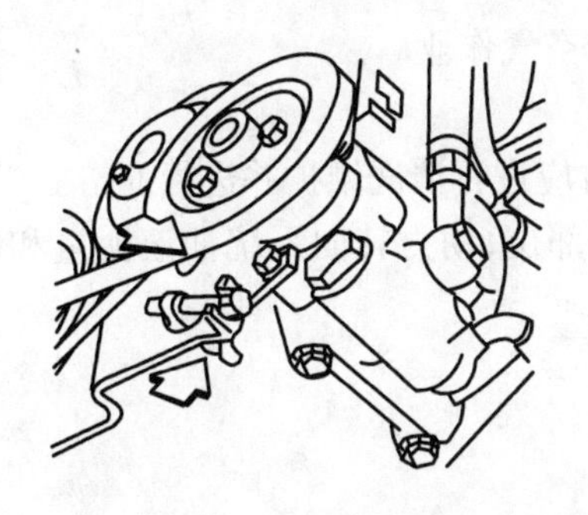

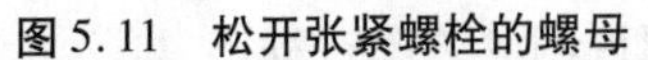
图5.11 松开张紧螺栓的螺母

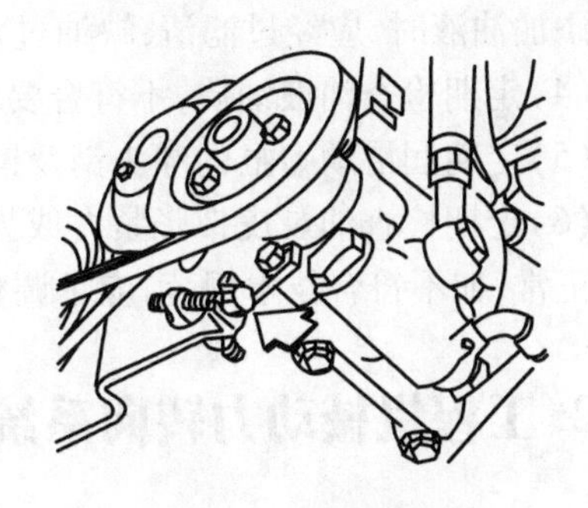

图5.12 张紧皮带

A. 检查转向操纵力时，将工程机械停放在水平干燥的路面上，油液温度达到40～80 ℃，轮胎气压正常，并使前轮处于直线行驶位置。

B. 发动机怠速运转，将一弹簧秤钩在转向盘边缘上，拉动转向盘，检查转向盘左右转动一圈所需拉力变化。一般来说，如果转向操纵力超过 44.5 N，说明动力转向工作不正常，应检查有无皮带打滑或损坏、转向油泵输出油压或油量是否低于标准、油液中是否渗入空气、油管是否有压瘪或弯曲变形等故障。

②转向盘回位检查

检查时，一边行驶一边察看下列各项：

A. 缓慢或迅速转动转向盘，检查两种情况下的转向盘操纵力有无明显的差别，并检查转向盘能否回到中间位置。

B. 使工程机械以约 3.5 km/h 的速度行驶，将转向盘顺时针或逆时针转动 90°，然后放开手 1～2 s，如果转向盘能自动回转 70°以上，说明工作正常，否则应查明故障原因并予以排除。

(4) 系统压力的检查

A. 如图 5.13 所示，接好压力表和节流阀。

B. 将节流阀打开，启动发动机并以怠速运转，使转向盘向左、右旋转到极限位置，同时读出压力表上的压力。

C. 如果向左或向右的额定值达不到要求，就要修理转向器或更换总成。

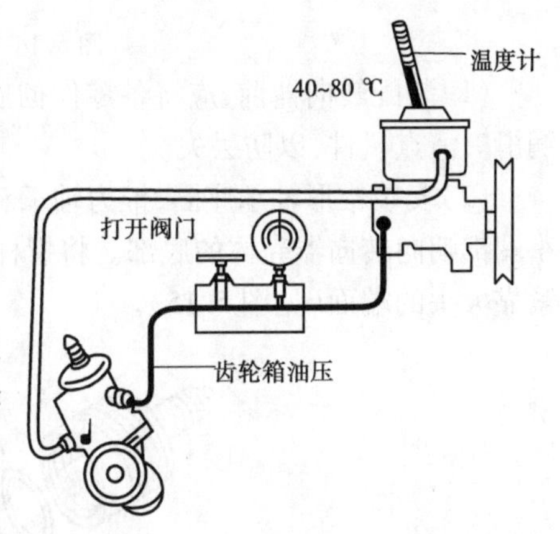

图5.13 系统压力的检查

2) 工程机械动力转向系统定期维护要点

(1) 定期清洗滤清器及管路，视需要更换滤芯，检查液压系统管路及油泵各接合部位，应密封完好。

(2) 元件的拆装必须注意清洁，防止脏物带入，定期检查转向器油泵、分配阀、动力缸的固定连接情况，以免在运行中突然松脱危及安全。

(3) 检查油面高度，油量不足时应予添加。所用的油料应符合规定，不得随意代用。添加油液时，应经过滤清，缺油过多应进行排空气作业。

(4)定期检查油液油质，不符合要求应更换。

(5)定期润滑动力缸的球头销及销座，必要时应进行清洗维护并进行润滑。

(6)定期检查油泵皮带张紧力或齿轮传动等部位，动力转向系统油液流量和压力是否正常，如不符合技术规范，应予调整。

2.工程机械动力转向系统的拆装

某动力转向器的总成结构如图5.14所示，下面说明其装配过程。

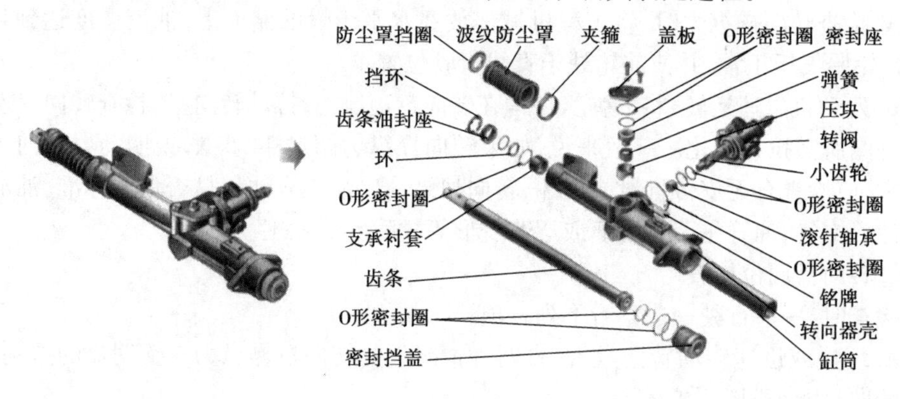

图5.14 动力转向器组成

(1)装配转向器前，应将各零件彻底清洗干净，用压缩空气吹干，并用动力转向油润滑。清点机件，以防丢失。

(2)安装锥形轴承座圈，推力轴承和第二个锥形轴承座圈。要使两个座圈的锥体小端都朝向转向器壳体的底部。将螺杆大头和阀体之间的O形密封圈装入阀体，使之紧靠大头的端面(见图5.15)。

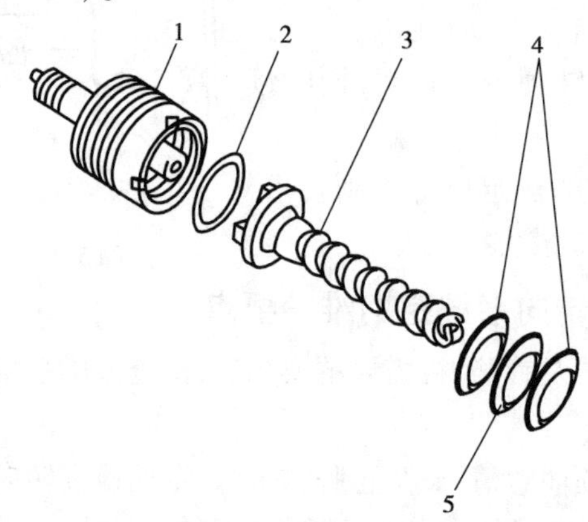

图5.15 下推力轴承和座圈的安装

1—阀体；2—O形圈；3—推杆；4—座圈；5—推力轴承

(3)把阀体上的凹槽与螺杆上的定位销对准,把阀体装入转向器壳体中(见图5.16)。

注意:安装时要推动阀体而不是输入轴。推压输入轴会使轴与阀体分离。当露出回油孔时,阀体就安装好了(见图5.17)。

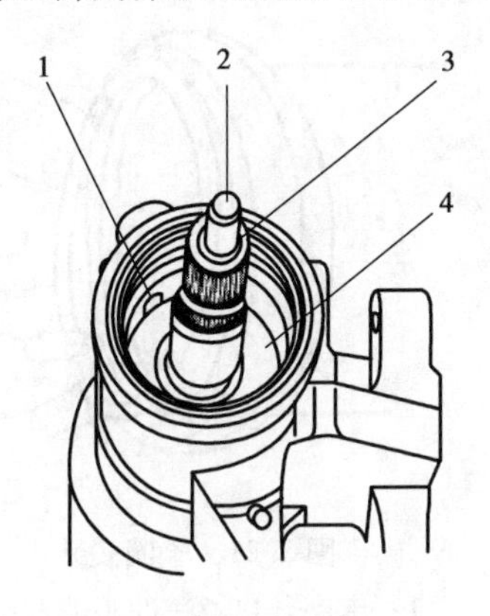

图5.16 阀体安装图

1—回油孔;2—扭杆;3—输入轴;4—阀体

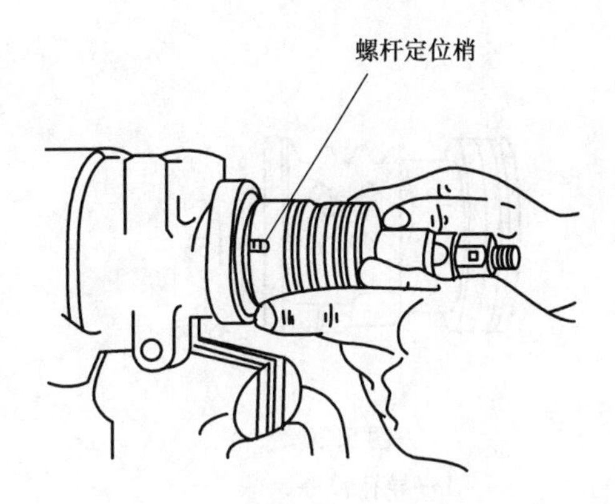

图5.17 阀体安装

(4)在输入轴端安一油封保护挡圈,用胶带把输入轴上的螺纹和花键裹好。在输入轴轴端装上调整盖(见图5.18)。

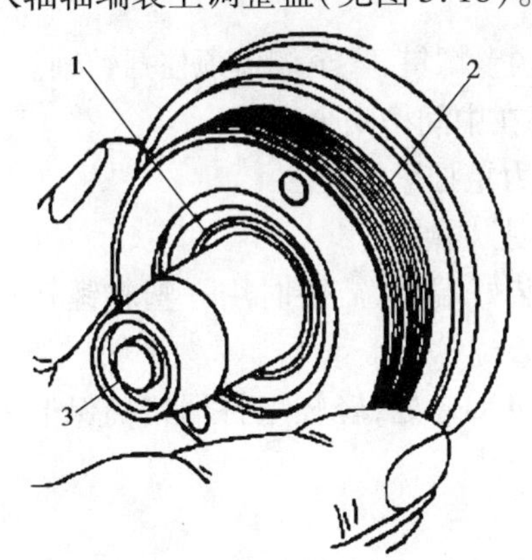

图5.18 调整盖安装

1—挡圈;2—调整盖;3—输入轴

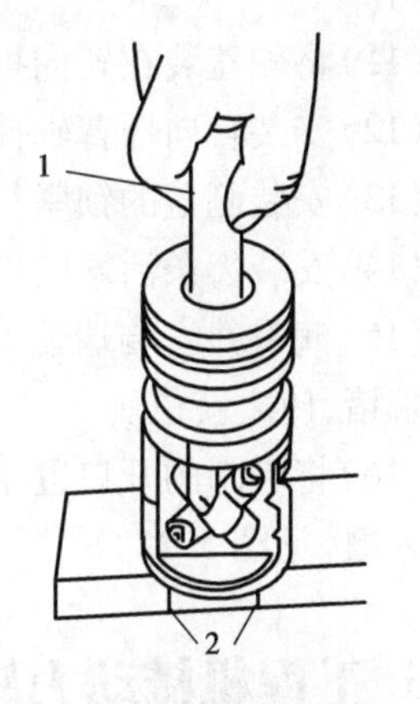

图5.19 齿条活塞组装

1—专用工具;2—木块

(5)用专用工具C-438拧紧调整盖使其压紧阀体。所需拧紧力矩约为27 N·m。

(6)调整盖装完后拆下输入轴上的保护挡圈。

(7)组装循环球时,应先将螺杆装入齿条活塞中,然后装循环钢球。待装完钢球后,把专用工具,从齿条活塞孔另一端插入(见图5.19),顶住螺杆,以便向转向器壳体内装活塞齿条。在这一过程中应注意把循环钢球的黑色球和银色球从导管孔交替装入(见图5.20)。其后应把最后6颗钢球放在钢球导管中,装在活塞齿条上,并用

14 N·m的力矩拧紧钢球导管夹。

(8)装配齿条活塞及循环球时,应将齿条活塞连同专用工具装入转向器壳体,直到与螺杆啮合为止,顺时针转动输入轴,将齿条活塞拉入壳体,直到齿条活塞环装入壳体后再取出专用工具。

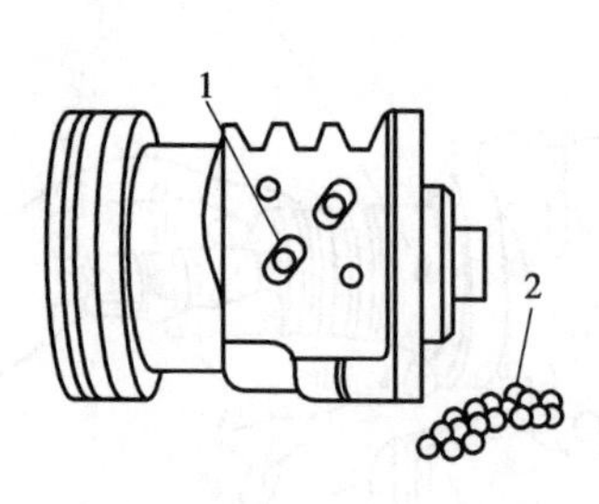

图5.20

1—导孔;2—钢球

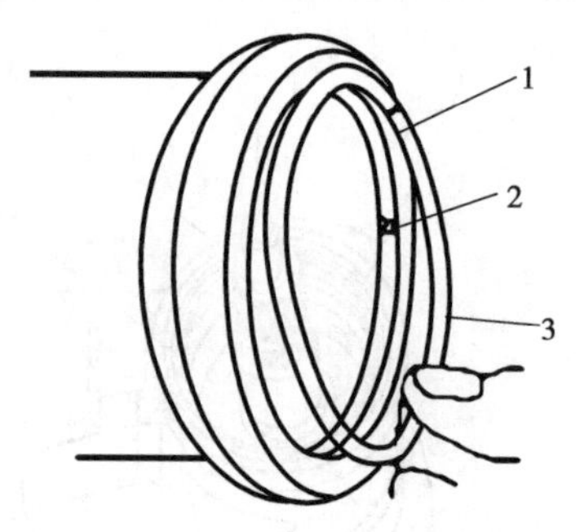

图5.21 卡圈安装

1—卡圈开口;2—冲头进入孔;3—卡圈

(9)转动输入轴直到齿条活塞中间的齿槽和摇臂轴轴承孔中心对正为止。

(10)用动力转向油润滑侧盖衬垫并将其装在盖上,衬垫中的橡胶油封要装在盖上的槽内。

(11)将侧盖装在转向摇臂轴上,拧紧侧盖上的调整螺钉,直至侧盖顶住摇臂轴。

(12)安装转向摇臂轴使中间的扇齿和齿条活塞在中间槽啮合。

(13)安装侧盖的锁紧垫圈和螺栓,用18 N·m力矩拧紧螺栓。

(14)安装齿条活塞的端盖,用150 N·m的力矩拧紧端堵。

(15)润滑并安装端盖O形密封圈。在壳体上装好端堵,需要时用一塑料锤轻轻敲打端堵,使之就位。

(16)将卡圈的开口置于距壳体上的小孔约25.4 mm处,轻轻敲打端堵确保卡圈完全入槽(见图5.21)。

3.工程机械动力转向系统综合故障诊断与检修

液压动力转向系统的故障诊断程序如下:

先查看驱动液压泵的传动带使用状况,如果传动带张紧度不够而打滑,应予以调整;如果传动带已损坏断裂,应更换;检查整个转向系各油管是否破裂或接头松动,如发现有漏油之处,应加以修理;从转向油罐检查油质及油量,如油已脏污,应更换新油并清洗液压泵缸体和滤网。如油量不足,应加油补足。如发现油液中有泡沫,可能是油路中有空气,可顶起前轴,启动发动机,将转向盘反复转动到左、右极限位置,使动力缸在全行程往复运动以排出油路中的空气,并注意添足油液;检查液压泵、安全阀、动力缸内的油封、密封环等是否密封完好,调整是否适当,油压是否达到规定值。在检查油压时,可拆开液压泵出油管,接上一只附有油门开关三通阀的油压表,然后启动发动机怠速运转。打开油门开关,将转向阀转到最左或最右位置。如果油压表读数能达到规定值,说明液压泵好,故障在动力缸或滑阀。如果油压表读数达不到规定值,且逐渐关闭油门开关时油压也不升高,说明液压泵有故障,可进一步拆检液压泵,看液压泵保险阀座是否松脱、液压泵旁通阀是否卡住、定子和叶片是否磨损过甚。若转子在装叶片的槽内有污垢,则叶片将卡滞而引起泵油不足。根据检查结果进行必要的修理。

下面以 ZL40B 型装载机液压转向系统为例,说明动力转向系统的故障排除过程。

柳州工程机械股份有限公司生产的 ZL40B 型装载机是仿美国卡特彼勒的新一代装载机,其液压转向系统采用流量放大系统,系统由先导油路与主油路组成。所谓"流量放大"是指通过全液压转向器以及流量放大阀,可以保证先导油路的流量变化与主油路中进入转向油缸的流量变化具有一定的比例,达到低压小流量控制高压大流量,司机操作平稳轻便,系统功率利用充分,可靠性明显提高的目的。

1)工作原理

如图 5.22 所示,转向液压系统中从主油路分流、经减压阀 6 减压后作为先导油路的动力源,以保证先导油路油压不大于 2.5 MPa。

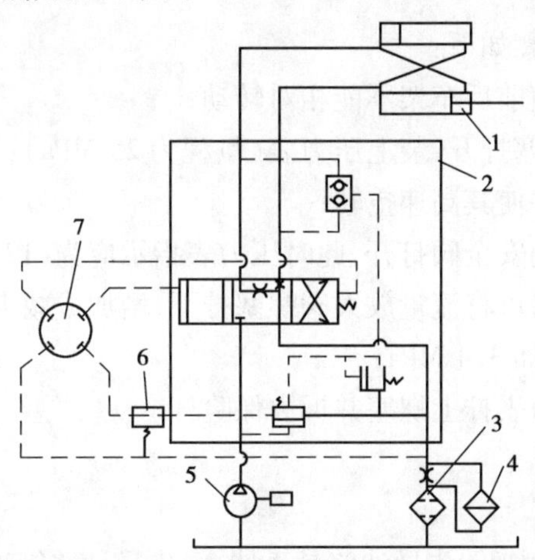

图 5.22 柳工 ZL40B 转向系统液压原理图

1—转向油缸;2—流量放大阀;3—滤油器 4—散热器;
5—转向泵(BG2080);6—减压阀;7—全液压转向器

不转动方向盘时转向器 7 两个出油口关闭,流量放大阀 2 主阀杆在复位弹簧作用下保持在中位,转向泵 5 与转向油缸 1 的油路被切断,主油路经过流量放大阀卸荷回油箱。转动方向盘时转向器7排出的油与方向盘的转角成正比,先导油进入流量放大阀工作,通过主阀杆上的计量小孔控制主阀杆位移,即控制开口的大小,从而控制进入转向油缸1的流量。由于流量放大阀2采用了压力补偿,使得进出口的压差基本上为一定值,因而进入转向油缸1的流量与负载无关,只与主阀杆上开口大小有关。停止转向后主阀杆一端油压趋于平衡,在复位弹簧的作用下,主阀杆回复到中位,从而切断到油缸的主油路。

2)系统调整

(1)转向时间调整

将装载机放在平整路面上,快速原地空载转向。如果左右转向的时间差超过0.3 s,按以下步骤进行调整:

①将流量放大阀端盖拆下(里面有三种弹簧调整垫片:0.25,0.12,1.2 mm);

②增加调整垫片可使右转向时间减少及左转向时间增加,减少调整垫片其结果相反;

③增加或减少两个0.25 mm的调整垫片可使转向时间变化0.1 s;

④调整后将端盖装好。

如果整个转向时间都慢,可以按相同的步骤增加1.2 mm的调整垫片,增加一个调整垫片可使转向时间减少0.1 s。

(2)安全阀压力调整

安全阀压力调整步骤如下:

①将保险杆装上,使前后车架不能相对转动;

②将流量放大阀螺塞拧开,装上压力表(量程为25 MPa);

③将发动机发动,并使其高速空转;

④转动方向盘,直到安全阀打开,此时压力表指示应为(12 ± 0.3) MPa;

⑤如果压力不正确,可将流量放大阀螺塞拧下,增加或减少0.25 mm的调整垫片,增加一片可使安全阀增加3.4 MPa;

⑥调整后,拆去压力表拧上螺塞并拆去保险杆。

(3)故障排除

①装载机转向费力

A.检查。油温是否太低;先导油路是否堵塞;先导油路管连接是否正确;转向泵压力是否太低;全液压转向计量马达部分螺栓是否上得太紧。

B.故障排除。待液压油升温后工作;清洗先导油路,按规定连接先导管路;按规定调整溢流阀压力;将液压转向计量马达部分螺栓按规定值上紧。

②装载机方向转到头往回转时费力

A.检查。切断阀中球形单向阀堵塞。

B.故障排除。清洗切断阀。

③装载机转到头后方向仍可转动

A. 检查。切断阀与撞块位置是否对上;切断阀中球形单向阀是否失灵;先导油路溢流阀是否出故障。

B. 故障排除。调整撞块位置;检修或更换球形单向阀;检修先导油路溢流阀。

④装载机转向不平稳

A. 检查。流量控制阀动作不灵敏。

B. 故障排除。检修或更换流量控制阀。

⑤装载机左右转向都慢

A. 检查。流量控制阀的弹簧调整是否正确;转向泵流量是否足够;流量放大阀阀杆移动是否到位。

B. 故障排除。按规定增减流量阀调整垫片;检修或更换转向泵;调整先导油路压力或更换减压阀弹簧。

⑥装载机一边转向快一边转向慢

A. 检查。流量放大阀二端调整垫片个数不对。

B. 故障排除。按规定调整流量放大阀杆调整垫片。

⑦转向阻力小时转向正常,阻力大时转向慢(左右转向都一样)

A. 检查。主溢流阀阀座内泄是否太大;球形判断阀内泄是否太大;流量阀杆与孔配合间隙太大。

B. 故障排除。检修阀座或更换密封圈;检修球形判断阀或更换密封圈;检修或更换流量控制阀。

⑧转向阻力小时转向正常,阻力大时一边正常一边慢

A. 检查。球形判断阀一端内泄小一边内泄大。

B. 故障排除。检修或更换球形判断阀,或更换密封圈。

⑨转动方向时,装载机不转向

A. 检查。流量控制阀是否动作;先导溢流阀有漏油;主油路溢流阀有内泄。

B. 故障排除。检修或更换流量控制阀;检修先导油路溢流阀;检修主油路溢流阀。

⑩司机不操作时,装载机自行转向

A. 检查。流量放大阀阀杆是否回到中位;流量放大阀固定螺丝是否上得太紧;流量放大阀端盖螺丝是否上得太紧;流量放大阀阀杆与孔配合间隙是否太大。

B. 故障排除。检修流量放大阀复位弹簧;将固定螺丝或端盖螺丝放松;检修或更换阀杆。

⑪司机不操作时,方向盘自行转动

A. 检查。全液压转向器阀套可能卡死;全液压转向器弹簧片可能断裂。

B. 故障排除。清洗全液压转向器阀内异物;更换弹簧片。

⑫转向泵噪声大,转向油缸活塞运动缓慢

A. 检查。转向油路内可能有空气;转向泵是否因磨损严重而流量不足;液压油黏

度可能不对;液压油可能不够;主油路溢流阀调整压力是否太低;转向油缸内泄是否太大。

B.故障排除。加强吸油接头密封;检修或更换转向泵;按规定更换液压油;按规定补充液压油;按规定调整溢流阀压力;检修转向油缸或更换密封件。

【知识拓展】电控液压动力转向系统在工程机械中的应用

摆线转阀式全液压转向器由于工作安全可靠、操作轻便,已在工程机械、农业机械、起重运输机械、船舶液压舵机、建筑机械以及各种低速重型车辆上占据了主导地位。这种转向器改善了驾驶者的劳动强度,提高了生产率,故障少、结构紧凑,减少了车辆转向滑动与水平面内的摆动,可以设置"路感"的有反应式方式,即使在发动机熄火时,也可借助于液压自动转向转为人力转向,安装布置亦方便。

随着技术的发展与进步,人们对转向技术又提出了更高的要求。人们已从降低转向劳动强度转为到提高转向的舒适性,既提高生产率,从控制的现场性到控制的遥控化、信息化;另外也从满足基本的转向功能提高到转向的控制精度,甚至可以达到厘米级的转向精度。这是因为重型非公路车辆的可控性与控制的完美性符合人们对工作条件提高的追求,而控制精度的提高是土石方移挖作填、高等级公路压实与摊铺等应用提出的要求。

当今的工程机械转向技术由于电控液压转向元件的开发,使以上的转向功能与性能的发展达到了舒适化、遥控化、信息化以及高精度的要求。Sauer-Danfoss 开发的 EHPS(Electronic Hydraulic Power Steering)就是这一技术的开拓者。作为世界工程机械液压的主要供应商所开发的这种新一代电液转向系统,与传统的现用的转向系统相比,表现为极大地提高驾驶者的舒适性,使操纵室呈现了现代技术的综合性,不仅内涵先进,外观也极具吸引力;与此同时减少了驾驶室内的噪声,使铰接式转向的车辆侧加速最小,消除了转向盘的偏差即实现了可变的转向比;同样重要的是系统可以通过卫星利用现代 GPS 技术,实现现代转向技术的信息化功能。

1.电控液压转向系统组成、原理及特点

图5.23 是目前传统的转向系统示意图,而图 5.24 则表示现代电控液压转向系统。

1)电控液压转向系统的组成

传统的转向系统是采用转向器直接驱动,系统十分简单,适用于小功率的工程机

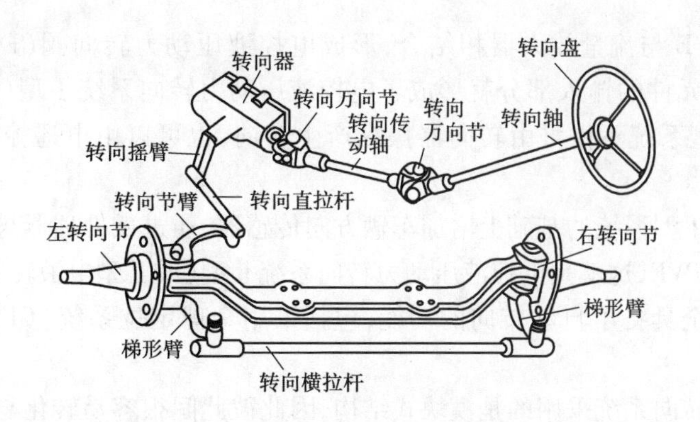

图5.23 传统的转向系统

械或功能要求简单的转向机构之中。随着目前工程机械单机容量的增大及对转向要求的提高,因此在转向系统中已常采用流量放大器。由于流量放大装置的采用,不仅可以使流量放大(放大比可达4,5甚至8),而且可容入许多其他阀的功能,诸如先导溢流、优先、防冲击、补油或背压等,一般系统压力可达28 MPa;如果用转向器直接带动OSP,可使转向器排量高达1 000 mL/r,同时使操作力矩减少到0.5 N·m。同时在工程机械的比例多路阀的领域中也解决了电控与手控共存的问题,那就是比例多路阀的一端使用传统的手控手柄,而另一端对被控制的多路阀阀芯进行双向电控,这就是比例多路阀的比例电控阀,即PVE(Proportional Valve Electric Actuator)。

现在将比例电控阀与转向器的流量放大器相结合,就形成了电控液压动力转向阀如图5.25所示。此时液压放大器可以同时接受二个信号(或输入),一个来自液压转向器(作为前置先导级),另一个可以来自电信号,诸如遥控手柄、远程电信号,等等,这二个信号所起的功能与作用是并联的,即不论哪一个信号进入流量放大器,都会产生相应所需的转向功能,不过,为了安全起见,从最大安全级别考虑,液压的输入优先于比例电控阀的输入。

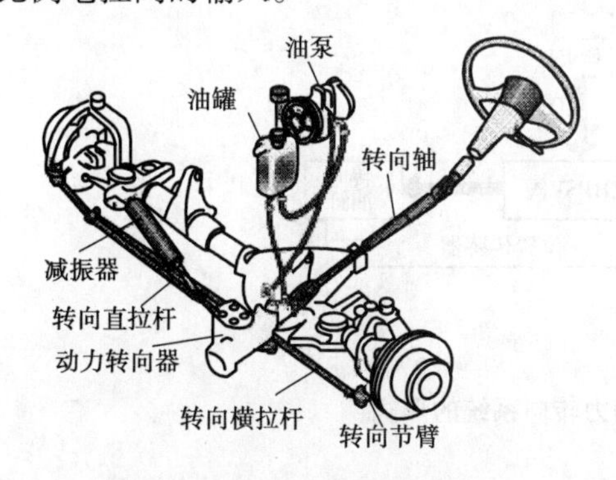

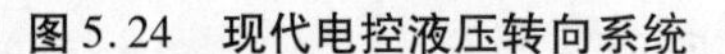

图5.24 现代电控液压转向系统

图5.25 电控液压转向阀(EHPS阀)

由上所述知,传统转向器与流量放大器相结合而组成的转向系统是电控液压动力转向系统的基础,我们称之为电控液压转向系统0型(或0型电液转向系统)。

如果将 PVE 与流量放大器相结合，形成电控液压动力转向阀（EHPS 阀），此时如加上电信号元件的输入部分就形成了电控液压动力转向系统Ⅰ型（或Ⅰ型电液转向系统）。Ⅰ型系统不仅可由转向器操纵产生转向，也可以由电遥控手柄操作产生转向。

如果说在Ⅰ型系统的基础上增加车辆方向传感器，通过微处理器与相应软件形成的控制器控制 PVE，这就是电控液压动力转向系统Ⅱ型（或Ⅱ型电液转向系统）。这种Ⅱ型系统就完全具备了自动转向的功能，包括采用全球定位系统（GPS）来进行转向控制。

由于电液转向系统采用的是模块式结构，因此彼此间很容易转化与组装。电控液压动力转向系统的形式如图 5.26 所示。

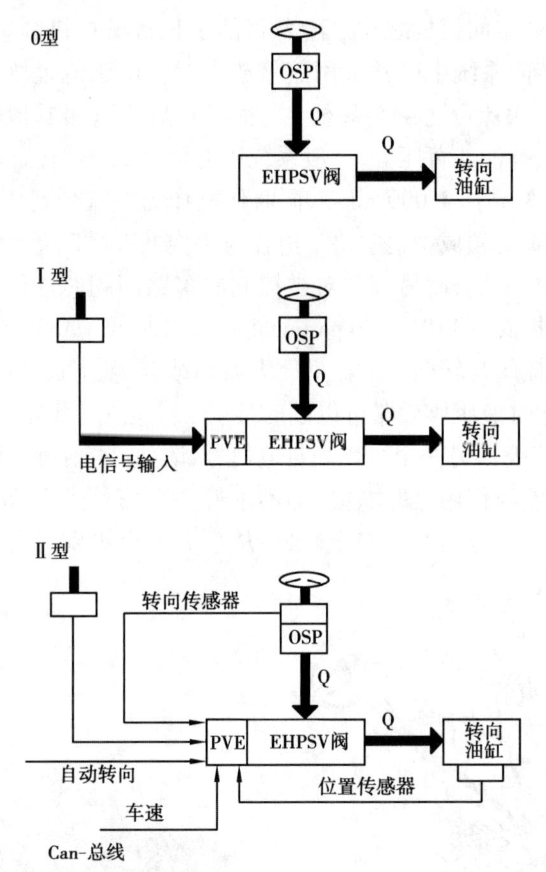

图 5.26　电控液压动力转向系统的形式

2）电控液压转向系统的原理

电控液压动力转向系统的原理图，如图 5.27 所示。

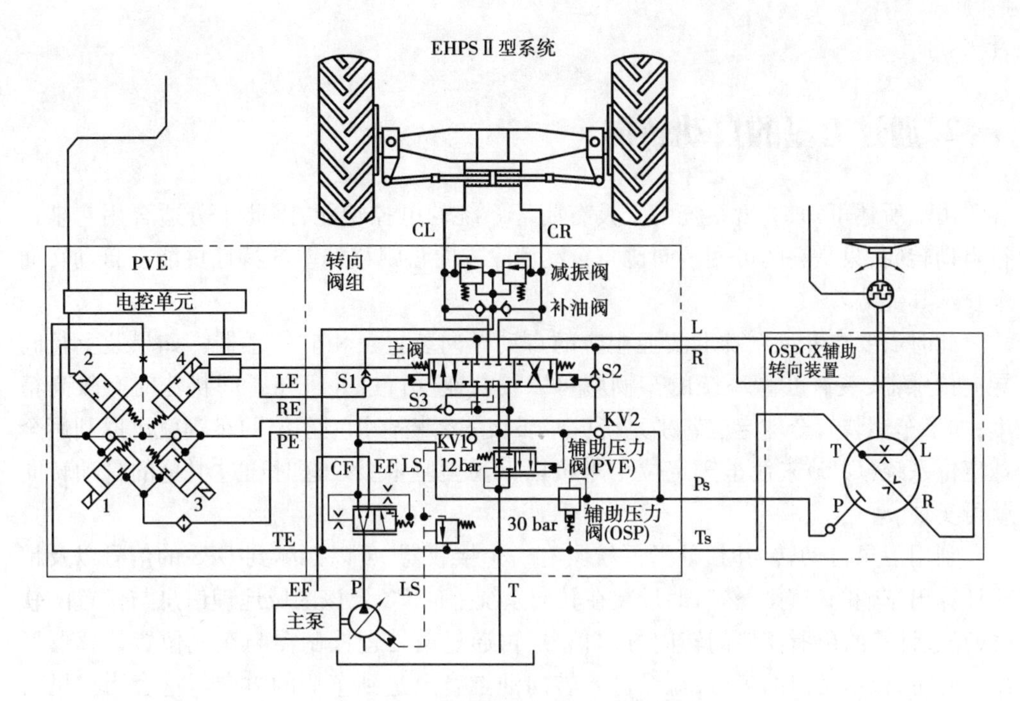

图5.27　电控液压转向系统原理图

3)电控液压转向系统的特点

众所周知,对于并无电控的0型系统而言,液压转向装置的先导压力低于3.0 MPa,极低的噪声甚至不会引起驾驶者对噪声的注意,同时可极大降低侧加速,进一步增加舒适性,形成极好的人机工作协调的工程环境,特别是对那些铰接式转向装置,其侧加速常使驾驶者难以长时间承受。试验表明EHPS系统能比传统系统的侧加速减少75%以上。

Ⅰ型系统除去具有0型系统的所有特点之外,还可用遥控手柄或小型方向盘操纵转向,不仅舒适有加且生产率会提高。由于可以同时采用电控与液控,而且液控要求的系统压力比比例电控阀要高,因此液控具有优先性。所以即使电控失效也不会影响液压,这种双重的安全保险使许多国家准许采用遥控手柄与小型方向盘,就是因为这种液控的备用性。

Ⅱ型系统由于具有方向盘与转向车轮的传感器以及由微处理器与转向软件组成的控制器来控制比例电控阀,使转向比可调。这就是说,驾驶员可以根据不同的情况与路面条件及各人的意愿来改变转向特性,即转向比是可调的;也正是这样一种特性,是通过Ⅱ型系统中转向软件来进行,这就是说它的转向速度变化可以通过预先编程去实施。

Ⅱ型还有一个令人感兴趣的特点是它对可能的内泄进行补偿,这样就可以避免方向盘的飘移。这时方向盘依据行进中车轮的位置来保持其位置,驾驶者可以安全地控制电开关,从而使工程车辆上的驾驶者可以像开小轿车一样去控制车辆不同的功能开关。

2. 通过卫星的自动转向

由上所述可知，Ⅱ型系统由于具有闭环系统的电控功能，因此十分适合用它来进行自动转向，只是它的可变转向比与自动消除方向盘飘移偏差的特性更能在自动转向下显示其优势。

此时需要在Ⅱ型系统上装上相应的自动导向装置及相应传感器。如果装上行间导向传感器，装有Ⅱ型系统的车辆就可以较高速度行进并且在行间耕作时有较高精度；如果车辆装有全球定位鉴别系统（DGPS），那么装有Ⅱ型系统的车辆就可以利用全球定位系统（GPS）来使车辆定位至米级以下甚至厘米级。这时通过卫星的自动转向就可实现。

利用卫星自动转向时，Ⅱ型系统具有一个接收器，可以探测到GPS的信号以及精确计算出车辆的位置。然后通过装在转向系统上的PC及该区域地理信息与位置的软件，经过计算给出所需要的转向方向信号，再通过微处理控制器与车辆位置传感器发出。此时，根据发出的信号，流量进入转向油缸直至达到车辆的方向。这套当代机器自动定位系统可由TSD公司提供。该公司是由Sauer-Danfoss与加利福尼亚的Topcon激光系统公司合资组成。它提供的接收器与软件可用于Ⅱ型系统，使其可接收卫星信号实现自动转向。

自动转向系统是转向的革命性进步，特别是对工程机械和农业机械。无论是工程机械驾驶者还是农业机械驾驶者可以利用这一技术使车辆行进更快更精确。例如在农田驾驶农业操作机械，诸如收割、犁地、种植、施肥等，厘米级的操作精度可以保护庄稼，而且并不影响行进速度。某些情况下，驾驶者可以在能见度很低的情况下工作，例如可以在夜晚工作，避免那些难以挽回的时间损失。

3. 应用的场合与优点

电控液压动力转向系统由于具有PVE与EHPS阀，使转向系统从手动进入了自动的发展阶段。它适合于重载工程机械、农业机械以及建筑机械之中，像轮式装载机、自动卸载车、大型拖拉机、饲料收割机等机器之中，并显示出明显的优势，是今后工程车辆转向的发展方向。

由于EHPS系统能与卫星技术结合，使转向与GPS技术结合起来。EHPS不仅提供了驾驶者操作的舒适性，也提高了转向的种种特性，诸如安全性、可控性、舒适性、精确性，可以预料这种自动转向的电控液压动力转向系统（EHPS）将会得到越来越广泛的应用。

实训 5.1 全液压转向加力器的拆装与检测

1. 实验项目（具体实验可根据实验条件自行选择）

1）机械阻力矩试验

被试转向器的四个油口（P，A，B，T）均不接管路，在转速为（30 ± 5）r/min 的工况下，测量转动转矩。

2）动力转向性能试验

关闭截止阀 7-1 和 7-2（以下各项除路感试验外均按此油路进行）：

（1）调节溢流阀 2-1，使压力为最大入口压力的 1.25 倍，被试转向器 4 通过流量，分别进行下列试验：

①调节节流阀 6-1，使被试转向器 T 口背压为 0.63 MPa，调节节流阀 6-2 使被试转向器 P 口压力为最大入口压力，用于操纵方向盘左、右转向各 5 次以上，检查动力转向性能；

②机械转动方向盘，转速为 60 r/min，P 口压力为最大入口压力，T 口背压为 0.63 MPa，测定动力转向转矩及 A，B 口压力振摆值。

（2）调节溢流阀 2-1，使 P 口压力为最大入口压力，封闭被试转向器 A，B 两口，方向盘转速不超过 5 r/min，检查终点感觉，并测定其终点转矩。

3）密封性能试验

被试转向器 4 通过公称流量，调节溢流阀 2-1，使压力为最大入口压力的 1.25 倍，调节节流阀 6-1，使被试转向器 T 口背压为 6.3 MPa，调节节流阀 6-2 使被试转向器 P 口压力为最大入口压力，机械转动方向盘，转速为 60 r/min，左、右各运转 30 s，检查密封性。

4）压力损失试验

被试转向器 4 通过公称流量：

（1）被试转向器处于中立位置，测出 P→T 口压力损失；

（2）机械转动方向盘，转速为 60 r/min，在空载工况下进行左、右转向，测出 P→A（B）口压力损失。

5）内泄漏试验

被试转向器 4 处于中立位置，调节节流阀 6-1，使被试转向器 T 口背压为 6.3 MPa，通过公称流量,30 s 后分别测出转向器 A,B 口 1 min 的泄漏量。

6)路感试验

打开截止阀 7-1 和 7-2,关闭节流阀 6-2,液压泵 1-1 不工作,液压泵 1-2 工作,被试转向器处于中间位置,手动换向阀 8 处于工作位置,调节溢流阀 2-2, 测定两个方向启动压力。

7)流量变化率试验

被试转向器 4 通过公称流量,机械转动方向盘,转速为 60 r/min,调节节流阀 6-2,使被试转向器 P 口压力为空载压力及最大入口压力下进行左、右转向,测量流量。

8)人力转向容积效率试验

液压泵 1-1 停止供油,P 口从油箱补油,机械转动方向盘,转速为 30 r/min,调节节流阀 6-2,使被试转向器 A(B)口为人力转向,测出空载压力和指定压力下排量。

2. 实验内容

(1)拆卸液压动力转向器;
(2)对液压动力转向器相关零部件进行清洗;
(3)组装液压动力转向器;
(4)按照上述实验项目对液压动力转向器的性能进行测试。

3. 实验要求

(1)掌握液压动力转向器的拆装过程;
(2)掌握液压动力转向器的工作原理;
(3)掌握液压动力转向器的性能测试方法。

4. 实验设备

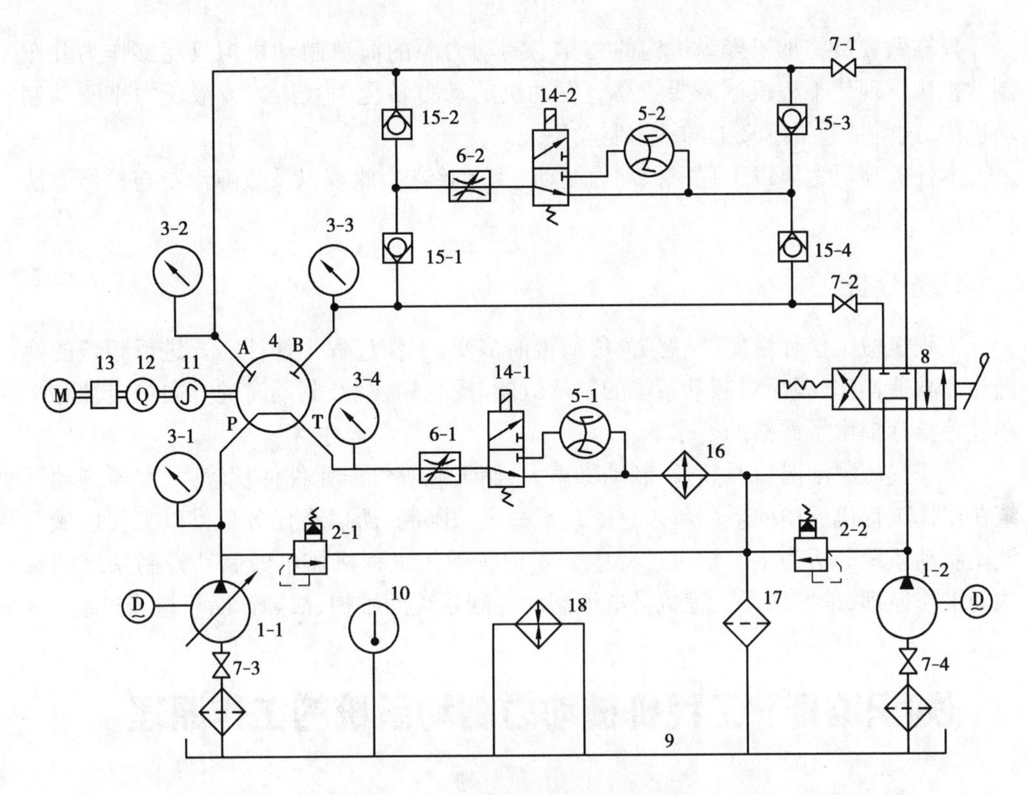

图 5.28 转向器试验系统原理图

1-1—变量油泵;1-2—定量油泵;2-1,2—溢流阀;3-1,2,3,4—压力表;4—被试转向器;5-1,2—流量计;6-1,2—节流阀;7-1,2,3,4—截止阀;8—手动换向阀;9—油箱;10—油温表;11—扭矩仪;12—转速仪;13—减速器;14-1,2—电磁换向阀;15-1,2,3,4—单向阀;16—冷却器具;17—滤油器;18—加热器

任务 5.2 工程机械动力制动系统的应用与检修

任务描述

制动系对工程机械的安全性具有重要影响。其中用以使行驶中的工程机械降低速度甚至停车的制动系统称为行车制动系统;用以使已停驶的工程机械驻留原地不动的制动系统则称为驻车制动系统;在行车制动系统失效的情况下,保证工程机械仍能实现减速或停车的制动系统称为应急制动系统;在行车过程中,辅助行车制动系统降低车速或保持车速稳定,但不能将车辆紧急制停的制动系统称为辅助制动系统。

只靠驾驶员施加于操纵机构的力作为制动力源的简单制动机构只能够作为驻车制动机构。现代工程机械需要依靠将发动机的动力转化为气压力或液压力来驱动制动机构,这就是通常意义上的动力制动系统。

本任务项目主要以工程机械动力制动系统的结构、原理以及故障诊断与检修方法进行重点论述。

任务分析

工程机械工作环境复杂、恶劣、负荷重而多变,工作过程中往往需要进行频繁的换向和加减速操作,因而对制动系统的制动效能、操纵轻便性、制动时的方向稳定性和平顺性等指标提出了严格的要求。

由于气压制动滞后时间长,制动噪声大,储气罐等气压元件体积较大,气压制动系统在现代工程机械中的应用越来越受到了一定的限制,所以本任务项目以工程机械全液压制动系统分析为主。学习过程中需要理解现代工程机械电液制动控制系统的结构和工作原理,掌握现代工程机械电液制动控制系统的维护、故障诊断与检修过程。

【知识准备】工程机械动力制动系统的工作原理

1.工程机械动力制动系统的基本结构与工作原理

1)制动系统组成

目前制动系统分类有:液压单双回路制动系统、气压单双回路制动系统、气压/液压单双回路助力制动系统、液压先导伺服压力制动系统和全液压动力制动系统,等等。

一般工程机械制动系统主要由以下4部分组成:

①供能装置　也就是制动能源,包括供给、调节制动所需能量的各个部件,产生制动能量的部分称为制动能源。

②控制装置　包括产生制动动作和控制制动效果的部件。

③传动装置　包括把制动能量传递到制动器的各个部件。

④制动器　产生阻碍车辆运动或者运动趋势的力的部件,也包括辅助制动系统中的部件。

现代制动系统还包括制动力调节装置和报警装置以及压力保护装置等辅助装置。

2)全液压动力制动系统工作原理

全液压动力制动系统,又称全液压外力制动系统(Hydraulic Remotely Powered Brake System)。可以在各种开式液压回路、闭式液压回路和负荷传感液压回路里提供正常制动和紧急动力切断制动。按制动管路分为单管路、双管路和多管路系统。该制动系统可适用于农业机械车辆、林业运载车辆、工程机械车辆、矿用运输车辆、机场地面辅助设备、物料搬运设备和起吊设备等。

(1)优点

全液压动力制动系统的优点有:

①具有独立的、紧凑的制动元件,管路连接较少,安装调整方便。

②行车制动灵敏,两个制动回路可设定不同的压力,使用蓄能器存储的有限能量可以实现动力切断制动。

③操纵省力,并可以提供给踏板一个精确制动力的感觉,不同的反作用力面积与固定的踏板比率相结合,可为不同的制动系统提供所需踏板力。

④适用于各种车辆,并可以使用现有车辆的液压系统安全可靠,但最大制动力不能超过阀的设定值。

(2)工作原理

单管路制动系统主要由液压泵(可根据需要选用恒流泵)、溢流阀、滤清器、单管路蓄能充液阀(如图5.29所示由压力补偿阀A、单向阀和充液阀B组成)、压力开关继电器、蓄能器、制动灯接口继电器、单管路调节制动阀、制动器及连接管路组成。该系统可与车辆其他液压系统共用同一个泵源。

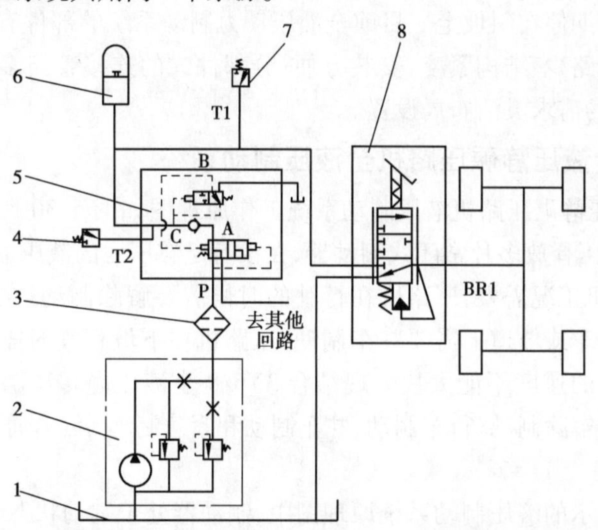

图5.29 全液压单管路制动系统原理图

1—油箱;2—主泵;3—滤清器;4—压力开关继电器;5—单管路蓄能充液阀;
6—蓄能器;7—制动灯接口继电器;8—单管路调节制动阀

工作原理如图5.29所示:当主泵2工作时,高压油通过滤清器3后,进入蓄能充液阀5的P口,通过单向阀向蓄能器6充液,由于蓄能器6内有氮气压力,在充液过程中氮气压缩,蓄能器6内压力升高,当压力达到充液阀B(又称压力截止阀)右端弹簧设定的最低压力时，充液阀芯开始向右移，达到充液最高压力时，充液阀芯换向切断充液压力，同时补偿阀 A 左端的控制油路与油箱连通，右端的油压克服补偿阀 A 左端弹簧力，使阀芯向左移动换向，主泵的液压油去其他回路，完成蓄能器充液。当操纵调节制动阀 8 的踏板时，蓄能器的压力油直接进入制动器内，随着操纵力的增大制动压力提高，直到踏板力与液压反馈力平衡为止，就可对车辆进行制动；松开踏板，踏板上的作用力消失，阀芯重新回到自由状态，制动器内的油和油箱相通，迅速撤掉制动。C 为充液阀检测蓄能器压力的点，当蓄能器的压力降至充液阀 B 右端弹簧设定下限时，充液阀 B 左移换向，在充液压力和弹簧力作用下补偿阀 A 右移换向，泵的油液再次进入蓄能回路进行充液。制动系统中压力开关继电器 4 可检测充液回路压力值；当充液压力低于制动器压力时，应停车检查制动系统，避免发生事故。制动灯接口 7 可直接与制动灯连接。调节制动阀 8 的输出压力可根据车辆制动力来设定。

2. 工程机械全液压制动系统

全液压动力制动系统在行使车辆上使用，既操纵省力，又行程适宜，制动平顺，不产生自行刹车现象。其操纵力和制动力成比例。操纵机构能使制动器长久保持制动状态，以便车辆长期停在斜坡上。目前全液压动力制动系统的部件有集成式和分部件式，集成式连接管路少、结构紧凑、安装方便；分部件式的连接管路多，安装不太方便，可根据不同车辆的需求灵活布局设置。

1)3Y6/8 全液压静碾压路机全液压制动系统

3Y6/8 全液压静碾压路机液压制动系统工作原理图如图 5.30 所示。由于制动器 5 是弹簧制动、液压释放多片常闭式制动器，在没有足够压力的液压油时它总处于制动状态。根据压路机工况需要，压路机在行驶的时候需要解除制动；在行驶后需要行车制动；在长时间停车或坡道上需要驻车制动：压路机在下坡行驶时需要一定制动力的行驶，保证压路机的速度不能太快。现结合 3Y6/8 全液压静碾压路机本身的驾驶操作，介绍如何进行解除制动、行车制动、驻车制动和紧急制动等工作原理。

(1)解除制动

在图 5.30 所示的液压制动系统原理图中，制动器处于制动状态，压路机的离合器处于断开状态。柴油机已经启动好，需要驾驶时，就要先解除制动，然后才能开动压路机。具体过程如下：按下按钮开关 6，使电磁换向阀 3 中的电磁阀通电。换向阀 3 处于右位。这时液压油从电磁换向阀 3 经过踏板制动阀 4 到达制动器 5，压缩弹簧。解除制动。驾驶员选好速度挡位。让离合器结合，压路机自动行驶。

(2)行车制动

在压路机处于行驶状态时，需要停车，即行车制动，具体过程如下：一只脚先让离合器断开。然后另外一只脚慢慢地踩下踏板制动阀4，制动器5释放压力油。弹簧回位。实现行车制动。

(3)驻车制动

如果驾驶员需要进行驻车制动，具体过程如下：一只脚先让离合器断开。然后另外一只脚慢慢踩下踏板制动阀4的踏板。制动器5释放压力油，弹簧回位，接着控制按钮开关6，使电磁换向阀3中的电磁阀断电，然后脚松开踏板制动阀4的踏板，实现驻车制动，如有必要再进行，将速度挡换到空挡，关闭柴油机油门进行熄火等操作，这时驾驶员才可以离开压路机，如果在坡道上，一定要在压路机车轮下塞上石块。驾驶员才能离开压路机，防止压路机自动下滑出现意外事故。

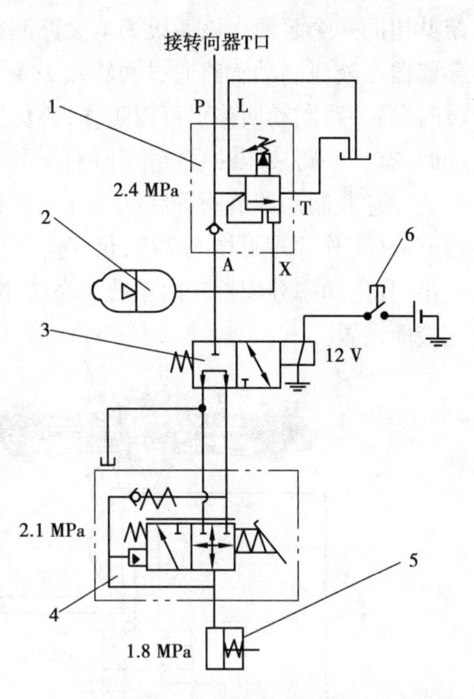

图5.30　液压制动系统原理图

1—溢流阀；2—蓄能器；3—电磁换向阀；4—踏板制动阀；5—制动器；6—按钮开关

(4)紧急制动

只有在非常危险快要出现安全事故时。才能使用紧急制动功能，因为进行紧急制动很容易对压路机造成重大损坏。具体过程如下：通过控制按钮开关6。使电磁换向阀3中的电磁阀断电。制动器4释放压力油，弹簧回位，实现紧急制动，进行紧急制动后，应立即进行切断动力的操作：如踩下离合器踏板，进行发动机熄火等操作，最大程度地减少对压路机的损坏。

(5)下坡行驶时的制动操作

在下坡行驶时，不能挂空挡下行，以免速度过快失去控制，而在较高速度下强行急刹车，容易造成翻车。下坡行驶时，驾驶员在发动机不熄火的情况下，挂低速挡下行，就可以了。这时发动机提供的驱动力变成阻力对压路机起制动作用，驾驶员可以通过油门控制下行速度，安全行驶。

(6)拖行操作

当柴油机出现故障而不能提供动力时，需要进行维修，这时压路机可能需要进行拖行，可以利用蓄能器提供的液压油解除制动，具体操作如下：驾驶员在挂上空挡后，使按钮开关6通电，液压油到达制动器5，压缩弹簧，解除制动，然后就可以进行牵引拖行操作。

2)WLY10型挖掘机全液压制动系统

全液压动力制动系统在轮式挖掘机上的应用如图5.31所示。制动系统与转向系统共用同一个泵源。该系统为双管路制动系统,前桥和后桥为各自独立的制动管路和蓄能器。液压制动管路通过回转接头4与前、后桥的制动器连接。当某一制动回路失灵时,另一路制动回路仍可以工作,避免发生严重事故。驻车制动为常闭式,当车辆启动时,有另一路液压油直接推开制动器,释放停车制动。充液制动阀总成7是由补偿阀、充液阀、制动调节阀等制动部件组合在一起的总成,自动控制液压系统流量给蓄能器充液(工作原理见图5.29),仅仅需要少量的管路与制动器连接即可,所需车辆功率很小,其他功率分配给转向系统。系统中的高压滤清器8,是为避免出现卡阀不能完成充液而设置。

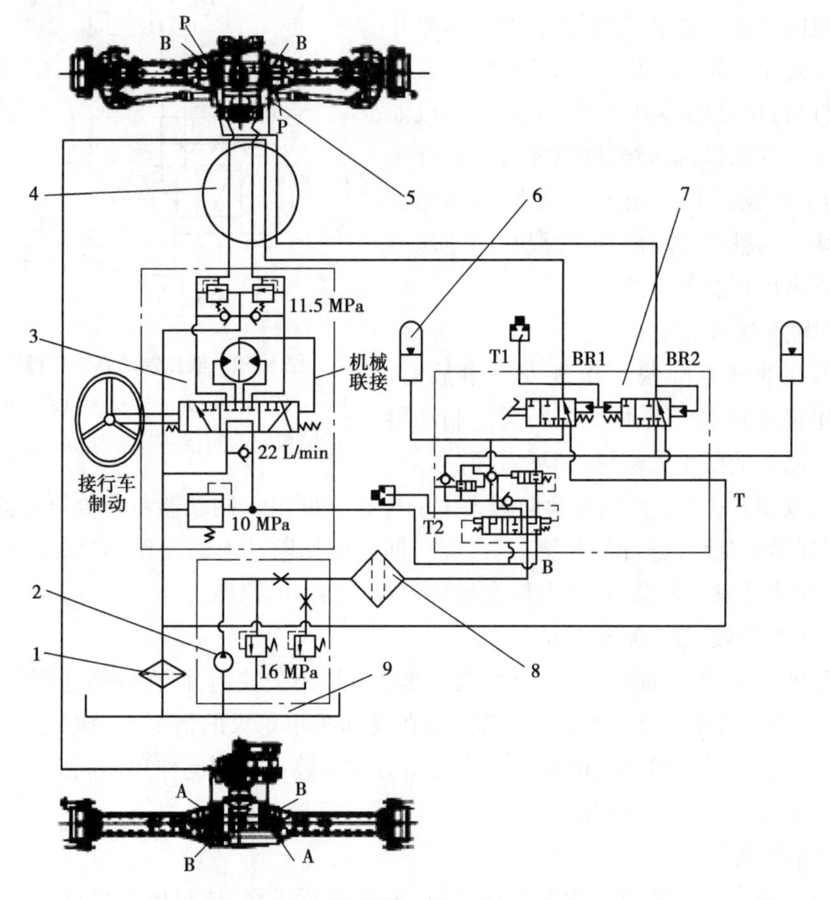

图5.31　轮式挖掘机全液压制动系统

1—滤清器;2—泵;3—转向器总成;4—回转接头;5—车桥;
6—蓄能器;7—充液制动阀总成;8—高压滤清器;9—油箱

3)ZL50型装载机全液压制动系统

全液压动力制动系统在轮式装载机上的应用如图5.32所示。油泵15直接与充液制动阀总成8连接,经节流口后以5 L/min的流量向蓄能器充液,其余流量流至液压转向器4,当充液压力达到最高设定值时,切断充液流量,全部流量流向液压转向器4。当蓄能器的压力比充液切断压力低18%时,蓄能器再次充液,充液回路中采用单向阀H,可使制动回路互不干扰。充液制动阀总成8具有双回路行车制动系统功能和停车制动功能,当电磁换向阀位于“开”位置时,油液从蓄能器中流向弹簧蓄能制动缸,压缩弹簧释放停车制动。

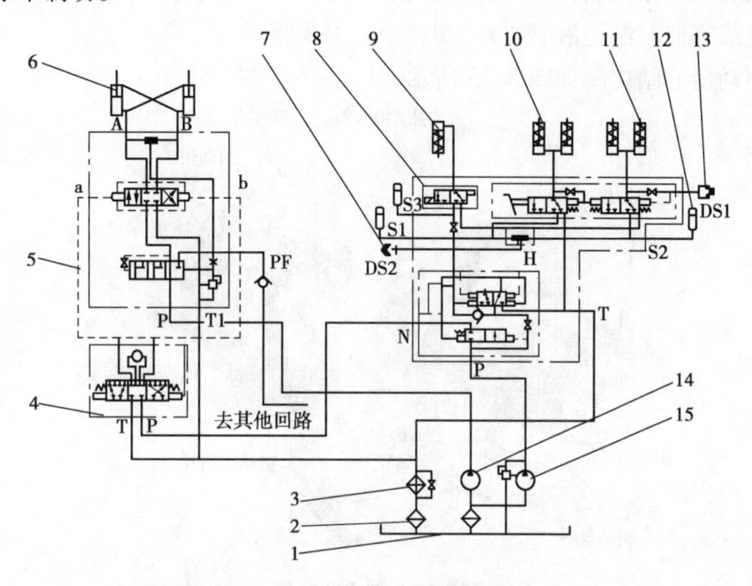

图5.32　装载机全液压制动系统

1—油箱;2—回油滤清器;3—散热器;4—液压转向器;5—优先型流量放大阀;6—转向油缸;7—压力继电器开关;8—充液制动阀总成;9—弹簧蓄能制动缸;10—前桥轮边制动缸;11—后桥轮边制动缸;12—蓄能器;13—制动灯接口;14,15—油泵

【任务实施】工程机械动力制动系统的检测维护、拆装与故障诊断

1. 工程机械动力制动系统的检测与维护

1)盘式制动器的检测与维护

架起车架,将车轮和制动管路拆下;拆制动钳体;拆下弹簧、制动摩擦片、垫片及支承板等;拆卸防尘罩和活塞。检查制动摩擦片的厚度,必须大于前轮盘式制动器的摩擦片最小允许厚度,外侧摩擦片可通过轮辐上的孔进行目测检查其厚度,内侧摩擦片

可利用反光镜进行目测。同时还应检查摩擦片磨损的均匀度。更换制动盘时,同一车辆两个制动盘必须同时更换,以确保两轮所产生的制动力相等。修理时,还应检查制动盘有无偏摇,如果偏差大于规定值,应予更换。

拆装制动片时,在活塞回位之前,应先抽出制动油灌中的制动液,特别在已经添加了制动液之后,容易造成腐蚀油漆涂层的现象,排放制动液时,只能用专门的盛放制动液的塑料瓶或容器。制动液有毒性,切忌用一根软管吸出。

盘式制动器的结构图如图 5.33 所示。

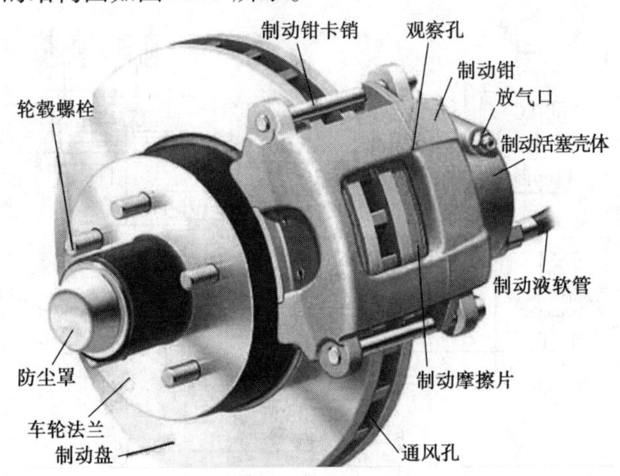

图 5.33　盘式制动器

2)鼓式制动器的检测与维护

鼓式制动器的结构如图 5.34 所示。利用制动器底板上的观察孔检查制动摩擦片的厚度和拖滞情况。新的摩擦片厚度及其磨损极限参见技术参数。制动摩擦片是用铆接的方式与底板连接固定在一起的。更换时,可以连底板一起更换,也就是更换整个制动蹄,也可以只更换制动摩擦片本身。更换后轮制动摩擦片,可按如下方法进行:

①撬下轮毂盖,松开车轮螺母,拆下车轮;

②通过车轮螺栓孔,向上拨动楔形调整块,使制动蹄放松,然后取下制动器;

③用钳子拆下制动蹄保持弹簧及座圈;

④用起子或撬杆取出制动蹄和回位弹簧,拆下驻车制动拉索;

⑤若更换摩擦片,应去掉旧铆钉及孔中的毛刺,并按先中间、后两边的顺序,重新铆接新摩擦片;

⑥装上回位弹簧,并把制动蹄与推杆连接好;

⑦装上楔形调整块,凸出的一边朝向制动底板;

⑧将另一制动蹄装到推杆上,并装入回位弹簧;

⑨装制动拉索;

⑩将制动蹄装到支架中并装上制动蹄保持弹簧和座圈;

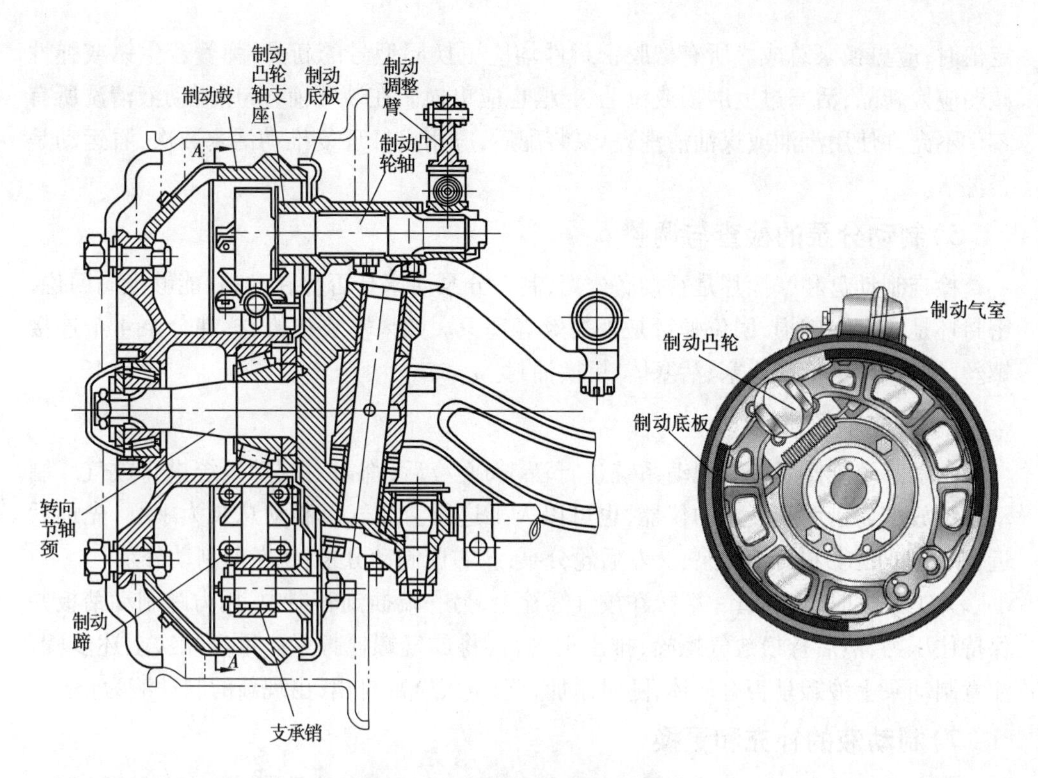

图 5.34 鼓式制动器结构图

⑪装入制动鼓及后轮轴承并调整轴承间隙；

⑫用力踩制动踏板一次，使后制动器能正确就位。

3）驻车制动的检查与调整

驻车制动的传动机构为机械式，通过钢丝绳传动作用于后轮。驻车制动的自由行程是在制动手柄处2齿。放开驻车制动后，两个后轮都应能自由转动。如果需要对驻车制动进行调整，可按如下方法进行：

①松开驻车制动；

②用力踩制动踏板一次；

③将驻车制动拉杆拉紧2齿；

④拧紧调整螺母，直到用手不能拨动两个被制动以后的后轮为止；

⑤放松驻车制动，观察两个后轮是否都能运转自如。

4）液压制动总泵的检查与调整

总泵使用一定时间后会出现缸筒和活塞磨损、皮碗老化、密封性能变差等现象，如不及时检查和修理，就会影响制动性能。

检修前应按顺序分解总泵。首先取出卡簧拿出后活塞和弹簧，再取出前活塞及相应零部件。检查总泵缸筒是否磨损，若磨损量超过规定值或与活塞的配合间隙大于规定值时,应更换泵总成。所有橡胶密封件均应更换同型号的新品,弹簧若生锈或弹性减弱应换新品,活塞过度磨损或拉毛、起槽也应更换。在装配前,应用制动液清洗所有零件不允许使用汽油或煤油清洗;总泵装配后,应用推杆反复推动活塞数次,看运动是否灵活。

5)制动分泵的检查与调整

检查制动盘和摩擦片是否彻底分离,制动分泵活塞是否存在磨损、能够准确回位,密封环是否存在破损,回位弹簧是否失效等现象。如果需要检修,拆卸分泵4个连接螺丝,解体分泵,检修活塞、活塞体,更换油封。

6)制动系统放气

制动系统维修后或者制动系统进行清洗、换液后,都需对制动系统进行放气。制动系统放气需借助于一定的仪器,也可以人工进行。放气以制动总泵为中心,先远后近,顺序如下:①右后轮分泵;②左后轮分泵;③右前制动分泵;④左前制动分泵。

人工放气时,将软管一端接在放气螺栓上,另一端插到容器中,用力踩制动踏板并保持住压力,然后拧松放气螺栓,排出空气,再将放气螺栓拧紧。重复几次上述步骤,注意制动泵上液罐是否有液体,随时添加直至空气全部排出,出现新的制动液为止。

7)制动液的补充和更换

位于前制动总泵上方的制动液储液罐上有制动液液面的最高(max)和最低(min)标记。如果发现制动液少了,应及时添加。

制动液有毒和腐蚀性,不能与油漆接触,同时它还具有较强的吸湿性,能吸收周围空气中的水分,过多的水分会降低制动液的制动效能,所以,每两年应更换一次制动液。

不论是添加还是更换制动液,都应使用专用的制动液。特别注意不能将不同厂家的制动液混加到一起,因为不同厂家生产的制动液有不同的化学成分,混加的制动液有可能损坏制动系中的零件,特别是橡胶件,从而影响工程机械的安全行驶。

2.工程机械动力制动系统的拆装与检修

1)鼓式制动器的拆装

(1)制动鼓的分解

①拆卸前,使用起子通过车轮的螺栓孔将楔形件向上压,使制动蹄回位;

②用专用工具拆卸下轮毂盖,拔出开口销,拆下冠状螺母保险环;

③拆下轮毂轴承预紧度的调整螺母及垫圈、轴承,取下制动鼓。

(2)制动蹄的分解

①压下制动蹄定位销压簧,取下制动蹄定位销及压簧垫圈,借助起子、撬棍或用手

从下面的支座上提起制动蹄，取出下回位弹簧；

②拆下制动杆上的手制动钢丝，用鲤鱼钳取下楔形件的拉力弹簧和上回位弹簧，取下制动蹄；

③将带压力杆的制动蹄卡紧在台钳上，拆下定位弹簧。

(3)制动蹄的安装

①装上回位弹簧，并将制动蹄与压力杆(推杆)连接好，装上楔形件(凸块朝向制动器底板)，将另一个带有传动管的制动蹄装在压力杆上；

②装入上回位弹簧，在制动臂上套上手制动绳索，把制动蹄装在车轮制动分泵的活塞外槽上；

③装入下回位弹簧，并把制动蹄提起，装到下面的支座上，装上楔形件的拉力弹簧(最大允许长度为 113 mm)；装入制动蹄定位销、压簧及垫圈。

(4)制动鼓的安装

使制动蹄回位，装上制动鼓及后轮轴承，调整好轴承预紧度，用力踩制动踏板一次，使制动蹄能正确就位。

2)盘式制动器的拆装

(1)制动钳的拆装

①拆下前车轮，安装并用手拧紧两个带耳螺母以固定转子盘，并使其平的一面朝向转子盘；

②安装 C 形卡箍，使卡箍的固定端放在制动钳外壳上，且带螺纹的一端放在外侧衬块上。拧紧 C 形卡箍，直到活塞被推至缸孔内足够远的距离时为止，使得制动钳能以转子盘脱离 C 形卡箍；

③制动钳螺栓的衬套拆下后，可拆下制动钳；

④安装时，应先均匀地在衬套的内表面上涂一层润滑脂；

⑤装复放气后，应踩下制动踏板几次，使衬块定位，安装好车轮。

(2)制动衬块的拆装

①从制动钳上拆下外侧衬块，用起子分开衬块固定扣，拆下内侧衬块；

②先用酒精清洁制动钳活塞保护罩的外表面，然后用一个 C 形卡箍慢慢地将活塞压入缸孔中。用工具撬起保护罩内缘，压出内部的空气，使保护罩安装到位；

③安装内侧衬块、座圈，使衬块平靠在活塞上。且衬块不应接触到保护罩。然后安装外侧衬块，且使磨损传感器位于衬块后缘，使衬块平靠在制动钳上。

3)制动主缸的拆装与检修

(1)拆装

①所有车型在拆装制动主缸时，都要给制动管贴上标签，堵住主缸制动管，然后，用管钳 09751-36011 或类似工具拆开制动管。

②从制动压力开关上拆下导线接头,再拆下液位警示开关接头(如装备时)。

③旋下主缸与制动装置的螺母,按要求再拆下主缸、线夹、垫片和三向管接头。

④安装时与拆卸顺序相反。给制动系统排气。

(2)分解和组装

①分解

参考图5.35并按以下步骤对制动主缸进行分解。

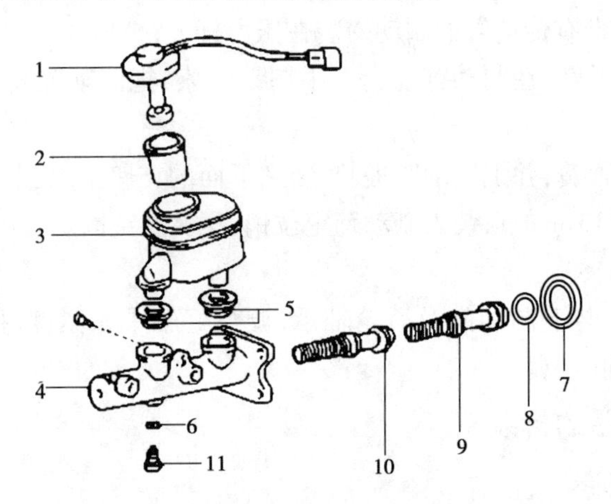

图5.35 主缸分解视图

1—储液箱盖;2—过滤器;3—储液箱;4—缸体;5—索环;6—垫圈;7—防尘罩;
8—卡环;9—1号活塞和弹簧;10—2号活塞和弹簧;11—限位螺栓

A.拆下主缸防尘罩。

B.旋下定位螺钉,再拆下储液箱,从储液箱上拆下盖子和过滤器。

C.卸下两个索环,再把主缸置于台钳上。

D.把活塞推入,拆下限位螺栓。

E.再把活塞推入,拆下卡环,然后用手小心拆下1号活塞。

F.把主缸置于两木块的边缘上,敲击缸体,使2号活塞掉出来。

②检测

用压缩空气清洁零件,检查缸内腔有无生锈和划痕,还要检查是否有磨损和损坏,必要时进行更换,并确定主缸润滑部位。

③组装

A.装上两只索环。

B.装上储液箱,向下压储液箱,装上定位螺钉。拧紧螺钉的扭矩为2 N·m。

C.装上主缸防尘罩,然后装上主缸。

3. 工程机械动力制动系统综合故障诊断与检修

工程机械制动系统性能的好坏直接关系到行驶和作业的安全性和动力性的发挥，制动系统发生故障后应及时分析、排除故障。下面以 ZL60F 轮式装载机为例，介绍工程机械制动系统常见的故障和排除方法。

1) ZL60F 轮式装载机制动系统组成及工作原理

ZL60F 轮式装载机制动系统包括行车制动系统和停车与紧急制动系统两部分，各系统部分组成及工作原理如下：

(1)行车制动系统

行车制动系统采用气顶油四轮盘式制动，用于经常性的一般行驶中的速度控制及停车，具有制动平稳、响应时间短、反应灵敏、操作轻便、维修方便、安全可靠、制动性能不受作业环境影响等特性。

行车制动系统原理示意图如图 5.36 所示，主要有空气压缩机、多功能卸荷阀、单腔制动总阀、加力器、钳盘式制动器等零部件组成。其工作原理是：行车制动时，踏下制动踏板，储气筒内的压缩空气随即进入单腔制动总阀，单腔制动总阀随踏板制动力的大小输出相应的制动气压，并输入加力器，推动加力器内的活塞，使加力器的液压总泵缸体产生高压制动液，从加力器来的制动液经夹钳内的油道、油管进入每个活塞缸中。活塞推动摩擦片压向制动盘，从而产生制动力矩，使车轮制动。与此同时，通过单

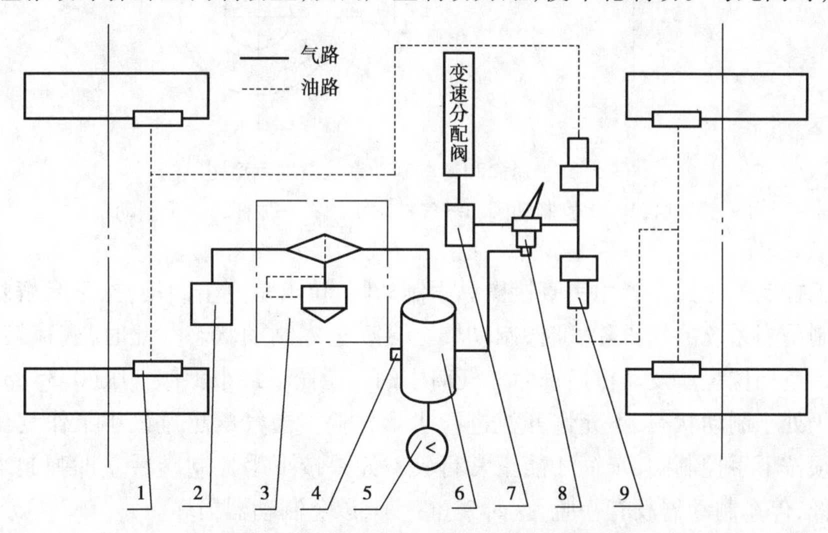

图 5.36 行车制动系统原理示意图

1—盘式制动器；2—空压机；3—卸荷阀；4—放水阀；5—储气筒；
6—气压表；7—气控截止阀；8—制动阀；9—加力器

腔制动总阀的压缩空气进入安装在制动管路中的气控截止阀,使变速箱离合器置于空挡位置。

解除制动后,在矩形密封圈的弹性作用下。活塞复位。摩擦片磨损后与制动盘的间隙增大,制动时活塞移动量将大于矩形密封圈的变形活塞和矩形密封圈之间产生的相对移动量,从而补偿摩擦片的磨损。

(2)停车与紧急制动系统

停车与紧急制动系统,用于停车后使装载机保持在原位置,不致因路面倾斜或其他外力作用而移动,也可以用于装载机在T形方式作业中出现紧急情况时的制动,并在当装载机气压过低时起安全保护作用。一般不得在正常行驶中用于制动。

紧急和停车制动系统原理示意图如图5.37所示,主要有手控制动阀、快放阀、驻车制动气室、停车制动器等零部件组成。其工作原理是:本系统是通过制动气室的弹簧力来实现制动的。当按下手制动阀时,从储气筒来的压缩空气,通过手控制阀、快放阀进入制动气室。克服气室内的弹簧力,从而解除制动。紧急制动既可以人工控制又可以自动控制。

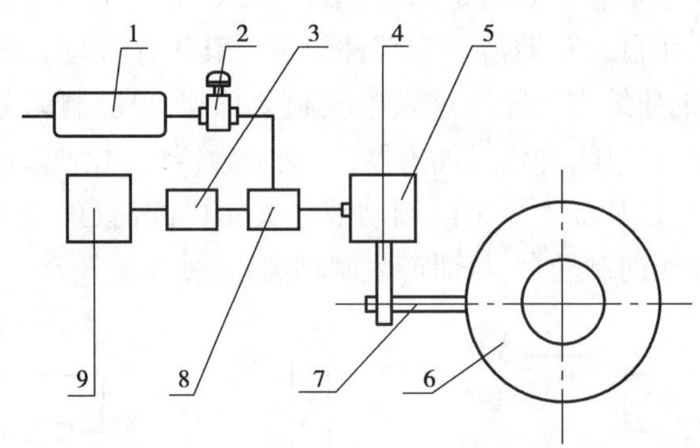

图5.37 紧急和停车制动系统原理示意图

1—储气筒;2—手控制动阀;3—气控截止阀;4—顶杆;5—手制动室;
6—制动器;7—拉杆;8—快放阀;9—变速阀

人工控制是由操作者用手直接操纵手制动阀,拉出是产生制动,按下是解除制动。自动控制是当系统的气压降低时,制动器会自动进入制动状态。此时,变速箱离合器自动进入空挡位置。发动机启动后储气筒中的气压低于最小工作气压(0.35 MPa)时,制动器仍处于制动状态,不允许开机进行T形作业。当气压超过最小工作气压时,操作者必须按下手控制阀,车辆才能正常行驶。如果按下手控制阀后立即弹起来,说明气压太低,停车制动器没有松脱,这时禁止行车,以免制动器损坏。

当储气筒没有气压或气压不足而又需要拖车时。必须先将制动气室的顶杆与制动器拉杆脱开,解除制动后方可进行。

2)常见故障的原因分析与排除方法

从日常使用情况来看,ZL60F装载机制动系统常见故障主要包括以下几个方面:

(1)开机后空气压力上升缓慢

①空压机工作不正常。排除方法:检查空压机工作情况。

②管接头松动。排除方法:拧紧接头。

③制动阀或卸荷阀不密封。排除方法:检修或更换。

(2)行车制动力不足

①制动液压管路中有气体。排除方法:进行排气,在驱动桥左、右轮边制动器上都有排气嘴,在这些地方可进行排气。

②单腔制动阀故障。排除方法:检查制动阀,检测制动阀出口的最大制动压力是否为系统所需制动压力,如果压力不正常,则调整制动阀压力或更换制动阀。

③气路系统气压不足。排除方法:检查空压机、储气筒以及管路密封件。

④加力器皮碗磨损。排除方法:检查加力器并更换皮碗。

⑤制动管路中有泄漏。排除方法:检查制动管路及接头是否泄漏,如为接头松动,重新拧紧。若为密封圈损坏,更换密封圈。

⑥轮边制动器摩擦片有油。排除方法:检查原因并清洗或更换。

⑦轮边制动器摩擦片已到磨损极限。排除方法:更换轮边制动器摩擦片。

(3)行车制动无点刹

单腔制动阀故障。排除方法:检测制动阀出口最大压力是否正常。如果出口最大压力远大于系统所需压力,则更换制动阀。

(4)行车制动时跑偏

①左右轮制动力矩不等。排除方法:检查管路及制动钳。

②左右轮气压不等。排除方法:按照规定压力充气。

(5)停车制动力不足

①制动鼓与制动蹄之间间隙过大。排除方法:按要求重新调整。

②制动蹄片上有油。排除方法:清洗干净刹车片。

③制动蹄拉簧弹力不足或折断。排除方法:检查制动蹄拉簧并更换。

(6)刹车后挂不上挡

①制动阀不能回位。排除方法:松开脚制动阀踏板,检测制动阀出口是否仍有压力。如仍有压力,则为制动阀故障,检修或更换制动阀。

②变速阀、气阀杆卡死。排除方法:拆检清洗并修复。

③变速切断阀杆后腔气压不足。排除方法:检修管路系统。

(7)停车制动器不能正常松开

①停车制动管路泄漏。排除方法:检查制动管路及接头是否泄漏,如为接头松动,

重新拧紧。若为密封圈损坏,更换密封圈。

②停车制动油缸漏油。排除方法:更换油缸密封件。

③制动泵太旧或不起作用。排除方法:检查泵的压力或流量。

④充液阀不起作用。排除方法:更换充液阀。

(8)停车后储气筒空气压力迅速下降

①制动阀进气门卡住或损坏。排除方法:连续制动数次,吹掉脏物或更换阀门。

②管接头松动或管路破裂。排除方法:拧紧接头或更换管路。

③卸荷阀不密封。排除方法:查检原因,检修或更换。

【知识拓展】线控电液动力制动系统在工程机械中的应用

制动系统是轮式车辆的重要组成部分之一,是行车安全的重要保证,因此轮式车辆对制动系统从结构到性能不断提出更新更高的要求。传统制动系统的制动管路长,阀种类多,结构复杂,尤其对于轴距较长或带有挂车的车辆,制动传输路线长,常产生反应慢等制动滞后现象,安全性降低,且制动系统的成本较高。近年来,国外在车辆制动系统方面出现了很多新技术、新结构,其中线控制动是继车辆防抱死制动系统 ABS、牵引力控制制动系统 ASR 等技术之后出现的一种新型制动型式。线控的概念源于飞机制造,随着电子技术的广泛应用,这一概念被引入车辆制造领域,出现了线控转向、线控驾驶及线控制动等技术在车辆上的应用。与传统的制动系统不同,线控制动以电子元件代替部分机械元件,成为机电一体化的制动系统。在电子控制系统中设计相应程序,操纵电控元件来控制制动力的大小及制动力的分配,可完全实现使用传统控制元件所能达到的 ABS 及 ASR 等功能。

1.线控制动系统的分类及特点

目前线控制动系统分为两种类型:一种为电液制动系统(Electro-hydraulic Brake,简称 EHB),另一种为电子机械制动系统(Electro-Mechanical Brake,简称 EMB)。电液制动系统是将电子与液压系统相结合,由电子系统提供控制,液压系统提供动力;电子机械制动系统则采用电线及电制动器完全取代传统制动系统中的空气或制动液等传力介质及传统制动器,是未来制动控制系统的发展方向。线控制动系统的共同特点是都具有踏板转角与踏板力可按比例调控的电子踏板;具有控制制动力矩与踏板转角相对应的程序控制单元;具有的程序控制单元可基于其他传感器或控制器的输入信号实现主动制动及其他功能。

与电子机械制动不同,电液制动不会占用车轮制动器附近空间,也不会增加额外重量。相对电子机械制动的42 V电源的高能耗,电液制动利用原车电源即能充分满足要求。为满足大吨位重型车辆或工程机械的制动要求,只有采用液压系统才能产生足够的制动力矩。此外,由于工作及转向的需要,轮式工程机械一般都具有多路液压系统,利用原车液压源建立电液制动更为容易。因此,在轮式工程机械上实现线控制动的第一步是实现电液制动。

2.轮式工程机械电液制动系统

动力制动系统以其优越的制动性能及可靠性被国内外广泛应用于轮式车辆。目前从国外引进的多种轮式工程机械,全部采用全液压动力制动系统。全液压动力制动尽管较气顶液式制动具有很多优势,但对于自行式登高作业车、集装箱搬运车等需要进行远程控制的车辆来说,仍需较长制动管路。采用电子与液压系统相结合的电液制动系统不但可以解决上述问题,而且较常规的全液压动力制动系统具有更多的优点。

轮式工程机械的电液制动系统的基本结构及原理与汽车不同,它是在全动力制动系统的基础上采用电液新技术加以改进来实现的。如图5.38所示系MICO公司的轮式车辆的线控电液制动图。

新系统增加了电子踏板、电控单元、阀驱动器及电液制动阀,取消了原有的压力制动阀,保留了原全动力制动系统中的泵、蓄能器充液阀、蓄能器及制动器。

其基本原理是:电子踏板1将踏板角转换为电信号,同时输入到电控单元2及阀驱动器3。电控单元2将控制电流及信号分别输入到电液制动阀4和阀驱动器3。阀驱动器3根据两个输入信号中的较大值产生控制电流输入到电液制动阀5。电液制动阀4,5根据输入电流调整输出到制动器的压力。

由图5.38可知,尽管转换看似复杂,并增加了元件的数量,但设计人员可通过元件的调整布置,利用可编程电控单元使系统实现全动力制动系统所无法实现的功能。

采用电液制动系统可将制动阀和液压管路布置于远离驾驶室而更接近于制动器的位置,不但改善了系统性能和操作人员的工作环境,而且减少了管路的消耗并使管路布置更容易;采用电液制动系统能够很容易地进行远程操作或增加遥控操作系统而无须采用更多的管路及阀;电液系统能适时监控制动系统的状况,使故障的诊断和排除更容易,提高了机械的安全性;通过调整控制方案还可形成多用途、多形式的制动系统。

电液制动系统能够实现多种控制方案,如防抱死制动、遥控制动及牵引控制制动等。图5.39为MICO公司带有牵引控制的电液制动系统方案。系统在全液压制动系统的基础上,增设了传感器、电液制动阀及电控单元。在电液制动阀中加入单向阀,使

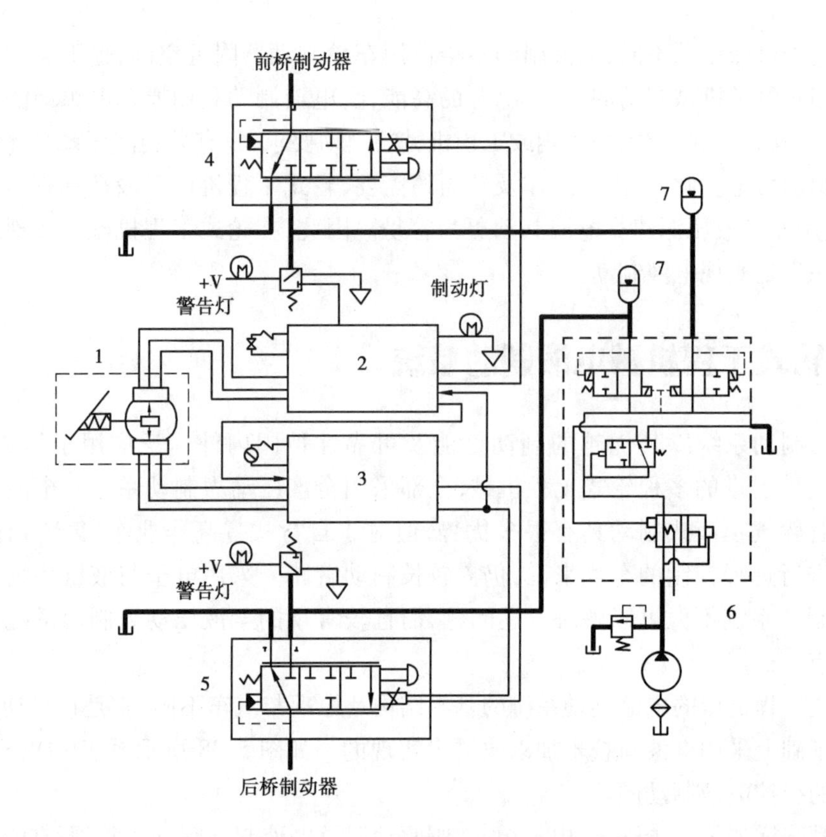

图 5.38　线控电液制动系统

1—电子踏板;2—电控单元;3—阀驱动器;4,5—电液制动阀;6—充液阀;7—蓄能器

得双联制动阀的输出压力高于电液制动阀和牵引控制系统产生的压力。正常情况下电液制动阀2开启,制动压力由制动阀3控制,并与踏板上的操纵力成比例关系。安装于轮边的速度传感器1将产生的电子脉冲信号输入电控单元4。当车轮转动过快时,根据控制规则,电控单元控制发送到每一个电液制动阀的电流,电液制动阀调整来自蓄能器的制动器压力,停止车轮的过度转动以改善车辆的牵引力。在车辆地面牵引工况恶劣的情况下,带有牵引控制的全动力制动系统能够帮助操作人员保证车辆具有足够的牵引力。

目前电液制动系统的实施仍面临一些问题,如控制系统失效处理及抗干扰处理等。电液制动控制系统需要一个保证制动安全的监控系统,无论哪个电控元件失效,都应立即发出警告信息。轮式工程机械在工作过程中存在各种干扰信号,需要良好的抗干扰控制系统以消除这些干扰信号造成的影响。如果此类问题解决不好会使系统结构复杂,成本增高。

对于轮式工程机械,从气顶液到全动力液压制动再到线控制动是制动系统的发展趋势。采用线控制动中的电液制动是实现制动系统电子化的第一步。尽管面临一些需要解决的问题,通过电子与液压系统结合形成的多功能、多形式的电液制动系统能

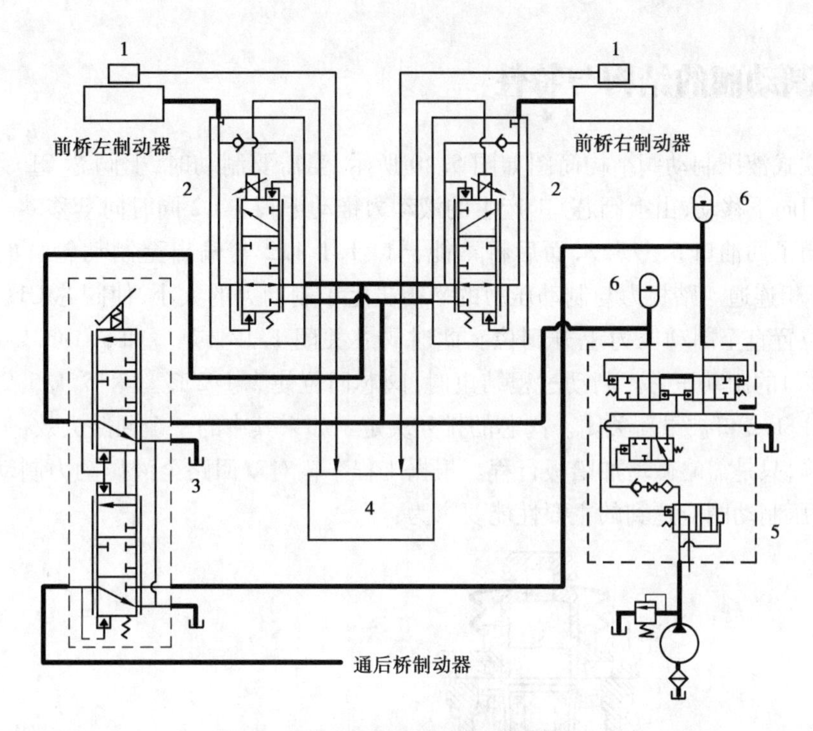

图5.39　牵引控制电液制动系统

1—速度传感器;2—电液制动阀;3—双联制动阀;4—电控单元;5—充液器;6—蓄能器

够为设备的操纵人员提供更完善的服务,具有广泛的应用前景。

实训5.2　液压动力制动阀动态特性检测实验设计

1.实验目的

全液压动力制动系统以其优越的制动性能及较高的可靠性,已被国外广泛应用于大型工程车辆之中。全液压动力制动系统与国内普遍采用的气液综合式制动系统相比较具有回路简单、结构紧凑、制动迅速、易于维护等特点,因此从气顶液到全液压动力制动是轮式工程车辆制动系统的发展趋势。制动阀作为制动系统的关键液压元件,其动态特性直接关系到车辆的行驶性能和安全性能,只有准确掌握制动过程中制动阀的动态特性及各种影响因素,才能为车辆制动系统的设计与匹配、整机制动性能预测与分析提供依据。

2. 制动阀的结构与特性

串联式液压制动阀结构简图如图 5.40 所示，当需要制动时，上阀芯 C1 受到弹簧 A 的作用向下移动，由上阀芯 C1 产生的液动力推动下阀芯 C2 同时向下移动。两阀芯首先关闭了回油口 5.1/5.2，而后将蓄能器口 1.1/1.2 与输出至制动轮缸的压力口 2.1/2.2 相连通。踏板力与制动压力的平衡决定了制动力的大小，使阀芯 C1、C2 保持在控制位置直至制动压力上升到位。此时阀芯关闭 1.1/1.2 口和 5.1/5.2 口，保持 2.1/2.2 口的制动压力。制动过程结束时，阀芯回位使 2.1/2.2 口和 5.1/5.2 口重新接通，1.1/1.2 口被重新关闭。阀芯的排列决定了如果其中的一个回路失效，另一回路不受影响，只是需略微增加踏板行程。根据工程车辆对双回路全液压动力制动系统的要求，液压制动阀应达到的主要性能要求为：

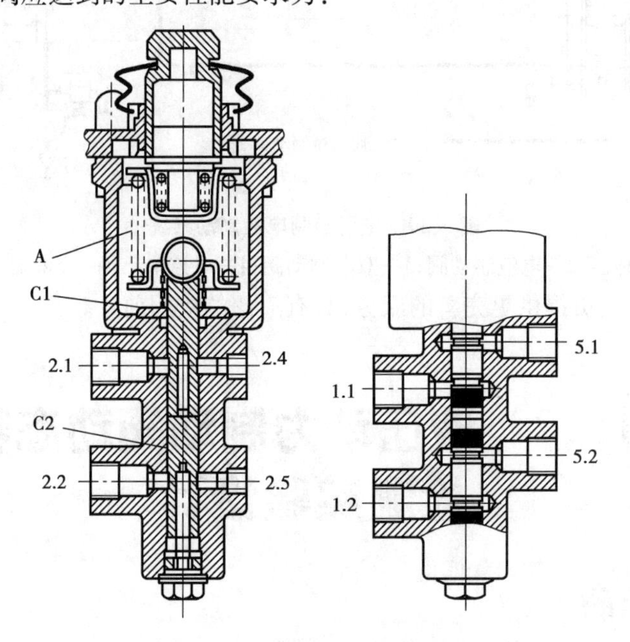

图 5.40　串联式双回路制动阀

①制动阀脚踏力与制动系统的压力成正比；

②最大脚踏力不超过 350 N；

③操作灵敏，响应时间短，迟滞小；

④各回路可同时工作，又互不影响。

由研究车辆液压制动系统的动态特性入手来分析车辆制动动态特性，是一种简便、有效的研究途径。对制动阀的动态特性进行理论研究有助于对整个制动系统进行分析与优化，但理论分析涉及的计算参数较多，有些参数较难获得，故理论模型难以准确预测系统的动态特性。通过对制动阀进行试验研究，不但可掌握制动阀的动态特性，还可用于整机制动动力学研究中的制动系统计算模型简化。

3. 试验系统组成与原理

根据工程车辆常规双回路全液压动力制动系统的结构，建立了如图5.41所示的制动阀动态特性试验系统。双回路全液压动力制动系统主要由液压泵、蓄能器、制动阀、充液阀及制动器组成，测试用工作液采用工程机械用40号低凝液压油，测试温度为常温，系统温度20～40 ℃。

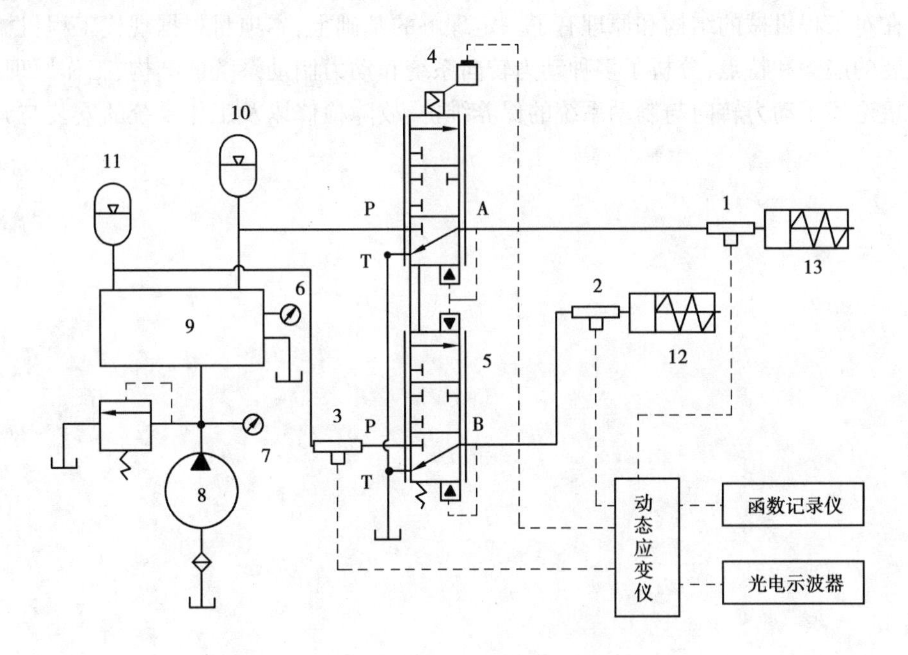

图5.41 测试系统原理图

1,2,3—压力传感器；4—荷重传感器；5—双回路制动阀；6,7—压力表；
8—液压泵；9—充液阀；10,11—蓄能器；12,13—制动轮缸

根据双回路制动阀的性能要求，分别将制动阀踏板脚踏处、制动轮缸入口及制动阀入口处作为测点安装了荷重传感器和压力传感器，测试信号经动态应变仪显示并记录。

动态特性试验的主要内容是在系统压力为制动阀的额定压力下，模拟减速制动与点制动两种典型工况，测试制动阀踏板力与制动轮缸压力之间的动态关系；测试系统停止供液后的制动阀动态性能；测试双回路制动阀的独立性能，即断开制动阀任一输入或输出回路后的制动阀动态性能。

4. 试验内容

①熟悉动力制动系统的工作。
②绘制各种工况下制动踏板力与制动轮缸压力的关系曲线。
③分析动力制动系统的工作特性。

项目小结

在对工程机械的结构和原理有了一定理解的基础上,本项目根据现代工程机械技术发展的趋势和特点,分析了多种动力转向系统和动力制动系统的结构、工作原理;并且着重论述了动力转向与制动系统的保养维护、故障检修以及工作系统的安装与调试方法。

项目6 挖掘机电液控制系统应用与检修

项目剖析与目标

挖掘机是用铲斗挖掘高于或低于承机面的物料，并装入运输车辆或卸至堆料场的土方机械。第一台手动挖掘机问世至今已有130多年的历史了，期间经历了由蒸汽驱动回转挖掘机、电力驱动和内燃机驱动回转挖掘机到应用机电液一体化技术的全自动液压挖掘机的逐步发展过程。本任务项目主要针对全液压挖掘机的结构、原理、选型以及故障诊断与检修方法等进行论述。

任务 挖掘机电液控制系统的应用与检修

任务描述

挖掘机作为土方工程施工中的主力机种之一，可以用作挖掘、装载、起重、打桩、捣固、钻孔及平整等作业，具有用途广、性能优、挖掘力大、操控方便等特点。由于挖掘机系统复杂，涉及技术领域广、机型多种多样，本项目要求掌握挖掘机的结构特点、电液控制技术的基本原理以及挖掘机综合故障诊断与检修方法。

任务分析

机电液一体化技术是液压挖掘机的主要发展方向，其目的是实现液压挖掘机的全自动化，即人们对液压挖掘机的研究，逐步向机电液控制系统方向转移，使挖掘机由传统的杠杆操纵逐步发展到液压操纵、气压操纵、电气操纵、液压伺服操纵、无线电操纵、电液比例操纵和计算机直接操纵。

在液压挖掘机领域，节能控制的目的不仅仅是提高燃油利用率，更重要的意义在于能够取得一系列降低使用成本的效果。资料显示，工程机械将近40%的故障来自液压系统，15%左右的故障来自发动机。采用节能技术后，可以提高发动机功率的利用率，减少液压系统功率损失，使动力系统与负载所需功率更好地匹配，降低了发动机和液压元件的工作强度，提高了设备在使用中的可靠性。

本项目在对挖掘机电液控制系统结构和原理进行阐述的基础上，详细地分析了挖掘机的节能控制方法以及故障诊断与检修过程。

【知识准备】挖掘机的结构与工作原理

1. 液压挖掘机结构特点

液压挖掘机在各种工程建设领域，特别是在基础设施建设中所起的重要作用越来越明显，是工程机械行业中产销量最大、增长率最高的产品之一。随着挖掘机技术的不断进步，市场上挖掘机品牌的增多，为用户选购和使用挖掘机提供了更多的选择。要正确选择合适的挖掘机产品，首先应从了解挖掘机的结构入手。

液压挖掘机主要由发动机、液压系统、工作装置、回转装置、行走装置和电气控制等部分组成。

挖掘机液压系统由液压泵、控制阀、液压缸、液压马达、管路、油箱等组成。液压系统通过液压泵将发动机的动力传递给液压马达、液压缸等执行元件，推动工作装置动作，从而完成各种作业。电气控制系统包括监控盘、发动机控制系统、泵控制系统、各类传感器、电磁阀等。工作装置是直接完成挖掘任务的装置，它由动臂、斗杆、铲斗等三部分铰接而成，动臂起落、斗杆伸缩和铲斗转动都用往复式双作用液压缸控制，为了适应各种不同施工作业的需要，液压挖掘机可装多种工作装置，如挖掘、起重、装载、平整、夹钳、推土、冲击锤等多种作业机具。回转与行走装置是液压挖掘机的机体，转台上部设有动力装置和传动系统。

一般单斗液压挖掘机的构造如图6.1所示。

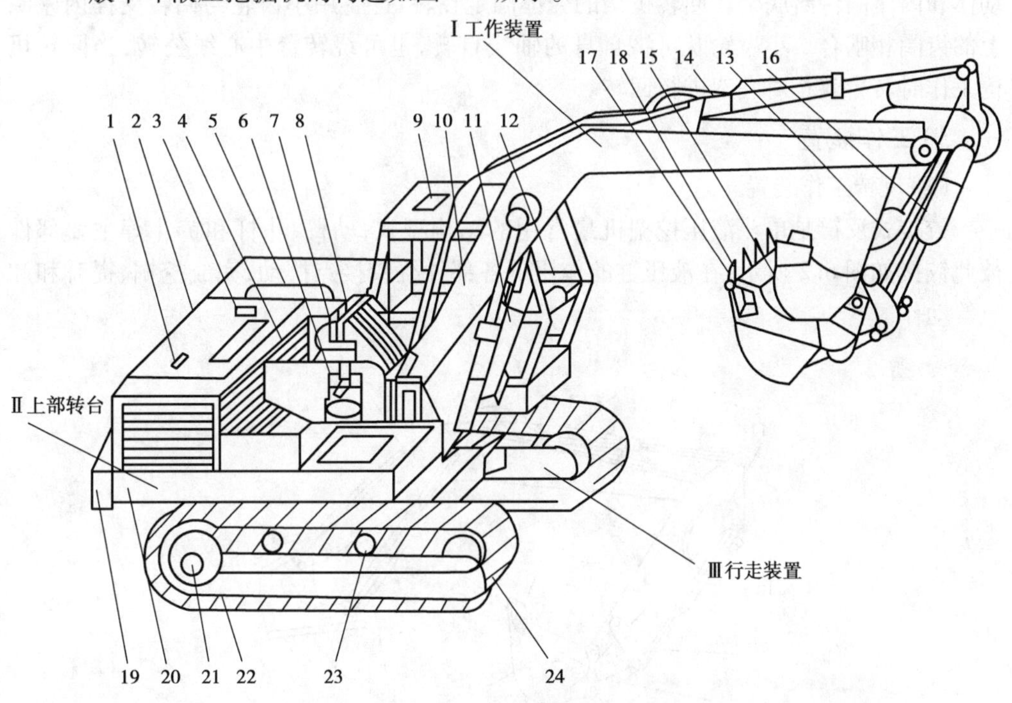

图6.1　单斗液压挖掘机的总体结构

1—柴油机；2—机棚；3—液压泵；4—液控多路阀；5—液压油油箱；6—回转减速器；7—液压马达；8—回转接头；9—司机室；10—动臂；11—动臂油缸；12—操纵台；13—斗杆；14—斗杆油缸；15—铲斗；16—铲斗油缸；17—边齿；18—斗齿；19—平衡重；20—转台；21—行走减速器、液压马达；22—支重轮；23—托链轮；24—履带板

1）履带式行走装置

履带式行走装置由“四轮一带”（即驱动轮、导向轮、支重轮、托轮以及履带）、张紧装置和缓冲弹簧、行走机构、行走架等组成。挖掘机运行时，驱动轮在履带的紧边——

驱动段及接地段(支撑段)产生一个拉力,企图把履带从支重轮下拉出,由于支重轮下的履带与地面间有足够的附着力,阻止履带的拉出,迫使驱动轮卷动履带,导向轮再把履带铺设到地面上,从而使挖掘机借支重轮沿着履带轨道向前运行。

挖掘机转向时,液压传动的履带行走装置由安装在两条履带上、分别由两台液压泵供油的行走马达(用一台油泵供油时需采用专用的控制阀来操纵)通过对油路的控制,很方便地实现转向或就地转弯,以适应挖掘机在各种地面、场地上运动。

2)回转装置

液压挖掘机回转装置由转台、回转支撑和回转机构等组成。回转支撑的外座圈用螺栓与转台连接,带齿的内座与底架用螺栓连接,内、外座圈之间设有滚动体。挖掘机工作装置作用在转台上的垂直载荷、水平载荷和倾覆力矩通过回转支撑的外座圈、滚动体和内座圈传给底架。回转机构的壳体固定在转台上,用小齿轮与回转支撑内座圈上的齿圈相啮合。小齿轮既可绕自身的轴线自转,也可绕转台中心线公转,当回转机构工作时转台就相对底架进行回转。

3)工作装置

(1)反铲工作装置

铰接式反铲是单斗液压挖掘机最常用的结构型式,动臂、斗杆和铲斗等主要部件彼此铰接如图6.2所示,在液压缸的作用下各部件绕铰接点摆动,完成挖掘、提升和卸土等动作。

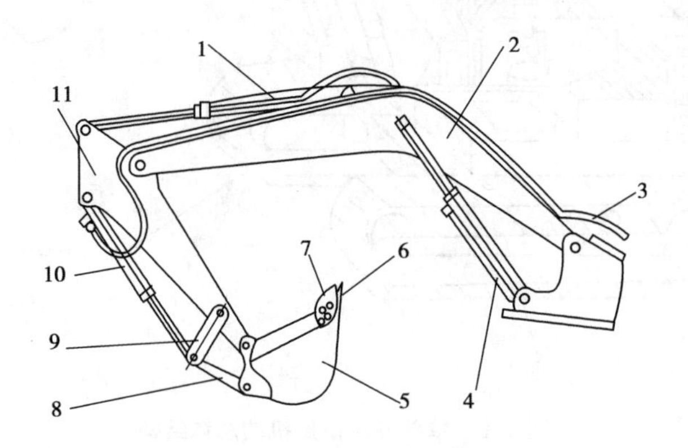

图6.2　反铲工作装置

1—斗杆油缸;2—动臂;3—油管;4—动臂油缸;5—铲斗;
6—斗齿;7—侧齿;8—连杆;9—摇杆;10—铲斗油缸;11—斗杆

动臂是反铲的主要部件,其结构有整体式和组合式两种。

①整体式动臂其优点是结构简单、质量轻而刚度大,缺点是更换的工作装置少、通用性较差。

多用于长期作业条件相似的挖掘机上。整体式动臂又可分为直动臂和变动臂两种。其中,直动臂结构简单、质量轻、制造方便,主要用于悬挂式液压挖掘机,但它不能使挖掘机获得较大的挖掘深度，不适用于通用挖掘机；弯动臂是目前应用最广泛的结构型式，与同长度的直动臂相比，可以使挖掘机有较大的挖掘深度，但降低了卸土高度，这正符合挖掘机反铲作业的要求。

②组合式动臂如图6.3所示，组合式动臂用辅助连杆、液压缸或螺栓连接而成。上、下动臂之间的夹角可用辅助连杆或液压缸来调节，虽然使结构和操作复杂化，但在挖掘机作业中可随时大幅度调整上、下动臂之间的夹角，从而提高挖掘机的作业性能，尤其在用反铲或抓斗挖掘窄而深的基坑时，容易得到较大距离的垂直挖掘轨迹，提高挖掘质量和生产率。组合式动臂的优点是可以根据作业条件随意调整挖掘机的作业尺寸和挖掘力，且调整时间短。此外，它的互换工作装置多，可满足各种作业的需要，装车运输方便。其缺点是质量大，制造成本高，一般用于中、小型挖掘机上。

反铲用的铲斗形式、尺寸与其作业对象有很大关系。为了满足各种挖掘作业的需要，在同一台挖掘机上可配以多种结构形式的铲斗，图6.4为反铲常用铲斗形式。

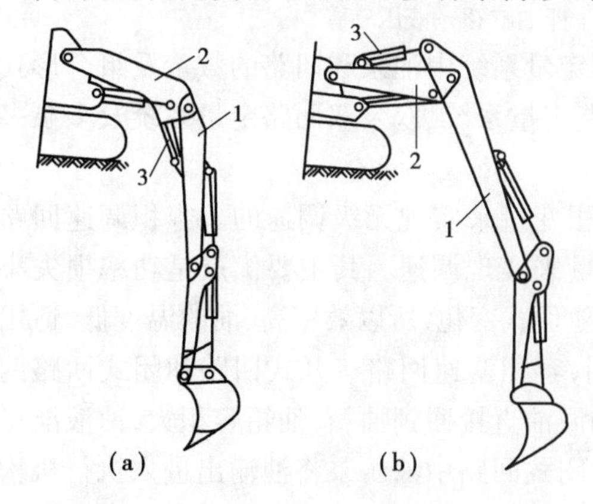

图6.3 组合式动臂

1—下动臂；2—上动臂；3—连杆或液压缸

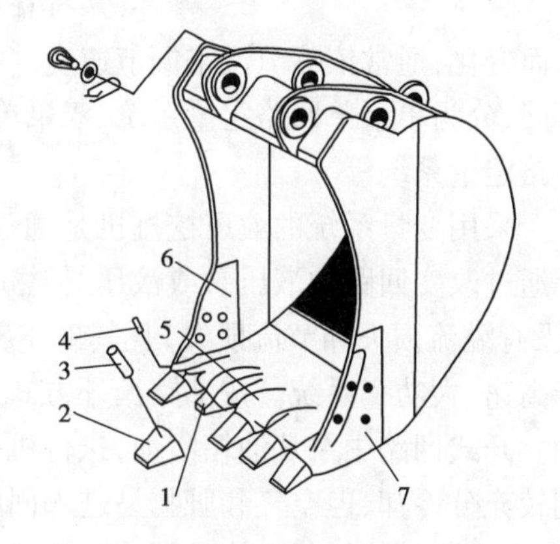

图6.4 反铲常用铲斗结构

1—齿座；2—斗齿；3—橡胶卡销；4—卡销；5,6,7—斗齿板

(2)正铲工作装置

单斗液压挖掘机的正铲结构如图6.5所示，主要由动臂2、动臂油缸1、铲斗5、斗底油缸4等组成。铲斗的斗底利用液压缸来开启，斗杆6铰接在动臂的顶端，由双作用的斗杆油缸7使其转动。斗杆油缸的一端铰接在动臂上，另一端铰接在斗杆上。其铰接形式有两种：一种是铰接在斗杆的前端；另一种是铰接在斗杆的尾端。

4)液压系统

液压挖掘机的液压系统都是由一些基本回路和辅助回路组成，包括限压回路、卸荷回路、缓冲回路、节流调速和节流限速回路、行走限速回路和先导阀操纵回路等，由它们构成具有各种功能的液压系统。液压挖掘机液压系统主要有定量系统、变量系统和定量、变量复合系统等3种类型。

定量系统指的是在液压挖掘机采用的液压系统中，其流量不变，即流量不随外载

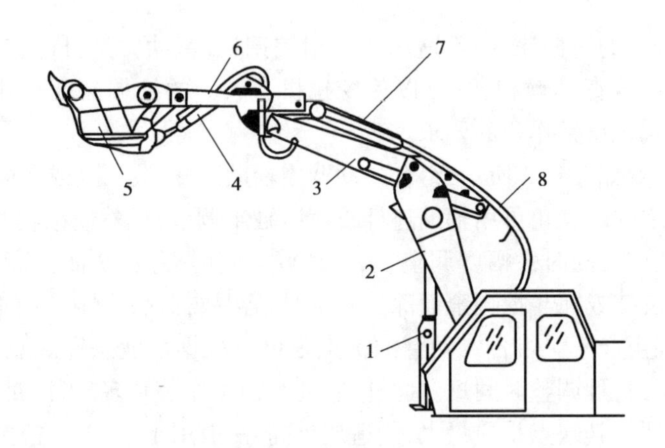

图 6.5　正铲工作装置

1—动臂油缸;2—动臂;3—加长臂;4—斗底油缸;
5—铲斗;6—斗杆;7—斗杆油缸;8—液压软管

荷而变化,通常依靠节流来调节速度。根据定量系统中油泵和回路的数量及组合形式不同,分为单泵单回路定量系统、双泵单回路定量系统、双泵双回路定量系统及多泵多回路定量系统等。

采用变量系统的液压挖掘机是通过容积变量来实现无级调速的。容积调速回路是通过改变回路中液压泵或液压马达的排量来实现调速。其主要优点是功率损失小(没有溢流损失和节流损失)且其工作压力随负载变化,所以效率高、油的温度低,适用于高速、大功率系统。按油路循环方式不同,容积调速回路有开式回路和闭式回路两种。开式回路中泵从油箱吸油,执行机构的回油直接回到油箱,油箱容积大,油液能得到较充分冷却,但空气和脏物易进入回路。闭式回路中液压泵将油输出进入执行机构的进油腔,又从执行机构的回油腔吸油。闭式回路结构紧凑,只需很小的补油箱,但冷却条件差。为了补偿工作中油液的泄漏,一般设补油泵,补油泵的流量为主泵流量的10% ~15%。压力调节为 0.3 ~1 MPa。

如图 6.6 所示,这是一种典型的单斗液压挖掘机传动控制系统图。

柴油机 13 驱动两个液压泵 11,12。把高压油输送到两个分配阀 9 操纵分配阀将高压油再送往有关液压执元件(液压缸或液压马达),驱动相应的机构进行工作挖掘机作业时,接通回转装置液压马达,转动上部转台,使工作装置转到挖掘机作业面,使动臂下降至铲斗接触挖掘面为止,然后操纵斗杆液压缸和铲斗液压缸,装完料以后,再操纵斗杆和铲斗液压缸回缩,使铲斗反转卸土,卸完土,将工作装置转至主挖掘地点进行第二次挖掘作业。

5)控制系统

机电液一体化是液压挖掘机的主要发展方向,其目的是实现液压挖掘机的全自动化,使挖掘机由传统的杠杆操纵逐步发展到液压操纵、气压操纵、电气操纵、液压伺服操纵、无线电操纵、电液比例操纵和计算机直接操纵。目前,液压挖掘机控制系统已发

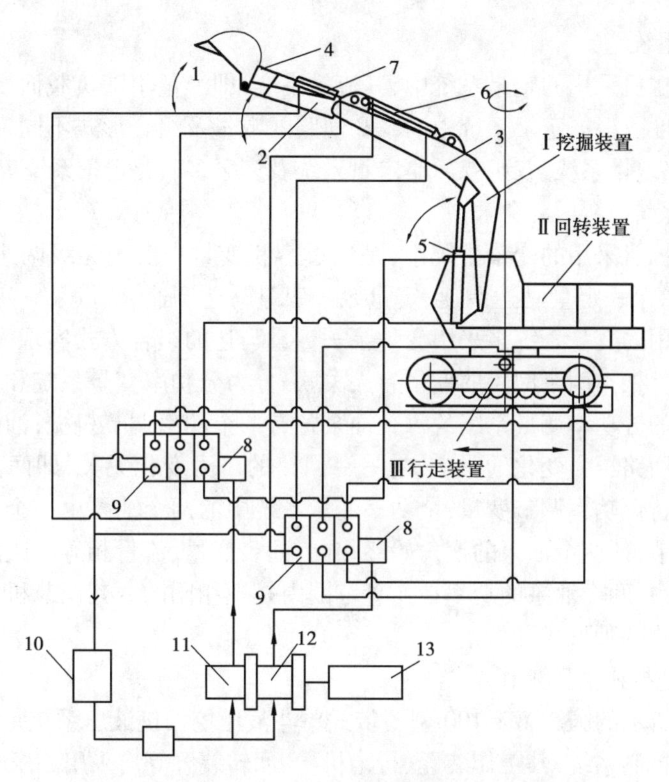

图6.6 液压单斗挖掘机基本结构图及传动示意图

1—铲斗;2—斗杆;3—动臂;4—连杆;5,6,7—液压缸;
8—安全阀;9—分配阀;10—油箱;11,12—油泵;13—发动机

展到复合控制系统。

2. 挖掘机液压系统

液压系统是工程机械中的一个重要部分。液压系统由于具有体积小、重量轻、易安装、功率密度大、响应快、可控制性强、工作平稳且可实现大范围的无级调速等优点。应用日趋广泛。液压挖掘机是目前工程施工中使用较为广泛的一种工程机械,其行走、回转和举升、挖掘动作都是通过发动机把机械能转化为液压油的压力能来驱动液压油缸和马达工作而实现的。对于液压系统。虽然只是作为挖掘机复杂主系统的子系统,但是其对主系统的功能和效率产生的影响是巨大的。液压系统的失效将会直接导致主系统的失效,从而造成严重的经济损失。因此,对液压挖掘机液压系统的分析及故障诊断尤为重要。

1)挖掘机的液压系统类型

按照液压泵的流量特性不同,液压挖掘机液压系统分为定量系统、变量系统两种类型。

(1)定量系统

在液压挖掘机采用的定量系统中,其流量不变,即流量不随负载而变化,通常依靠节流来调节速度。根据定量系统中油泵和回路的数量及组合形式不同,分为单泵单回路、双泵单回路定量系统、双泵双回路定量系统及多泵多回路定量系统等。

(2)变量系统

在液压挖掘机采用的变量系统中,是通过容积变量来实现无级调速的,其调节方式有3种:变量泵—定量马达调速、定量泵—变量马达调速、变量泵—变量马达调速。液压挖掘机采用的变量系统多采用变量泵—定量马达的组合方式实现无级变速,且都是双泵双回路。根据两个回路的变量有无关联,分为分功率变量系统和全功率变量系统两种。其中的分功率变量系统的每个油泵各有一个功率调节机械,油泵的流量变化只受自身所在回路压力变化的影响,与另一回路的压力变化无关,即两个回路的油泵各自独立地进行恒功率调节变量;全功率变量系统中的两个油泵由一个总功率调节机构进行平衡调节,使两个油泵的摆角始终相同,同步变量、流量相等。决定流量变化的是系统的总压力,两个油泵的功率在变量范围内是不相同的。其调节机构有机械联动式和液压联动式两种形式。

(3)典型挖掘机液压工作系统

如图6.7所示的国产WY-100型履带式单斗液压挖掘机液压系统是一种典型的挖掘机液压传动控制系统,其工作装置、行走机构、回转装置等均采用液压驱动。

该挖掘机液压系统采用双泵双向回路定量系统,由两个独立的回路组成。所用的油泵1为双联泵,分为A,B两泵。八联多路换向阀分为两组,每组中的四联换向阀组为串联油路。油泵A输出油的压力进入第一组多路换向阀,驱动回转马达、铲斗油缸、辅助油缸,并经中央回转接头驱动右行走马达7。该组执行元件不工作时油泵A输出的压力油经第一组多路换向阀中的合流阀进入第二组多路换向阀,以加快动臂或斗杆的工作速度。油泵B输出的压力油进入第二组多路换向阀,驱动动臂油缸、斗杆油缸,并经中央回转接头驱动左行走马达8和推土板油缸6。

该液压系统中两组多种换向阀均采用串联油路,其回油路并联,油液通过第二组多路换向阀中的限速阀5流向油箱。限速阀的液控口作用由梭阀提供的A,B两油泵的最大压力,当挖掘机下坡行走出现超速情况时,油泵出口压力降低,限速阀自动对回油进行节流,防止溜坡现象,保证挖掘机行驶安全。

在左、右行走马达内部除设有补油阀外,还设有双速电磁阀9,当双速电磁阀在图示位置时马达内部的两排柱塞构成串联油路,此时为高速;当双速电磁阀通电后,马达内部的两排柱塞呈并联状态,马达排量大、转速降低,使挖掘机的驱动力增大。

为了防止动臂、斗杆、铲斗等因自重而超速降落,其回路中均设有单向节流阀。另外,两组多路换向阀的进油路中设有安全阀,以限制系统的最大压力,在各执行元件的分支油路中均设有过载阀,吸收工作装置的冲击;油路中还设有单向阀,以防止油液的倒流、阻断执行元件的冲击振动向油泵的传递。

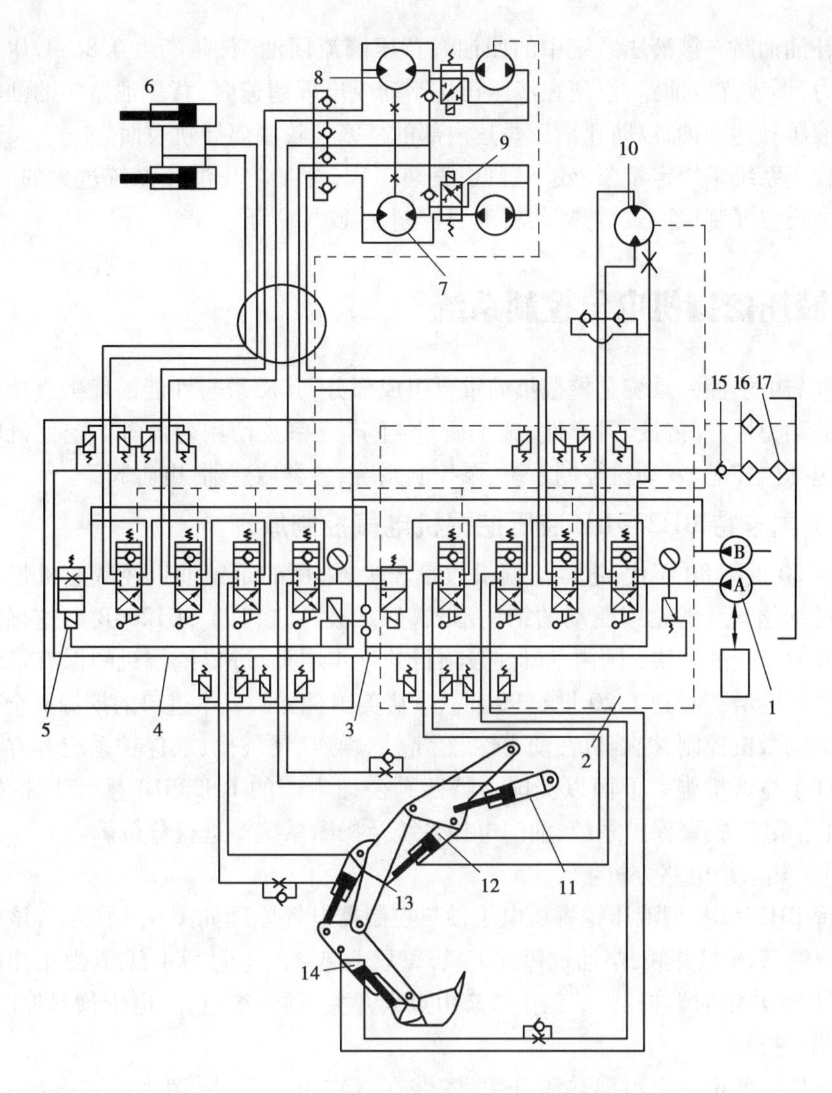

图6.7　WY-100型履带式单斗液压挖掘机液压系统

1—油泵;2,4—分配阀组;3—单向阀;5—速度限制阀;6—推土板油缸;7,8—行走马达;9—双速阀;10—回转马达;11—动臂油缸;12—辅助油缸;13—斗杆油缸;14—铲斗油缸;15—背压阀;16—冷却器;17—滤油器

WY-100型单斗液压挖掘机除了主油路外,还有如下低压油路:

①排灌油路　将背压油路中的低压油,经节流降压后供给液压马达壳体内部,使其保持一定的循环油量,及时冲洗磨损产物。同时回油温度较高,可对液压马达进行预热,避免环境温度较低时工作液体对液压马达形成"热冲击"。

②泄油回路　将多路换向阀和液压马达的泄漏油液用油管集中起来,通过五通接头和滤油器流回油箱。该回路无背压以减少外漏。液压系统出现故障时可通过检查泄漏油路滤油器,判定是否属于液压马达磨损引起的故障。

③补油油路　该液压系统中的回油经背压阀流回油箱,并产生 0.8 ~1.0 MPa 的补油压力,形成背压油路,以便在液压马达制动或出现超速时,背压油路中的油液经补油阀向液压马达补油,以防止液压马达内部的柱塞滚轮脱离导轨表面。

该液压系统采用定量泵,效率较低、发热量大,为了防止液压系统过大的温升,在回油路中设置强制风冷式散热器,将油温控制在 80 ℃以下。

3.液压挖掘机电气控制系统

电气与电子控制系统是挖掘机的重要组成部分,其质量与性能的优劣直接影响到挖掘机的动力性、经济性、可靠性、施工质量、生产效率及使用寿命等。挖掘机电气控制系统包括监控盘、发动机控制系统、泵控制系统、各类传感器、电磁阀等。

1)美国卡特 BH235DE 液压挖掘机电气控制原理

早在 20 世纪 80 年代,进口挖掘机数量较少,采用的是柴油机经减速机带动卷扬鼓子通过钢丝绳及滑轮组驱动的结构形式,如从波兰进口的 QU1206B 型挖掘机。随着改革开放步伐的加快,国内基础建设项目的逐年增加,进口挖掘机的保有量每年以数百台的速度增长。到了 20 世纪 90 年代,从美国、德国、日本进口的挖掘机全部采用了液压结构微机控制,挖掘机在动力性、经济性、噪声、尾气排放、保护系统等方面的性能也得到了显著增强。下面以美国卡特匹勒公司生产的 BH235DE 型液压挖掘机为例,对预热系统、报警保护系统、油门电控系统及操纵系统等进行分析。

(1)预热系统电路分析

卡特 BH235DE 型液压挖掘机电子预热控制器电气原理如图 6.8 所示。该机采用封闭式电热塞,6 只并联,柴油机每缸 1 只,每只电热塞的电阻为 4 Ω,其总工作电流为 36 A,采用预热定时器控制,其工作状态由点火开关、预热继电器、电子预热控制器、温度传感器等控制。

温度传感器是一个恒温热敏开关,安装在气缸出水管处,用来检测冷却液温度。当冷却液温度高于 7 ℃ 时,恒温热敏开关 6 接通,电子预热控制器 C 脚输入端处于低电平,经过电子预热控制器内部电路的比较运算,使预热指示灯 7 闪亮 0.3 s,示意可以立即启动,此时若点火开关 2 置于 ST 启动挡,柴油机即可顺利启动(无需预热)。

当冷却液温度在 3 ℃以下时,将点火开关置于预热挡(HEAT),恒温热敏开关处于开路状态,此时电子预热控制器 C 脚输入端处于高电平,经电子预热控制器内部逻辑门电路的比较判断,预热指示灯将会持续亮 3 ~5 s,表示等待预热。3 ~5 s 后预热指示灯熄灭,示意可以启动,这时将点火开关置于 ST 启动挡,此时发动机处于启动状态,预热指示灯虽然熄灭了,电热塞仍处于加热状态,加热到 20 s 后才切断电源,这段时间称为余晖时间,保证在启动最初的 20 s,汽缸仍加热空气。如果冷却液温度在 3 ℃以上,点火开关连续置于预热挡(HEAT),预热指示灯将亮 1 ~2 s,电热塞将加热 1 s 自动断电。

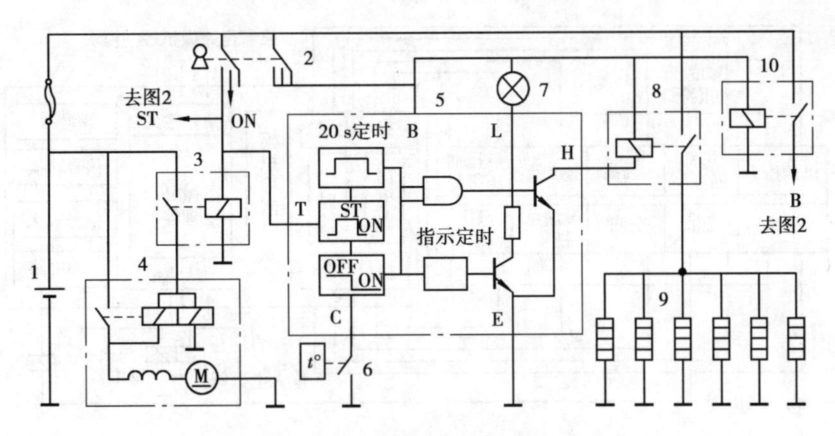

图 6.8 电子预热控制器电气原理图

1—蓄电池;2—点火启动开关;3—启动继电器;4—起动机;5—电子预热控制器;
6—恒温热敏开关;7—预热指示灯;8—预热继电器;9—各缸预热塞;10—操纵控制继电器
B—工作电源正极输入端;L—接预热指示灯;H—接预热继电器;E—工作电源负极输入端;
C—热敏开关输入端;T—启动信号输入端

(2)报警保护系统电路分析

报警保护电路由报警信号灯(光源为发光二极管)、报警传感器、报警继电器、报警蜂鸣器、熄火电磁阀和报警电路微机控制模块组成如图 6.9 所示。报警电路微机控制模块由接口电路、门电路、定时器、模拟检测单元、传感器输入电路、信号微处理器、信号转换、信号放大、驱动电路等组成。10 路传感器信号从接口电路输入,进入报警微机模块。当把点火启动开关置于 ON 挡时,报警微机模块将进行 3 s 的自动检测,模拟故障,此时报警指示灯全部点亮,放大转换电路处于模拟故障状态,蜂鸣器报警,报警继电器常闭触点打开。如果报警电路、故障报警灯、传感器都处于无故障状态,3 s 后,自动检测结束,报警指示灯全部熄灭,蜂鸣器停止报警,报警继电器断电,常闭触点闭合,恢复熄火电磁阀保持线圈的通路状态。此时报警系统处于监控状态,柴油机可以顺利启动。挖掘机正常工作时,传感器处于开路状态,报警电路微机模块不工作。当发动机出现故障时,如机油压力低于规定值,或水温温度高于规定值等,传感器会将不同的故障信号发送到报警电路微机模块,经处理、放大、转换等环节,最后由驱动电路接通该故障电路指示灯,指示出哪路故障,蜂鸣器报警,报警继电器得电吸合,熄火电磁阀断电停机,起到了保护的作用。只有将这路故障排除,柴油机方能正常启动。进口设备对定期的保养要求比较严格。对于三滤(机滤、空滤、柴滤)都规定了标准的更换时间。如果在使用中严格按照保养手册中的要求去做,不超过规定的使用极限,报警系统的驱动电路是不会动作的。它起到监督使用人员能否按照规范标准执行的一种技术保护手段。

(3)油门电控系统电路分析

①油门电控系统的组成

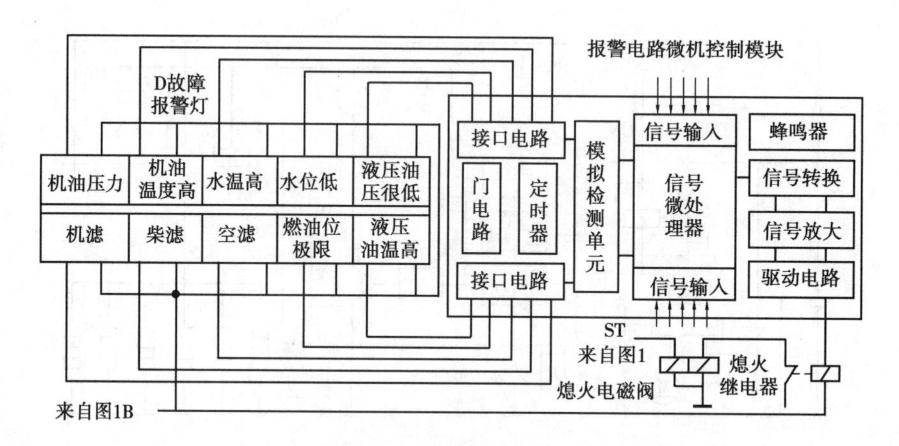

图 6.9　报警保护电路

油门电控系统由微机电子调速板、执行器(油门电动机)、电磁式转速传感器、三挡模式转换开关及调速电位器(5.1 kΩ,5 W)组成,其电控系统电路框图如图 6.10 所示。

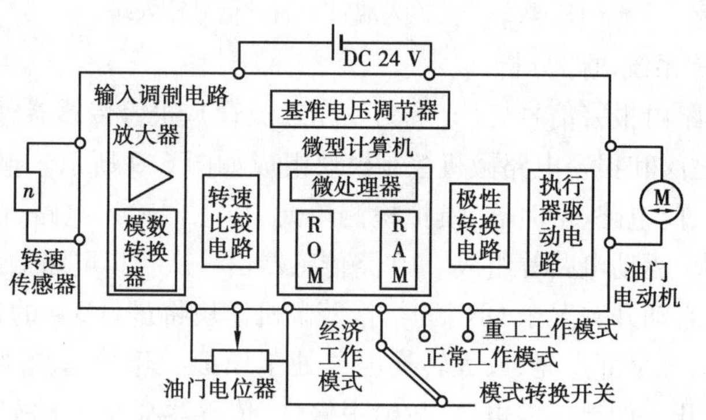

图 6.10　油门控制系统电路框图

微机电子调速板内部由基准电压调节器、输入调制脉冲电路、数字电压转换器、微型计算机、微处理器、储存器、放大器及输出驱动电路等组成。外部由工作电压DC24 V的输入插口、电磁式转速传感器输入插口、执行器输出插口、模式转换输入插口、转速调整电位器输入插口、怠速可调电阻、增益可调电阻、诊断故障码的输出插口等组成。

②微机电子调速板的工作原理

当把点火启动开关置于 ON 挡时,微机电子调速板接通 24 V 工作电源,此时微机接收到来自转速传感器的零转速信号。微机已为柴油机设定了一个标准的怠速转速 500 r/min(怠速可在 ±20% 的范围调整,怠速可调电阻顺时针增、逆时针减,可调范围为 20 圈),此时油门调速电位器置于最小位置,微机通过调制的脉冲信号将数字转换电路设定的 500 r/min 的转速信号减去接收到来自转速传感器的转速信号,得到的差值为正值的转速信号。通过微处理器、放大器、输出驱动电路,给执行器(油门电动机)一个正极性电压,油门电动机得电后,即顺时针旋转将油门调至 500 r/min 的位置。这时把点火启动开关置于 ST 启动挡,柴油机通过自动预热顺利启动,此时柴油机的转速瞬间达到了怠速状态 500 r/min。

在这个过程中,微机不断接收到不同时刻由转速传感器发来的脉冲转速信号,转换成正弦交变电压成正比的数字电压信号,通过微处理器不断地与设定信号相比较。根据计算得到的差值经微处理器、放大器、输出驱动电路给执行器一个工作电压。不断地修正以保证与设定转速同步,从而达到稳速的目的。当微处理器计算出的值为正值时,放大器、输出驱动电路将给执行器一个正极性工作电压,油门电动机得电后顺时针旋转使转速增高。当微处理器计算出的值为负值时,放大器、输出驱动电路将给执行器一个负极性工作电压,油门电动机得电后将逆时针旋转使转速减低。当微处理器计算出的值为零时,此时工作转速与设定转速同步。放大器和驱动电路收不到指令,执行器得不到工作电压,油门电动机处于制动状态。在正常工作中自动调速和稳速功能都是瞬间完成的。

③工作模式

工作模式分为 3 种:经济工作模式、正常工作模式和重工工作模式。这 3 种模式工况由驾驶员选择的,合理的选择可延长设备使用年限,节省燃油。3 种模式是靠一个三挡转换开关控制,经微处理器分别设定的 3 种极限转速,就是将油门电位器置于最大位置的 3 种转速。

A. 经济工作模式　将油门电位器置于最大位置。其标准设定转速为 1 400 r/min,液压泵工作压力为 22 MPa, 输出功率为额定功率的 60%。

B. 正常工作模式　将油门电位器置于最大位置。其标准设定转速为 1 800 r/min,液压泵工作压力为 26 MPa,输出功率为额定功率的 80%。

C. 重工工作模式　将油门电位器置于最大位置。其标准设定转速为 2 200 r/min。液压泵工作压力为 30 MPa,输出功率为额定功率。

从 3 种模式的技术数据可知,3 种模式的转速不同,液压泵工作压力不同,所以输出功率也不同,燃油量的消耗也不同。把模式转换开关置于经济工作模式,柴油机启动后怠速运转,油门电位器置于最小的位置,改变微机内的转速设定值。油门电位器的标准调速范围在 500 ~ 1 400 r/min。

同理,把模式转换开关置于正常工作模式,油门电位器的标准调速范围在 500 ~ 1 800 r/min。把模式转换开关置于重工工作模式,油门电位器的标准调速范围在 500 ~ 2 020 r/min。

④转速传感器的工作原理及检测

转速传感器为电磁感应式,由绕组、永久磁铁、软铁芯、外壳组成。柴油机飞轮齿圈,如果一圈共 120 个齿,柴油机每转动一周就产生 120 个脉冲信号。曲轴旋转时,转速传感器按齿序对传感器齿轮扫描,齿和齿隙交替地越过传感器,在线圈内感应出一个正弦交变电压信号。这些信号被传送到微处理器后。转换成与正弦交变电压成正比的数字电压信号,由数字电压信号就可以确定柴油机的转速了。

4.操纵控制系统电路分析

1)操纵控制系统的组成

操作控制系统是由驾驶室内左、右两个操控手柄和驾驶座位前两个手操控杆组成。为了方便操作,杆的底部还连接着脚踏板,可用脚控制来完成液压挖掘机工作中的所有动作。操控手柄和操控杆示意图如图6.11所示。

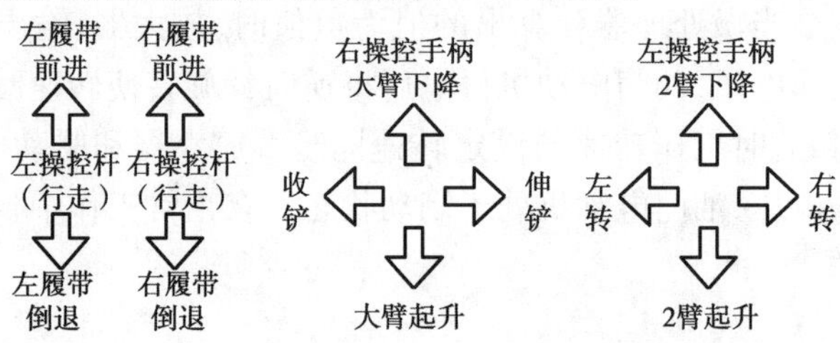

图6.11 操控手柄和操纵杆示意图

控制过程是由变换电源的正负极性来完成的。液压马达改变其旋转方向是靠电磁换向阀改变流入液压马达内液压油的流向来完成。要想调整并励直流电动机的转速,靠改变电动机输入端的电压和工作电流来完成。要想调整液压马达的转速,靠先导阀改变输入给液压马达的液压油的压力和流量大小来完成。要改变车门电磁阀的行程方向,是靠防盗器遥控中控门锁执行器带动门锁拉杆向上或向下位移,改变工作电源的正负极性来完成。对于调整其动作的速度,靠改变其输入执行器中永磁式直流电动机的电压和电流完成。如输入低电压,电动机经减速机门锁拉杆伸缩变慢。液压缸活塞杆的伸出和收回,是靠改变流入液压缸内的液压油的流向来完成的。伸出和收回的速度是靠先导阀控制液压油流入液压缸内的压力和流量大小来完成的。其操控电气系统原理图如图6.12所示。

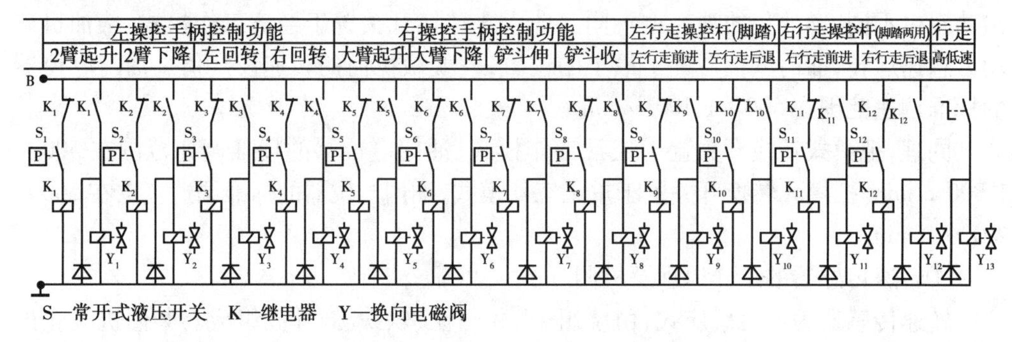

图6.12 操纵电气系统的原理图

2)大臂液压起落电控分析

柴油机正常启动后,可根据工况选择工作模式。将油门电位器置于合适的位置。

如起升大臂时可将右手侧操控手柄向后拉，此时先导阀内0.1 MPa的压力将常开式液压开关S接通，大臂起升继电器K得电吸合，同时由常开触点接通大臂起升换向电磁阀Y，液压油正向流入液压缸，活塞杆外出。将操控手柄继续后拉，先导阀将控制增大流入液压缸内液压油的油量，使活塞杆外出速度加快。

如落大臂，将右手侧操控手柄向前推。此时先导阀内0.1 MPa的压力将常开式液压开关S接通，大臂下降继电器得电吸合，同时由常开触点接通大臂下降换向电磁阀，液压油反向流入液压缸，活塞杆回缩。将操控手柄继续前推，先导阀将控制增大流入液压缸内液压油的油量，使活塞杆回缩的速度加快。小臂和铲斗的工作原理与大臂的工作原理相同。

3）行走、前进、后退电控分析

行走、前进、后退是靠驾驶室内座位前面的两个长操控杆控制的。由于它要和左右操控手柄配合使用，在使用中根据使用情况既可用两手操控又可用两脚来操控。

左操控杆可控制左侧履带的前进后退，右操控杆可控制右侧履带的前进和后退。行走的速度分低速和高速两个挡，由转换开关控制速度电磁阀来完成。当速度转换开关置于低速时，速度电磁阀不工作，将操控杆推至前进或后退的最大位置，其液压油流入行走液压马达的最大流量为额定流量的50%。

当速度转换开关置于高速时，速度电磁阀得电工作，油路打开，将操控杆推至前进或后退的最大位置，其液压油流入行走马达的最大流量为额定流量。当需要前进时，根据工况可将速度转换开关置于高速或低速位置，左右手分别握住两个行走操控杆柄前推，此时先导阀内0.1 MPa的压力分别将常开式压力开关S9，S11接通，左右履带行走前进，继电器K9，K11得电，常开触点吸合，同时接通Y9，Y11两个行走前进换向电磁阀。液压油正向流入左右行走液压马达。左右履带板将同步逆时针旋转，挖掘机向前行走，随着两个行走操控杆继续前推，先导阀将控制增大流入行走液压马达内的油量，使其前进的速度加快。

当需要后退时，根据工况将速度转换开关置于高速或低速位置。左右手分别握住两个行走操控杆柄后拉，此时先导阀内0.1 MPa的压力分别将常开式油压开关S10，S12接通，左右履带行走后退，继电器K10，K12得电，常开触点吸合，同时接通Y10，Y12两个行走后退换向电磁阀，液压油反向流入左右行走液压马达。左右履带板将同步顺时针旋转，挖掘机向后退。随着两个行走操控杆的继续后拉，先导阀将控制增大流入行走液压马达内的油量。使后退的速度加快。左右转向控制与行走控制同理。

5. 挖掘机的合理选择

挖掘机性能参数和结构类型的正确选择将直接影响施工的进度、成本和效益。挖掘机选择的基本原则是:挖掘机的斗容量、台数、工程量和工程进度相适应;挖掘机的结构类型与土壤条件和工程特点相适应。

挖掘机斗容量的选择首先取决于工程量的大小和工程进度要求,为不同的工程量选择合理的斗容量将会使施工成本大大降低。如何正确选购液压挖掘机是由施工任务性质、规模、技术、经济、施工工程中与之相配套的设备和施工时间要求等诸多因素来决定的,是一个比较复杂的问题。选购时还需考虑较高的性能价格比、工作可靠性及驾驶舒适性。发动机、液压泵、挖掘阀及液压马达等主要总成件对机器可靠性和耐久性的保证是至关重要的,这些部件性能的好坏直接影响挖掘机整机的寿命。发动机作为挖掘机的动力源,既要求大功率、大扭矩,同时需要考虑环境保护。所以作为挖掘机的动力源一定要选用世界著名的发动机生产厂家为工程机械专门设计制造的发动机;液压泵、控制阀及液压马达等液压部件也要尽量选用世界著名的液压件厂家生产的。只有这样,组装生产出的挖掘机才能经久耐用。购入成本是用户购机时考虑的重要因素。投资回收期短、作业效率高、在同一时期获得更大利润是用户追求的最终目标。

1)工程规模

工程规模大要选用规格大的液压挖掘机,并按照总投资和配套设备等多种因素进行分析比较和科学地计算确定购置液压挖掘机的规格、型号和数量。大规模土石方工程和中大型露天矿山工程应由设计院或有关专家按照总投资和配套设备等多种因素,进行分析比较和科学计算,确定购置液压挖掘机的规格、型号和数量。一般周期性的中小工程,如道路维修、农田水利,只需选用普通型号挖掘机就可以,如应用广泛的20~25 t之间型号的挖掘机就完全可以满足要求。

2)工程配套设备

购买挖掘机时要考虑与自身现有设备的匹配性,包括挖掘机的作业效率与现有设备作业效率的匹配,主要是与之相配套的自卸载重车的吨位。在施工实践中,有一个经验公式供参考,即液压挖掘机与自卸载重车的最佳配合应为每挖装5~7斗装满自卸车。其计算公式

$$q = \frac{Q}{(5 \sim 7)r}$$

式中 q——挖掘机斗容量,m^3;

Q——自卸车载重量,t;

r—挖掘物料的容重,t/m^3。

配套如不合理,会造成时间和经济上的浪费。

3)现有资金情况

可以根据资金情况考虑分期付款、银行按揭、融资租赁等多种购买方案。如果资金没有问题,可以考虑优化自己的设备结构,购买国际知名品牌的挖掘机,从而可以提

升自身承包大型工程项目的竞争力。

4)作业工况及机动性

作业工程和施工的流动性直接影响到挖掘机行走结构和工作装置的选择。工程量大、工况较差的场合一般可选择履带式液压挖掘机。挖掘机的行走部分按行走方式一般分为履带式、轮胎式和浮船式。履带式挖掘机运用的相对较多,其特点为牵引力大、接地比压低(一般为0.04~0.15 MPa)、稳定性好,具有良好的越野性能和爬坡性能,它广泛应用于工况较差的场合。根据工况地面一般选用标准型履带式挖掘机;如若工况地面的承载能力强,且地面凹凸不平,则应该选用窄履带板型的挖掘机;如若工况地面的承载能力较差,且土质疏松,则应该选用履带加长、履带板加宽型的挖掘机;如若在沼泽地施工的话,则应该选用沼泽地专用履带板型挖掘机。但并不是履带越长、履带板越宽越好。履带板过长、过宽则磨损较快,支重轮、引导轮和驱动轮也会受到频繁的外力冲击而过早损坏;同样,履带过短、履带板过窄的机器在不适合的工况下工作也会造成过早的损坏。轮胎式和浮船式挖掘机的运用相对较少。轮胎式挖掘机的特点为传动效率高、行走速度快、机动性能好,具有良好的移动性能,一般用于工况较好且工作场所需要经常转移的场合。浮船式挖掘机一般用于河床、河道以及湖泊等淤泥沉积物的清理。

因挖掘机的工作装置部分更换比较方便,所以可以根据不同的工作场合更换相应的工作装置,以满足各种工况的需要。如清淤时整个工作装置可以选用加长臂(动臂、斗杆均加长, 容量减小),这样可增加挖掘机的挖掘范围;采矿时,工作强度大的矿山岩石挖掘需要选装加强加厚的动臂斗杆以应对恶劣的工况,保证工程的顺利完成。根据挖掘工况的不同,也可分别选择一般工况用的标准斗、松软土方用的加大斗、岩石工况用的岩石斗以及清淤用的清淤斗。另外,铲斗部分也可以更换成破碎器,用于大块岩石的破碎,小工作量破碎相比火药爆破安全了很多,操作方便而且效率很高。铲斗也可以更换成抓叉、抓斗,用于一些废旧物品的处理;更换成液压剪,用于楼房等建筑物的拆迁,对从事市政工程的单位或个人是一个很好的投资方向。其他可以安装的还有很多,比如松土器、捣碎器、切割刃、打桩机等。

5)品牌

现在生产挖掘机的厂家比较多,购买前可以对各品牌及其生产厂家进行调查,比如通过各品牌的老用户了解其使用情况,还可以通过工厂实地参观或各厂家的展示,了解一些产品在质量保证和性能等方面的信息。根据收集到的信息进行分析比较,尽量选用信誉好、销售体制健全、质量保证体系完善的品牌挖掘机。好的售后服务可以减少用户的停机时间,提高经济效益。当然,配件的供应、价格的高低都是选购设备时必须考虑的重要因素。生产厂家必须有完善的服务体系(包括全国范围的服务代理店情况、零部件供应情况、保证期内服务体制以及保证期外的维修服务工作开展情况等),以满足施工单位或个人购买设备后的保养、维修需求。如果服务不能保证的话，即使机器性能再好也不要选购，否则，将会给用户带来很多麻烦。

6）驾驶舒适性

随着社会的不断发展，科学文明的生产方式越来越受人们重视，从尊重劳动者的观点出发提高司机的工作舒适性和安全性是必要的，也是有效提高生产率的途径。驾驶室环境、操作系统的优劣，直接关系到驾驶的操作舒适性和操作安全性，并且影响着工作效率。要注意挖掘机驾驶室是否安装减振器，密封效果，座椅的调整角度及其舒适性，空调、收音机、点烟器、灭火器是否配备，是否有紧急逃生装置，特殊工况还要选配驾驶室护网和落物防护架装置（FOPS），以保证驾驶员工作的安全。

【任务实施】挖掘机电液控制系统的检修与故障诊断

1. 挖掘机电液控制系统的检修规范

1）挖掘机液压系统检修规范

液压系统是工程机械中的一个重要组成部分。液压系统由于具有体积小、重量轻、易安装、功率密度大、响应快、可控制性强、工作平稳且可实现大范围的无级调速等优点，应用日趋广泛。液压挖掘机是目前工程施工中使用较为广泛的一种工程机械，其行走、回转、举升和挖掘动作都是通过发动机把机械能转化为液压油的压力能来驱动液压油缸和马达工作而实现的。对于液压系统。虽然只是作为挖掘机复杂主系统的子系统，但是其对主系统的功能和效率产生的影响是巨大的。液压系统的失效将会直接导致主系统的失效，从而造成严重的经济损失。因此，对液压挖掘机液压系统的分析及故障诊断尤为重要。

液压挖掘机液压系统的主要故障多数是由液压油过热、进空气、污染、油泄漏造成的，对造成这些故障的原因进行分析并采取相应的预防措施很重要。

（1）油过热

①液压油过热的危害

A. 液压油黏度、液压系统工作效率均下降，严重时甚至使机械设备无法正常工作。

B. 液压系统的零件因过热而膨胀，破坏了零件原来正常的配合间隙。导致摩擦阻力增加、液压阀容易卡死，并可能加速橡胶密封件老化、变质、破坏，使液压系统严重泄漏。

C. 油液气化、水分蒸发，使液压元件产生穴蚀。

D. 油液氧化形成胶状沉积物，易堵塞滤油器，使液压系统不能正常工作。

②液压油油温过高的主要原因及解决措施

A. 由于油箱散热性能差,致使油箱内油温过高。应增大油箱容积即散热面积,并安装油冷却装置。

B. 液压油选择不当。油的质量和黏度等级不符合要求,或不同牌号的液压油混用,造成液压油黏度过低或过高。

C. 污染严重。施工现场环境恶劣,随着机器工作时间的增加,油中易混入杂质和污物。受污染的液压油进入泵、马达和阀的配合间隙中,会划伤和破坏配合表面的精度和粗糙度,使泄漏增加、油温升高。

D. 环境温度过高,并且高负荷使用的时间又长,都会使油温太高。应避免长时间连续大负荷地工作,若油温太高可使设备空载运转一段时间,待其油温降下来后再工作。

(2)进空气

①空气对挖掘机液压油污染的危害

A. 产生气穴、气蚀作用,导致金属和密封材料的破坏;产生噪声、振动和爬行现象,降低液压系统的稳定性。

B. 使液压泵的容积效率下降,能量损失增大,液压系统不能发挥应有的效能。

C. 液压油导热性变差,油温升高,引起化学变化。

②进空气的主要原因及其解决措施

A. 接头松动或油封、密封环损坏而吸入空气。液压系统应有良好的密封性,各接头应牢牢固定,并确保油箱密封完好,这样可防止外界空气进入而污染系统。

B. 吸油管路及连接系统的管路被磨穿、擦破或腐蚀而使空气进入。应合理设计液压系统结构,使管路走向布局合理化;要保持管路的清洁,减少外界腐蚀。

C. 加油时由于不注意而产生的气泡被带入油箱内并混入系统中。

(3)污染

①液压油的污染对液压系统的危害

A. 堵塞液压元件。污染物会堵塞液压元件,引起动作失灵,影响工作性能或造成事故,还可能引起滤网堵塞,并可能使滤网完全丧失过滤作用,造成液压系统的恶性循环。

B. 加速元件磨损。污染颗粒在液压缸内会刮伤缸筒内表面,加速密封件的损坏,使泄漏增大,引起推力不足或者动作不稳定、爬行、速度下降、异常噪声等故障现象,严重影响系统的稳定性和可靠性。

C. 加速油液性能的劣化。液压油中的污染颗粒长期存在,会与油液发生一些化学反应,化学反应的生成物会腐蚀元件。

②液压油被污染的主要原因及解决措施

A. 作业环境粉尘多,系统外部不清洁。液压系统长期在粉尘污染严重的场地作业时,最好2个月过滤一次油液,大概半年更换一次进油滤油器。

B. 在加油、检查油面和检修作业时，杂质被带入系统，通过被损坏的油封、密封环进入系统。

(4)泄漏

①泄漏的危害

液压系统一旦发生泄漏，将会使系统压力建立不起来。液压油泄漏还会造成环境污染，影响生产，甚至产生无法估计的严重后果。

②泄漏产生的主要原因及解决措施

A. 设计因素。由于设计中密封结构选用不合理，密封件的选用不合乎规范；另外，由于工程机械的使用环境中具有尘埃、杂质和没有选用合适的防尘密封，致使尘埃等污物进入系统破坏密封而产生泄漏。应在选用和设计密封件的时候，考虑液压油与密封材料的相容型式、负载情况、极限压力、工作速度高低、环境温度的变化等，选择合理的密封件，当在恶劣的环境下工作时，要选用合适的防尘密封。

B. 制造和装配因素。所有的液压元件及密封部件都有严格的尺寸公差、表面处理、表面光洁度及形位公差等要求。由于在制造过程中超差，使得密封件就会有变形、划伤、压死或压不实等现象发生，使其失去密封功能：液压元件在装配中的野蛮操作，过度用力将使零件产生变形，特别是用铜棒等敲打缸体、密封法兰等。这些原因都可以破坏密封而产生泄漏。应在设计和加工环节中要充分注意密封部件的设计和加工，另外要选择正确的装配方法。

C. 零部件损伤。密封件是由耐油橡胶等材料制成的，由于长时间使用发生的老化、龟裂、损伤等都会引起系统泄漏。如果零件在工作过程中受碰撞而损伤，会划伤密封元件造成泄漏。要选择合适的密封件，延长其老化时间，并注意对密封件的保护，避免其被别的部件划伤。

2)挖掘机电气系统检修规范

电气与电控系统的故障不易直接观察，寻找故障一方面靠经验，更主要的是依靠对电气控制系统和机械结构、传动机构、液压(气动)系统的了解、熟悉程度。生产商提供给用户的维修资料很少，不足以全面了解设备情况，因此要掌握维修的主动权，应做到在设备谈判、购买(安装)、调试全过程中都想着设备维修。

(1)在设备购买谈判阶段，要把必要的资料、培训要点记入合同内。

(2)购买设备时应把电气问题摆在重要位置来考虑。电气系统维修以故障定位为特点，一旦故障定位了，主要又是以调换备件为主。因为一般用户对线路板、脉冲编码器、接触开关等没有测试手段，所以备件将成为重要问题。一些易损件，一些国内无法购到的低价配件，一定要备足。其次考虑系统内不能通用的备件，不要不买备件或买价格便宜的次品。由于我国管理体制方面的原因，事后买备件，费用将是问题，而且价格较高。举升开关、接触器、按钮等强电部分元件在国内直接从相应品牌代理商处购买，一般比从生产厂家购买便宜1/3甚至更多。计算机及外设、可编程序控制器、变频器、软启动器等一定要指明选用著名厂家产品,如美国通用、日本三菱公司等这些著名品牌平均故障时间间隔达几万小时,但价格较高,一般无需备件。

(3)电气维修人员必须到安装调试现场接受培训。在现场能清楚看到元件在设备内的整体布置、线路走向、机械传动的结构、液压(气动)系统的来龙去脉,这些都是电气人员必备的知识。在现场还可随时发现并索取有用的资料。一定要预先熟悉说明书及图纸,在现场可对不太了解的东西及时发问。

(4)设备一旦发生故障,不要急于动手去拆卸部件,要冷静地分析一下故障发生的特征规律,必要时可设计一个排除步骤的流程图,要多打一些问号,如故障是开机多长时间后出现的?当时处于哪一种工作状态?机械最近调整或修理过吗?有谁调整过设定值吗?电源电压是否正常?所有的保险都处于止常状态吗?

(5)用直接观察的方法查出一些较为明显的故障,如插头插件是否松动,电缆导线是否损坏,焊点有无漏焊和焊锡短路,电阻有无烧焦变色,电容有无漏液,器件有无过烫,等等。对于时断时通的故障,可用橡皮榔头轻轻敲击怀疑部件,观察故障有无变化。对于拔插的部件可重新插入安装一次,例如可编程序控制器、软启动器、变频器这类由单片机控制的元件,这样做常常能将故障排除。

(6)有时采用部件代换这一传统也是最直接最确切的方法,对故障确认、元件性能鉴别能起到事半功倍的效果,但采用此方法的前提条件是不会对代换元件造成损伤。

(7)安装及维修中,需电焊时应格外当心,搭铁线必须牢靠地连接在施焊部位的同一金属构件上。

(8)安装时一定要将电线扎紧并固定好尤其是在抖动比较严重的部位。

(9)机械停置一段时间,开机后若某些动作无法完成,则首先检查有无鼠害印记,气温较低时更应注意。

2. PC220LC-7 型液压挖掘机液压系统控制原理与检测

1)PC220LC-7 型液压挖掘机结构特点

PC220LC-7 型液压挖掘机采用小松 SA6D102E-2 型四冲程、直列、立式、水冷、直喷式、带有涡轮增压器的柴油机,额定功率为 107 kW/2 200 r/min。其液压系统采用闭式中心负荷传感系统(CLSS),CLSS 是采用控制斜盘式变量柱塞泵斜盘角度的方法,实现恒功率控制,并且该机装配有 GPS(全球卫星定位系统)管理系统。公司管理中心可通过网络随时对机器跟踪服务,使管理人员对机械的工作状态了如指掌;对柴油机和液压系统的保养情况、故障情况及时向操作人员提出建议,并可对故障原因分析,使故障排除工作准备更充分,缩短故障排除时间。同时,可根据需求进行特定时间段或者完全的远程锁车控制,从而有效防止机械被盗和使用者的无意破坏行为。

2)液压系统工作原理

(1)组成

CLSS 由主泵(两个主泵)、操作阀和工作装置用油缸等构成。其中的主泵包括液压油泵、PC 阀、LS 阀等。

(2)功能和作用

①液压泵为双联轴向柱塞泵,根据斜盘角度的变化改变压力油的输出流量。

② LS 阀是感知负荷、对输出流量进行控制的阀,LS 阀依据主泵压力 P_p 与操作阀输出压力 P_{ls}的压差 $\Delta P_{ls}=P_p-P_{ls}$,控制主泵输出流量 Q,当 LS 阀的压差 ΔP_{ls}比 LS 阀的设定压力低时(设定压力为:2.2 MPa),油泵斜盘角度朝增大方向变化;当比设定压力高时,油泵斜盘朝减小方向变化, ΔP_{ls}的大小依据分配阀杆的行程而定。

③PC 阀的作用是适合发动机不同级别功率的设定,使泵的驱动功率不超过发动机的功率,实现恒功率控制。

④减压阀是由顺序阀、减压阀、溢流阀组成,其功能是减小主泵的输出压力,此压力可作为电磁阀、PPC 阀等的控制压力,可减少一个先导油泵。

3)工作原理

(1)泵控制器正常(见图 6.13)

①当执行元件负荷小,油泵压力 P_{p1}(左泵压力)和 P_{p2}(右泵压力)低时,在 PC-EPC 电磁阀 1 中,有从泵控制器传来的指令电流。指令电流 X 的大小,取决于作业内容(操纵操作杆)、作业方式的选择、发动机转速设定以及实际转速。指令电流 X 的大小可以改变活塞 2 的推力。活塞 2 的推力、油泵压力 P_{p1}、P_{p2}与弹簧 4,6 的预紧力组成推动滑阀 3 的全力,在平衡位置使滑阀 3 停止。位置不同,从 PC 阀输出的压力(C 孔的压力)不同。依靠伺服阀 9 的移动,连接在滑块 8 上的活塞 7 左右移动,活塞 7 向左移动时弹簧 6 被压缩。弹簧 6 被固定之后,只有弹簧 4 被压缩。油泵压力 P_{p1},P_{p2}低时,滑阀 3 处于靠左的位置,C 孔与 D 孔相通由于 PC 阀的 C 孔与 LS 阀的 E 孔相连接,大径活塞一侧经 J→G→E→D 孔与油箱相通,因此,伺服活塞 9 向右移动,泵的流量增大。随着伺服活塞 9 的移动,连接在滑块 8 上的活塞 7 向右移动,弹簧 4 和 6 伸长,弹簧力变弱,滑阀 3 向右移动,C 孔与 D 孔的连接被切断。与泵的输出压力油相通的 B 孔与 C 孔接通,导致 C 孔压力上升,大径活塞一侧的压力上升,伺服活塞 9 向右移动停止,即伺服活塞的停止位置(泵的排量)取决于滑阀 3 的平衡位置。

②当负荷变大,泵输出压力高时,滑阀 3 向右移动,与泵的输出压力油相通的 B 孔与 C 孔接通,C 孔流出的压力油经 LS 阀进入大径活塞一侧,伺服活塞 9 向左移动,泵的流量变小。随着伺服活塞 9 的移动,弹簧 4,6 被压缩,弹簧力增大,滑阀 3 向左移动,C 孔与 D 孔接通,导致 C 孔的压力(等于大径活塞一侧的压力)下降,伺服活塞向左移动停止。因为弹簧 4 与 6 是两段弹簧,泵的平均输出压力与伺服活塞 9 的位置(泵的排量)关系形成折线如图 6.14 所示。

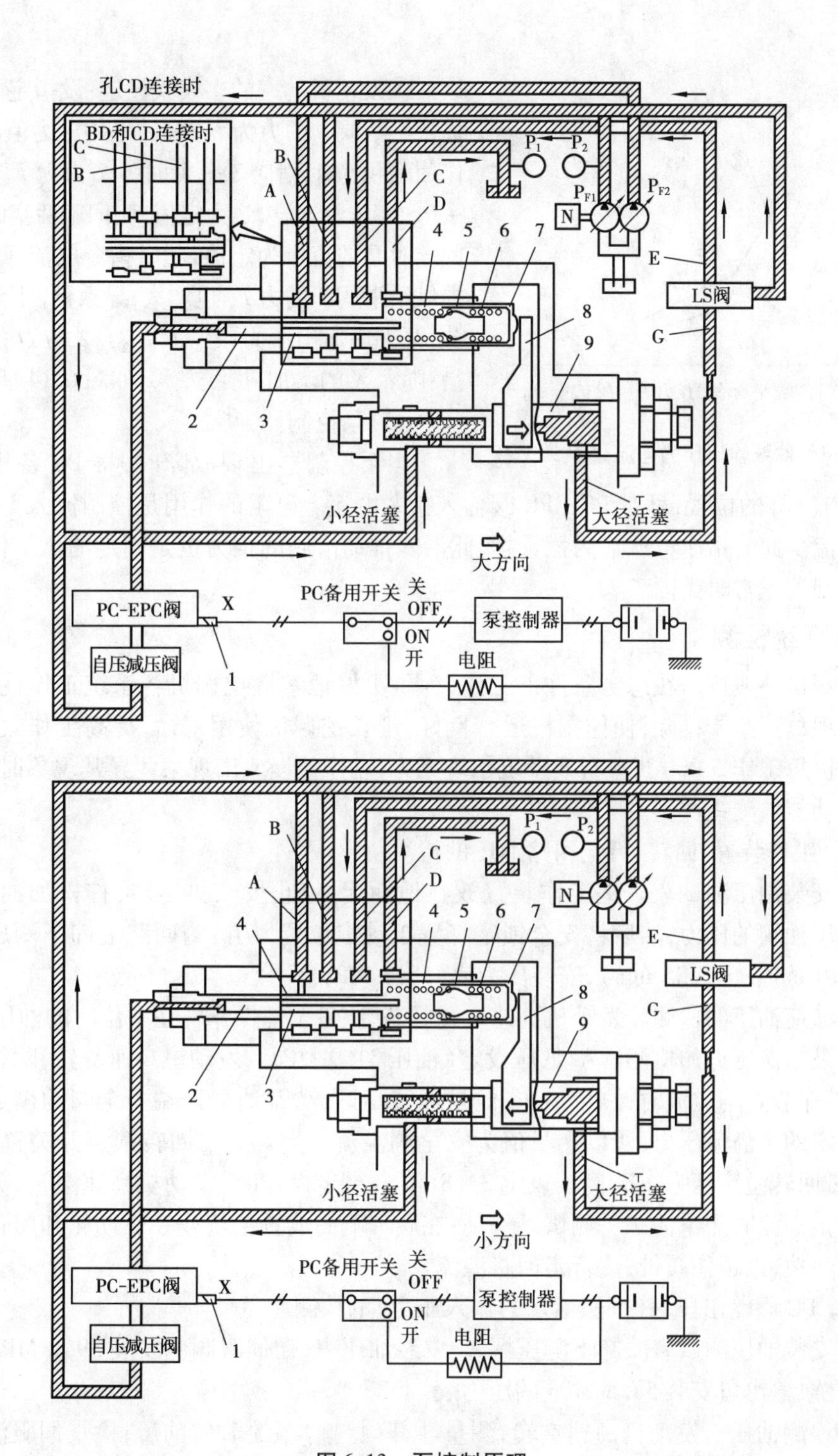

图6.13 泵控制原理

1—PC-EPC电磁阀;2—活塞;3—滑阀;4,6—弹簧;5—阀座;7—活塞;
8—滑块;9—伺服活塞;A,B,C,D,E,F,G,J—油孔

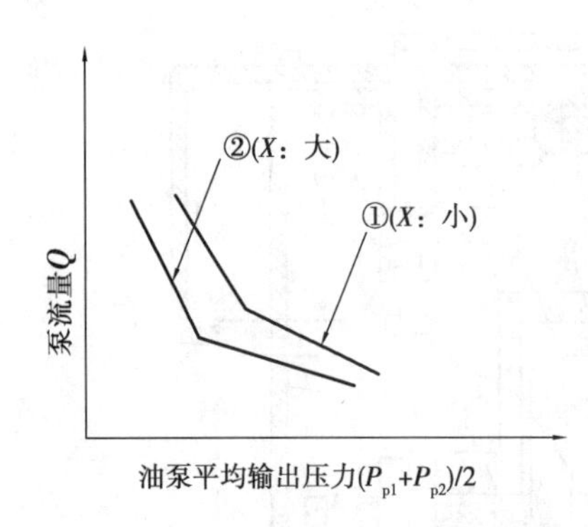

图6.14　油泵输出压力与流量 Q 的关系

③发动机功率的多模式设定：设指定电流 X 提供给滑阀3的力为 F_s，泵的平均压力值为 P_D，作用面积为 A，滑阀3平衡时弹簧力为 F_1，则 $F_s + P_D \times A = F_1$。设 F_1 为定值，侧伺服活塞的位置固定时泵的流量为定值，此时指令电流 X 增大，提供给滑阀3的力 F_s 也增大，导致 P_D 下降。因此，泵平均输出压力$(P_{p1} + P_{p2})/2$ 与 Q 的关系是：随着 X 的增加，折线左移，如图6.14所示。

(2)泵控制器异常

当泵控制器出现故障时，将PC备用开关置于ON(开)的位置，可对PC-EPC阀输入指令电流。电阻的作用是控制流入PC-EPC阀的电流。此时指令电流成为恒量，因此活塞推动滑阀的推力也是固定的。工作过程与泵控制器正常时类同。

4)系统检测

挖掘机一般都是在恶劣条件下工作，为了更好地掌握挖掘机各系统工作性能，及时地发现故障给予排除，使挖掘机运行良好，延长挖掘机使用寿命，提高工作效益，一般挖掘机每工作5 000 h左右或系统出现无力、动作偏慢或出现某些异常现象时，应对挖掘机功能检测一次。

(1)工作装置、回转、行走回路油压的检测

①安装油压测试表。把工作装置放在地面上，停止发动机运转，拧松加油口盖。释放液压油箱的压力，然后将安全锁定杆置于锁定位置，从被测回路上卸下测压螺塞(直径10 mm、P=1.25 mm)，安装压力表(58.8 MPa)。

②卸荷油压的检测。发动机高速空转状态，测量全部操作杆在中位时的油压。

③泵溢流压力的检测。A.低压设定(油压31.9 MPa)，发动机高速空转，除行走以外，各工作装置均溢流时，测量油压；但是回转马达、动臂油缸顶端安全阀的设定压力低于设定的主溢流压力，所以测量值为安全阀溢流压力。要在回转锁定开关置于NO时，测量回转溢流压力。B.高压设定34.8 MPa、行走操作时，发动机高速空转，分别让每侧行走溢流时测量油压。测试条件是：在履带下面放置垫块或在驱动轮和履带架之间放置垫块，以锁住履带，使行走回路溢流。

(2)PC阀输出压力(伺服活塞的输入压力)的检测

①安装油压测试表。卸下测压螺塞，安装油压表；在伺服阀侧安装39.2 MPa的压力表，在泵输出口安装58.8 MPa的压力表。

②检测油压。发动机高速空转，测量斗杆(挖掘)溢流时的油压；检查伺服活塞输入压力是否约为泵输出压力的1/2；若LS阀或伺服活塞发生异常情况时，则伺服活塞输入压力将与泵输出压力相同或为零。

③LS阀输出压力和LS阀压差的检测。卸下测压螺塞，安装油压表，在伺服阀侧

安装39.2 MPa的压力表，在泵输出口侧安装58.8 MPa的压力表，单侧行走空转时的油压：A.用工作装置支起一侧履带总成。B.发动机高速空转，按表6.1测量泵输出压力和伺服活塞输入压力。C.测量前泵和测量后泵的油压。

表6.1　泵输出压力和伺服活塞输入压力的测量

行走操作杆	油泵压力/MPa	伺服活塞输入压力/MPa	备　注
中位	3.7±0.7	3.7±0.7	压力大致相同
半行程	6.9±1.0	3.4±1.0	约为油泵压力的1/2

④LS阀压差的检测。

A.用压力差计检测，卸下测压螺塞，在软管上安装接头，将压差计安装在前泵和后泵的回路上，压差计的高压侧与油泵输出口相连，低压侧与操作阀的输出口相连，按表6.2条件测定LS阀的压差。

B.卸下测压螺塞，在软管上安装接头，在油泵输出压力的测压螺塞处安装压力表，按表6.2的条件测量操作阀输出压力 P_{ls}，LS的压差 = 油泵输出压力 − P_{ls}。

表6.2　LS阀的压差测定

发动机油门操纵杆	操　作	压差/MPa
高速空转	操作杆在中位	2.9±1.0
	行走空转(操纵杆半行程操作)	2.2±0.1

5)先导控制油路油压的检测

将工作装置降至地面，发动机熄火，慢慢地松开液压油箱盖，释放其内的压力，然后将安全锁定杆置于锁定位置，卸下测压螺塞，安装压力表，启动发动机，在发动机高速空转状态下测量回路的油压（设定压力为3.2 MPa）。

6)电磁阀输出压力的检测

拆下电磁阀出口软管，在软管上安装接头，在电磁阀输出压力的测压螺塞处安装压力表，按表6.3测量电磁阀的输出压力。

表6.3　电磁阀输出压力测定

电磁阀名称		测定条件	操作状态	电磁阀状态	压力/MPa	备　注
1	PPC液压锁	安全锁定杆“打开”侧	PPC阀回路有压力	ON	2.7以上	—
		安全锁定杆“锁定”侧	PPC阀回路无压力	OFF	0	
2	回转停车制动	操作回转或工作装置操纵杆	制动器解除	ON	2.7以上	—
		除行走外所有操纵杆都在中位	制动器工作	OFF	0	

续表

电磁阀名称		测定条件	操作状态	电磁阀状态	压力/MPa	备　注
3	行走速度(可选)	行走速度切换开关 Hi	行走速度 Hi	ON	2.7 以上	马达斜盘角度最小
		行走速度切换开并 Ho	行走速度 Ho	OFF	0	马达斜盘角度最大
4	二次溢流	操作行走操纵杆	升压	ON	2.7 以上	—

7)PPC 阀输出压力的检测

拆下要测的软管并安装压力表,发动机高速空转,操纵要检测回路的操纵杆,测量 PPC 阀输出压力(不小于 2.7 MPa)。

8)工作装置自然下降部位的检测

若工作装置(油缸)有自然下降的情况,则按下述方法检查,并判断其原因是否油缸密封圈损坏还是主阀中有内泄漏。

(1)检查油缸密封。①检查动臂油缸和铲斗油缸,测量自然下降量;将动臂操纵杆操作到提升位置,将铲斗操纵杆操作到铲斗抬起位置,若下降速度增大,则是油缸密封不良。如没有变化,则是动臂保持阀(动臂)或主阀(控制铲斗)有故障;②检查斗杆油缸,斗杆油缸全部缩回,然后发动机熄火,将操纵杆操作到斗杆挖掘位置。若下降速度增大,则是油缸密封不良;如没有变化,则是主阀损坏(若蓄能器内的压力已没有,则运转发动机约 10 s,再给蓄能器充压后进行)。

(2)动臂保持阀的检查。将工作装置调至最大半径,且动臂顶部水平,然后发动机熄火,锁定安全锁定杆,释放液压油箱内的压力;拆下动臂保持阀的先导软管,若敞开油口漏油,则可判断是动臂保持阀有故障。

(3)检查 PPC 阀。发动机运转,安全锁定操纵杆在锁定位置或松开时,若自然下降不相同,则是 PPC 阀的故障。

3.典型挖掘机电液控制系统的综合故障诊断与检修

1)DH280 型挖掘机电子功率优化系统应用及故障诊断

韩国大宇公司在 DH280 型挖掘机上采用了 EPOS(Electronic Power Optimizing System)——电子功率优化系统对发动机和液压泵进行功率匹配优化控制。该系统根据发动机负荷的变化,自动调节液压泵所吸收的功率,使发动机转速始终保持在额定转速附近,即发动机始终以全功率运转,这样既充分利用了发动机的功率、同时也提高了挖掘机的作业效率,又防止了发动机因过载而熄火。

(1)发动机与变量泵的匹配

液压油泵的最大输入功率与发动机的最大输出功率的匹配问题是液压挖掘机设计过程中的一个重要内容。一般要求挖掘机液压泵的总设定最大输入功率应小于发动机的最大输出功率,以防止发动机过载。液压泵这种设计方法使作业中的挖掘机功率得不到充分发挥,影响了挖掘机的作业效率。在液压挖掘机系统中,发动机和液压泵的匹配曲线如图 6.15 所示,起始环节的能量损失主要是发动机功率与液压泵的输入功率不匹配,使发动机的功率得不到充分的利用而造成的能量损失。

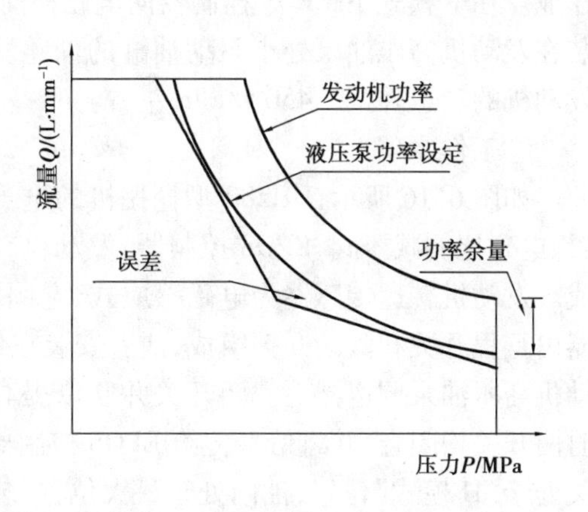

图 6.15 液压泵和发动机的匹配曲线

电子功率优化系统的采用克服了传统液压挖掘机设计上的缺点,所设定的液压泵总输入功率大于发动机的最大输出功率。在挖掘机的作业过程中,EPOS 控制器不断检测发动机的转速,并与设定的额定转速进行比较,两者有误差时便发出控制信号,使液压泵的排量增大或减少,使发动机始终工作在额定转速附近,从而充分利用了液压挖掘机的发动机功率。

为了适合液压挖掘机的复杂工作状况,充分利用发动机的功率,可以使操作者根据作业工况的不同,选择适合的作业模式,使发动机输出最合理的动力。现代液压挖掘机大多采用微机进行节能控制,配备了工作模式控制系统,将发动机设为多挡功率模式,典型的分为 3 挡:全功率模式(100% 全功率)、经济模式(约 85% 全功率)、轻载模式(约 70% 全功率)。

(2)电子功率优化系统

①工作模式

DH280 型挖掘机同样有 3 种作业模式可供选择,模式的选择可以通过模式选择开关实现。下面对 3 种模式进行介绍。

A. 全功率模式(H 模式)

全功率模式指发动机油门处于最大供油位置,发动机以全功率投入工作。在这种工作模式下,电磁比例减压阀中的电流在 0 ~ 470 mA 之间变化。

B. 标准作业模式(S 模式)

EPOS 控制器向电磁比例减压阀提供恒定的 470 mA 电流,液压泵输入功率的总和约为发动机最大功率的 85%。当选择 H 模式而油门未处于最大供油位置时,控制器将自动地使挖掘机处于 S 模式,并且与转速传感器所测得的转速值无关。

C. 轻载作业模式(F 模式)

液压泵输入总功率约为发动机最大功率的 60%，适合于 DH280 型挖掘机的平整作业。在 F 模式下 EPOS 控制器向电磁换向阀提供电流，换向阀的换向动作接通了安装在发动机高压油泵处小驱动油缸的油路。于是活塞杆伸出，将发动机油门关小，使发动机的转速降至 1 450 r/min 左右。

②工作原理

如图 6.16 所示，DH280 型挖掘机的电子功率优化系统由柱塞泵斜盘倾角调节装置、电磁比例减压阀、EPOS 控制器、发动机转速传感器及发动机油门位置传感器等组成。发动机转速传感器为电磁感应式，它固定在飞轮壳的上方，发动机油门位置传感器由行程开关和微动开关组成，前者安装在驾驶室内，与油门拉杆相连；后者安装在发动机高压油泵调速器上。两开关并联以提高工作可靠性。发动机油门处于最大位置时两开关均闭合，并将信号传给 EPOS 控制器。整个控制过程如下：当工作模式选择开关处于"H 模式"位置，油门处于最大位置，装有微电脑的 EPOS 控制器的端子 8(见图 6.17)上有电压信号时，EPOS 控制器便不断地通过转速传感器检测发动机的实际转速，并与控制器内所设定的发动机额定转速值相比较。实际转速若低于设定的额定转速，EPOS 控制器便增大驱动电磁比例减压阀的电流，使其输出压力增大，继而通过油泵斜盘角度调节装置减少斜盘角度，降低液压泵的排量。上述过程重复进行直到实测发动机转速与设定的额定转速相符为止。如果实测的发动机转速高于额定转速，EPOS 控制器便减小驱动电流，于是泵的排量增大，最终使发动机也工作在额定转速附近。

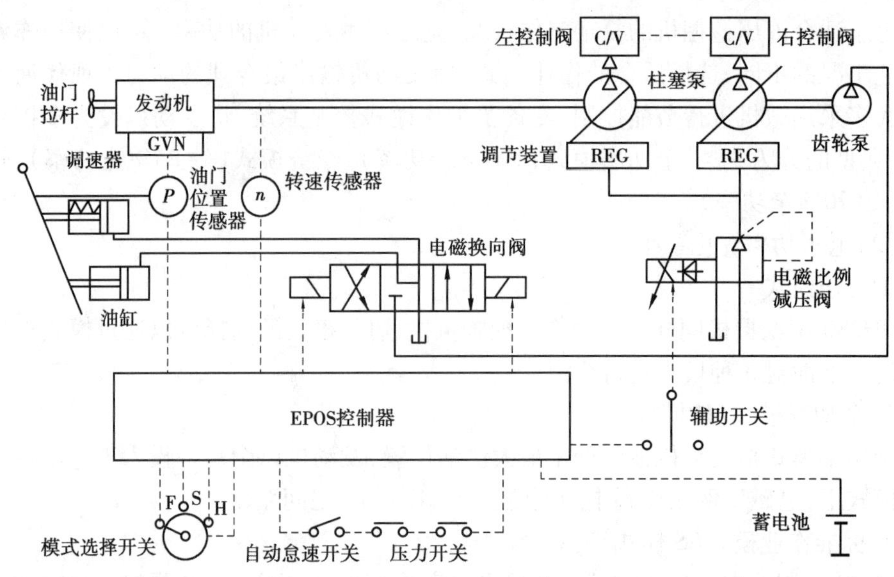

图 6.16　DH280 型挖掘机 EPOS 系统

EPOS 控制系统还配备有一辅助模式开关，当 EPOS 控制器失效时，可将此开关扳

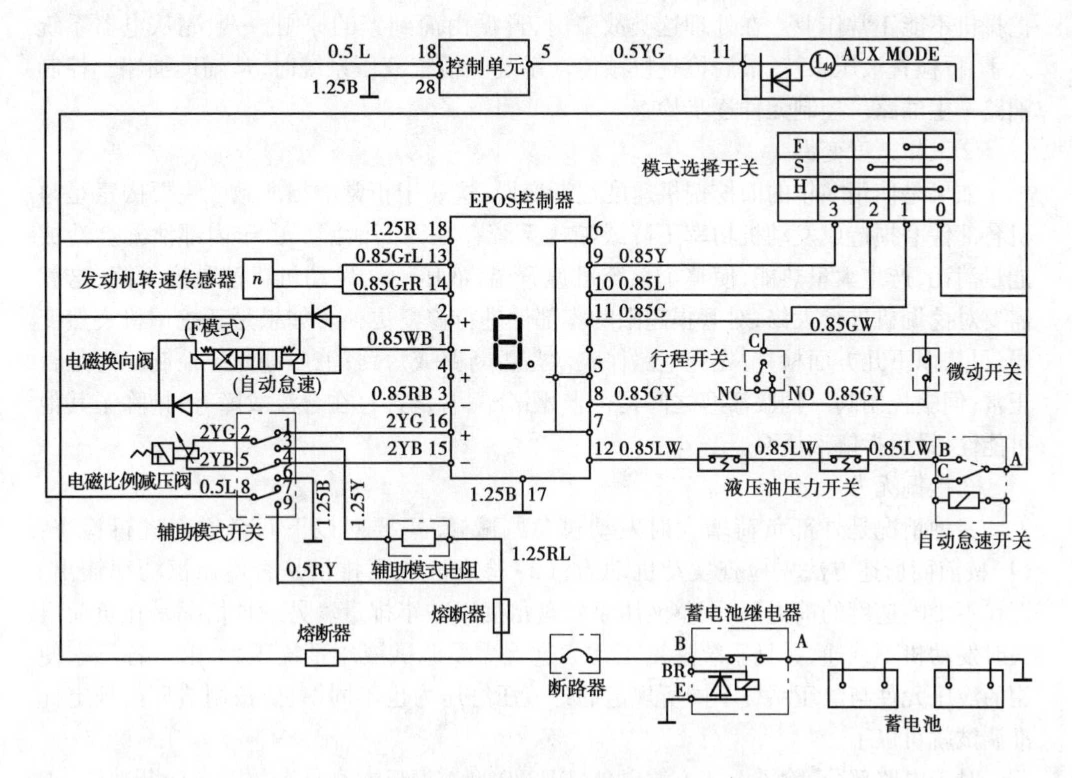

图6.17 EPOS系统电路图

向另一位置,通过辅助模式电阻向电磁比例减压阀提供恒定的470 mA电流,使挖掘机处于S模式继续工作,此时仪表盘上的辅助模式指示灯常亮。

(3)故障诊断

DH280型挖掘机采用了典型的机电液一体化控制模式,发动机—液压泵—分配阀—外部负荷的匹配问题是DH280型挖掘机的主要常见故障。一般在挖掘机作业中,如果这几方面不能正确匹配,经常会表现为:发动机转速下降,工作速度变慢,挖掘无力等。

①发动机转速下降

首先要测试发动机的输出功率,如果发动机输出功率大大低于额定功率,首先检查燃油滤芯是否堵塞,燃油路中是否有泄漏的地方,燃油泵中的柱塞、喷油器、出油阀是否严重磨损,空气滤芯进气是否通畅,发动机机油是否黏度下降,造成缸壁封闭不严而使压缩比下降,发动机缸套组件是否磨损造成缸内严重窜气,气门封闭是否不严等。这些都是严重影响发动机功率的因素。如果排除了发动机本身输出动力不足的因素外,就要考虑液压泵的流量和发动机的输出功率的匹配问题。

液压挖掘机在施工作业中,根据作业的负载要求,速度与负载(流量与压力)成反比,泵的输出功率恒定或近似恒定。如果液压泵控制系统出现故障,就不能很好地实现发动机—液压泵—分配阀—外部负荷在不同工况区域之间的优化匹配状态,从而使挖掘机不能正常作业。在处理这类故障时,遵循由简到繁的原则,一般先从电器系统入手,再检查液压系统,最后检查机械传动系统。检查液压系统时,从辅助油路—控制油路—主油路—控制元件逐步检查。

②工作速度变慢

如果是使用多年的旧挖掘机速度逐渐变慢,这属于正常磨损所致。主要因素是整机各部件磨损造成发动机功率下降或液压系统存在内部泄漏。由于内部泄漏会造成能量消耗,产生大量热能,使整个系统迅速升温,液压油及发动机机油黏度下降,这就需要对挖掘机进行大修,对磨损超限的零部件进行修复更换。如果是新挖掘机突然变慢,可从以下几方面检查:先查电路保险丝是否断路或短路;液压油先导控制压力是否正常;伺服控制阀—伺服活塞之间是否卡死;分配器是否存在合流故障等;排除了其他可能性,最后拆解液压泵。

③挖掘无力

一种情况是外部负荷增大时发动机急剧减速,需要对以下两个方面进行检查:(1)按前面所述方法先检查发动机动力;(2)检查液压泵排量是否遵循恒功率输出。即在不影响速度的前提下,调整液压泵斜盘角度以减小排量。另一种情况是在负荷增大时发动机不减速,并且系统速度正常。这就需要调试液压系统压力,由于各厂家使用的液压元件与液压系统不同所规定的各液压缸压力也不同,只要按制造厂商规定标准调试就可以了。

对于电路部分,除了上述方法以外,DH280 型挖掘机本身具有故障自诊断功能,工作过程中,控制器能不断地检测和判断各主要组成元件工作是否正常。一旦发现异常,控制器通常以故障码的形式向驾驶员指出故障部位,从而可以方便准确地查出可能的故障。EPOS 控制器所显示的英文字母及其意义如表 6.4 所示。

表 6.4 EPOS 控制系统故障自诊表

显示的字母	故障位置	产生故障的原因
U	发动机转速传感器	在 H 模式,转速传感器没有信号输出
P	油门行程开关	在 H 模式,行程开关处于断开状态
O	模式选择开关	模式开关未接通
E	电磁比例减压阀	EPOS 控制器与电磁比例减压阀之间搭铁
L	F 模式电磁换向阀	F 模式电磁换向阀断路或搭铁
P	自动怠速电磁换向阀	自动怠速电磁换向阀断路或搭铁
S	电源	EPOS 控制器无电源

2)小松 PC200-5 型挖掘机电子油门控制系统故障检测与诊断

小松 PC200-5 型液压挖掘机是由日本小松制作所生产的斗容量为 0.8 m^3 反铲挖掘机,在当今国内外施工行业获得了广泛的用途。虽然液压挖掘机具有作业灵活方便、适应范围广等优点;但是挖掘机属于重载冲击作业的工程机械,由于作业工况复杂、作业过程中负荷变化频繁、变化范围大,因而存在不少环节的能量损失。液压挖掘机能量的平均总利用率仅为 20% 左右,巨大的能量损失使节能技术成为衡量挖掘机先进性的重要标志。在液压挖掘机领域,节能控制的目的不仅仅是提高燃油利用率,更重要的意义在于能够取得一系列降低使用成本的效果。在小松 PC200-5 型挖掘机上采用电子油门控制系统以后,可以显著地提高发动机功率的利用率,减少排放,降低了发动机和液压元件的工作强度,提高了设备的使用性能和可靠性。

(1)电子油门控制系统工作原理

小松 PC200-5 型挖掘机电子油门控制系统电路如图 6.18 所示,该系统由油门控制器、调速器马达、燃油控制盘、监控仪表板、蓄电池继电器等主要元件组成。系统功能主要有 3 个即发动机转速控制、自动升温控制和发动机停车控制。

①发动机转速控制

发动机的转速通过燃油控制盘来选定。燃油控制盘与电位器相连,电位器的电源通过油门控制器的端子 7 和 8 提供,将燃油控制盘旋至不同的位置,电位器便输出不同的电压,该电压代表选定的发动机转速大小。在发动机转速控制过程中,控制器根据所测得的燃油控制盘电位器的输出电压大小,驱动调速电机使其正转或反转,直到电机转角电位器所反馈的发动机转速大小与燃油控制盘的位置相符为止。

②自动升温控制

发动机启动之后,监控仪表盘中的微电脑通过热敏电阻式温度传感器不断监测发动机冷却水温度。如果冷却水的温度低于 30 ℃并且燃油控制盘所选定的发动机转速低于 1 200 r/min,监控仪表盘中的电脑便向发动机油门控制器电脑发出一个升温信号,油门控制器电脑收到此信号后,便驱动调速器电机使发动机转速上升至 1 200 r/min,以便缩短发动机的暖机时间。

③发动机停车控制

油门控制器的端子 2 与启动开关的 BR 端子相连,用于检测启动开关的位置。当检测到启动开关转至切断位置,即油门控制器的端子 2 上没有电压信号时,油门控制器输出电流,驱动蓄电池继电器,使其触点保持闭合,以保持主电路继续接通。同时,控制器驱动调速器电机,将喷油泵的供油拉杆拉向停止供油位置,从而使发动机熄火。供油拉杆处于停止供油位置之后,控制器延时 2.5 s,然后使蓄电池继电器断电,切断主电路。

(2)电子油门控制系统故障检测方法

①一般原则

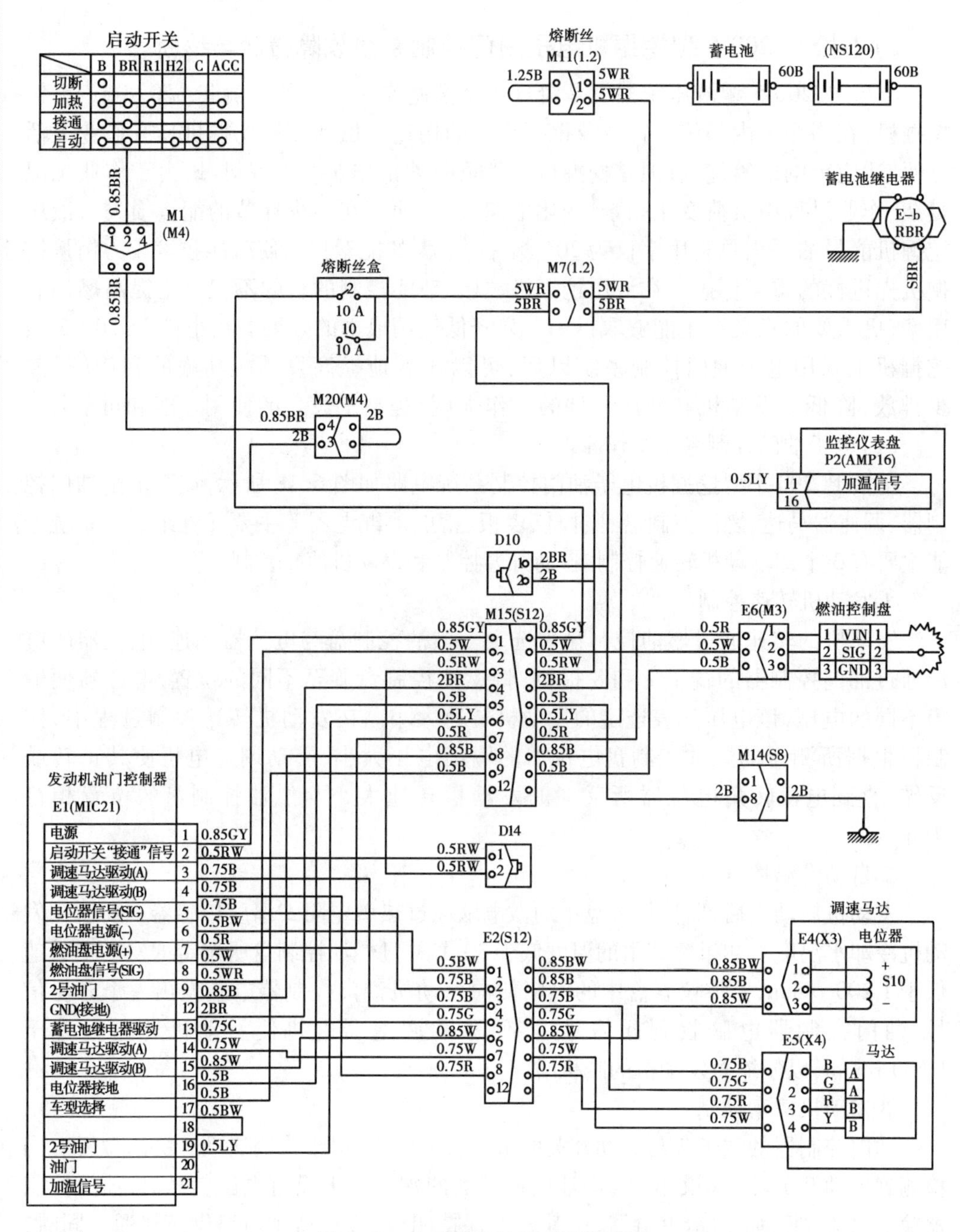

图 6.18　电子油门控制系统电路图

PC200-5 型挖掘机随着使用时间的增长，电子油门控制系统的故障就会不断显露出来，主要表现为电器元件、印制电路板、电线电缆、接插件等的不正常状态甚至损坏。由于 PC200-5 型挖掘机是集机械、液压、电气为一体的工程机械，其故障的发生也往往会由这三者综合反映出来。维修人员首先应由外向内逐一进行排查。尽量避免随意地启封、拆卸,否则会扩大故障,使挖掘机丧失精度、降低性能。一般来说,机械故障较易发觉,而控制系统及电气故障的诊断难度较大,所以应首先排除机械故障。然后在挖掘机断电的静止状态下,通过了解、观察、测试、分析,确认通电后不会造成故障扩大、发生事故后,方可启动挖掘机。在运行状态下,进行动态的观察、检验和测试,查找故障。而对通电后会发生破坏性故障的情况,必须先排除危险后,方可通电。当出现多种故障互相交织,一时无从下手时,应先解决容易的问题,然后解决难度较大的问题。往往简单问题解决后,难度大的问题也可能变得容易。

在PC200-5型挖掘机的电子油门控制系统故障检测与诊断方法中,可以采用两种方法。一种方法是通过控制器本身的自诊断系统来诊断相应的故障。另一种是对电子油门控制系统的各个电器元件的有效电阻和电压进行直接测量,然后根据相应的检测值进行故障诊断。

②自诊断法

PC200-5型液压挖掘机的电子油门控制系统本身具有较强的自诊断功能,在电子油门控制器上装有三只发光二极管。通过发光二极管的亮与灭的组合来显示整个控制系统工作是否正常。发光二极管的显示状态与故障诊断情况如表6.5所示。

表6.5 灯光显示与故障位置及原因

序号	发光二极管	故障位置及原因
1	红 绿 红 ○ ○ ○ 断 断 断	电源系统或控制系统
2	红 绿 红 ● ○ ● 通 断 通	调速电机部分短路
3	红 绿 红 ● ○ ○ 通 断 断	蓄电池继电器短路
4	红 绿 红 ○ ○ ● 断 断 通	调速电机断路
5	红 绿 红 ● ● ○ 通 通 断	调速电机电位器异常或电机失调
6	红 绿 红 ● ● ● 通 通 通	燃油控制盘异常

注:表中●表示发光二极管亮;表中○表示发光二极管灭。

③直接检测诊断法

对发动机油门控制按钮、调速器电机、发动机油门控制器的相关电器接头或引脚进行测试，在正常状态下，相应的电阻或电压值如表6.6所示。

表6.6　发动机油门控制系统检测表

<table>
<tr><th colspan="2">检测元件</th><th>接线盒</th><th>有效电阻或电压</th><th>说　明</th></tr>
<tr><td colspan="2">油门控制按钮</td><td>E6
（针脚式）</td><td>1—2 和2—3 间电阻为0.25～7 kΩ
1—3 间电阻为4～6 kΩ</td><td rowspan="3">1.断开启动开关
2.拆开插头</td></tr>
<tr><td rowspan="2">调速器电机</td><td>电位器</td><td>E4
（针脚式）</td><td>1—2 和2—3 间电阻为0.25～7 Ω
1—3 间电阻为4～6 Ω</td></tr>
<tr><td>电机</td><td>E5
（针脚式）</td><td>1—2 和3—4 间电阻为4～9 Ω
1—3 和1—底盘、3—底盘间断开</td></tr>
<tr><td rowspan="8">发动机油门控制器</td><td>电源电压</td><td rowspan="8">E1</td><td>1—12 电压为20～30 V
2—12 间电压为20～30 V</td><td rowspan="8">1.接通启动开关
2.插入三通接头</td></tr>
<tr><td>油门控制器按钮</td><td>7—18 间电压为4.75～5.25 V(电源)
8—18 间电压为4.0～4.75 V(低怠速)
8—18 间电压为0.25～1.0 V(最高转速)</td></tr>
<tr><td>调速器电位器</td><td>5—16 间电压为2.6～3.0 V(低怠速)
5—16 间电压为0.5～0.9 V(最高转速)
6—16 间电压为4.75～5.25 V</td></tr>
<tr><td>第2号油门信号</td><td>9—19 间电压为0.25～4.75 V</td></tr>
<tr><td>预热信号</td><td>21—12 间电压为1 V(预热)
21—12 间电压为8～12 V(取消预热)</td></tr>
<tr><td>自动减速信号</td><td>11—12 间电压为1 V(减速)
11—12 间电压为1 V(取消减速)</td></tr>
<tr><td>调速器电机</td><td>3—14 和4—15 间电压为2.8～3.6 V</td></tr>
<tr><td>蓄电池继电器</td><td>13—12 电压为20～30 V(仅在启动开关接通→断开后2.5 s 内为这种状态，其他时间为0 V)</td></tr>
</table>

如果在检测过程中发现电阻或电压值出现异常状况，可以根据表6.7进行故障诊断。

表6.7 故障诊断表

故障现象	故障原因
1. 电源系统或控制器异常	(1)发动机油门控制器有故障; (2)启动开关有故障; (3)蓄电池继电器有故障; (4)相关线路短路、接触不良或断路
2. 调速器电机内部短路	(1)发动机油门控制器有故障; (2)调速器电机有故障; (3)相关线路短路
3. 蓄电池继电器异常	(1)蓄电池继电器有故障; (2)相关线束与其他线束接触
4. 调速器电机线路断路	(1)发动机油门控制器有故障; (2)调速器电机有故障; (3)相关线路短路
5. 调速器电位器异常	(1)发动机油门控制器有故障; (2)油门操纵旋钮有故障; (3)调速器电机有故障; (4)相关线路接地,与其他线束接触
6. 油门操纵旋钮异常	(1)发动机油门控制器有故障; (2)油门操纵旋钮有故障; (3)相关线路短路,与地接触
7. 第2号油门信号不正常	(1)发动机油门控制器有故障; (2)液压泵控制器有故障; (3)相关线路短路、断路、接地
8. 发动机不启动	(1)启动电机有故障; (2)蓄电池继电器有故障; (3)启动开关(端子B—C之间)有故障; (4)启动开关(端子B—BR之间)有故障; (5)蓄电池电容量太低; (6)相关线路接触不良、断路
9. 发动机运转不稳定	(1)调速器电机与喷油泵之间的连杆调整不当; (2)喷油泵有故障; (3)调速器电机有故障; (4)启动开关有故障; (5)相关线路接触不良、短路、接地或与其他线束接触

续表

故障现象	故障原因
10. 发动机最高转速太低	(1)喷油泵有故障; (2)调速器电机有故障; (3)连杆调整不当; (4)相关线路接触不良、短路、接地或与其他线束接触; (5)启动开关有故障
11. 发动机不熄火	(1)喷油泵有故障; (2)调速器连杆调整不当; (3)调速器电机有故障; (4)发动机油门控制器有故障; (5)启动开关有故障; (6)相关线路接触不良或与其他线束接触
12. 不能自动升温	(1)发动机油门控制器有故障; (2)连杆调整不当; (3)相关线路断路、接地

【知识拓展】液压挖掘机的节能控制技术未来发展趋势

在液压挖掘机领域,节能控制的目的不仅仅是提高燃油利用率,更重要的意义在于能够取得一系列降低使用成本的效果。资料显示,工程机械将近40%的故障来自液压系统,约15%的故障来自发动机。采用节能技术后,可以提高发动机功率的利用率,减少液压系统功率损失,使动力系统与负载所需功率更好地匹配,降低了发动机和液压元件的工作强度,提高了设备在使用中的可靠性。

从国内外发展状况来看,液压挖掘机的节能控制有以下发展趋势:

(1)进一步改进阀控节能控制

在采用六通多路阀的液压系统中,仍然有许多可以改进的地方,如操纵性、节能性等,至今国外各挖掘机生产厂仍在研究。

(2)多功能组合

为提高挖掘机性能,各种节能措施的结合将更加广泛。在以往的系统中,液压泵上已经集成有多种功能,但由于各种条件的限制,一般不超过3种。如液压泵中,就集成有压力切断、正流量控制和功率限制功能,目前市场上比较流行的各种液压泵原理图中,也都集成有多种功能。随着液压技术的发展,有可能在泵上集成更多的功能。

(3)可变参数控制

为使挖掘机更好地适应各种工况下的负载要求,动力系统内部一些控制元件的设定参数将不再是固定值,而是能随着挖掘机具体工作状况而改变。例如,在日立建机生产的EX系列挖掘机上,负荷传感阀上的压力补偿器设定压差就能随工作状况而改变,增强了挖掘机工作时的适应性。可以预测,在将来的挖掘机动力系统中,将会有更多的控制参数可以调节,从而使挖掘机工作效率更高、操纵更容易。

(4)泵—发动机匹配控制将进一步"智能化"

借助计算机控制技术,泵与发动机的匹配控制将进一步实现"智能化",两者之间的结合将更密切,实现一体化控制。在这种控制中,控制器能根据工作状况的变化,自动对液压泵和发动机进行调整,在保证输出功率满足工作需要的同时,使燃油消耗量最低。

(5)电液比例控制智能化

电液比例控制在20世纪80年代初就开始应用于工程机械,到目前已经在液压挖掘机上得到了大量应用。电液比例技术用于工程机械,可以省去复杂、庞大的液压信号传递管路,用电信号传递液压参数,不但能加快系统响应,而且使整个挖掘机动力系统控制更方便、灵活。进入20世纪90年代后,随着计算机技术的发展,电液比例控制更进一步"智能化",电液比例泵和比例阀的应用日益增多,从而出现了"智能化液压挖掘机"。这种智能化主要体现在以下几个方面。首先,计算机能够自动监测液压系统和柴油机的运行参数,如压力、柴油机转速等,并能根据这些参数自动控制整个挖掘机动力系统运行在高效节能状态。其次,能够完成一些半自动操作,如平地、斜坡的修整等,对司机的熟练程度要求降低,但工作质量却能够得到大幅度提高。第三,能够根据监测到的运行参数进行故障诊断,便于挖掘机的维护。这些功能的出现,使挖掘机性能得以大幅度提高。

(6)柴油机电喷控制

在传统的机械调速柴油机上,喷油泵的循环供油量、喷油提前角等都受到转速影响,使柴油机性能难以进一步提高。在柴油机上应用电喷控制后,可以使泵的循环供油量和喷油提前角不再受转速的影响,从而使挖掘机能一直工作在最佳状态,且加快了响应速度。开发柴油机电喷控制器是提高挖掘机节能性的一个重要环节。

(7)负荷传感控制将继续发展

负荷传感控制从20世纪70年代开始兴起,各工程机械液压件生产厂商纷纷推出了一系列有关产品。这种系统具有良好的节能性和操纵性,即使不熟练的司机也能很快适应。比例流量分配阀的出现进一步推动了负荷传感技术在挖掘机上的应用,使挖掘机操纵性进一步提高,解决了西方国家由于熟练司机的缺乏而带来的问题。因此,负荷传感控制挖掘机在发达国家的需求将会进一步上升。

(8)六通多路阀继续存在

尽管采用四通阀的负荷传感系统能提供精确操作,但并非所有场合都需要精确操作,而且熟练司机也能用非负荷传感系统挖掘机完成精确操作。更重要的是,负荷传感系统价格较高,限制了它在发展中国家的应用。目前,世界上许多著名的挖掘机生产厂商,其产品中既有使用四通阀的负荷传感控制挖掘机,也有使用六通阀液压系统如正流量、负流量控制的挖掘机。成熟的制造技术和低廉的价格将会使六通多路阀继续发挥作用。

(9)现场总线技术和嵌入式系统将大量应用

随着液压挖掘机"智能化"程度的提高,各种传感器、控制器将遍布挖掘机各处,这将导致挖掘机内部充斥各种导线、接头,使控制系统变得复杂、可靠性降低。解决这一问题的方法是采用现场总线,用一条串行线将所有的传感器、控制器和执行器连接起来,在保证系统具有强大功能的同时,具有简单的结构和高可靠性。目前,在行走机械领域,已经有了这样一种现场总线,称为 CAN 总线,但还未在挖掘机上得到普遍应用。电子技术的发展使控制芯片的体积更小,功能更强,在挖掘机上几乎不占任何空间,能完全嵌入到各种部件内部,这也是将来挖掘机控制系统的发展方向。

实训 6　PC200-5 型控制器性能检测实验

1. 实验项目

(1)液压传动各元部件结构及工作原理观摩、拆装实验。
(2)液压挖掘机械演示控制实验。
(3)PLC 软件仿真演示及控制实验。
(4)可编程序控制器(PLC)电气控制实验:机—电—液一体化控制实验。

2. 实验内容

1)液压挖掘机械演示控制实验

(1)挖掘作业,铲斗和斗杆复合进行工作实验;
(2)回转作业,动臂提升同时平台回转;
(3)卸料作业,斗杆和铲斗工作同时大臂可调整位置高度;
(4)返回,平台回转、动臂和斗杆配合回到挖掘开始位置。

2)可编程序控制器(PLC)电气控制实验:机—电—液一体化控制实验

(1)PLC 指令编程、梯形图编程学习;
(2)PLC 编程软件的学习与使用;

(3)PLC 与计算机的通信、在线调试;

(4)PLC 在液压传动控制中的应用及控制方案的优化。

3. 性能与特点

(1)实验台采用冷轧钢板(并经过喷塑、防腐处理)制作,台式结构,控制操作于一体。

的(2)电气操作控制为下置式,液压站放置于液压台主柜内。整体结构紧凑,协调,布局美观大方,实用性强,可供 4 ~6 人实验。

(3)挖掘机械按实物比例缩小的全金属结构,实验时启动液压系统根据实验要求模拟操作机械进行工作。

(4)挖掘机械是按实物的结构与缩小比例制作而成,能够真实地体现其机械的实际工况,使学生能够在实验中深刻了解其机构各部件的结构与工作原理。

(5)实验控制采用手动控制和自动控制两种方式。

(6)实验部件采用耐压胶管,压力可达到 25 MPa。

(7)带三相漏电保护、输出电压 380 V/220 V,对地漏电电流超过 30 mA 即切断电源;电气控制采用直流 24 V 电源,并带有过压保护,防止误操作损坏设备。

4. 实验设备

1)设备名称

YH-WJ 挖掘机械实训台如图 6.19 所示。

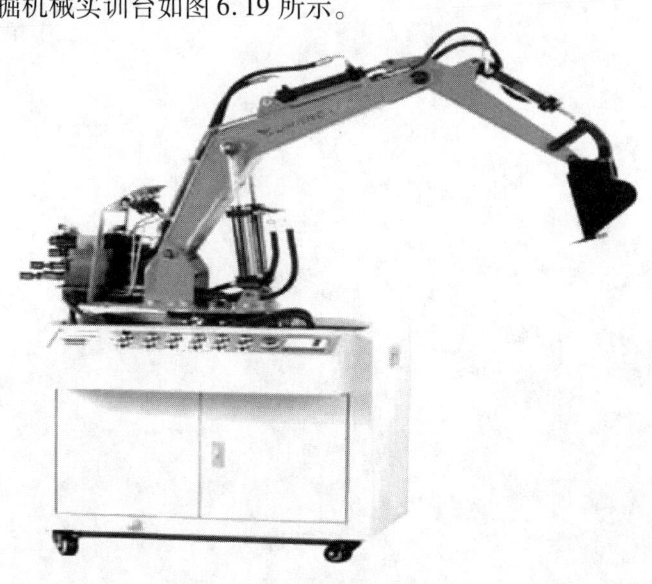

图 6.19　YH-WJ 挖掘机械实训台

2)主要技术参数

电机型号:M3P4H523

功率:2.2 kW

转速:1 420 r/min

油泵型号:VAI-15F-A3

额定压力:7 MPa

额定流量:8 ml/rev

外形尺寸:1 550×650×1 800 mm

项目小结

本项目在介绍了挖掘机总体结构、液压系统和电气控制系统的基础上,提出挖掘机的一般选型、检修方法,并且以韩国大宇公司生产的 DH280 型挖掘机的 EPOS 系统和日本小松 PC200-5 型挖掘机的电子油门控制系统作为具体案例,总结了挖掘机电液控制系统的综合故障诊断与检修过程。

项目 7 沥青混凝土摊铺机电液控制系统应用与检修

项目剖析与目标

沥青混凝土摊铺机将沥青混合料均匀地摊铺在道路基层上，并进行初步捣实和整平的机械。沥青混凝土摊铺机分履带式和轮胎式两种。由牵引、摊铺和捣实、熨平两部分组成。前者包括机架、动力装置、行走装置、料斗、料门、刮板输送器、螺旋摊铺器和驾驶室等；后者包括牵引臂、振捣机构和熨平装置（由熨平板、厚度调节器、拱度调节器和加热装置等组成）。

沥青混凝土摊铺机作为一种路面成型机械，要获得稳定的铺筑层，一是要使得物料在机械行进时均匀充满预定空间，对行进速度的稳定性要求十分严格，在选定一种行进速度时，其运料、分料速度也必须相应地改变，因此，目前处于先进地位的摊铺机均使用机—电—液一体化技术调控速度，实现全自动、按比例地摊铺；二是使用先进的电子找平系统，当今沥青混凝土摊铺机电子找平系统的特点：一是数字化，二是传感器形式由接触式向非接触式方向发展，利用超声波、激光传感器等代替传统的接触式传器；三是在操作环境方面，更加注重人性化、舒适化的追求，在视野、座位、操作台、驾驶室的设计上均以舒适性作为主要评价指标。

本任务项目主要针对沥青混凝土摊铺机的结构、原理、选型以及故障诊断与检修方法等进行论述。

任务 沥青混凝土摊铺机电液控制系统的应用与检修

任务描述

沥青混凝土摊铺机是用来将拌制好的沥青混凝土均匀地摊铺在已经整修好的路面基层上的专用设备,广泛用于公路、城市道路、大型货场、停车场、码头和机场等工程中沥青混凝土的摊铺作业,也可用于摊铺稳定材料和干硬性水泥混凝土材料;同时沥青混凝土是集机、电、液技术为一体的非常复杂的多工作机构、多任务的工程机械,直接关系到沥青混凝土铺筑层的施工质量。本项目主要解决两个问题,一是掌握沥青混凝土摊铺机的工作机构、选型及施工工艺;二是掌握沥青混凝土摊铺机电液控制系统的结构、工作原理及常用电液控制系统故障诊断与检修方法。

任务分析

随着高等级公路的迅速发展,机械化施工已经成为公路建设的方向。摊铺是碾压混凝土路面施工的关键工序,是碾压等后续工序的基础,只有摊铺出平整的表面,才有可能得到压实后平整的路面。而路面平整度与摊铺机的摊铺速度、输分料速度、振捣频率和压实等各道施工工艺有关,其中最关键的因素是熨平板的仰角、摊铺速度与摊铺材料的匹配关系。因此本项目在阐述了沥青混凝土摊铺机的施工工艺、结构特点以后,将沥青混凝土摊铺机的恒速行走控制系统和自动调平系统作为重点、难点内容进行了论述。

【知识准备】沥青混凝土摊铺机的结构与工作原理

1. 沥青混凝土摊铺机技术发展现状

1)国外摊铺机技术发展现状

世界上最早研制摊铺机的制造商是美国布鲁诺克斯公司,该公司从 1931 年就已开始生产制造摊铺机,目前已开发研制出了摊铺宽度为 2.5 ~ 12.5 m 全系列轮胎式和履带式摊铺机,共有 20 多个品种获得 22 项专利技术,年生产能力已达到 2 000 台套,覆盖了 55% 以上的美国市场和 70% 以上的英国市场,是目前世界上最大、品种齐全的摊铺机专业制造厂家。

随着西方工业化进程的加快和经济的飞速发展，路面机械制造业在欧美国家得到长足发展，出现了不少著名的摊铺机制造公司。当今世界八大摊铺机制造商分别为：ABG、VOGELE、BLAW-KNOX、DYNAPAC、DEMAG、MARINI、BTELLI、CATERPILLAR公司。通过收购和兼并，各跨国公司纷纷在国外建立自己的子公司，以实现本地化生产。这样可大大缩短向客户交货的时间，使售后服务更方便快捷。

英格索兰作为一家美国工程机械生产企业，主要销售工程机械和高速公路专用设备。生产的产品有建筑机械、挖掘机械、压实机械、摊铺机、平地机和起重机及轴承等基础件，继兼并德国 ABG 公司之后又将世界上制造摊铺机的鼻祖——美国布鲁诺克斯公司收至麾下。众所周知，德国 ABG 公司的产品目前已是国际摊铺机市场首选品牌，其大型高档次摊铺机在中国摊铺机市场上占有率已达到 70% 以上，美国布鲁诺克斯公司是目前世界上最大和品种齐全的摊铺机专业制造厂家。因而英格索兰现在在国际摊铺机市场上已经形成了一定的垄断优势。工程机械生产企业经过一系列的兼并重组以后，在当今国际摊铺机市场形成了英格索兰与维特根-VOGELE 及斯维达拉-DEMAG、DANAPAC 三足鼎立的态势。毫无疑问，英格索兰在这三驾马车中充当了领头羊的角色。

进入 21 世纪以来，国外厂商针对国内缺乏高速公路建设的经验而兴起了对 12 M 以上全段面进行摊铺的施工工艺，推出满足该工艺要求的超大型摊铺机，如 ABG 公司推出的 TITAN 525 摊铺机，福格勒公司的 SUPER 2500 摊铺机及戴纳派克的 F182CS 等。例如 ABG 公司生产的 TITAN 525 摊铺机的功率最大达 257 kW，最大摊铺厚度为 500 mm，最大摊铺宽度为 16 m。通过提高各机构系统的设计能力，来最终达到提高理论生产率水平的目的，满足国内既用于沥青混合料又可用于稳定材料的多功能摊铺作业，确保各摊铺功能间的最佳匹配。

近几年，随着国内对高速公路路面质量认识的进一步加深，为减少材料离析造成的路面早期损坏，对沥青路面摊铺工艺进行了修正。要求采用并机梯形摊铺，因而超大型摊铺机市场逐渐减少，取而代之的是技术更先进，系统更全，又特别适合中国国情的可摊铺多种材料的多功能摊铺机。如英格索兰—ABG 新推出的 TITAN 8820，该机借鉴了 TITAN 525 上的多项先进技术，发动机功率为 179 kW，重新设计了液压系统，配置了独特的熨平板，可将熨平板与主机设定成悬浮状态，尤其适合摊铺二灰土，最大摊铺宽度可达 13 m；福格勒的 SUPER 2100-C 摊铺机采用了大型综合散热系统，即使在 50 ℃的高温，极恶劣工况下满负荷施工，也能对液压油，发动机冷却水和发动机进气进行有效冷却，不仅减少磨损，降低噪声，也不必打开维护侧门散热。

国外品牌的摊铺机技术的新发展主要体现在以下几个方面：

(1)环保节能

国外摊铺机在整机噪声控制方面采取了许多有效措施，使整机噪声控制在 110 dB 以下。福格勒系统摊铺机具有发动机经济型运转模式选择开关，SUPER 1600 系列发动机特点在 94 kW/(1 800 r/min);SUPER 1800 系列在 125 kW/(1 800 r/min)。由于发动机 3/4 的作业工况时间不需要满负荷工作,因而该技术的应用可明显降低机器的燃油油耗、磨损及噪声;TITAN 8820 多功能摊铺机选用道依茨 BF6M1013ECP 发动机,可满足欧Ⅱ排放标准,散热系统由马达驱动风扇,设有温控系统,可以降低噪声并节能。

(2)智能控制操作

英格索兰—ABG 摊铺机的 EPM 电子管理摊铺作业系统已发展到第二代,该系统既有数据远程传送,卫星跟踪定位,电子路面扫描系统及激光找平等功能,还有触摸式操作平台实现整机运作情况监测及故障诊断,在面板上实现刮板无级调速、夯锤频率调整等。

福格勒摊铺机输料器、分料器分别独立驱动,通过超声波传感器组成的闭环控制系统能够精确控制料位高度,保证摊铺质量。其智能发电机管理系统配置一个三相交流发电机,动力储备充足,不论发动机的转速高低如何,摊铺的负荷如何变化,发电机输出都可满足使用,避免了负荷突变,降低总燃油消耗。另外熨平板得益于发电机管理系统,具有左右交替加热模式,从而可以减少一半加热动力的消耗。V-TRONIC 系统提供非接触式自动导向,纵横坡控制,且具有记忆功能,只需按一下按钮,机器就能马上恢复到停机前的工作状态。

(3)熨平板技术

英格索兰—ABG 摊铺机的熨平板设有停车等料、起步双重锁定功能(防起步爬升及防停车下降);带张紧调节油缸机构,可防止熨平板纵向变形,保证摊铺质量;拱度液压调节,方便施工;纵观国外厂商推出的摊铺机,无不体现以人为本的人机工程设计原则。英格索兰—ABG 熨平板拱度液压调整,延伸段液压快速连接机构;福格勒和戴纳派克螺旋分料器设计成高度可调机械或液压无级调幅等,使机器安装轻便快捷,效率更高;福格勒 SUPER 2100C 摊铺机的驾驶台整体可以后翻,易于接近所有维修点,料斗前部液压折叠,确保料斗排空,减少人工劳动强度。

(4)人性化和精细化的设计动向

国外摊铺机产品,往往整机布局合理,驾驶室可整体翻起、多种设置活门等,更便于维修保养人员进入维修,因为摊铺机布局十分紧凑,靠近十分困难,上述改进充分体现了人性化设计理念。加大液压系统的冷却效果,使之适合各种恶劣工况。熨平装置快速连接机构、螺旋分料器与熨平装置同步升降,便于实现快速转运需求等都体现精细化设计,使得整机性能更先进。

(5)双层沥青混合料铺层一次性完成

德国戴纳派克公司经过各种工况下的依次摊铺双层沥青混合料的施工试验研究表明:这种施工工艺可使双铺层之间早热状态下接合、黏接更好,整体强度更高。两层之间无需专门喷洒黏接剂,具有可节约大量沥青材料,提高摊铺生产效率等诸多优点。目前戴纳派克公司已经开发研制出了双层一次摊铺的专用摊铺机产品。

2)中国摊铺机发展现状分析

20世纪60年代,中国开始研制沥青混合料摊铺机产品,在1986—1993年期间分别引进日本NIIGATA、德国戴纳派克、福格勒和ABG公司的制造技术,同时也进口了大量的德国摊铺机产品。截至目前我们已经形成了可生产制造全系列摊铺机产品的能力,并得到广泛应用,可满足各种工况需求。

发达国家的摊铺机制造和应用已有80余年的历史。我国是从20世纪60年代才正式开始,快速发展阶段不足10年,目前已具有年生产制造2 000台以上的能力。

(1)国产摊铺机概况

已形成可批量生产制造履带和轮胎式、铺宽为3~12.5 m的多品种系列摊铺机产品,适应不同工况的需求。

国产摊铺机产品在技术水平、质量、使用性能等方面已基本上达到或接近国外先进水平。拥有一批具有相当先进技术和可进行批量生产的专业摊铺机制造工厂,年生产能力可达2 000台套以上。

国产摊铺机已得到道路施工的广泛应用,其比例不断升高,已成为主导机型。

培养了一大批摊铺机开发研究、使用治理、维修保养等方面的专业人才,为今后进一步发展打下良好的技术基础。

(2)国产摊铺机技术发展状况

摊铺机的质量主要包括技术性能、结构、可靠性、稳定性以及故障率等综合指标。评估摊铺机的优劣,要采用在多种工况下,定量的施工时间的科学方法进行考核验证和评估。

我国目前各个制造厂家生产的高档摊铺机产品基本上都采用德国先进摊铺机机型的技术和结构。其主要的液压元件、电控元器件、传动箱体等均选用进口件。亦有发动机也采用进口产品。因此摊铺使用性能、平整度、压实度、摊铺路面几何尺寸以及使用工况等方面基本上均可达到国外同类摊铺机的技术水平。

我国摊铺机在使用可靠性、稳定性以及故障率等方面尚存在相当大的差距,由于国内整体技术水平,加工工艺,装配,人员素质以及国产配套件和材料等方面差距较大,因此使得产品在制造方面存在诸多先天不足。

国产配套件包括发动机、液压件、电控元器件、传动部件以及重要材质等方面的质量,均与国外有相当大的差距,但这是影响摊铺机产品质量的关键条件之一。因此,急需完善和提高,否则将会制约摊铺机的质量和技术发展。

自主开发创新能力急需改进和提高。我们在引进、学习和借鉴国外先进技术、结构等方面都做得相当不错,也很及时。但属于我们自主开发的专利技术和结构极少,这将会制约我们今后的发展和产品大规模出口业务。

各摊铺机设计充分利用了中国国情、市场以及摊铺机产品的优势,开发研制出稳定土摊铺机。多种档次的摊铺机产品等方面适应了中国市场不同工况需求,使我国摊铺机产品市场实用性很强,在此方面取得了良好效果。

中国摊铺机往往还停留在国内市场上进行残酷价格战的层面上，尚需在质量和品牌上多下工夫，开发研制出同档性价比占优势的多档产品，增强自身的竞争力。同时要利用我们的性价比优势，尽快大力开拓国际市场，逐步形成稳定的国际市场。

(3)国产摊铺机的选型

摊铺机发展中的选型必须紧密地结合中国道路施工的具体国情和需求。在借鉴国外先进技术和结构时，要遵循充分满足中国道路质量和合理成本等要求。否则将会导致不必要的浪费，甚至产生诸多严重后果。下述几个方面应予以总结，少走弯路。

①低速高密实度摊铺的理念

目前我们施工应用摊铺机产品绝大多数是低速高密实度型式的摊铺机。它具有可提高摊铺平整度，减少材料浪费和减少压实遍数等优势。此外，我们目前施工机械配套能力也较低。实际施工证实：采用低速高密实度摊铺机，要比快速摊铺机更合理，在有效地保证质量的同时，还能适当降低成本。

②履带式和轮胎式的选择

履带式摊铺机履带接地面积大，具有摊铺作业过程中附着牵引力性能良好，不易打滑，同时可起到更好的摊铺滤波作用，提高摊铺平整度、平稳性。公路大规模的连续摊铺作业很少转移到工地，故履带式摊铺机更适合公路施工，而城市道路施工，假如转移过多，则选用轮胎式更适宜。

③采用稳定土摊铺机进行基层摊铺

采用自行研制的性价比较为合理的国产稳定土摊铺机进行道路基层稳定材料的摊铺，替代平地机摊铺方式，由于摊铺平整度较好，及路边缘整洁，可减少10% ~15%材料浪费，减少压实遍数，提高生产效率等。尤其可以保证公路基层良好的施工质量。

④摊铺宽度的选择

目前，不依据具体工况的需求，过分地强调和选用摊铺宽度超过 12 m 的大型摊铺机，片面推广一次性全幅路面无纵向接缝的摊铺方式。而忽视其造成不必要的摊铺材料过度离析的后果，给我们摊铺质量带来了严重的问题。国外采用多台摊铺机阶梯作业方式，可有效避免材料严重离析，而纵向接缝质量是能够控制的成熟技术，不会影响路面摊铺质量。这是值得我们吸取教训。

2. 沥青混凝土摊铺机结构特点

1)作业程序

现代自行式摊铺机的结构总体上分为两大部分，即前面是主机，也就是牵引机；后面是熨平装置，也就是工作装置。主机通过大臂牵引熨平装置。普通履带式沥青混凝土摊铺机基本构造如图 7.1 所示。

自行式摊铺机摊铺作业的程序如下：

①摊铺前根据施工要求设定摊铺宽度、摊铺厚度、摊铺速度及振捣、振动等相关

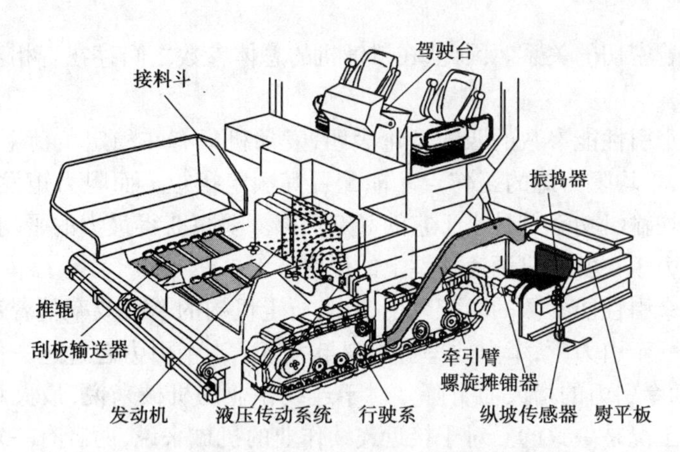

图7.1 普通履带式沥青混凝土摊铺机基本构造

参数。

②摊铺开始后,摊铺机顶推料车,在基层路面上一边行驶一边将料车上的混合料接收到料斗内。

③接收到料斗中的混合料经刮板输料器输送到主机的后方。

④输送到主机后方的混合料经螺旋输料器向两侧输送到整个熨平装置的前边。

⑤熨平装置在主机牵引下向前行进,将混合料熨平夯实,形成平整密实的摊铺层,供压路机进一步压实成形。

⑥在摊铺作业过程中进行自动或手动调平控制,确保摊铺层达到施工要求的宽度、厚度、横坡度和压实度,摊铺完一辆料车的混合料即为一个作业循环,每个作业循环紧密连接,形成了基本的连续供料和连续摊铺。连续摊铺对路面平整度大有好处,如果采用物料转运车给摊铺机供料,就能实现真正的连续供料。物料转运车行进在料车和摊铺机之间,料车不与摊铺机直接接触。工作时,物料转运车将从料车接收的混合料传送到高处,不间断地落入摊铺机料斗,供摊铺机刮板输料器输送。

2)基本结构

摊铺机主要由发动机、传动系统、行走机构、供料系统、操纵控制系统、车架、调平大臂、熨平板以及自动调平系统等组成。

(1)发动机

摊铺机的负荷特点是每次摊铺作业既具有重复性,但不是完全重复;各个工序工作阻力既不相同,又随机变化。经测试一台摊铺宽 8 m、摊铺厚度 7 cm、摊铺速度 3.5 ~5 m/min 的大型沥青混凝土摊铺机,其行走机构消耗的平均功率占发动机输出功率的22%,输料机构占51%,夯实机构占21%,辅助机构占6%。在摊铺作业循环中,行走机构的功率变化占发动机输出功率的5%,敷料机构占17%,夯实机构占1%,总功率最大波动为23%。因此摊铺机是接近连续作业的机械。

摊铺机在作业时,发动机、行走机构、输料机构、夯实机构、辅助机构既相互联系又相互制约。摊铺机的整机性能不仅取决于各总成本身的性能,而且也与各总成间的工作是否协调有着密切的关系。因此,在摊铺机的总体参数之间存在着相互匹配是否合理的问题。

工程机械牵引性能参数的匹配理论表明,发动机只有在稳定负荷下工作时,才能输出额定功率,平均阻力矩的工作点才能配置其额定扭矩。而阻力矩发生波动时,发动机的最大平均输出功率总是小于它的额定功率。要想获得最大的平均输出功率,只有适当配置阻力矩在发动机调速特性上的位置。

工程机械牵引性能参数的匹配理论指出,行走机构的牵引效率随着牵引力的增大而增大。在某一牵引力下,牵引效率可出现最大值。当牵引力超过这一值而继续增大时,牵引效率随牵引力的增大而下降。对于连续作业的机械来说,最大牵引效率工况和最大生产率工况是一致的。对于接近连续作业的机械来说,两者有一定的偏离。摊铺机的浮动摊铺工作原理又表明,只有将滑转率限定在较小的范围内,才能达到高的平整度。为了使摊铺机获得最大生产率,并尽量发挥发动机的功率,应将工作循环中的平均工作阻力配置在最大生产率工况附近,并根据最大生产率工况和滑转率对摊铺速度(平整度)的影响限度来确定摊铺机的额定滑转率。

发动机的转速不宜过高,否则对振动、噪声、传动平衡性、分动箱散热都不利。一般选择 1 800 ~2 300 rpm 的额定转速。发动机的扭矩适应性系数(最大扭矩与额定扭矩之比)不应低于 1.10。发动机的扭矩储备过小,会使发动机的平均输出功率减小。发动机的调速率(最高空运转转速与额定转速之比)不应高于 10%。在摊铺作业中,发动机在调速特性曲线的调速区段上工作,转速不致发生大的波动,对提高路面的平整度有好处。

发动机是摊铺机的动力源,一般功率较大。例如 BLAW-KNOX 公司的 PF-510 型摊铺机发动机的功率为 129 kW;VOGELE 公司的 S-2000 型发动机功率为 150 kW。它们大都为水冷式柴油发动机。基于摊铺机总是在高温环境下工作的特点,近来采用风冷式柴油机的日渐增多。为了不挡住驾驶员的视线和限制作业时整机重心过多的前后移动,发动机一般都是横向设置在整个摊铺机的中部。

(2)传动系

摊铺机行驶电控系统根据其总体设计、行驶液压系统设计不同而变化。其功能是:

①在摊铺作业过程中,保证机器运行速度恒定,以确保摊铺路面质量。

②在行驶过程中,保证柴油机功率得到充分利用,降低燃油消耗。

③避免柴油发动机过载损坏。

自行式摊铺机的传动方式有液压传动和机械传动两种。由于液压传动的优点为:易于大幅度减速,实现大范围的无级变速;运动平稳,易于实现过载保护;传动装置质量轻、体积小、便于整体布置;集液压、电气、机械于一体。易于实现自动控制;操作简便省力。因而获得了广泛的应用。

按行走方式不同,沥青混凝土摊铺机可分为轮胎式摊铺机、履带式摊铺机和轮胎一履带组合式摊铺机3种。由于履带式摊铺机牵引力大,接地比压小,不易产生打滑现象,对路面不平整度的敏感性低,可提高摊铺的平整度,因此,越来越受到施工单位的欢迎。

下面分析的沥青混凝土摊铺机行走方式均为履带式。一般采用左右履带独立的全液压驱动和电控驱动方式,动力传递路线为发动机—液压泵—液压马达—减速器—驱动轮。多采用变量泵与高、低速两挡变量马达相匹配的传动方式;变量泵与高速挡变量马达匹配时为行驶速度,通过变量泵的操作可获得无级调速;变量泵与低速挡变量马达匹配时为摊铺速度,同样操作可获得无级调速。

现代沥青摊铺机普遍采用双泵-双马达驱动、履带行走的液压系统。该系统由一个以微电脑为核心的电子恒速控制系统,消除了因摊铺机行驶推进系统的负载变化、送料的不均匀性、发动机降速等诸多因素造成的行驶速度变化,确保摊铺速度恒定,从而使摊铺平整度、密实度指标得到大幅度提高。

行驶控制技术是摊铺机核心控制技术之一,其单机集成化操作与智能控制技术、智能监控、检测、预报、远程故障与维护诊断技术的逐步应用,使摊铺机日益走向集成化、智能化。下面针对几种沥青摊铺机行走驱动回路进行分析和总结。

①手动控制的变量泵与定量马达系统

早期的摊铺机行驶控制采用的是手动操作,即利用手动控制阀控制变量泵和变量马达,达到控制行驶速度、改变行驶方向的目的。为使生产时摊铺机速度平稳,进而提高路面的平整度,只有靠操作者人为调整发动机的油门,使摊铺机的工作速度大体一致。其操作方法为:在一定的摊铺宽度和厚度下,将发动机的油门定到同一刻度,使发动机输出的转速基本稳定,即通过输出转速间接控制摊铺速度。目前采用此控制方法的摊铺机在国内仍有应用。下面以我国生产的LTU4型沥青混凝土摊铺机行走液压系统为例进行分析,如图7.2所示。

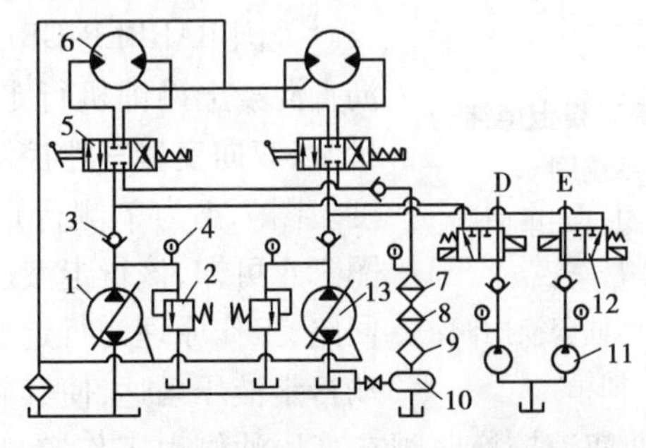

图7.2 LTU4型沥青混凝土摊铺机行走液压系统原理图

1,13—变量液压泵;2—安全阀;3—单向阀;4—压力表;5—手动换向阀;
6—液压马达;7—粗滤器;8—纸质滤油器;9—液压油冷却器;10—小油箱;
11—定量液压泵;12—电磁阀

该沥青混凝土摊铺机是我国自行研制的斗容量为4 t的全液压沥青混凝土摊铺机,其液压系统为开式多泵的阀控系统,行走回路采用变量泵系统,履带行走装置全部为液压传动。液压行走回路由2个变量轴向柱塞泵带2个辅助泵和2个并联的定向轴向柱塞马达组成的开式回路。该回路中的三位六通手动阀可操纵整机，实现整机的前进、后退、换向和停车；驱动泵安装在两侧，分别由发动机带动。在驱动泵上装有过载溢流阀，起安全保护和限定工作压力的作用。本机还装有2个合流换向阀，可有效增加行走转移速度。爬坡时，若柱塞泵吸油不足，可打开位置较高的小油箱开关，补充供油。

本系统的特点：控制阀采用手动操作、弹簧复位，液压冲击大；补油系统采用独立的定量补油泵，保证驱动马达有足够油液，满足工况要求；泵的变量输出通过发动机转速变化间接实现，驱动泵无专有的变量偏心控制机构。恒速控制通过自动控制发动机转速来实现。

②手动液压伺服控制偏心的变量泵与定量马达系统

以TITAN411沥青混凝土摊铺机液压驱动行走系统为例如图7.3所示，其液压系统是一个多泵多回路系统的泵控系统，行走液压回路采用双向变量泵、双向定量马达闭式回路。行走回路变量机构主要由变量泵、手动伺服阀、伺服油缸等组成。定量泵（作辅助泵用）通过单向阀给闭式回路补油的同时，也给控制马达斜盘倾角变化的手动伺服控制阀及伺服油缸提供控制液压用油。

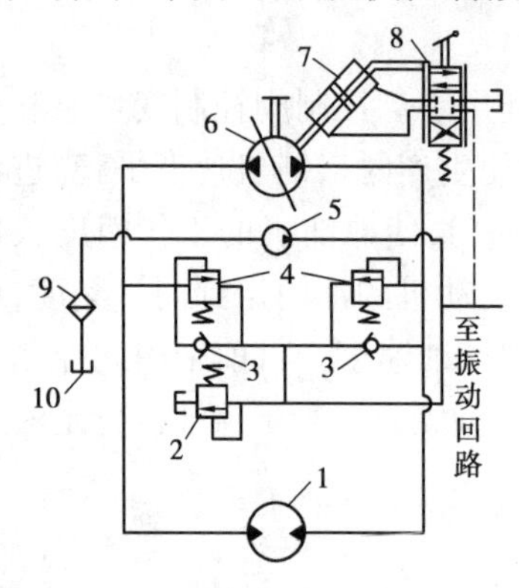

图7.3　TITAN411沥青混凝土摊铺机液压驱动行走系统图

1—液压马达；2,4—溢流阀；3—单向阀；5—单向泵；6—变量泵；7—伺服控制油缸；8—手动伺服换向阀；9—过滤器；10—油箱

变量恒速控制原理：操作手动伺服控制阀，使伺服油缸的上腔或下腔进油，改变变量泵斜盘的倾角，从而使变量泵的流量和流向都可变，实现定量液压马达的转速和转向的变化，使摊铺机行驶速度和行驶方向可变，以校正速差，实现恒速控制。

③电液二位换向阀偏心控制的变量泵与变量马达系统

美国BARBER-GREEN公司生产的SA125沥青混凝土摊铺机行走液压回路采用双向变量泵、双向变量马达控制摊铺机行走方向和速度。图7.4为单侧行走液压系统原理图。由图7.4可知，该行走液压系统是闭式多泵变量回路，工作原理为行走变量泵的压力油直接驱动行走液压马达，使其旋转，驱动摊铺机行走。此时行走泵出口的压力油使液控换向阀在高压油侧由工作定量泵（作辅助泵用）通过单向阀给闭式回路补油的同时，又给控制马达斜盘倾角和常闭式制动器提供控制液压油，以及通过单向阀推动履带张紧油缸，使履带张紧。

由上述分析可知变量泵恒速控制原理：操纵电磁换向阀可控制行走马达斜盘的倾角，使其在1或8倾角位置工作（不同的挡位可实现无级调速），满足不同工况的要求，以适应不同的调速范围；并且双向变量泵与双向变量马达连接，最终实现马达的输出

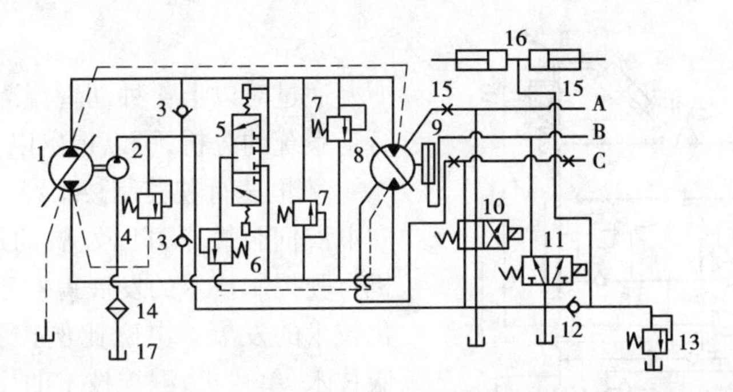

图7.4 BARBER-GREEN 公司生产的 SA125 沥青混凝土摊铺机行走液压回路图

1—变量泵;2—定量泵;3,12—单向阀;4—溢流阀;5—液控换向阀;
6—压力卸荷阀;7—过载阀;8—液压马达;9—液压制动器;10,11—电磁换向阀;
13—背压阀;14—过滤孔;15—节流小孔;16—油缸;17—油箱

功率恒定,速度可无级调节,扭矩可以随着载荷的变化而变化;又因在行走马达斜盘伺服油缸油路上设置节流口,使变量马达斜盘倾角缓慢变化,从而使摊铺机行驶速度变化不剧烈,恒速控制得以实现。

④电液伺服阀偏心控制的变量泵与变量马达系统

随着机、电、液一体化技术的发展,出现了摊铺机行驶电控技术,即以电液伺服阀或比例阀代替原来的手动操纵阀,也就是利用电子技术和测试技术设计一套系统,实现对伺服阀或比例阀的控制,最终控制摊铺机的行驶速度。其基本原理:电控变量液压泵通过电流的变化改变液压泵的输出排量,达到控制行走速度的目的。电液伺服阀(也称随动阀)包括电磁部分和液压部分,它们把输入的电信号转变为力或力矩,而伺服阀起到力或功率放大的作用。

ABG 公司生产的 TITAN422 沥青混凝土摊铺机就采用了电液闭环系统来解决外负载变化时速度变化的控制问题,液压驱动行走系统原理图如图 7.5 所示。

该沥青摊铺机行走液压系统是一个多泵多回路系统的泵控系统,由电液闭环控制系统稳定行驶速度。在该控制系统中,两个左右独立的电控变量柱塞泵分别驱动两个两位变量柱塞马达,推动整机行进。在摊铺过程中,由于外界负载的变化,发动机的转速和液压系统容积效率发生变化,造成摊铺速度的变化。为了稳定摊铺机速度,在马达的输出轴上增加 PPU 传感器,随时检测马达的转速,并与设定值比较。再通过控制器 PID 调节,输出偏差调节信号,对电液比例伺服控制阀进行调节,随时改变变量泵的液压排量,从而补偿马达速度的变化,使摊铺机保持在设定的速度值上工作。

该闭环系统不仅能控制行驶速度,还能控制左右履带的一致性,保证行驶系统的同步性,基本实行恒速。变量行走泵的恒速控制方式主要通过 PPU 传感器、PID 控制器的输出偏差调节电信号,经过电液比例伺服阀转变为控制液压油来控制伺服油缸而实现偏心变量,使速度偏差得以补偿,实现恒速的智能控制。现代摊铺机已发展成为集机、电、液为一体的先进设备,左右独立驱动的行走调速液压回路,依靠电控实现摊铺速度预选、恒速摊铺、直线行驶、圆滑转向及前后行驶等功能。

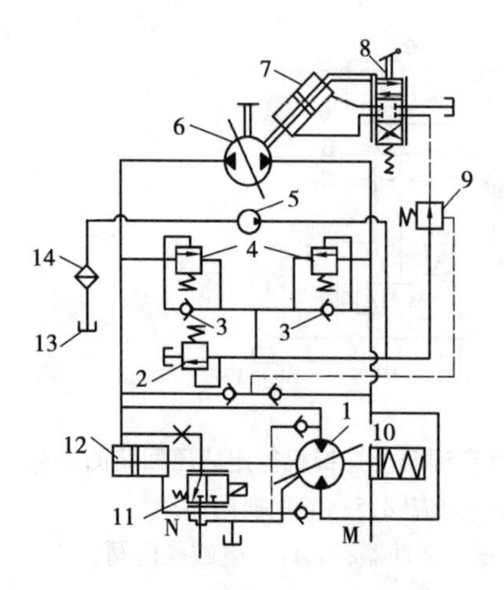

图 7.5　TITAN422 型沥青混凝土摊铺机行走液压系统原理图

1—液压马达;2,4—溢流阀;
3—单向阀;5—单向泵;6—变量泵;
7,12—伺服控制油缸;
8—三位比例伺服控制阀;9—减压阀;
10—控制油缸;11—二位比例伺服控制阀;
13—油箱;14—过滤器

⑤结论

通过对以上 4 种沥青混凝土摊铺机液压行走系统的分析,可以得出以下结论:

A. 恒速行驶控制技术经历了由手动控制向电液伺服控制方向发展的过程,而且摊铺机行驶控制技术的发展得益于机、电、液一体化技术的发展。电磁比例控制技术、电液伺服技术、单片机、测控技术的广泛应用为行走控制技术的应用奠定了良好基础,这也使摊铺机的发展走向集成化、智能化。

B. 任何一种沥青混凝土摊铺机液压行走系统大致是由变量泵、马达和控制阀组组成的回路。由早期的开式回路发展为闭式容积调速回路,行驶恒速控制经历了机械手动、手动液压伺服、电液二位控制和电液伺服控制等几个阶段。闭式回路系统结构紧凑,与空气接触少,故传动平稳性好。

C. 沥青混凝土摊铺机的液压行走系统一般采用双马达并联系统,其特点是变量泵的流量按动作选取,流量与外负荷匹配,克服外负荷的能力增强。

(3)行走机构

履带式行走机构的接地面积大、比压小,附着性能好,牵引性能和通过性能都比轮胎式的好,并且履带对于地面不平整度具有一定的滤波效应,但履带式沥青混凝土摊铺机转向不灵活,铺弯道时路表易产生波纹,导致平整度欠佳,转移场地不方便,多为大型摊铺机选用;轮胎式沥青混凝土摊铺机转向灵活且连续,摊铺弯道时路表平整,但牵引力小,多用在中、小型摊铺机上。

对于中、小型摊铺机,从总体方案考虑,不可能采用所有提高平整度的技术方案,如速度恒速控制、输料量比例控制等。但是,为了提高通过性能所采用的摆动桥(轮胎式)或浮动式台车架支撑机构(履带式),实际上又产生了增强过滤路基波的自调平效果,对整机的技术性能(平整度)进行了补充。摊铺宽度小于 6 m 的轮胎式摊铺机采用单后桥驱动单前轮转向的方式比较适合,它结构简单、轴距较大,料斗中混合料的重量可分配给驱动轮相当大的附着重量,只要运料车匹配适当,具有良好的附着性能。摊铺宽度为 7.5 ~ 9 m 的轮胎式摊铺机牵引力大增,对附着力的要求也大大提高。但在摊铺作业中摊铺机提供的附着力是个随机变量,难以准确计算,所以,一般采用减少轮胎比压或双桥驱动的方式改善附着性能,增加足够的附着力。为减少转向轮比压而采用摆动式双前轮的方式应当慎用,因为这种方式前轴后移,大大减小了轴距,料斗中混合料的重量几乎全由前轮承担，对附着性能改善不多。为减少驱动轮比压而采用前后分置式双轮的方式也应慎用，因为这种方式的摊铺机车轮属于超静定结构，附着性能虽有改善，但附着力的随机性更大。

(4)供料系统

供料系统是由链式刮板输送器和螺旋分料器两部分组成，每台摊铺机上都装备两套，且对称于机身纵轴左右配置，并能左右独立驱动和控制。同一侧的链式刮板输送器和螺旋分料器由一个传动装置控制，二者总是同步工作。

摊铺宽度小于3 m的简易摊铺机可以不设输料机构，混合料直接从料斗流向熨平板；也可不设刮板输送器，只设螺旋输送器。这种摊铺机结构简单、机动灵活，适用于修筑和养护低等级道路。大中型摊铺机都应设置完善的输料机构。刮板输送器可采用单排刮板链或双排刮板链，螺旋输送器可采用单旋向双螺旋或双旋向双螺旋。根据总体方案和生产率确定的刮板输送器和螺旋输送器输料量应均衡，这样，平均工作阻力的波动小，混合料对熨平板的各种作用力稳定，摊铺的路面平整。因此，必须对刮板输送器和螺旋输送器的输料量进行控制。

比较好的方式：一是，对刮板输送器和螺旋输送器分别进行比例控制；二是，对刮板输送器进行开关控制，对螺旋输送器进行比例控制。实践证明，当刮板的结构及位置确定以后，刮板的速度应与摊铺速度相匹配，否则刮板输送器将不能正常工作。刮板输送器的速度也不能控制得过高，否则冲击负荷将对液压系统带来危害。

①刮板输送器

刮板输送器一般有两个，装在料斗底部，可在料斗底板上滑移，如图7.6所示。其作用是将自卸车倒入摊铺机料斗的混合料，输送至尾部摊铺室内。工作中可由传动链或由液压马达驱动。采用液压驱动的可以实现刮板输送机的无级调速，控制刮板输送器的速度，以控制混合料进入螺旋布料器的数量。

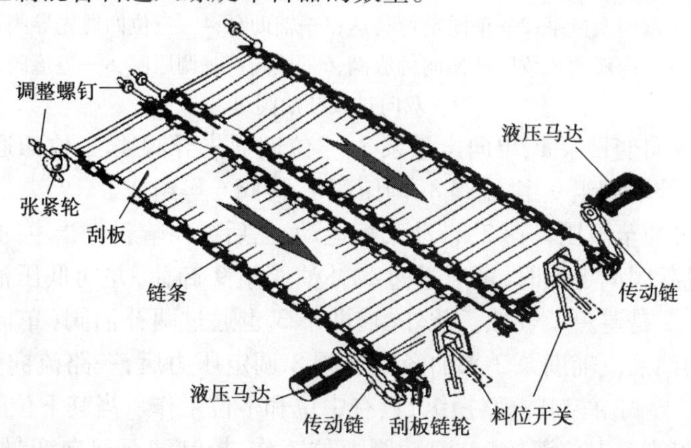

图7.6 刮板输送器

下面以DYNAPC F18C/S型沥青混凝土摊铺机为例对刮板输送器液压驱动系统的工作过程进行分析。

DYNAPC F18C/S 型沥青混凝土摊铺机刮板输送器液压系统如图 7.7 所示。

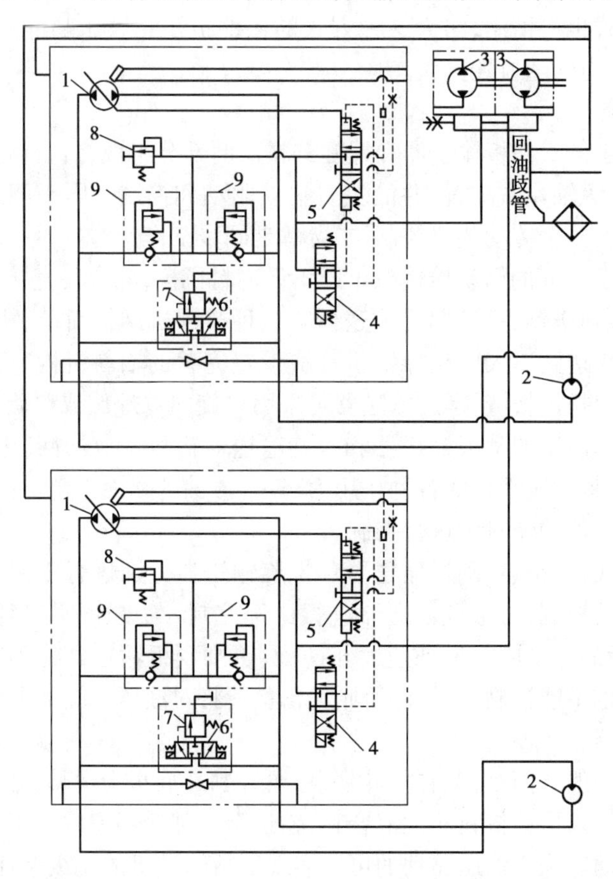

图 7.7　DYNAPC F18C/S 型沥青混凝土摊铺机刮板输送器液压系统图

1—双向变量泵；2—单向定量马达；3—辅助泵；4—三位四通先导阀；
5—双向液动三位四通换向伺服阀；6—梭阀；7—调压阀；8—溢流阀；
9—双向过载补油阀组

该系统由双向变量泵 1、单向定量泵 3、三位四通先导阀 4、三位四通液控阀(伺服阀)5、双向过载补油阀组 9、溢流阀 8、调压阀 7、梭阀 6 等组成。

变量泵 1 泵油至液压马达 2，带动刮板运动，然后纵向输料。当主回路出现瞬时过载，压力超过过载阀调定值时，可通过过载补油阀组 9 卸荷，并向低压油路补油，一是保护液压元件；二是避免了气蚀。此外，辅助泵 3 也通过两补油阀(单向阀)向回路补充清洁、冷却的油液。辅助泵 3 来油经溢流阀 8 调定压力后，一路流向先导阀 4，一路流向伺服阀 5。导阀由控制电路操纵，只有中位和下位工作。当其下位工作时，液控油到伺服阀(液动阀)5 上位液控口，液动阀上位工作，控制油至双向变量泵 1 的伺服油缸，伺服阀(包括导阀)调节进入伺服油缸的油量，使斜盘角度改变，从而泵流量的大小产生变化，达到无级调节刮板输送器速度的目的。

本系统为闭式系统，两回路可独立控制。

②螺旋布料器

螺旋布料器用来将刮板输送器送来的混合料均匀横向摊开。螺旋布料器为左右两个,安装在摊铺室内,左螺旋布料器为左旋,右螺旋布料器为右旋,两个布料器可以实现转向和转速的独立控制。具体结构如图7.8所示。

图7.8 螺旋布料器

DT1300型摊铺机的左右螺旋独立驱动电气系统原理图如图7.9所示。图中Y6,Y7表示左右螺旋泵比例控制电磁铁。左(右)螺旋挡位开关S6(S7)用来控制左(右)螺旋输料器的运转方式。左(右)螺旋挡位开关S6(S7)置于“手动”位时,左(右)螺旋输料器以左(右)螺旋转速旋钮R3(R4)调定的转速运转;置于“停止”位时,左(右)螺旋输料器不运转;置于“自动”位时,当行走操纵手柄推向前进位,左(右)螺旋输料器的转速受左(右)超声波料位控制器控制。左(右)螺旋全速按钮S8(S9)设置在摊铺机左(右)侧遥控盒上,用于地面作业人员对螺旋输料器的手动控制。无论左(右)螺旋挡位开关S6(S7)在“自动”位、“手动”位还是“停止”位,按住左(右)螺旋全速按钮S8(S9),正在停止或低速运转的左(右)螺旋输料器立即以最高转速运转,松开后恢复原状态。左(右)螺旋停止按钮S10(S11)设置在摊铺机左(右)侧遥控盒上,用于地面作业人员对螺旋输料器的手动控制。无论左(右)螺旋挡位开关S6(S7)在“自动”位还是“手动”位,按住左(右)螺旋停止按钮S10(S11),左(右)螺旋输料器立即停止运转,松开后恢复运转。

③超声波传感器

声波脉冲从发射到接收所经历的时间为t,超声波探头到路面基准之间的距离为L,那么测距公式如下:

$$L = \frac{1}{2}ct \tag{7.1}$$

式中 c——超声波在空气中的传播速度,受温度、湿度、风力以及含尘量等因素影响较大。

其中温度对声速的影响为

$$c = c_0 \sqrt{1 + \frac{T}{273}} \tag{7.2}$$

式中 T——空气温度,℃;

C_0——0 ℃时的声速。

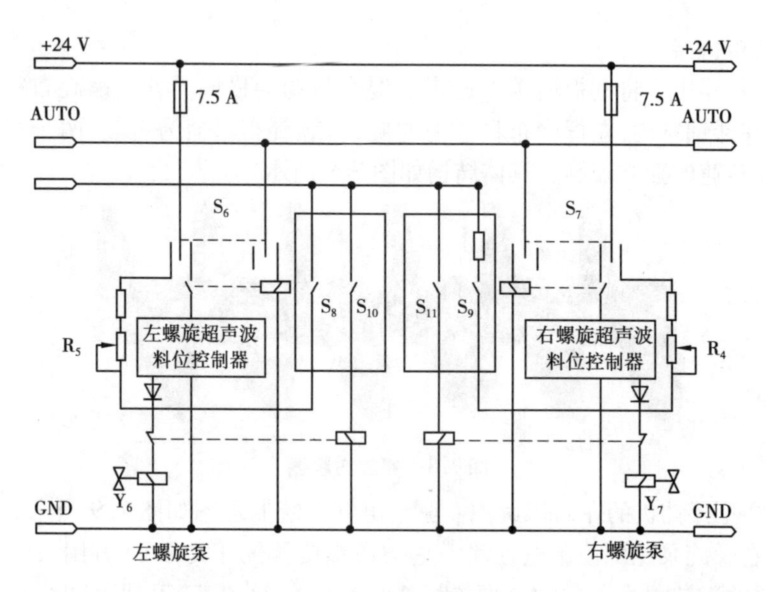

图 7.9　DT1300 型摊铺机左右螺旋独立驱动电气系统原理图

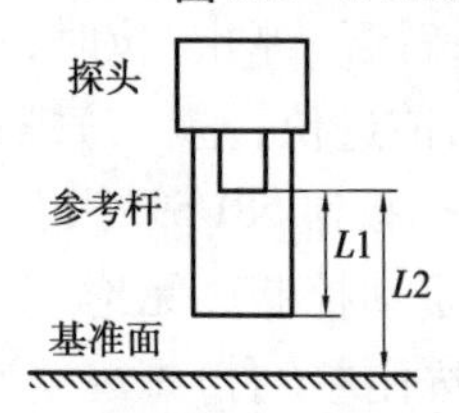

图 7.10　超声波声速校正原理

温度越高，声速越快，温度每提高 1 ℃，声速大约提高 0.6 m/s。

超声波传感器由于受到空气温度、湿度，甚至烟度等多种因素的影响。仅通过温度补偿法加以校正远远不能满足要求。因而采用如图 7.10 所示的校正法，即在探头与基准面之间设置一根 U 型参考杆固定在探头上，并在探头与基准面之间保持固定的距离 L_1。由式(7.1)得到

$$L_1 = \frac{1}{2}c_1t_1 \tag{7.3}$$

式中　C_1——超声波在校正段的传播速度，m/s；

t_1——超声波在校正段的传播时间，s。

如果超声波在校正段 L_1 和目标段 L_2 的传播速度相等，则可得

$$L_2 = L_1\frac{t_2}{t_1} \tag{7.4}$$

式中　t_2——超声波在目标段的传播时间；

L_1——一个已知的固定量，因此只需测量时间 t_1 和 t_2，即可计算出探头到基准面的距离 L_2。

④螺旋布料器的工作特点

A. 螺旋叶片采用高锰合金铸钢铸造而成，通过高强度螺栓连接到螺旋布料器的轴上。叶片有三种不同的大小，根据施工要求选用不同。螺旋布料器宽度较大时，应选用大直径叶片。如果螺旋布料器轴外侧不加装布料器，则需装保护套，防止磨损。

B. 螺旋布料器采用基本件和加长件进行加长。基本件为与主机连接的螺旋布料器。基本件有 1.25,2.7 m 两种,左、右旋各一根,加长件有 0.3,0.8,1.1,1.5 m4 种,每种均有左、右螺旋各一根。螺旋布料器的组合长度根据熨平板的宽度选择。

C. 螺旋布料器的长度一般应小于熨平板的宽度为 0.5 ~ 0.6 m,因为螺旋布料器可以将混合料输送至布料器外。当摊铺宽度等于螺旋布料器的宽度时,应将最外端的一片螺旋叶片拆除。这样可以避免过多的冷料积存在熨平板两端,影响摊铺层的结构均匀性和平整度,同时还可以减轻螺旋叶片的磨损。

下面以 DYNAPC F18C/S 型沥青混凝土摊铺机为例对螺旋布料器液压驱动系统的工作过程进行分析。

液压系统如图 7.11 所示,由双向变量泵 1、双向定量马达 2、电磁比例阀 3、过载补油阀组 4、辅助泵 5 等组成。

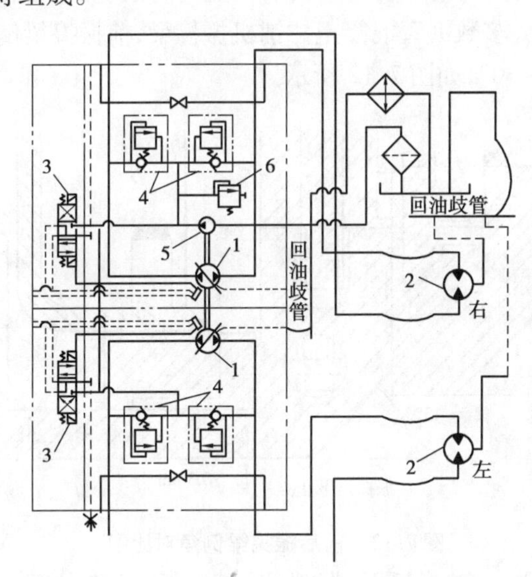

图 7.11　DYNAPC F18C/S 型沥青混凝土摊铺机螺旋布料器液压驱动系统图

1—双向变量泵;2—双向定量马达;3—电磁比例阀;

4—过载补油阀组;5—辅助泵;6—溢流阀

变量泵 1 的压力油直接驱动油马达 2,回油再流回泵的吸油口。变量泵的泵油方向和流量大小由电磁比例阀 3 控制。过程如下:辅助泵 5 来油经过溢流阀 6 调压后,流至阀 3,该阀为三位四通电磁比例阀,通过控制电路的操纵,改变进入变量机构的控制油流量和方向,最终达到改变主泵泵油方向和流量的目的,于是马达的转向不仅可变,而且转速可实现无级调节。

在主油路瞬时过载时,可通过过载补油阀组 4 卸荷,并向低压油路补油,对系统起保护作用。另外辅助泵对主油路的补油也要通过阀组内的单向阀。

左右两侧的螺旋摊铺布料器可通过该系统左、右回路单独控制,左右螺旋摊铺器可实现正反方向旋转,以适应各种工况的需求。

(5)熨平板

熨平板是沥青混凝土摊铺机中技术难度较高的核心工作装置。熨平板位于摊铺机的最后端,是直接完成混合料的摊铺、初步振实和抹平的装置。它主要由振捣器、振动器和熨平板箱体 3 部分组成。

①振捣装置

振捣器是摊铺机熨平板的关键压实机构,其作用是将混凝土横向铺开以后,将大骨料压入铺层内部,对混合料进行初步捣实的设在熨平板前面的一种梁式结构,故亦称振捣梁,也俗称夯锤。它是通过液压马达驱动一根偏心轴转动,然后带动振捣梁做上下往复运动,对混合料捣固压实。振捣装置(振捣梁)由偏心轴和铰接在偏心轴上的振捣梁组成。与螺旋布料器一样,机上有两套并排布置结构相同的振捣装置。

A. 振捣梁的底部前沿切有倒角,当机器作业时,振捣梁对松散混合料的击实作用逐渐增强。对于国产大多数沥青混凝土摊铺机振捣梁,前振捣梁倒角一般为 45°,后振捣梁倒角一般为 30°~50°,如图 7.12 所示。

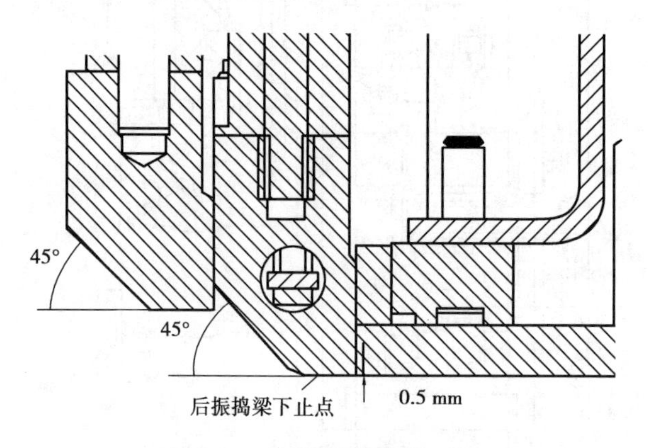

图 7.12　前后振捣梁倒角对比图

B. 为使铺层顺利进入熨平板下,振捣梁运动的下止点位置低于熨平板底面 3~4 mm。

C. 附有两套振捣装置,前者为预捣实梁,后者为主振捣梁,且各自的振幅可调。

D. 两只振捣梁安装在同一根偏心轴上,但偏心位置相位配置相差 180°。

沥青混凝土摊铺机振捣梁的工作过程如图 7.13 所示。

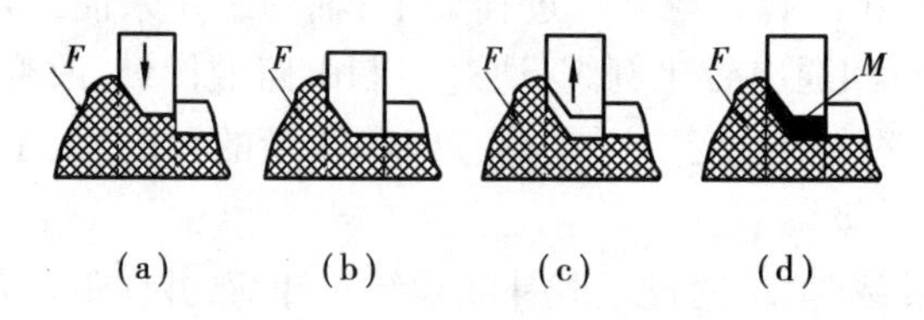

图 7.13　振捣梁振捣过程示意图

振捣梁从最高点:a. 开始向下振捣,实现对混合料的压缩密实;b. 然后从最低点向上运动形成一个空隙;c. 螺旋布料器压力 F 和混合料的自重填满空隙;d. 振捣梁从最高点向下振捣,实现对混合料的再一次压缩密实。

下面以 DYNAPC F18C/S 型沥青混凝土摊铺机为例对振捣梁液压驱动系统的工作过程进行分析,其工作原理如图 7.14 所示。

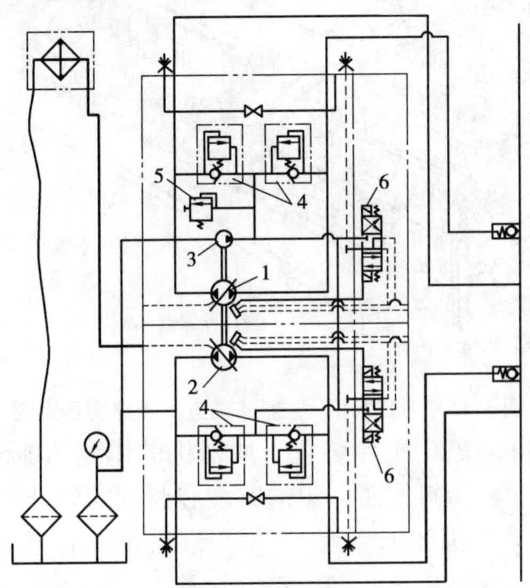

图 7.14 DYNAPC F18C/S 型沥青混凝土摊铺机液压驱动系统原理图

1—振捣泵;2—振动泵;3—辅助泵;4—过载补油阀组;

5—定压阀;6—双向电磁三位四通换向阀

振捣回路为:振捣泵 1 泵油至振捣油马达,马达带动偏心轴旋转,从而使与之相连的振捣梁产生上下振捣运动。辅助泵 3 泵油,一路经过补油阀组 4 中的单向阀向低压油路补油,一路经电磁阀 6 至泵 1,2 的操纵控制油缸,操纵电磁阀 6,增大或减小变量泵斜盘倾角,以改变输出流量。这样,振捣油马达(单向定量)转速发生变化,最终使振捣频率实现无级调节。在主回路瞬时过载时,可通过过载补油阀组 4 卸荷,并向低压油路补油。

振动器工作回路与振捣梁回路相似,不再赘述。

②振动器

摊铺机的熨平板内部设有振动器,用来激振熨平板,使之产生不同的振幅与频率,从而对摊铺层进行再一次的振实。

振动器有偏心激振式和垂直激振式两种。前者是通过液压电动机带动装有偏心块的轴转动,改变液压电动机转速,就能改变振动器的频率,从而使熨平板产生不同的振幅与频率;后者是通过改变液压油注入方向,使激振块上下振动,从而迫使熨平板振动,并产生不同的振幅和频率。根据实践,在摊铺一般沥青混合料时,熨平板的振动频率宜选用 33 ~55 Hz,振幅为 0.4 ~0.8 mm。

③熨平板箱体

ABG 公司生产的 TITAN423 型摊铺机熨平板结构如图 7.15 所示。

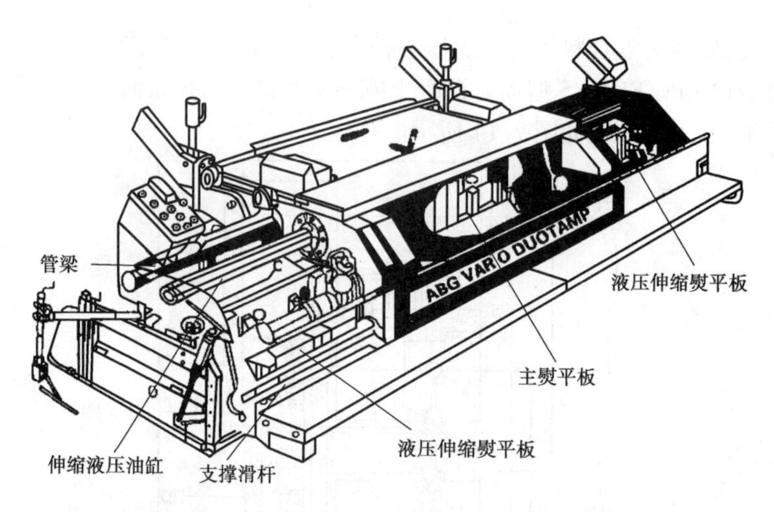

图 7.15　TITAN423 型摊铺机熨平板结构示意图

熨平装置是摊铺机的最终工作装置。摊铺机的作业功能和作业质量是靠熨平装置最终实现的。它能将物料按照一定的宽度和厚度均匀地摊铺在基层上,并给以初步的夯实和整平。摊铺机摊铺作业时,熨平装置的工作状态影响着摊铺作业的质量。

摊铺机摊铺作业时,主机行驶在基层上,通过大臂的前铰点拖拽着熨平装置一起运行,熨平装置漂浮在物料流上。此时,熨平装置受到主机的牵引力、自身的重力、物料的移动阻力、物料的摩擦阻力、物料的支承反力、螺旋输料器的回转力、振捣器及振动器的夯击反力于这些力的作用,处于动力平衡状态,且漂浮在一定的离地高度上。这时,熨平装置的挡料斜板、振捣头、底板和基层地面形成一个收料口,产生一个稳定的收料高度 H(挡料斜板上沿的离地高度),出料高度 h(底板后沿的离地高度)和收出料高差 Δh($H-h$ 之差),被收进的物料全部经挤压夯实后从底板后沿抹出,成为具有一定厚度 h 的平整密实的摊铺层。由于收料口的上顶面由仰角组件(即挡料斜板、振捣头和底板)组合而成,它们又有各自特殊的形状和尺寸,挡料斜板、振捣头和底板就与基层地面之间自然而然地形成了各自不同的夹角。其中底板与基层地面的夹角 α 是各种仰角组件组合中不可缺少的夹角,比较直观,最先被人们认知,称为仰角,常用来表述摊铺机的浮动摊铺工作原理和熨平装置的受力状态。

熨平装置的几何参数包括静态几何参数及动态几何参数。静态几何参数是指熨平装置的外形尺寸。在确定外形几何尺寸时,需考虑各组成部分之间以及与相邻安装部件之间应有合理的组合关系。比如机械加宽熨平装置,各种加宽组件的长度及数量,应能优化组装成以某一数值(如 0.25 m)为差值的多种宽度,用来满足多种路幅摊铺的需要。液压伸缩熨平装置,伸缩长度与加宽组件的长度之间应能优化成倍数关系,用来满足多种路幅无级调宽的需要。无论何种熨平装置,熨平板组件的长度还应与螺旋叶片的螺距成倍数关系或近似倍数关系,以便熨平板组合宽度确定后,螺旋的组合能与熨平板相配套。大臂牵引点的位置应设计的稍高一些,应保证摊铺作业时牵引力仰角β(大臂牵引点到熨平装置重心的连线与基层地面的夹角)大于1.2°,确保熨平装置受力稳定。

熨平装置动态几何参数是指熨平装置(包括大臂)与主机、螺旋(包括导料板)在运动中相互匹配、相互关联的位置尺寸。如大厚度摊铺机,熨平装置提升高度很大,必须进行两种运动状态验算:一是将大臂牵引点下降到最低点,提升熨平装置到最高处,调整熨平板仰角到最大值,验算熨平板护板与螺旋叶片之间的间距,使其不得小于60 mm,并确保熨平装置升降无卡阻;二是将大臂牵引点提升到最高点,下降熨平装置到最低处,调整熨平板仰角到最大值,验算熨平板护板与螺旋叶片之间的间距,使其不得小于60 mm,并确保熨平装置升降无卡阻。大厚度摊铺机的螺旋高度需根据摊铺厚度调整,因此大臂跨越螺旋及导料板时,大臂下沿距螺旋及导料板上沿必须留有足够的运动空间。

熨平板有单层式与双层式之分。单层式熨平板仅在全宽范围内呈固定连接的一块板;双层式熨平板在长度方向(摊铺机前进方向)前后配置两排大板。大型摊铺机多采用单层式熨平板。因为它结构简单,刚度大且便于总体布置。在摊铺较宽的路面时,可在基本熨平板两侧借助螺栓或楔形锁把不同宽度的延伸熨平板固定上去。用它铺筑的混合料在全宽范围内,初始压实度均匀一致。

双层式熨平板的最大优点是,在宽度方向上能自动伸长或缩短。当摊铺层宽度有变化时,无须停机另外加装或拆卸延伸熨平板。同时,在最小摊铺宽度(基本熨平板的宽度)时,摊铺层将受到两次压实,所以混合料的初始压实度较高;但在摊铺较宽的路面时,由于延伸熨平板与基本熨平板间有一重合段,在该处的混合料要受到两次振实,而非重合处仅受到一次振实,因此,在摊铺层的全宽范围内初始压实度就不均匀;又因基本熨平板与延伸熨平板离螺旋分料器的距离不等,故而挡料板前的堆料高度就不一致,这都将影响摊铺层的质量和压实路面的平整度。

熨平板宽度是依据施工现场的路面摊铺层宽度、作业方式进行调整的,同时还要考虑有无路拱和两机作业以及两次通过的重叠量的大小等因素。尽量减少拆装摊铺机熨平板的次数,当拆装次数不能减少时,应减少拆装的工作量。当摊铺层有路拱时,应在第一次通过时将路拱铺出,然后根据两侧的剩余宽度来调整熨平板的组合宽度,统筹兼顾,合理安排。如果摊铺层外侧有路缘石或者其他构筑物,且又无法用一次组合宽度铺完时,应将最外侧先行摊铺好,然后调整熨平板宽度,将最后一次通过放在接近中心处,否则机械无法通过。

④熨平板加热装置

摊铺机进行摊铺作业之前,如果熨平板加热温度不够或加热不均匀,摊铺时会造成温度较高的混合料与温度较低的熨平板黏结,使得摊铺层面出现拉毛、小坑洞、深槽等不规则的凹凸不平。因此,摊铺前熨平板温度必须加热到85~90 ℃。

摊铺机熨平板的加热方式一般为燃气式和电加热式。燃气式加热速度快,而电加热式则更加简洁方便,如ABG型摊铺机多采用燃气式,而福格勒公司的S2500型摊铺机熨平板采用电加热。

ABG公司生产的摊铺机熨平板的加热系统如图7.16所示。

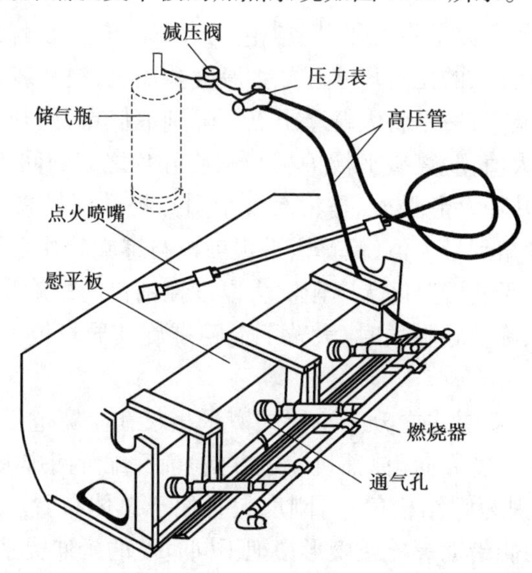

图7.16　ABG公司生产的摊铺机熨平板加热系统

3. 沥青混凝土摊铺机电液调平控制系统

沥青摊铺机在摊铺作业时,熨平板通过两侧牵引大臂由主机牵引,熨平板处于浮动状态。这种浮动式熨平板对路基不平度具有初步的滤波和滞后效应,具有一定的调平功能,但只能消除波长较小的凹凸。如果要使路面的摊铺平整度完全不受基层的影响,就必须在摊铺过程中根据基层的高低不平随时调节牵引大臂牵引点的垂直高度,并保证摊铺仰角为初始值。熨平板配置自动调平装置的目的就在于此。

1956年,美国堪萨斯州高速公路委员会的一名工程师发明了第一套摊铺机调平控制系统。该系统是一套手动调平装置。纵坡是靠基准线和一个指示器来标志;横坡是靠安装在横梁上的较重传感器和一个指示器来指明。纵坡调节就是基准线挂在摊铺机一侧,指示器装在牵引梁枢铰点附近并作为参考点搭在基准线上。当摊铺机行走在高低不平的基层上时,指示器随着上下移动,此时,操作人员通过旋转手动厚度螺钉即可保证摊铺出较平整的面层。横坡调节就是将一根横梁跨装在摊铺机两侧,并连接在两侧参考点上。带有指示尺的传感器装在横梁的中间,指示点可沿相应的指示器移动。当拱形确定之后,相应的指示点就被初定在某一参考点位置处。当指示点随着路面形状上下移动时,此时另一边的操作人员通过调节手动螺杆来阻止指示点的移动,从而保证摊铺出符合设计要求的路面。

随着公路建设的发展,对路面平整度的要求越来越高。众多沥青混凝土摊铺机生产厂商在上述手动调平装置的基础上,设计了众多基于闭环控制技术,由电液控制系统驱动的自动调平系统。根据控制方式的不同,自动调平控制系统经历了开关式、比例式和比例脉冲式3个不同的阶段。

①开关式自控系统。以“开”、“关”的方式进行调节,无论检测的偏差大小,均以恒速进行继续控制。其结构简单,价廉,使用方便,但调节的精度较低。

②比例式自控系统。根据信号偏差的大小,以相应的速度进行连续调节。它不会因“搜索”、超调等原因出现振荡现象,可使摊铺路面获得较高的平整度。但它的结构精度要求高,造价昂贵。

③比例—脉冲式自控系统。这是在开关式自控系统的基础上改进的新型调平方式。它在恒速调节区和死区之间设置了一道脉冲区,脉冲信号根据偏差的大小成正比例的变化,经过处理以后可以来驱动调平油缸。显然这一种方式综合了上述两种型式的优点,控制精度高、价格便宜、经济耐用,目前应用广泛。其最小纵向高度分辨率 $\leqslant +0.3$ mm,最小横向坡度分辨率 $\leqslant \pm 0.02\%$。

1)结构与工作原理

自动调平装置由控制器(包括传感器和调节器)、液压缸、换向阀、传感器、平均梁等组成如图7.17所示。

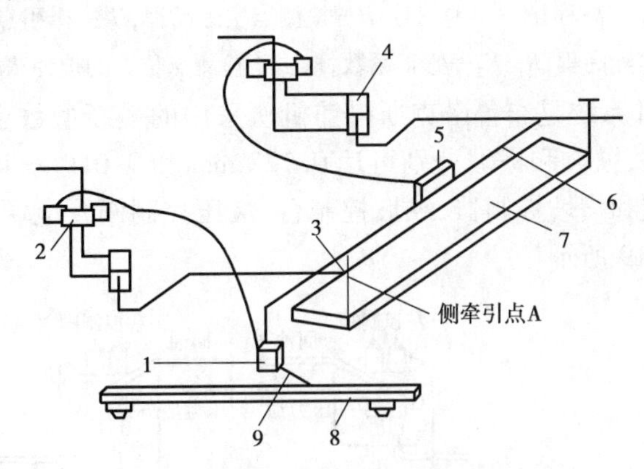

图7.17 摊铺机自动调平装置结构示意图

1—纵坡控制器;2—电磁换向阀;3—纵坡控制器支架;4—液压缸;5—横坡控制器;6—横坡控制器支架;7—熨平板;8—移动式平衡梁;9—纵坡传感器摆杆

自动调平装置利用安装在熨平板上的纵向及横向控制器,以事先设置的钢丝、尼龙绳、滑杆或已铺设的路面、路肩为基准,在摊铺过程中,纵向、横向传感器能随时检测出路基不平整及其他干扰所引起的熨平装置上检测部位的高度偏差与水平偏差,产生电信号,再通过一系列信息传递(见图7.18),使机身两侧牵引臂上的牵引点上下移动,以抵消路基不平整或其他因素干扰所造成的影响。例如,当摊铺机行进在左侧有凹处、摊铺机左侧及牵引点A(见图7.17)下降、熨平板左侧下降,使摊铺层表面有降低趋势。当A点下降时,纵向控制器支架及纵向传感器也下降,但纵向基准固定不变,搭在纵向基准上的传感器栅臂侧转动,并产生一偏差信号,经过纵向调节器处理后推动电磁阀,使左边液压缸下腔进油,随之A点、纵向控制器支架上升,工作角α恢复到原来数值,传感器亦回到原位,偏差信号消失,液压缸停止工作。此时,尽管机架左边已下降,但熨平板并未下降,工作角α保持不变,因而保持了原来的摊铺高度。右侧的调节与左侧相似,所不同的是,它采用横向调节器和传感器,以检测出熨平板横向角度的变化。即,一旦外界干扰引起熨平板角度变化,横向传感器立即有偏差信号发出,经横向调节器、电磁阀控制右侧液压缸,相应改变右侧牵引点的位置,直至熨平板恢复到原来设定的横坡上。熨平板的工作角和倾角被纵横向控制器控制在理想的、稳定的数值上,从而保证了摊铺路面的平整度和横坡度。

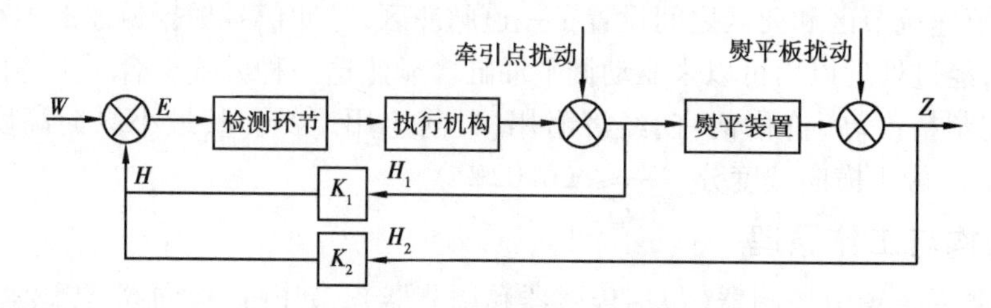

图7.18　摊铺机自动调平控制系统原理图

W—检测点设定高程;E—误差信号;H—检测点实际高程;H_1—牵引点实际高程;

H_2—熨平板实际高程;K_1,K_2—修正系数,取决于检测点位置的选择 $K_1=1/3\sim1/9$

Blaw—Kontrol Ⅱ系统是布鲁诺克斯摊铺机所采用的最新型数字式自动调平控制系统,控制精度较高,纵坡和横坡分别可达0.127 mm和0.01%。该系统主要由纵坡和横坡传感器、纵坡和横坡控制器、纵坡控制台、液压控制阀及电源开关盒组成,系统的组成简图如图7.19所示。

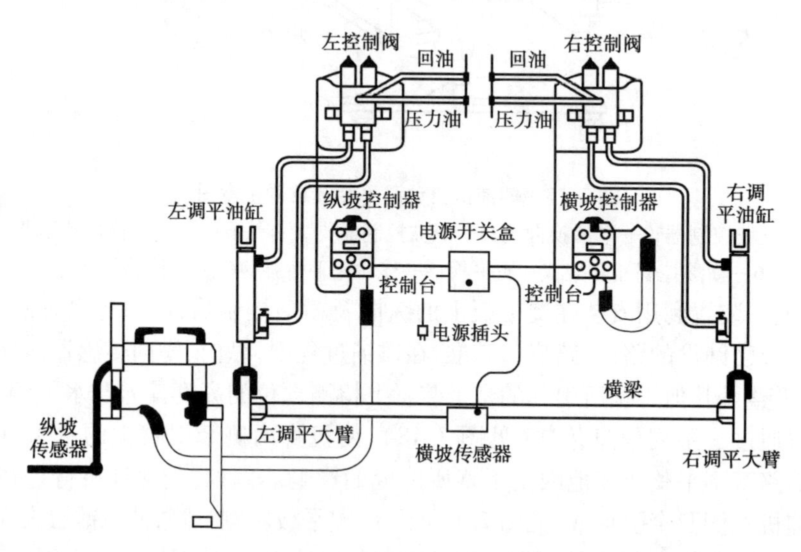

图7.19　Blaw-Kontro Ⅱ自动调平系统原理图

2)使用方法

(1)纵横向控制器的选用

①当摊铺宽度大于6 m时,应采用双侧纵向控制器,以防止熨平板结构刚度降低产生变形而引起控制系统精度降低;当摊铺宽度小于6 m时,一侧采用纵向控制器,另一侧采用横向控制器。

②多层结构路面摊铺,第1层和第2层摊铺采用线基准,单侧或双侧采用纵向控制器;表层摊铺可采用面基准,单侧或双侧采用纵向控制器。

(2)控制器设置的位置及方向

控制器设置位置对自动调平的效果影响很大。如果控制器设置在熨平板后沿处,它将随熨平板仰角的变化而上下移动,从而也就无法检测出厚度偏差并加以调节。如果控制器设置在牵引臂拖点附近,熨平板仰角的较小变化量,在控制器处会造成较大幅度的上下移动量,从而使调节过量和造成不必要的调节。

自动调平装置考虑以上影响及摊铺机空间的限制,一般情况下将横向控制器固定在熨平板前面螺旋上方处,有的摊铺机设在操纵台的前方,这种设置方法是由于横向控制器对偏差非常敏感,使用时可降低灵敏度。纵向控制器设置可调,纵向控制器的支撑臂在熨平板侧面的套管内可前后作180°旋转,支撑臂的长度可在2 m范围内调节。所以设置纵向控制器时应当注意不可设置在熨平板的后面,必须设置在熨平板的前方,且距熨平板后沿距离以牵引前铰点至熨平板后沿的1/3为宜。纵、横向控制器的正面必须与摊铺机前进方向相反。

(3)熨平板工作角度的调整与选用

要确保摊铺层维持一定的厚度,熨平板必须具有一定的工作角度。工作角度是指摊铺机在前进方向上与基准线之间的夹角。在摊铺施工过程中,当摊铺速度、振捣频率、振幅、混合料性质、温度及高度一定的情况下,对应一个相应的工作角度,这个工作角度的取值,一般是通过试铺后确定下来的。

当摊铺机按要求就位以后,先将自动调平按钮打到“手动”位置,然后调整调平缸,让熨平板前沿稍微抬起,从而产生一个小的仰角,然后进行进料、开始摊铺。等摊铺机走出一段距离后,测量摊铺层的厚度,若厚度小于要求的松铺厚度时,应适当调整调平缸,以加大工作角;若厚度大于要求的松铺厚度时,须适当减少工作角度。这样作反复调整,直到摊铺层厚度恰与要求的松铺厚度相等。此时的工作角度即为正式摊铺该层时应选用的工作角度数值。

注意事项:

①每调节1次,需摊铺机至少要已铺筑5~8 m而且铺层厚度已经基本稳定时,再在熨平板后沿附近测量厚度,否则所测量的厚度不具有代表性。

②在调整工作角度过程中,当自动调平装置中的调平缸的伸出或缩回已经达到其行程的极限位置附近时,将会影响自动调平系统在某一方向上减薄或增厚的调节功能。此时,应当调整厚度调节机构,使调平缸活塞杆处于行程中部附近的位置。

③对于伸缩式熨平板装置,伸缩板相对非伸缩板高度位置的调节应与初始工作角度的调整同时进行,工作角度调整好后,伸缩板与非伸缩板后沿的标高都应能达到各自位置处的松铺层的表面标高。

4. 找平基准

目前,铺筑沥青路面使用的找平基准主要有 4 种形式:一是固定基准,即悬线法;二是接触跨越式浮动平衡梁基准;三是非接触式电子平衡梁基准;四是滑靴。大量的工程实践证明,在下面层、中面层采用悬线法,中面层、上面层采用接触跨越式浮动平衡梁或非接触式电子平衡梁铺筑的效果良好。

1)固定基准(悬线法)

该系统的基准是固定的,适用于较大范围内准确地控制设计标高,纵横坡度,路面厚度和平整度,是沥青摊铺机最早使用的一种调平形式。挂线调平系统由挂线、触臂、纵坡传感器、横坡传感器、控制器等组成。触臂以一定的角度(一般为 45°)搭置在挂线基准上,当摊铺机遇到不平度发生升降时会改变触臂的搭置角度,从而使传感器感知位置的变化。这种方式采用直径为 2.0 ~ 2.5 mm 的钢丝绳,200 m 为一段,立杆间距 5 ~ 10 m,弯道处应加密,要高于铺层 75 ~ 150 mm,埋设牢固,距铺层边缘 160 ~ 500 mm,张紧力需在 800 ~ 1 000 kN。整个作业期间应有专人看管,严禁碰撞钢丝。

固定基准工作原理如图 7.20 所示,挂线调平系统是通过控制待铺层面与基准线之间的高程差 ΔH 来控制待铺层面的平整度、厚度和高程等技术指标。当摊铺机在行进的过程中遇到一个向下凹陷或向上凸起的不平度 Δh 时,会引起待铺层面的牵引臂相对基准上下运动,纵向传感器通过触臂探测到牵引臂的升降并把信号反馈给调平控制器,控制器根据偏差信号的大小向摊铺机大臂升降油缸的电磁控制阀发出升或降的信号,调整熨平板牵引点的高度,使熨平板的牵引角 γ 增大或减小,熨平板上受力平衡被破坏,由于熨平板处于浮动状态,为使所受力系重新达到平衡状态,熨平板会自动调整牵引角 γ,使其减小或增大,熨平板的工作仰角 α 随之减小或增大,直至力系达到新的平衡,铺层的厚度相应地得到增加或减小,从而保证铺层的平整度。

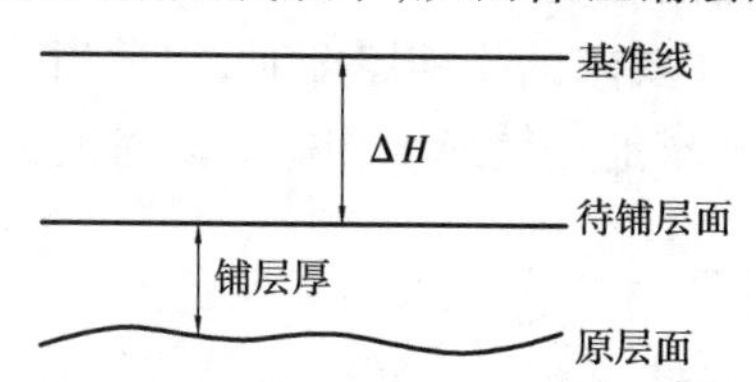

图 7.20 原层面、待铺层面、基准线之间的关系

这种调平方式的基准是绝对基准,能较好地补偿铺层的高程误差,在基层和下面层的摊铺中非常有效。

但是,为了保证钢丝绳的标高绝对准确,理论上要求其张紧力无限大,但是实际施工过程中，钢丝绳上所受的张紧力不可能无限大；另外，为了适应一天的工作量，每侧至少要准备2条钢丝绳来回更换，其测设工作量相当大，效率较低，人为干扰引起的误差在所难免，会给摊铺质量造成一定的影响。

2）接触跨越式浮动平衡梁

这种调平基准属于浮动的基准，随着摊铺机的行走，调平基准也在移动。平衡梁由前、后平衡梁组成，分别位于摊铺机的前面和后面，在基准面和摊铺面上滑行。前后平衡梁的结构一致，如图7.21所示。单片平衡梁主要由4部分组成：前着地部分、后着地部分、前后的联接横梁和牵引横架，前3部分中各结点均采用可任意旋转的轴联接。一般前着地部分由8组滑靴组成，浮动梁通过弹簧支承在滑靴上，可上下浮动。

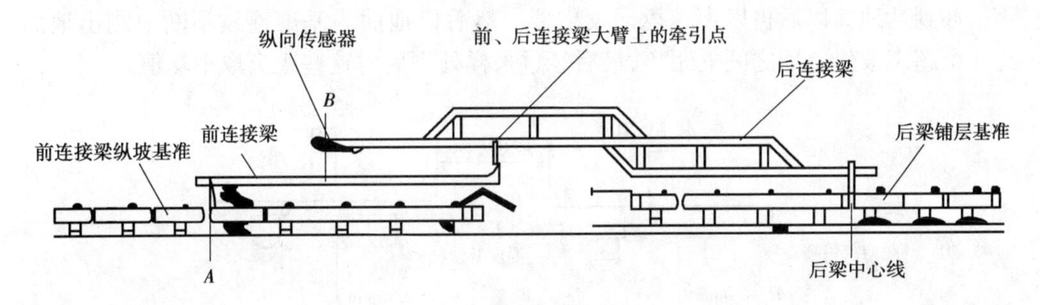

图7.21 平衡梁的结构示意图

由于平衡梁的滤波作用，系统调平的基准实际是较大范围基准面平整度的一个平均值，这就能够避免许多局部区域较小的随机不平度对调平系统的影响；同时在遇到整体较大的不平整度时可以得到平滑过渡，从而减少基准面对铺层的平整度传递，得到良好的铺层平整度。因此，平衡梁调平系统多用于高等级公路中上面层的摊铺中。

为保证面层整体平整度，中面层、上面层用平衡梁。为提高平整度，应尽量加长平衡梁的长度，注意滑靴和平衡梁行走轮不要粘有沥青，以防影响摊铺层的平整度。浮动平衡梁有很好的滤波作用，避免了固定基准折线和人为误差的影响，大大提高了路面平整度。跨度16～17.6 m的平衡梁要求是直线摊铺，摊铺弯道时要求弯道的半径大于600 m，否则由于弯道的变化引起平衡梁滚轮和滑靴产生较大的扭矩而发生横向位移，不但起不到平衡作用，反而破坏整个平衡系统，摊铺出的路面厚薄不均匀，影响路面的平整度。因此在摊铺半径小于600 m的弯道时，除摊铺机转向应缓慢过渡外还应拆掉部分平衡梁，使其平衡梁的长度变小，减少平衡梁横向位移的发生，提高路面的平整度。在用浮动平衡梁铺横缝时，由于此时平衡梁的后半部分是在已经摊铺压实好的路面上，在摊铺前应在平衡梁滚轮下垫一块长6 m宽20 m，厚度与虚铺系数相等的木板，摊铺机起步时打开平衡梁自动调平系统开关。因为正常使用平衡梁时其后半部是在未压实的虚铺路面滚动，如果此时不垫木板，使用平衡梁自动调平系统会使铺出的路面厚度减小。

3)非接触式电子平衡梁

非接触式电子平衡梁目前有激光式和超声波式。

(1)超声波式平衡梁

超声波式平衡梁的超声波探头间距应不小于60 cm,探头下缘距地面以80～100 cm为宜,超声波探头探测区域半径为30 cm,所以在探头的正下方半径30 cm内应无杂物。所配备的可调控制板,根据实际情况可调节灵敏度、增减铺层厚度数量和油缸升降反应速度。摊铺横接缝时可在后面探头下方设置等于松铺系数的木板,以达到接缝良好的目的。

如图7.22所示,工作前首先利用超声波测距原理先设定1个基准面:在摊铺机左、右两侧平衡梁上均朝下布置4个声呐传感器,声呐传感器发射器发出声脉冲,这些声脉冲到达地面以后再以声速返回发射器。然后以地面为基准连续不断地测出地面与4个超声波传感器之间的距离,最后经过采样处理后对这些距离取平均值。

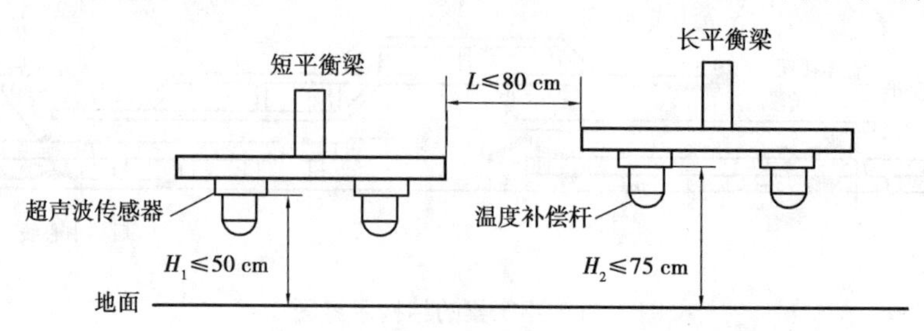

图7.22　超声波平衡梁安装位置

如图7.23所示,当摊铺机在凹凸不平的路面上工作时(设工作速度和供料均不变),与机架连接的牵引点也随之上下起伏变化。因此摊铺机每一侧非接触式平衡梁上4个超声波传感器的平均高度和角度与工作前的设定值之间将会产生偏差。偏差信号经过DSP控制器综合处理以后,系统通过控制电磁换向阀的油路流向来控制油缸活塞的上升和下降,通过改变高速开关阀的通断时间来控制油缸活塞的运动幅度,实现熨平板对路面波动的自动补偿,消除误差,保证路面对平整度和厚度的要求。

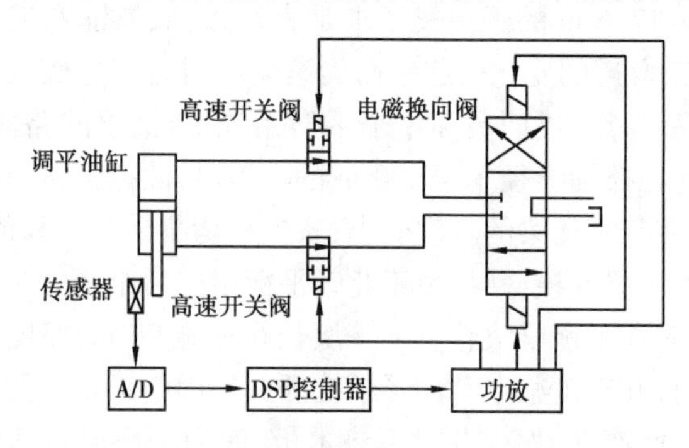

图7.23　摊铺机调平系统工作原理图

超声波非接触式平衡梁除了具有设计合理、结构简单、操作方便、控制精度高、便于施工与运输,受转弯半径、起步、收尾、接缝的影响小等特点之外,更适合改性沥青路面及其他特殊路段的摊铺控制。但是超声波在空气中的传播速度,受温度、湿度、风力以及含尘量等因素影响较大,因此其应用受到了一定的限制。

(2)激光式平衡梁

激光调平系统是利用激光扫描器采集一定长度范围内基准面的高低变化,经过过滤、平均,获得采集范围内基准面平均高度作为调平系统的虚拟基准。激光调平系统由数字控制器和激光探测元件构成。数字控制器的安装位置可以根据摊铺机操作手习惯选择。激光探测元件是激光扫描器,它既是激光发射器,也是激光接收器,其安装位置灵活,在高等级路面施工中一般安装在熨平板大臂上,位于螺旋分料器的前方。

它可以发射一组多达150束密集激光束构成一个激光扫描面,相邻的光束之间相隔1°,形成150个探点;另外,该系统允许用户根据需要设定扫描长度,设定范围为1~18 m。

其工作过程如图7.24所示。激光调平系统中的激光扫描器发射激光束 A,在基准面上反射,反射激光束 B 由扫描器接收,系统根据反射与发射的时间差以及激光束的倾斜角度计算反射点与激光扫描器的垂直距离,即

$$y_i = \frac{vt}{2}\cos\theta$$

式中 v——激光传播速度;

t——反射与发射时间差;

θ——激光束与铅垂线之间的夹角。

图7.24 激光式平衡梁中激光束的发射与反射

由于激光在空气介质中的传播速度恒定不变,只要保证时间差的测量精度即可保证垂直距离的计算精度。每条激光束相当于1个测距传感器,激光扫描器发射的激光束之间相隔1°,所以,实际扫描面是由多条密集激光束组成的一个扇形扫描面,扇形扫描面如图7.25所示。由扫描所得高度的平均值形成一个在扫描面内的虚拟调平基准,数字控制器根据熨平板相对于虚拟基准的变化来调整熨平板的升降,从而改变摊铺厚度,保证铺层平整度。

激光调平系统最突出的特点是采用激光作为探测距离的介质,由于激光在空气中

图 7.25　完整的扫描面

传播速度恒定不变,不需要对介质的传播速度进行定值检测校正,所以该系统测距精确,计算过程简单,易于保证计算精度,从而使获得的虚拟基准更加准确,且受环境因素的影响较小。对路基的扫描及其虚拟基准如图 7.26 所示。

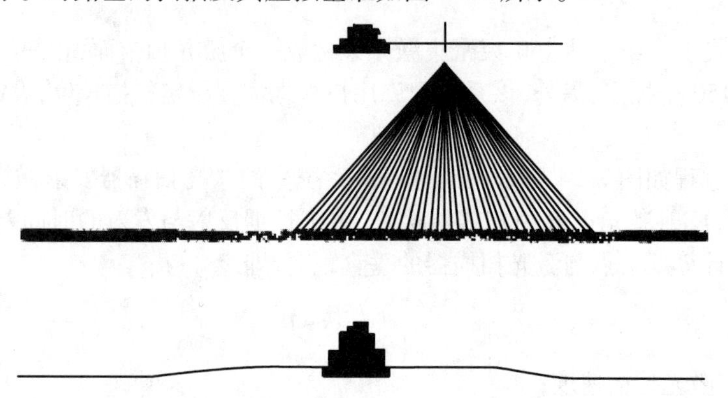

图 7.26　对路基的扫描及其输出的虚拟基准

此外,激光扫描器可以发射密集的激光束对基准面进行大范围的扫描,并且扫描过程是随摊铺机作业连续进行的,使数字控制系统对基准面的变化具有更早的预知性和更平缓、更稳定的过滤作用,进而获得良好的铺层平整度。

再者,由于扫描长度可调,施工时可以根据现场情况设定扫描长度。例如,在平直路段上采用较长的扫描长度可以在更大范围内扫描探测、采集基准面高程数据,并获得更好的长距离平均效果和路面平整度,这样不仅可以保证铺层的连续、光整,而且可以很好地跟踪基准面的纵坡和弯道自然变化,形成流畅变化的路面;在横向弯道或纵向坡道上施工时,可以根据弯道和坡道的缓急程度采用相应较短的扫描长度,这样可以准确地跟踪横向超高或纵向高程的连续变化,从而获得连续平整的弯道、坡通、匝道等。

由于系统是通过激光进行扫描,在能见度很低的情况下会严重影响激光的传输,从而影响系统的调平效果;另外,系统对摊铺现场管理要求较高,如果在扫描范围内出现过多的杂物或人员流动,这也会影响到激光的传输而使系统工作不稳定,影响调平精度。

4)滑靴

在传感器上直接安装小滑靴,替代摆臂。这时滑靴在已铺好的铺层或具备其基准条件的构筑物上滑行,此种方法常在接缝施工中采用。如果是冷接缝,滑靴以压实后的铺层做基准,但应设置在离边缘30~40 cm以内的铺层上;如果是热接缝,滑靴可以设置在未碾压的铺层上或铺层边缘内。

【任务实施】沥青混凝土摊铺机的维护、监控与故障诊断

1.沥青混凝土摊铺机的安装与保养

下面以ABG423型沥青混凝土摊铺机为例,来说明沥青混凝土摊铺机的安装与保养影响过程。

1)摊铺机的安装

(1)操作棚安装

棚布边上带有拉条的操作棚安装时应朝前、后方向。棚布边上带有拉环的操作棚安装时应朝左、右方向。

(2)螺旋输料器规格、安装及检查

①选配

A.螺旋输料器高度根据摊铺厚度而定,摊铺厚度增厚或减薄时,应提高或降低液压马达吊挂箱高度,调整到最佳位置时,拧紧固定螺栓。

B.螺旋输料器宽度根据摊铺宽度而定。最终被选调螺旋输料器的端头与熨平板边板距离应在30~75 cm范围内。

②调整无特殊技术要求,主要掌握轴心同心。

③检测螺旋输料器处在工作状态时,尽量调整到旋转平稳(根据经验用手感觉螺旋输料器前挡料板振动力而定)。

(3)摊铺厚度的设置及调整

①摊铺厚度的设置

摊铺机根据熨平板所垫高度,电脑自动确认,但纵坡仪指示灯必须调整到熄灭状态。

②仰角的调整

仰角浮动标尺后辅助调整螺钉设置为零时,前浮动标尺显示刻度即为摊铺厚度:摊铺厚度超出前仰角浮动标尺指示范围时,必须调整仰角浮动标尺后辅助螺钉(后辅

助调整标尺显示 1 个刻度相当于前浮动标尺显示 5 ~ 8 个刻度)。摊铺厚度 8 cm 以内时,仰角辅助调整螺钉必须调整到零的位置。

③仰角浮动标尺的设置

压实厚度 + 摊铺机虚铺系数(参照摊铺机振动频率而定) + 设定数据(一般 3 ~ 5 cm)—仰角辅助调整刻度。

(4)振捣锤的工作原理及安装

①振捣锤在液压马达驱动下,产生振动,从而增加摊铺密实度。

②振捣锤的选配坡面小的靠近熨平板安装,坡面大的靠近坡面小的安装。

③振捣锤的安装。

A. 加接 25 mm 或 50 mm 熨平板捣锤时,只能选择捣锤一边螺孔进行固接。

B. 临近捣锤接触侧面必须水平一线,并靠近熨平板防护条。

C. 临近捣锤板接触底面必须水平一线。

(5)捣锤连接轴与振动连接轴选配及安装

①选配捣锤连接轴(最长、最短),剩余的为振动连接轴。

②捣锤连接轴安装从熨平板一端起,以所标字母“H”为记号,按一定旋转方向每根连接轴相隔 90°。

③振动连接轴安装从熨平板一端起,以轴键内六方螺钉为记号,按顺序成一直线安装。安装熨平板和护料板支撑杆时,调整端必须超前或超上,留有充分的调整空间。

(6)履带的检查及调整

①检查观察前导向轮与前拖轮自然垂度应为 1.9 ~ 3.0 cm。

②调整用油管连接仰角液压油缸与履带张紧阀孔,打开油缸旁通开关,使用仰角液压油缸手控开关,利用液压油自动张紧。如紧度大时,也同样利用履带张紧阀放松。

(7)影响摊铺平整度因素

①由于振动器工作离心力的作用,熨平板惯性力也随振动器液压马达转速的改变而改变,所以在摊铺过程中振动器的液压马达转速应保持不变。

②行走速度应保持匀速。

③振捣锤转速应保持匀速旋转。

2)摊铺机的保养

(1)摊铺机使用油品标号

①柴油　国产必须符合标号的 - 10 号或 - 10 号以下(按照德国 DIN 标准规定,柴油含硫量不得超过 0.30%)。

②长城牌机油。

③润滑脂,美孚润滑脂,MP 等级 NLGI-2(必须耐高温,流动性好)。

④双曲线齿轮油 (9AE-90)。

⑤美孚牌防冻液。

(2)发动机保养

①机油及机油滤芯

A. 对于新发动机或再次投入使用的发动机,50 工作小时予以更换。

B. 正常使用发动机,1 500 工作小时予以更换。柴油滤芯根据发动机情况来定,工作满 300 h(说明书规定 1 000 h)必须更换。

②主滤清器滤芯的保养

主滤清器滤芯的保养最好是按真空计指示需要时进行。因过于频繁的拆卸和安装滤芯可能会损坏滤芯和滤清器之间的密封,因此只有在红色警告信号指示其需要时才能进行清洗或更换滤芯。当滤芯已清洗过四五次或积炭过多则应更换新品,在卸下滤芯后切勿用压缩空气吹入滤清器壳内,主滤清器的保养次数应记录在适当的图表上。

3)摊铺机常见故障分析

(1)摊铺机启动后只能一个方向行驶

行驶驱动油泵的比例控制电磁阀短路或断路,更换电磁阀;作用于前后方向行驶的继电器 K7 接触不良,更换电磁阀。

(2)液压油温报警

ABG423 型摊铺机的液压油温度高是普遍现象,排除方法如下:保证良好通风,将两旁边板打开;清洁冷却器。为保证液压油的正常冷却,油冷却器应在每工作 250 h 后进行清洗,先使用一种溶剂将污垢予以溶解,再使用软管用水冲洗。冲洗方向应与气流方向相反,即从冷却器的排气侧进行;发动机的汽缸散热肋板进行清洗。清洗后应让发动机运转几分钟,将残留的水加热蒸发以防止生锈。

(3)中央润滑装置故障

启动液压泵以后,螺旋布料器不工作。检查电源和保险丝以及电源的电压和电流,如果无电压,则应顺着连接电线检查。

排除故障:如果有电压而泵仍不工作则需更换泵。

2. 沥青混凝土摊铺机工作状态远程监控系统

1)沥青混凝土摊铺机远程监控系统的功能

伴随着科技的进步和现代施工项目大型化的要求,新一代摊铺机不仅需要实现集成化、智能化控制,而且必须能够组成基于网络的智能化控制系统,以获得项目施工的高效、低耗,并在尽可能短的时间内完成施工项目任务,实现远程测量控制。

智能化摊铺机中的主要作用是向中央控制系统发送摊铺机的工作状态,以便于中央控制系统对工程进行智能管理和控制。具体来说,它主要完成以下工作:

①完成施工工地摊铺机的作业速度和时间等信息的采集;

②根据需要,数据对话框能实时在屏幕上显示所需测量数据;

③经过处理后的数据，可以控制摊铺机的行走方向以及控制摊铺坡度；

④对多目标采集的信息和数据具有事后回放、显示记录的功能。

2）网络技术在沥青混凝土摊铺机中的应用

CAN 总线技术是德国 BOSCH 公司在 20 世纪 80 年代初，为了解决现代汽车中众多的控制与测试仪器之间的数据交换而开发的一种串行数据通信协议。它的短帧数据结构、非破坏性总线仲裁技术以及灵活的通信方式来源于工业现场总线和计算机局域网技术，从而适应汽车的实时性和可靠性需求。

目前，CAN 总线技术在成功移植到工程机械上以后，应用也越来越普遍。欧洲新开发的大型工程机械基本都采用 CAN 现场总线控制技术，大大提高了整机的可靠性、可检测和可维修性，同时提高了智能化水平。ABG 公司 1999 年底推出的 TITAN525 型摊铺机就是用 CAN 总线技术开发的，并在世界各地得到成功应用。

由于因特网具有成本低，传输速度快，具有较好的性价比，并且开放性好，各种资源能够得到充分共享，多用户可以并行操作等特点。如果利用 CAN 总线与 PC 机之间的数据进行通信，可以充分利用 CAN 总线和 PC 机各自的优势为整个摊铺机的远程在线监控系统服务。通过远程监控可以实现摊铺机运行数据的实时采集和快速集中，获得现场监控数据，为远程故障诊断技术提供物质基础；通过远程监控，工程技术人员无需亲临摊铺机工作现场就可以监控摊铺机的运行状态及各种参数，对摊铺机的工作过程进行精确控制，以保证机器的正常运行和良好的摊铺质量。

下面以国内有关机构和三一重工股份有限公司在国内首次开发的 LTU90A 型智能摊铺机为例，分析沥青混凝土智能摊铺机液压系统远程在线监控系统。

3）沥青混凝土摊铺机远程监控系统的功能

（1）节点设计

摊铺机作为一种自动化程度非常高的公路施工机械，能否在环境相当恶劣的条件下正常、可靠、稳定地工作，很大程度上取决于各个单片机子系统能否可靠、稳定的通信。根据 LTU90A 型摊铺机的特点，对控制系统、人机交互系统和远程通信系统的各种输入、输出量的关系进行了深入、细致的研究和测量，得出了如图 7.27 所示的 LTU90A 型沥青混凝土摊铺机 CAN 总线结构图。

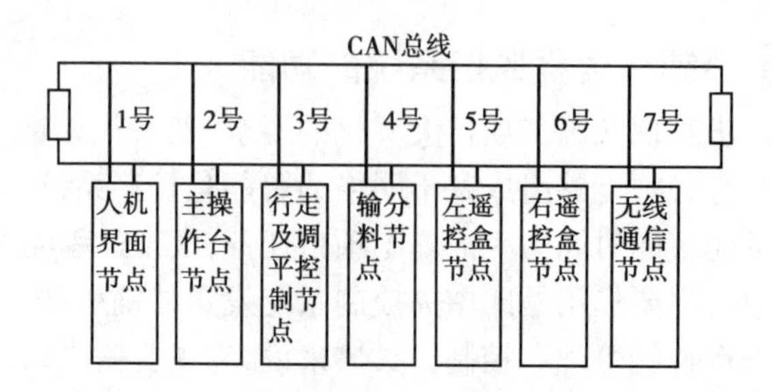

图 7.27　LTU90A 型摊铺机控制系统结构图

图中所示的摊铺机各功能模块，如人机界面系统、主操作系统、行走及调平控制系统、输分料控制系统、遥控系统、无线通信系统等在 CAN 总线上都是以节点的形式进行定义，保证了和部分数据的即时传输。

为了对 LTU90A 型摊铺机进行远程在线监控，将摊铺机上的 CAN 总线和互联网作如图 7.28 所示的互联。整个系统由数据传输端、客户端和服务器端组成。

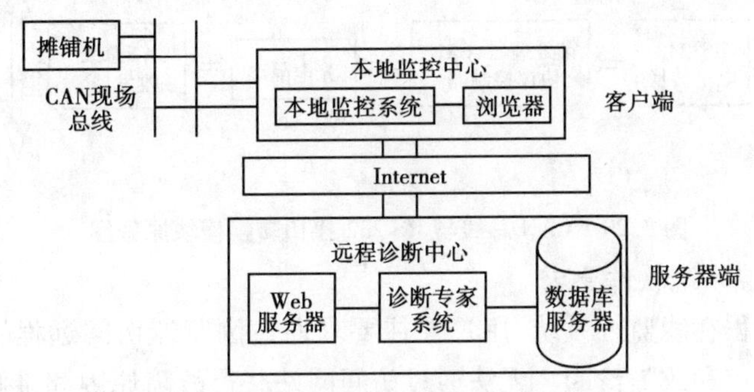

图 7.28 远程在线监控系统结构图

(2)在线监控系统现场数据采集的硬件设计

现代摊铺机基本上都是全液压式的工程机械，工作机构较多，包括料斗、刮板输送器、螺旋布料器、熨平板等。常见故障一般都和相应的液压系统有关，故障现象、故障原因往往并不是一一对应的关系，一般需要采集的数据如表 7.1 所示：

表 7.1 LTU90A 型沥青混凝土摊铺机液压系统故障诊断

<table>
<tr><th>故障现象</th><th>可能的故障原因</th><th>需要采集的数据</th></tr>
<tr><td>系统不工作</td><td rowspan="7">油面太低
液压泵故障
溢流阀损坏
万向轴断裂
压力调节阀泄漏
液压系统混入有空气
马达磨损
液压油冷却器阻塞
滤清器滤芯污染
油泵转速太高</td><td>液压系统有无油压
马达能否工作</td></tr>
<tr><td>系统无压力或压力不稳</td><td>系统压力</td></tr>
<tr><td>马达转速小于额定值</td><td>马达转速</td></tr>
<tr><td>系统过热</td><td>系统温度</td></tr>
<tr><td>溢流阀有噪声</td><td>液压泵噪声</td></tr>
<tr><td>液压泵有噪声</td><td>溢流阀噪声</td></tr>
<tr><td>液压泵、液压马达动力不足</td><td>液压泵、液压马达转矩</td></tr>
</table>

为了利用 PC 机对 LTU90A 型摊铺机进行在线监控，考虑到在 LTU90A 型摊铺机 CAN 总线系统和 PC 机中的数据终端设备(DTE)和数据通信设备(DCE)接口较多，采用RS-232接口来完成通信，CAN 总线和 PC 机的接口如图 7.29 所示。CAN 总线数据的接收与发送由 CAN 控制器和 CAN 收发器完成，RS-232 接口数据经过电平转换模块

后由微处理器进行接收和发送。微处理器主要负责数据打包和数据转换。但是RS-232接口抗干扰能力较低，而摊铺机的工作现场条件比较恶劣，为了提高数据传输的抗干扰能力，提高系统的可靠性，在RS-232接口和CAN总线之间设置了光电隔离装置。

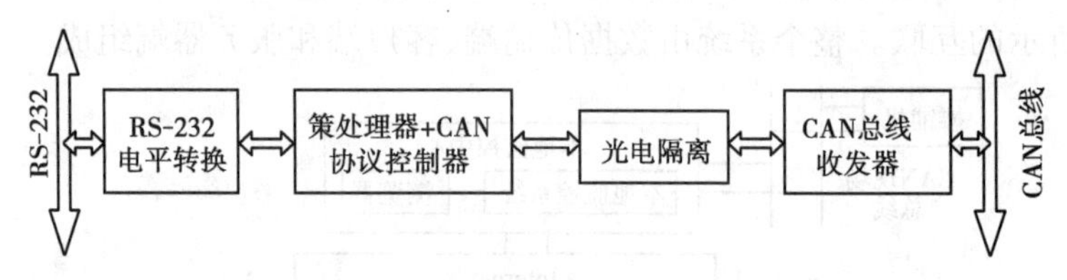

图7.29　CAN总线与RS-232接口转换模块原理图

(3)在线监控系统软件要求

作为一种远程在线监控系统，用户往往要求通过浏览器访问远程故障系统网站，对摊铺机进行监控和故障诊断。无法通过访问网站获得故障原因和维修方案时，用户需要采集设备现场工作的各种参数，通过Internet传送到远程诊断中心，并联合异地专家进行人工诊断。

在线监控系统数据库软件体系结构可以采用B/S(Browser/Server，浏览器/服务器)模式或者C/S(Client/Server，客户机/服务器)模式。在B/S模式下，用户工作界面是通过IE浏览器来实现的。B/S模式最大的好处是系统维护比较简便，能实现不同的人员，从不同的地点，以不同的接入方式(比如LAN，WAN，Internet/Intranet等)访问和操作共同的数据；最大的缺点是对企业外部网络环境依赖性太强，由于各种原因引起企业外部网络中断都会造成系统瘫痪。C/S模式简单地讲就是基于企业内部网络的应用系统，与B/S模式相比，C/S模式的应用系统最大的好处是不依赖企业外部网络环境，即无论企业是否能够上网，都不影响应用，安全性较高，但是在系统维护、数据共享、数据扩展等方面存在致命的缺点。两种模式用户可以根据需要自行选用。

3. 沥青混凝土摊铺机综合故障诊断与检修

沥青混凝土摊铺机液压系统产生故障往往是多方面因素综合影响的结果，所以在分析故障之前必须清楚整个摊铺机的结构、原理和工作特点，然后根据故障现象进行判断。沥青混凝土摊铺机在工地上既缺配件又缺检测仪器，查找故障原因往往需要采取一些非常规手段。最常用的方法就是颠倒元件、去掉负载等，如果颠倒元件故障也随之颠倒，就证明是该元件出了问题；如果去掉负载，故障随之消失，往往是动力传动系统产生了问题。总之，有目的、有方向的逐步缩小故障范围，确定故障的区域、部位或某个电液元件是很必要的，切忌乱拆、乱修。

下面以ABG423型摊铺机为例，说明沥青混凝土摊铺机综合故障诊断与检修方法：

1)发动机无法启动

ABG423 型摊铺机发动机是道依茨 BF6M1013 型涡轮增压水冷柴油机,额定输出功率是 126 kW,额定转速 2 300 rpm。

(1)电路系统故障

启动电路由蓄电池、启动开关、启动继电器、启动电机等组成,造成无法启动原因如下:

①电瓶亏电。用万用表(放电器)测量,达不到要求,拆下充电;

②启动继电器保险片 f5 烧断,打开操作台更换继电器保险片;

③熄火电磁阀卡死。拆下电磁阀,更换。

(2)供油系统故障

供油系统原因有以下几方面:

①柴油中有气泡或油量少,放气螺栓放气或加足油;

②柴油滤芯堵塞,更换滤芯;

③单体泵不泵油或高压油管损坏,逐个拆下高压油管判断,然后更换。

2)料斗不能正常合拢

摊铺机有时会发生两侧料斗不能正常合拢的情况,除少量是机械(料斗被卡住)和电器故障(电器开关接触不良等)外,一般是液压系统故障,原因可能是:

①料斗缸推力不足。原因是料斗缸内液压油泄漏。首先应检查活塞密封圈,密封圈的老化或磨损都会造成料斗缸推力不足,必要时需更换;如果密封圈没有问题,则需检查该缸筒与活塞的间隙,缸筒磨损可使间隙过大,使料斗缸推力变小。

检查中若发现料斗缸内没有液压油,则可能是溢流阀故障导致其长期处于打开状态,使得料斗缸内没有油流入。此时需检查溢流阀内是否有脏物进入。

②液压泵的供油压力不足。一般是液压泵泄漏所致,若是液压泵本身磨损为内泄,若是密封件磨损则为外泄,必要时应及时更换磨损部件;此外,因液压油过少或液压泵滤油器堵塞而造成液压泵不吸油,同样会降低供油压力,此时泵在运转时会发出较大的噪声,因此可根据泵齿轮的啮合声音是否正常进行判断。

3)刮板输送器停转

①检查刮板输送器油泵到输料马达之间的油路是否存在泄漏和堵塞现象;

②检查电磁阀线圈通电回路是否存在保险丝断路、继电器损坏、电源线接触不良等现象;

③检查刮板输送器底板、链轮、链条传动机构、减速器等位置。并可通过触摸外壳温度、监听异响的方法初步确定故障部位,并对各部件进行详细检查。

4)行走故障

(1)摊铺机启动后只能一个方向行驶

行驶驱动油泵的比例控制电磁阀短路或断路,更换电磁阀;作用于前后方向行驶的继电器 k7 触点接触不良,更换电磁阀。

(2)摊铺机不能直线行驶

喇叭声响、速度传感器控制灯亮,即是速度传感器出现故障。排除方法:检查 f4 保险丝,清洁传感器或更换传感器。转向电位器调节不正确或发动机转速太低。排除方法:调节电位器或提高发动机转速。

(3)转换至转场速度位置时不起作用

原因是至电磁线圈的电流中断,排除方法:检查 f9 保险丝或检查电缆。

5)螺旋布料器不工作

摊铺机有时会发生左、右布料器不工作的情况,除了可能发生电路故障和机械传动系统故障以外,应检查液压系统中油量是否充足。油液性能是否良好,滤油器有无阻塞。导致螺旋布料器不工作的液压系统故障可能有以下原因:

①螺旋分料器两端轴承损坏。一般是因为轴承外面的油封和尘封套损坏。混凝土进入以后,引起螺旋分料器卡死或阻力过大,致使轴承损坏。可更换轴承、油封和尘封套,加注新的润滑油,即可使用。

②链条过长。当被拉长到一定程度时,链条会在链齿一链齿箱壳体之间被卡死。这时需要更换新链条,加注润滑油。

③行星减速器损坏。将螺旋分料器和齿轮箱盖拆下,试转动主动链轮。若不能转动、拆下主动轮即会发现行星减速器损坏情况。个别齿轮、齿圈加工质量不好,影响使用,一般需要换总成。

④液压泵、液压马达故障。若液压泵损坏,则液压表指示偏低或者为零;若是液压马达损坏,则指示表偏低,且损坏的一边无动作,均需更换总成。

6)熨平板提升困难

沥青摊铺机在工作过程中出现熨平板提升无力或无动作的故障后。首先检查发动机工作是否正常。如果发动机功率输出下降,根据具体故障现象,诊断影响发动机功率输出低的因素,排除发动机故障。现以熨平板提升与料斗开合均不能动作为例。对液压故障进行排查。

①检查液压过滤器。

②测量熨平板提升回路的工作压力。

③拆检熨平板提升回路中的安全阀和 2 个先导阀。

④拆检熨平板升降安全阀。

⑤拆检工作泵。

⑥拆检液压缸。

【知识拓展】PWM 脉宽调制技术在沥青混凝土摊铺机中的应用

随着现代工业自动化程度的提高,液压技术与计算机技术、电子技术的融合已经成为必然的趋势,数字化液压元件的开发应用将是今后液压技术发展的一个方向。PWM(Pulse Width Modulation)液压阀,又称为高速开关阀,作为一种新型的数字式电液转换控制元件,具有价格低廉,抗污染能力强,工作可靠,重复精度高,成批产品的性能一致性好等特点,因此在国外已被广泛地应用于汽车、工程机械、农业机械等许多方面。PWM 液压阀与伺服阀、比例阀的主要特点和性能对比情况分别如表 7.2 和表 7.3 所示。

表 7.2　PWM 液压阀、比例阀和伺服阀的主要特点比较

项　目	结　构	控制精度	响应速度	与电子电路的配合	价　格	抗污染能　力
PWM 液压阀	简单	差	快	很好	极低	极强
比例阀	较简单	较好	一般	较好	较贵	较强
伺服阀	复杂	好	慢	不太好	很贵	弱

表 7.3　PWM 液压阀、比例阀和伺服阀的性能对比

名　称	介质过滤精度/μm	阀内压力降/MPa	稳态滞环/%	重复精度/%	频宽/(Hz/-3dB)	中位死区	价格因子
伺服阀	3	7	1~3	0.5~1	20~200	无	3
比例阀	25	0.5~2	1~3	0.5~1	~25	有	1
PWM 液压阀	25	0.25~0.5	—	—	—	有	0.5

1. PWM 液压阀工作原理

PWM 液压阀的结构和普通的电液控制阀并无本质区别,PWM 液压阀由于其阀芯的质量和行程都很小,因而能以很高的响应速度来跟踪控制信号,便于微机和各种单片机进行实时控制。

PWM 液压阀的控制原理如图 7.30 所示。脉宽调制器将输入的控制信号与载波信号比较后,转换为周期为 T 的脉宽调制信号。图 7.30(a)中的 U 为计算机计算输出

的控制信号，通过将控制信号与计算机输出的另一系列作载波信号的锯齿波信号 V 作比较。如果在某一时刻 U 的值大于锯齿波 V 的值，则 PWM 液压阀开启，否则关闭。随后得到图 7.30(b) 中所示的一系列控制指令，将这一系列控制指令施加到 PWM 液压阀的电磁线圈上，在高电平期间，有流量 q 通过，其余的时间内则无流量通过。高速开关阀采用脉宽调制原理来控制其平均流量，由于时间 T 非常小，常为 0.01 ~0.15 s。因此，可用平均流量来表示这一时间内 PWM 液压阀的输出流量。

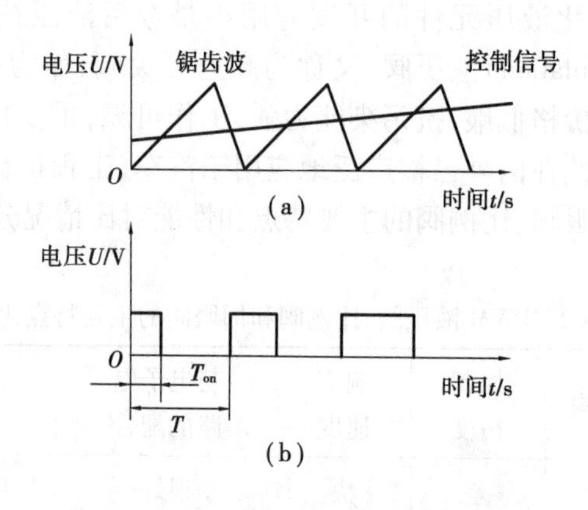

图 7.30　PWM 液压阀的控制原理图

$$q = C_d A \tau \sqrt{\frac{2\Delta P}{\rho}}$$

式中　C_d——流量系数；

A——阀口的开口面积；

τ——一个周期内的高电平时间 T_{on} 与周期时长 T 之比；

ΔP——油压差；

ρ——油的密度。

上式表明，PWM 液压阀的流量 q 与脉宽占空比 τ 成正比。脉宽占空比 τ 越大，通过 PWM 液压阀进入油缸的平均流量越大，油缸的运动速度就越快。而且脉宽调制信号可直接由计算机输出，PWM 液压阀能够直接以数字信号的方式进行控制，不必经 D/A 转换，计算机可以根据控制要求发出脉宽调制信号，控制 PWM 液压阀电磁铁动作，从而带动 PWM 阀开启或关闭，以控制液压缸液压油流量的大小和流向。

2. 摊铺机自动找平控制系统的发展

摊铺机自动找平控制系统对于提高摊铺作业质量具有举足轻重的作用。起初，所使用的找平控制器是机、液控制系统，依靠机械和液压阀的合理结构来完成控制任务，这种控制形式在控制精度和动态特性上不是很令人满意，也不易调整。后来，随着电子技术的发展，模拟式电子控制器诞生，在相当长一段时间，这种控制形式占主导地位，目前仍在大量采用。近年来，微控制器技术的发展和应用范围在不断扩大，由于这种控制器所具有的优点，越来越多地引起人们的注意。

从控制方式来看，在自动找平控制系统中有开关控制和比例控制两类。这两种控制方式在自动找平控制系统的发展过程中都曾用过，各有其特点。目前使用最多的是将这两种控制形式结合起来，形成一种脉冲比例控制方式，这种方式既发挥了开关控制对液压元件要求低、成本低、抗油污染能力强等特点，又大大改善了开关控制死区影响较大、动态特性较差等缺点，在应用中显示出其极大的优势。找平控制系统中目前最常用的是普通开关电磁阀，采用脉冲比例控制方式，最常用的是3 Hz PWM控制，有些采用10 Hz PWM控制。

3. PWM脉宽调制阀控制系统的组成与工作原理

1）常规自动调平系统

目前沥青混合料摊铺机的类型很多，但其自动调平系统液压执行环节的基本组成相同，如图7.31所示。其工作原理前面已经进行了详细分析，在此不再赘述。

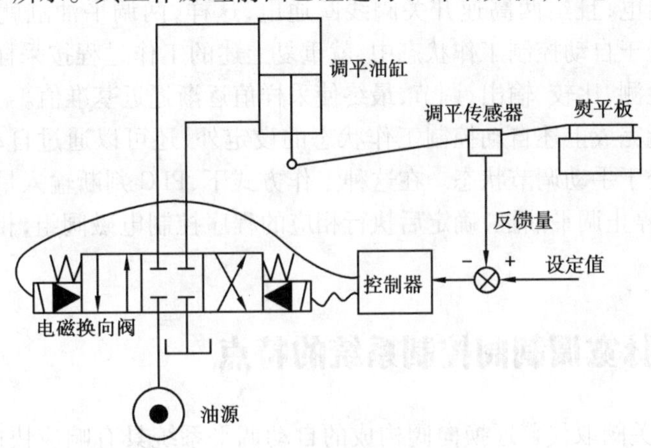

图7.31　常规自动调平系统原理图

2）PWM阀控制的自动调平系统

图7.32中高速开关阀响应PWM控制信号，是由普通电磁换向阀响应PWM控制信号控制调平油缸的动作，二者工作原理相同。

调平传感器检测的实时位移信号经模数转换器转换为数字信号并载入PLC内存中（以ds表示），并与PLC初始化得到的基准值（以dr表示）相比较。如果 $ds-dr>\delta$（δ为预定义死区值），首先使电磁换向阀的右电磁铁线圈通电，然后按照给定的调制规律使两个高速开关阀的线圈同时交替通断，断电时，两调平油缸在分流阀的作用下等速下降，通电时，两调平油缸处于停止状态，如果下次采样并比较后仍是 $ds-dr>\delta$，则调平油缸就以脉冲动作形式使牵引点下降，从而减小 $ds-dr$ 的差值；如果采样比较

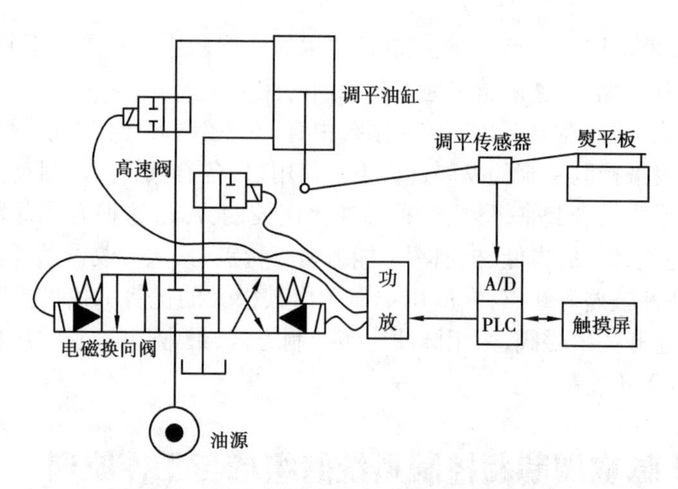

图 7.32　PWM 阀控制的自动调平系统原理图

后有 $ds-dr>-\delta$ 时,在 PLC 的作用下,先切断电磁换向阀的右线圈电源,随后给该阀的左线圈送电,并依照上述规律采用脉冲调制信号控制两个高速开关阀,这样,两调平油缸同步上升,使牵引点抬高,相应地使 ds 逐渐逼近 dr;当 $ds-dr\leqslant\delta$ 时,PLC 使电磁换向阀两线圈断电,且给两高速开关阀线圈通电,这样,两调平油缸就锁在当前的位置。只要系统处于自动控制工作状态中,就重复上述的工作过程按采样周期给定的调节时间不断地检测、比较、输出、调节,最终使采样值逐渐逼近基准值。

触摸屏除能完成上述自动控制工作状态的设定外,还可以通过自动、手动切换方式开关使系统处于手动调节状态。在这种工作方式下,PLC 判断输入量是上升调平油缸,还是下降或停止调平油缸,确定后执行相应的程序控制电磁阀组,相应地使调平油缸动作。

4. PWM 脉宽调制阀控制系统的特点

(1)高速开关阀取代普通换向阀构成的自动调平系统具有响应快速、定位精确的优点,在工程领域中具有重要的推广价值。

(2)采用 PLC 作为数字控制器,控制算法灵活、抗干扰能力强,所构成的自动调平系统定位精度较高。

(3)高速开关阀响应调制信号时,载波频率越高,响应越快,但降低了它的使用寿命。在选择 PWM 调制载波频率时,要同时考虑系统响应性能和高速开关阀的寿命两个因素。

实训7　沥青混凝土摊铺机液压系统的安装与调试实验

1. 实训目的

随着科学技术的发展，液压传动技术在摊铺机中的应用日益广泛，一个设计合理的、按照规范化操作来使用的液压传动系统，一般来说故障率是极低的，但是，如果安装不当会出现各种故障，以至于严重影响生产。因此，安装的优劣，将直接影响工程机械液压系统的使用寿命、工作性能和产品质量，所以，液压系统的安装在液压技术中占有相当重要的地位。本实训通过摊铺机液压系统的安装掌握工程机械液压系统的安装技能，同时也掌握沥青混凝土摊铺机液压系统的工作过程。实训模型如图7.33所示。

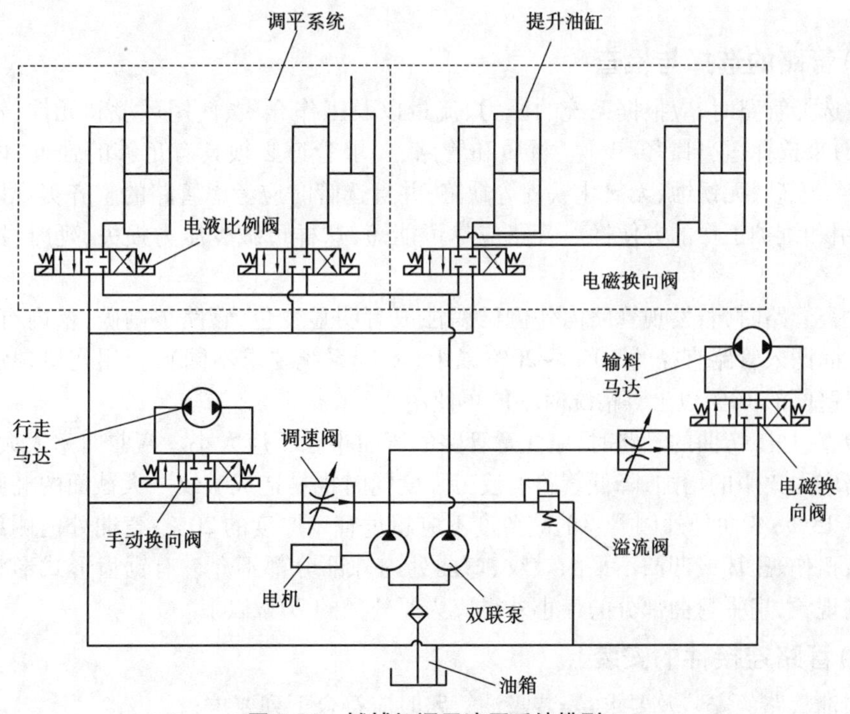

图7.33　摊铺机调平液压系统模型

2. 实验设备

(1)电动机。采用 Y1000L1-4 型电机。电动机接法为 Y 形接法,额定转速为 1 420 r/min,额定功率为 2.2 kW,额定电压为 220 V,额定电流为 5.0 A。

(2)液压泵。由于有两个液压系统,所以要使用双联叶片泵,型号为 YB1-6,叶片泵的工作压力为 6.3 MPa,公称排量为 6 mL/r,额定转速为 1 450 r/min。

(3)溢流阀。型号为 YF-L10,其公称压力为 31.5 MPa,额定流量 40 L/min。

(4)液压马达。采用两个相同型号的双向定量马达,一个用于行走系统,一个用于输料系统。型号为 K1004-810S,压力为 16 MPa,最高转速为 3 000 r/min。

(5)液压缸。调平油缸活塞直径 $D=100$ mm,活塞杆直径 $d=50$ mm,活塞行程 $L=800$ mm;大臂油缸 $D=50$ mm,$d=30$ mm,$L=120$ mm。

(6)方向控制阀。包括行走系统的手动换向阀,输料系统的电磁换向阀,调平装置的电液比例阀,控制大臂油缸方向的电磁换向阀。

3. 实训内容

1)管路的选择与检查

在选择管路时,应根据系统的压力、流量以及工作介质、使用环境和元件、管接头的要求,来选择适当口径、壁厚、材质和管路、要求管道必须具有足够的强度,内壁光滑、清洁、无砂、无锈蚀、无氧化铁皮等缺陷,并且选管时应考虑管路的整齐美观以及安装、使用和维护工作的方便性。管路应尽可能短,这样可减少压力损失、延时、振动等现象。

检查管路时,若发现管路内外侧已腐蚀成有明显变色,管路被割破,壁内有小孔,管路表面凹入管路直径的 10% ~20% 以上(不同系统要求不同),管用伤口裂痕深度为管路壁厚的 10% 以上等情况时不能再使用。

检查、加工弯曲的管路时,应注意管路的弯曲半径不应太小。弯曲曲率太大,将导致管路应力集中的增加,降低管路的疲劳强度同时也易造成皱纹。大截面的椭圆度不应超过 15%;弯曲处外侧翼厚的减薄度不应超过管壁厚度的 20%;弯曲处内侧部分不允许有扭伤、压坏或凹凸不平的皱纹、弯曲处内外部分都不允许有锯齿形式形状等的不规则现象,扁平弯曲部分的最小外径应为原外径的 70% 以下。

2)管路连接件的安装

吸油管路的安装及要求:安装吸油管路时应符合下列要求;

①吸油管路要尽量短,弯曲少,管径不能过细,以减少吸油管的阻力。避免吸油困难产生吸空、气蚀现象。对于泵的吸程,各种泵的要求有所不同,但一般不超过 500 mm。

②吸油管应连接紧密、不得漏气，以免使泵在工作时吸进空气，导致系统产生噪声，以致无法吸油（在泵吸口部分的螺纹，法兰接合面上往往会由于小小的缝隙而涌入空气）。因此，建议在泵吸油口处采用密封胶与吸油管路连接。

③除柱塞泵以外，一般在液压泵吸油管路上应安装滤油器，滤油精度通常为100～200目，滤油器的通流能力至少相当于额定流量的两倍，同时要考虑清洗时拆装方便，一般在油箱的设计过程中，将液压泵的吸油过滤器附近开设手孔就是基于这种考虑。

回油管的安装及要求。安装回油管时应符合下列要求：

①执行机构的主回油路及出流口的回油管应伸到油用液面以下，以防止油飞溅而混入气泡，同时回油管应切出朝向油箱壁的45°斜口。

②具有外部泄露的减压阀、顺序阀、电磁阀等的泄油口与回油管连通时不允许有背压，否则应将泄油口单独接回油箱，以免影响油路的正常工作。

压力油管的安装及要求：压力油管的安装位置应尽量靠近设备和基础，同时又要便于支管的连接和检修，为了防止压力油管振动，应将其安装在牢固的地方，在振动的地方需加固来消除振动，或将木块、硬橡胶的衬垫装在管夹上，使振动件不直接接触管路。

橡胶软管的安装及要求：

橡胶软管用于两个有相对运动部件之间的连接，安装橡胶软管时应符合下列要求：

①要避免急转弯，其弯曲半径 R 应大于9～10倍外径。若弯曲半径只有规定的1/2时就不能使用，否则寿命将大大缩短。

②收管的弯曲同软管接头的安装应在同一运动平面上，以防扭转。若软管两端的接头需在两个不同的平面上运动时，应在适当的位置安装夹子，把软管分成两部分，使每一部分在同一平面内运动。

③软管应有一定余量。由于软管受力时，要产生长度（长度变化约为±4%）和直径的变化，因此在弯曲情况下使用，不能马上从端部接头处开始弯曲。

④软管在安装和工作时，不应有扭转现象；不应与其他管路接触，以免磨损破裂。

⑤不要使软管在高温下工作。

3）配管注意事项

①整个管线要求尽量短，转弯数少，过渡平滑，尽量减少上下弯曲和接头数量，保证管路的伸缩变形，在有活接头的地方，管路的长度应能保证接头的拆卸安装方便，系统中主要管路或辅件能自由拆装，而不影响其他元件。

②在设备上安装管路时。应在管路的平行或垂直方向，注意整齐，管路的交叉要尽量少。

③平行或交叉的管路之间应有10 mm以上的空隙，以防止干扰和振动。

④管路不能在圆弧部分接合，必须在平直部分接合。法兰盘焊接时，要与管路中心成直角；在有弯曲的管路上安装法兰时，只能安装在管路的直线部分。

⑤管路的最高部分应设有排气装置,以便启动时放出管路中的空气。

4)选用软管注意事项

影响软管和软管总成寿命的因素有臭氧、氧、热、日光、雨以及其他一些类似的环境因素。软管和软管总成的储藏、装运和使用过程中,应根据生产日期推行先进先出的方式。

①选取软管时,应选取生产厂样本中软管所标明的最大推荐工作压力不小于最大系统压力的软管,否则会降低软管的使用寿命,甚至损坏软管。

②软管的选择是根据液压系统设计的最高压力值来确定的。由于液压系统的压力值通常是动态的,有时会出现冲击压力,冲击压力峰值会大大高于系统的最高压力值,但系统上一般都有溢流阀,使冲击压力不会影响软管的疲劳寿命。对于冲击特别频繁的液压系统,建议选用特别耐脉冲压力的软管产品。

③应在软管允许温度范围内使用软管。如果工作环境温度超过这一范围将会影响到软管的寿命,其用抗压能力也会大大降低。

④安装前,必须对软管进行检查:包括接头形式、尺寸、长度,确保正确无误 。必须保证软管、接头与所处的环境条件相容,环境包括:紫外线辐射、阳光、热、氧、潮湿、水、盐水、化学物质、空气污染物等可能导致软管性能降低或引起早期失效的因素。

5)液压元件的安装

各种液压元件的安装和具体要求,在产品说明书中都有详细的说明,在安装时液压元件应用煤油清洗。所有液压元件都要进行压力和密封性能试验。合格后开始安装。安装前应将各种自动控制仪表进行检测,以免不准确而造成事故。

液压元件在安装时应注意的事项:

①液压阀类元件安装时应注意各类液压元件进油口和回油口的方位。

②液压缸的安装时应扎实可靠,配管连接不得有松弛现象,缸的安装面与活塞的滑动面应保持足够的平行度和垂直度。

③液压泵和液压马达的安装及要求:

液压泵一般不允许承受径向负载,因此常用电动机直接通过弹性联轴器来传动。安装时要求电动机与油泵有较高的同轴度,其高度误差应在0.1 mm以下,倾斜角不得大于10°,以避免增加额外负载并引起噪声。

液压泵吸油口的安装高度通常规定;距离油面不大于0.5 m。

安装液压泵还应注意以下事项:

A. 液压元件的进口、出口和旋转方向应符合说明书上标明的要求,不得反接。

B. 安装联轴器时,不要用力敲打泵轴,以免损伤泵的转子。

6)辅助元件的安装

辅助元件安装(管道的安装前面已介绍)主要注意下述几点:

①应严格按照设计要求的位置进行安装并注意整齐、美观。

②安装前应用煤油进行清洗、检查。

③在符合设计要求的情况下,尽可能考虑使用、维修方便。

4.摊铺机液压系统安装实训报告要求

(1)实训的目的和要求

(2)实训的项目及内容

(3)实训后的收获(主要技能方面)

(4)实训小结

项目小结

本项目在介绍了沥青混凝土摊铺机施工工艺过程、国内外的技术发展趋势以及选型的基础上,详细分析了沥青混凝土摊铺机中的发动机、刮板输送器、螺旋布料器、振捣器、振动器、熨平板箱体、熨平板加热系统,尤其是行走系统和自动调平系统的结构特点、工作原理以及电液控制的方法;并且着重论述了 PWM 技术和远程状态监测技术在当今具有先进水平的摊铺机中的应用情况;最后提出了沥青混凝土摊铺机的维护保养、故障检修以及液压系统的安装与调试方法。

项目8 沥青混凝土拌和楼电控系统应用与检修

项目剖析与目标

随着我国基本建设的迅猛发展，沥青混凝土搅拌楼和水泥混凝土搅拌楼在建设施工中已经成为必需的装备，在工程建设中发挥着重要作用。沥青混凝土搅拌楼将沥青、碎石、矿粉等材料按一定的比划混合在一起，在高温下经过搅拌生产出沥青混凝土，再用摊铺机经过摊铺、压实、整形，在公路上得到所需的铺筑层。

目前，沥青混凝土路面是公路设计中采用的主要路面结构形式。沥青混凝土路面的建设包括三个阶段，即沥青混凝土的生产、运输和摊铺。其中，沥青混凝土的生产是整个施工过程的源头。因此，沥青混凝土搅拌楼的管理是道路施工过程的关键环节。沥青混凝土搅拌楼的性能以及工作状况决定了沥青混凝土料的质量，这将关系到整个工程的质量和进度。随着科技的发展，沥青混凝土搅拌楼的控制技术日益先进，科技含量日益增加，这就要求机械操作人员不断提高操作技能，才能满足施工需要，保证机械正常运转，发挥其应有的功效，得到满意的工程质量和施工进度。

本任务项目主要针对沥青混凝土搅拌楼的结构、原理、选型以及故障诊断与检修方法等进行论述。

任务　沥青混凝土拌和楼电控制系统的应用与检修

任务描述

沥青混凝土是将不同等级的碎石、砂子和石粉等矿料中加入沥青，经过搅拌而成的沥青混合料，而拌制热沥青混凝土的设备称为沥青混凝土拌和设备。沥青混凝土拌和设备是黑色路面机械化施工中不可缺少的配套机械，在施工中占有极为重要的地位。随着公路建设的发展，对沥青路面的质量要求不断提高，为了适应公路建设对沥青混合料的要求，充分了解并掌握沥青混凝土拌和设备的电控系统对工程技术人员而言非常重要。传统的沥青混凝土拌和设备分为连续式沥青混凝土拌和设备和间歇式沥青混凝土拌和设备，两者的组成部分基本相似，只是搅拌器的结构以及矿粉与沥青的供给形式有所区别。本章以传统的间歇式沥青混凝土拌和楼为例进行介绍。本项目主要解决两个问题，一是掌握沥青混凝土拌和楼的结构特点、工作原理、工艺流程；二是掌握沥青混凝土拌和楼的拆装、调试、常用电气控制系统的故障诊断与检修方法。

任务分析

为了保证沥青混凝土拌和楼按要求的工艺流程运行及得到高质量的拌和料，设备的控制系统必须要实现从上料、称量、搅拌到成品料出料等生产过程的连续自动控制。因此，本项目首先介绍沥青混凝土拌和楼的结构特点、温度控制系统、骨料供给控制系统、热骨料称量控制系统、提升机控制系统的工作原理、结构及特点。然后重点介绍沥青混凝土拌和楼的拆装及调试的步骤、方法、注意事项等。最后，在前面的基础上，重点介绍沥青混凝土拌和楼的故障诊断及检修方法，并对影响拌和楼的生产质量的因素进行论述。

【知识准备】沥青混凝土拌和楼的结构与工作原理

1.沥青混凝土拌和楼的机械系统

1)沥青混凝土拌和楼的工艺流程

沥青混凝土是在不同等级的碎石、砂子和石粉等矿料中加入沥青，经过搅拌而成的沥青混合料。碎(砾)石是沥青混合料的骨架，统称为骨料。砂子用来增加矿料与沥青的黏结面积。石粉作为填充料与沥青共同形成一种糊状黏结物，填充于骨料之间，以增加砂石料的黏结强度，从而提高沥青混凝土的强度。生产沥青混凝土的机械设备统称为沥青混凝土搅拌设备。

传统的沥青混凝土拌和设备分为连续式沥青混凝土拌和设备和间歇式沥青混凝土拌和设备,两者的组成部分基本相似,只是搅拌器的结构及矿粉与沥青的供给形式有所区别。本章以传统的间歇式沥青混凝土拌和楼为例进行介绍。

该设备由冷骨料的定量供给和输送装置、石粉供给装置、沥青供给装置、干燥滚筒、热骨料提升装置、热骨料称量装置、搅拌器、除尘装置等主要部分组成。

沥青混凝土拌和楼的结构示意图如8.1所示,工艺流程如下:

(1)不同规格的冷沙石料分别储入各自的料斗→冷骨料定量给料装置对各料按容积进行粗配→冷骨料输送机2传输→干燥滚筒3烘干加热(喷燃器的火焰逆料流烘干加热到足够温度)→热骨料提升机4转输→热骨料筛分机5筛分→热骨料储入各自的临时料斗(以上过程为连续进行)→热骨料计量装置6精确称量→搅拌器9搅拌;

(2)石粉→石粉储仓7→石粉称量装置→搅拌器9搅拌;

(3)沥青(流体)→沥青保温罐8→沥青称量装置→搅拌器9搅拌;

搅拌好的混合料成品→直接运往工地或由成品料斗送入混合料成品储仓10。

(4)干燥滚筒3与热骨料筛分机等所产生的粉尘→除尘装置11将粉尘分离出来→石粉定量给料装置7回收再用。

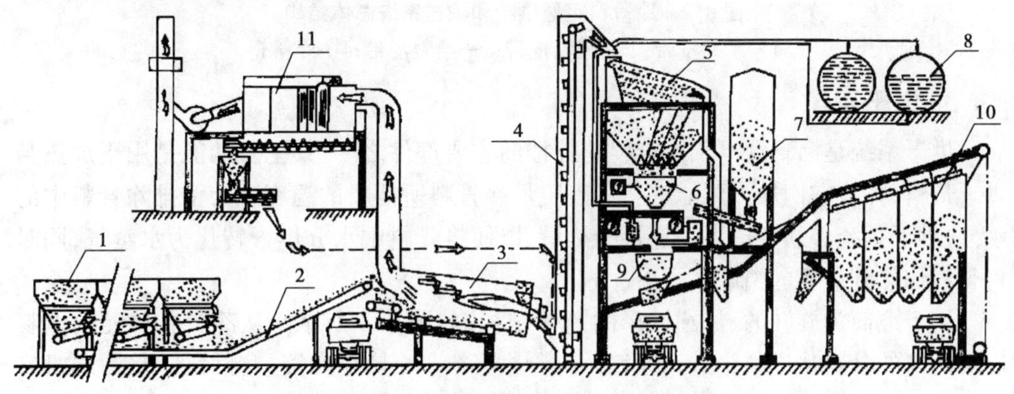

图8.1　间歇式沥青混凝土拌和楼结构示意图

1—骨料定量给料装置;2—冷骨料输送机;3—干燥滚筒;4—热骨料提升机;
5—热骨料筛分机和热骨料储斗;6—热骨料计量装置;7—石粉储仓和定量供给装置;
8—沥青保温罐和定量供给装置;9—搅拌器;10—混合料成品储仓;11—除尘装置

在间歇式的设备中,砂石料的供应和烘干加热是连续进行的,而与热沥青液的拌和是分批间歇的。砂石料分别储存在冷料仓的各个料斗中,按容积计量初配后,由带式输送机送入干燥筒内烘干加热。干燥筒内壁有许多长条叶片,筒体略向卸料方向倾斜,卸料端装有喷燃器。当圆筒旋转时,砂石料不断被长条叶片提升和撒落,并向前移动,与喷燃器喷入的火焰接触,进行烘干加热后卸出筒外,再由斗式提升机送至筛分机进行筛分,并储存在热料仓的各个料斗中,然后按规定的配合比先后卸入带电子秤的称量斗内叠加计重。同时,石粉由输送机输送和称量,热沥青液由沥青泵抽送和计量。各种材料精确配量后,先将热砂石料和石粉卸入搅拌器内干拌,再将热沥青液喷洒在热料上搅拌。搅拌器是双轴强制式,两轴作反向旋转,每根轴上有数对搅拌叶片,将混合料充分搅拌后,开启底部卸料门卸出。废气和粉尘经管道回收,并通过除尘装置净化后排放。

因此,下面首先对沥青混凝土拌和楼的主要组成及结构进行介绍。

2)冷骨料的定量供给和输送系统

冷骨料供给系统是沥青混凝土搅拌设备生产流程的开始,根据沥青混凝土的级配要求对冷骨料进行第一次配比。它主要由若干个独立的冷骨料仓、给料皮带机、集料皮带机和上料皮带机等部件组成。其构成简图如图8.2所示。

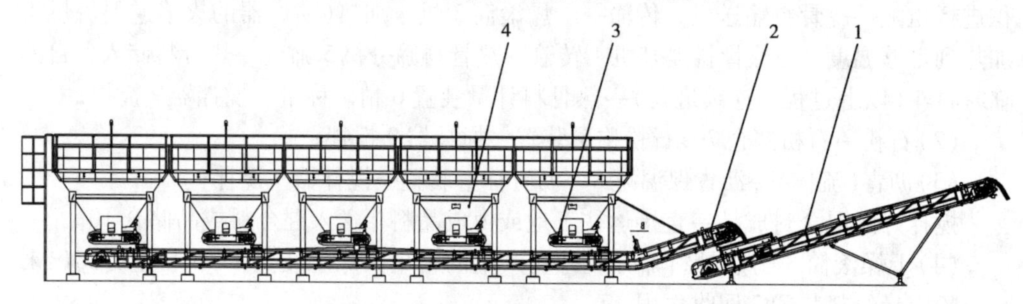

图8.2　冷骨料定量供给和输送系统总体结构

1—上料皮带; 2—集料皮带;3—给料皮带;4—冷料仓

3)烘干系统

烘干系统是沥青混凝土混合料搅拌楼的主要部件之一,其主要功能是用于加热与烘干骨料,并将它们加热到能够获得高质量冷骨料所需要的温度。为了排除骨料中的水分,烘干系统必须要提供一定量的热量,以便将骨料中水分烘干转化为水蒸气,同时将骨料加热到需要的温度。

烘干滚筒为旋转的、长圆柱形的筒体结构,如图8.3所示。从冷料仓单元的上料皮带出来的骨料从进料箱进入滚筒,与燃烧器产生的热气直接接触而被干燥,同时升温至设定的温度,从骨料出口斜槽流出进入热骨料提升机。

4)热骨料提升机

热骨料提升机的作用是把从干燥滚筒里出来的烘干热骨料提升输送到位于搅拌主楼最上部的振动筛里。

热骨料提升机主要由以下几部分组成:

(1)上部区段:由上部机壳、上罩和传动链轮组组成。

(2)下部区段:由下部机壳和拉紧链轮组成。提升链条采用螺杆加弹簧调节方式张紧,能自动调整因链条磨损而产生的转动松弛现象,且可缓冲由突发冲击负荷而引起的附加应力。链轮为可拆卸轮缘的组装式结构,使用寿命长,便于维修更换。

(3)中部区段:由起支承、防护和密封作用的中部机壳组成。中部机壳为标准节式结构。

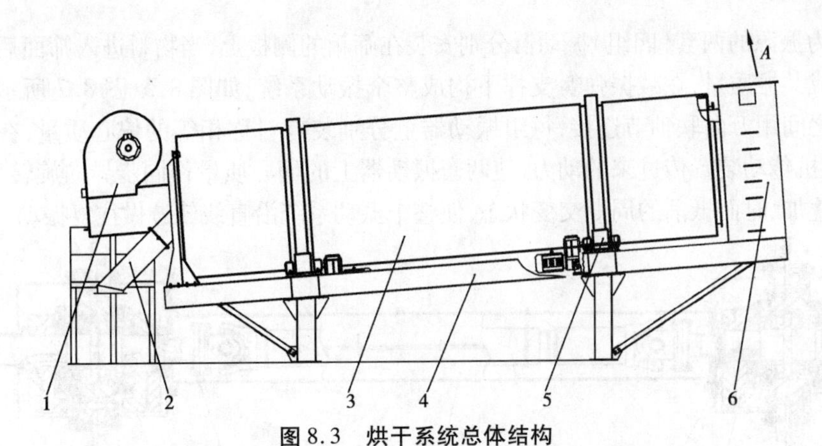

图 8.3 烘干系统总体结构

1—燃烧器;2—骨料出口斜槽;3—烘干滚筒;4—支架;
5—驱动装置;6—进料箱;A—烟气

(4)驱动装置:轴装式斜齿轮减速电机(带制动)整体式驱动装置。

(5)运行部分:由料斗、圆环链、链环钩等组成。牵引件采用高强度圆环链,其材质为优质低碳合金结构钢,经热处理后具有很高的抗拉强度和耐磨性,因而性能可靠,寿命长。链条上等距安装提升斗。

5)热骨料筛分机

热骨料筛分机是将热骨料提升机输送来的热骨料进行分级,送到热骨料仓的装置。热骨料进入筛分机后被筛分成5种规格,分别进入热骨料储仓的5个仓内。筛分机顶部设有分配阀,热骨料也可以不经过筛分,直接进入旁通仓。筛分机结构形式为自同步双轴直线式,如图8.4所示。

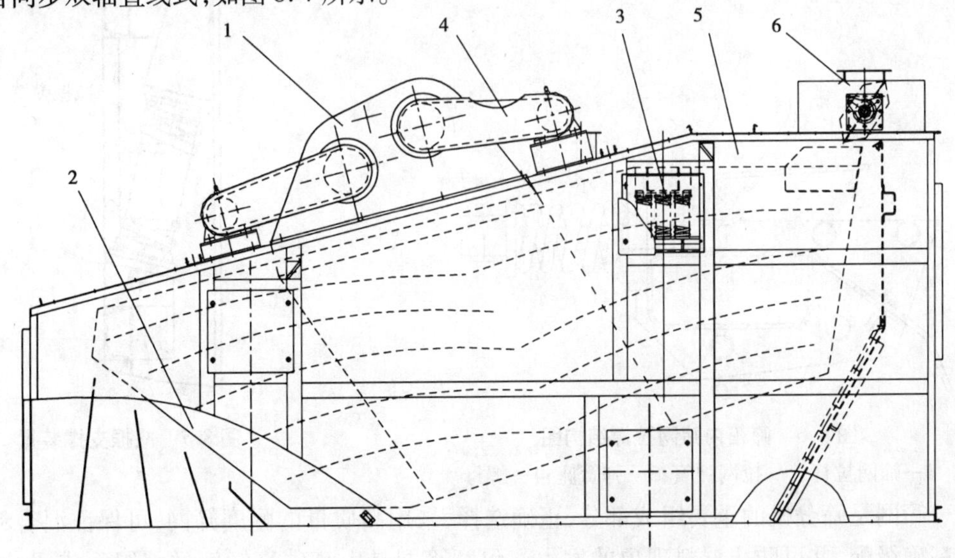

图 8.4 筛分机整体结构图

1—振动器;2—筛箱;3—减振支撑装置;4—电机传动装置;5—防尘罩;6—分配阀

作为振源的两套(四组)振动器分别安装在筛箱的侧板上,当物料进入筛面后同筛箱一起形成共振质量,在减振弹簧支撑下构成整个振动系统,如图8.5、图8.7所示。两组振动器之间用万向联轴节连接,每组振动器上分别装有对称相等的偏心质量,在轴承支撑下,电机传动装置传过来的动力,使两套振动器上的偏心质量作同步异向旋转,离心力呈时而叠加、时而抵消的周期交变状态,使整个振动系统沿直线轨迹做往复振动。

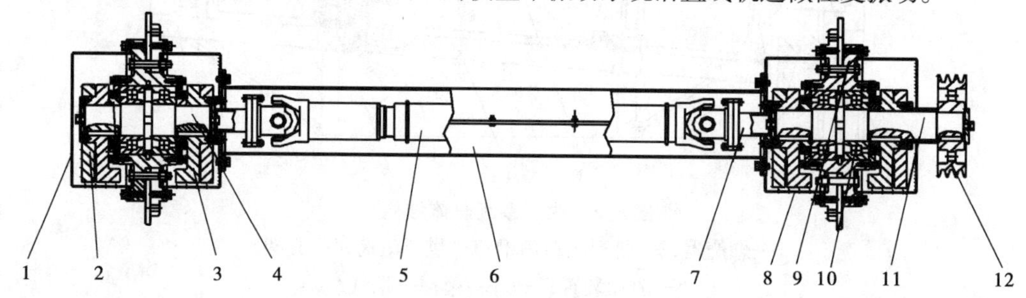

图8.5 振动器结构图

1—防护罩Ⅰ;2—偏心块组Ⅰ;3—偏心块组Ⅱ;4—传动轴Ⅰ;5—万向联轴器;6—万向节护罩;7—短联轴节;8—防护罩Ⅱ;9—振动座;10—滚动轴承;11—传动轴Ⅱ;12—从动轮

筛网全部为编织筛网,前后张紧形式,如图8.6所示。采用5层5规格筛结构,筛网纵向拉紧,振动筛内部装有4.5层筛网。出厂配置的标准筛网孔径为3,6,11,22,35 mm,用户可按生产需要配置相应的筛网,图8.8为LB3000型沥青搅拌设备的筛网长宽度尺寸。

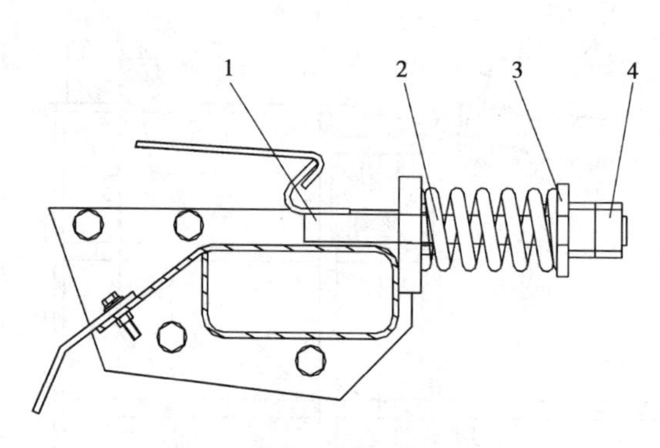

图8.6 筛箱内筛网拉撑结构图

1—筛网拉杆;2—拉网弹簧;3—弹簧座;4—螺母

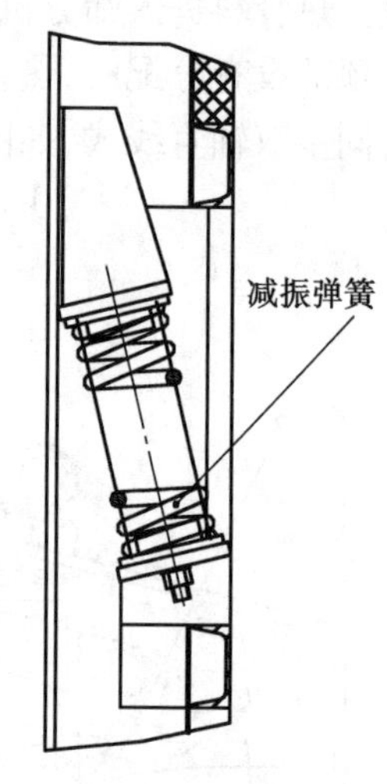

图8.7 减振支撑装置

筛网是筛分机的重要组成部分,正确选择、采用高质量的耐磨筛网,可保证混合料的精确级配,并可防止混料现象的发生。耐磨筛网是由高碳高锰钢丝编织而成,耐磨性能好,但抗疲劳性能相对较差,使用中张紧筛网是避免早期异常损坏和保证筛网使

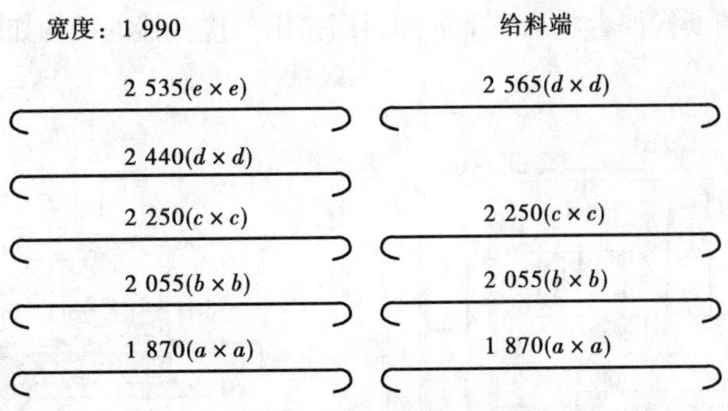

图 8.8　LB3000 型沥青搅拌设备筛网尺寸

用寿命的关键。合理选择搭配筛网规格对保证产量和筛分质量特别重要。通常的配筛原则为:最大筛孔尺寸根据规范对最大粒径的要求确定;最小和次小筛孔的尺寸从达到容易控制级配线右段走向的要求进行确定;其余筛孔的尺寸应满足各个料仓分配尽量均衡的原则来确定。等效筛孔的选择,请参照国家标准 JTG 40—2004《沥青路面施工及验收规范》。

6)计量系统

计量系统是根据沥青混凝土混合料的配比,对骨料、粉料和沥青进行计量并从卸料门或阀卸入搅拌器的装置。

计量系统包括骨料秤、沥青秤和粉料秤,卸料门或阀是由汽缸驱动实现开启与关闭,其结构如图 8.9 所示。

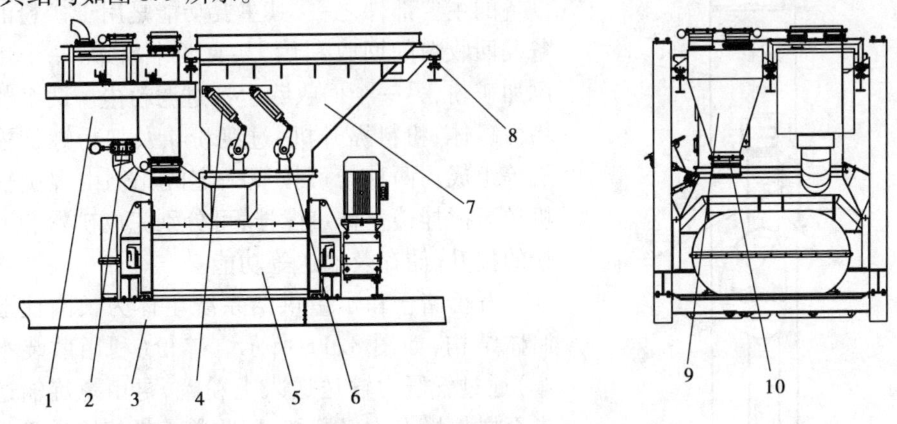

图 8.9　计量装置总体结构

1—沥青秤;2—沥青秤气动蝶阀;3—机架;4—骨料秤驱动汽缸;5—搅拌器;
6—骨料秤门装置;7—骨料秤;8—称量传感器模块;9—粉料秤;10—粉料秤气动蝶阀

7)搅拌系统

搅拌器是将按生产配合比计量完毕后依设定顺序分别投入的骨料、粉料及沥青混合搅拌均匀并排出的装置。搅拌器结构为双卧轴式,两根搅拌轴凭借一对相互啮合的、相同的齿轮构成强制同步,转速相等,旋向相反。轴上装有多根搅拌臂,臂端用螺栓连接耐磨叶片。搅拌好的沥青混合料从底部的卸料门排出。搅拌器的结构如图 8.10 所示。

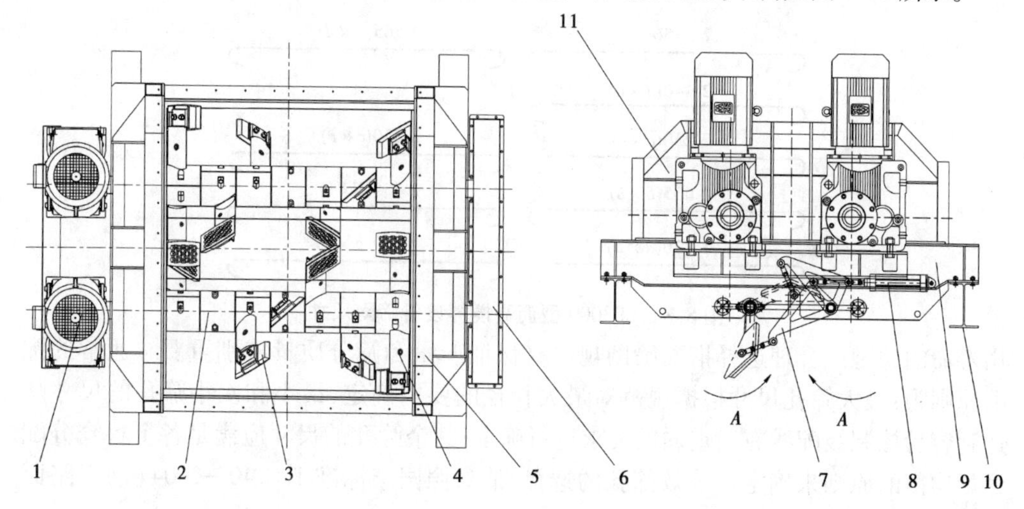

图 8.10　沥青混凝土搅拌设备搅拌器结构图

1—减速电机;2—搅拌臂;3—搅拌叶片;4—搅拌臂;5—搅拌器下箱;6—同步齿轮装置;7—搅拌器门装置;8—门上驱动汽缸;9—搅拌器架;10—安装座;11—搅拌器上箱;A—搅拌轴转动方向

8)石粉储仓和定量供给系统

石粉储仓和定量供给系统是沥青混凝土搅拌设备的主要部件之一,其主要功能是用于矿粉的储备及回收粉的回收利用,共有两个粉罐,一个用于添加矿粉,另一个回收除尘器过滤粉尘。两个粉罐均由罐体、粉料提升机、过渡粉斗及加粉螺旋输送机等组成。两种粉可按照一定的比例由螺旋输送机送至搅拌楼上称量搅拌,可分别完成矿粉和回收粉的提升、储存及输送等功能。

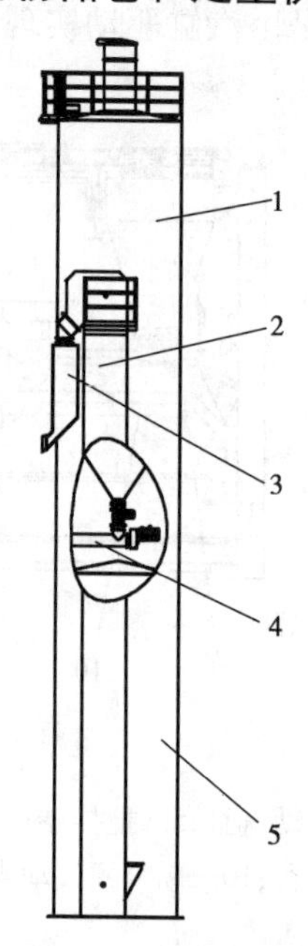

图 8.11　石粉储仓和定量供给系统总体结构

1—上粉罐;2—斗式提升机;3—过渡粉斗;4—螺旋输送机;5—下粉罐

石粉储仓和定量供给系统主体为长圆柱形的筒体结构,如图 8.11 所示。矿粉(利用散装水泥车)通过气压力输送送入上粉罐,再由螺旋输送机送至搅拌楼上称量搅拌;回收粉由螺旋输送机送入斗式提升机,再由斗式提升机送入过渡粉斗,过渡粉斗出口有两条通道,若回收粉不能再利用,则走第一通道直接回下粉罐;若回收粉能再利用,则走第二通道由螺旋输送机送至搅拌楼上称量搅拌。

9)混合料成品储存系统

成品料从搅拌器卸料门卸出,由运料小车送到成品料仓里暂存。由于是间歇式设备,即称量与搅拌是分批进行的,约 45 s 是一个生产循环,运料小车的运行节奏与之一致,所以采用成品料提升与储存系统将搅拌好的料快速及时地存储起来是设备提高生产率的保证。

在特殊情况下,运输车辆可直接进入拌缸底部接料。在车辆进入接料前,应先将小车手动操纵移开到搅拌楼外定位,用电动葫芦将前段运行轨道抬高到水平位置。混合料成品储存系统结构如图 8.12 所示。

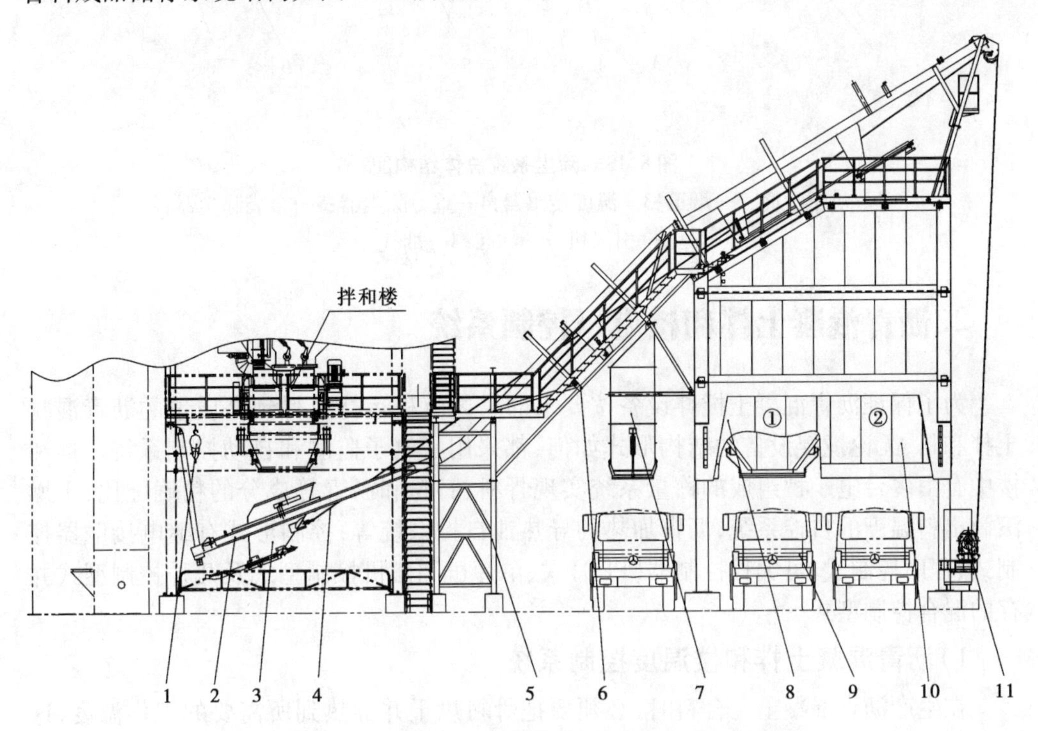

图 8.12　混合料成品储存系统总体结构图

1—环链电动葫芦;2—活动轨道;3—运料小车;4—钢丝绳;5—轨道支架;6—提升轨道;7—废品仓;8——号成品仓;9—运料自卸车;10—二号成品仓;11—卷扬机

10)除尘系统

除尘系统功能是将干燥滚筒里产生的燃烧废气及其他各个装置内产生的粉尘收集处理,排放出符合环保要求的气体。它由一级烟道、第一级重力除尘器、第二级布袋除尘器、二级烟道及引风机等部分组成。较大粒径的粉尘由重力除尘器分离收集,布袋除尘器过滤细微粉尘。为方便运输、安装,且结构紧凑,第一级重力除尘器和第二级布袋除尘器集成为一个整体,如图 8.13 所示。

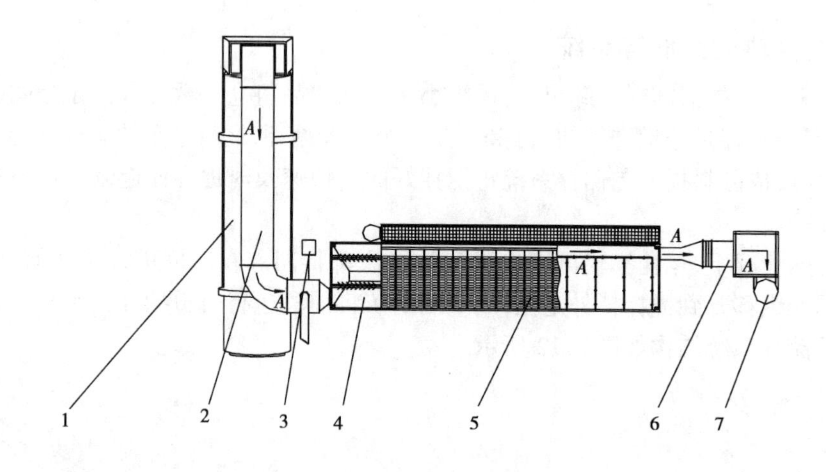

图 8.13　除尘系统总体结构图

1—烘干滚筒;2—烟道;3—温度传感器;4—重力除尘器;5—布袋除尘器;
6—引风机;7—烟囱;A—烟气

2. 沥青混凝土拌和楼电气控制系统

为了保证沥青混凝土搅拌设备按要求的工艺流程运行及得到高质量的沥青混凝土拌和料,无论搅拌设备的结构形式如何,都采用了电子监测和自动控制系统。拌和楼中有由多台电子秤组成的称量系统实现骨料、石粉和沥青等成分的精确配比,干燥滚筒出料温度的自控系统,沥青加热的导热油自控系统等;控制形式有继电接触器控制式、程序控制式、可编程控制器(PLC)式、单片机和微机控制型式及几种控制型式并存的混合控制型式。

1)沥青混凝土拌和楼温度控制系统

在生产沥青混凝土混合料时,必须要把骨料烘干并加热到所需要的工作温度,这个工作由燃烧器来完成。目前在干燥滚筒上所用的燃烧器大多为喷气式,简称喷燃器。其特点:自动调节燃油、空气比率,燃烧火焰稳定、可调;电子点火可在控制室内进行遥控点火;具有火焰监测系统和鼓风监测系统,能随时了解燃烧器的燃烧状态,喷燃器的温度自动控制系统图如图 8.14 所示。它由温度和状态检测装置、控制器和燃油空气比率控制系统等组成。

喷燃器的温度自动控制系统包括燃烧器的点火控制和燃烧器的火焰调节(即出料温度控制)两部分内容。由于砂石料的储存设施为露天堆料场,其含水量的变化范围较大,沥青混凝土搅拌楼对出料温度的稳定性要求较高,所以对温度自动控制系统提出更高的要求,不但要求有快速的响应特性,而且要求出料温度恒温稳定,使用传统的温控系统就很难完成。所以从 20 世纪 80 年代初开始,各搅拌设备生产厂家对其设备的温控基本上都采用了单片机或微机温度自动控制系统。

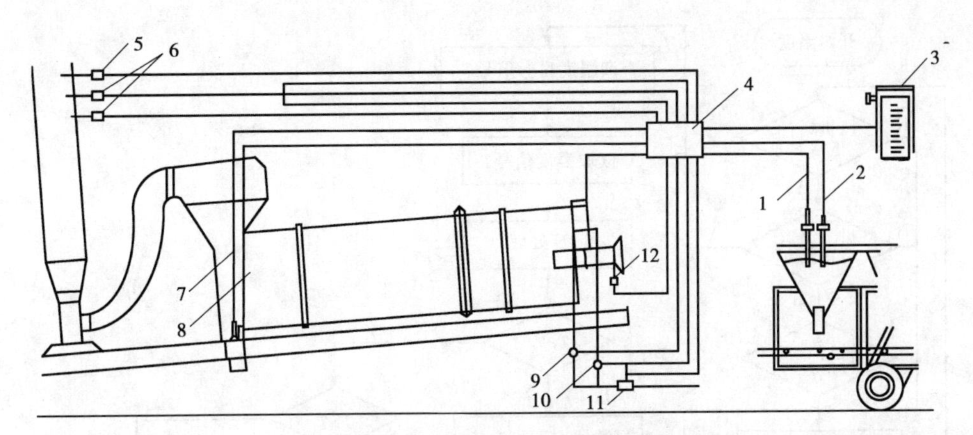

图 8.14　英国 Parker 公司生产的滚筒式沥青混凝土搅拌设备喷燃器的温度自动控制系统图

1—含水量探头;2—测温计;3—记录显示器;4—控制器或微机;5—烟气测温器;6—烟气分析仪;7—出料含水量探头;8—出料测温器;9—燃油供给压力计;10—回油压力计;11—燃油泵;12—空气流量计

单片机温度自动控制系统框图,如图 8.15 所示。

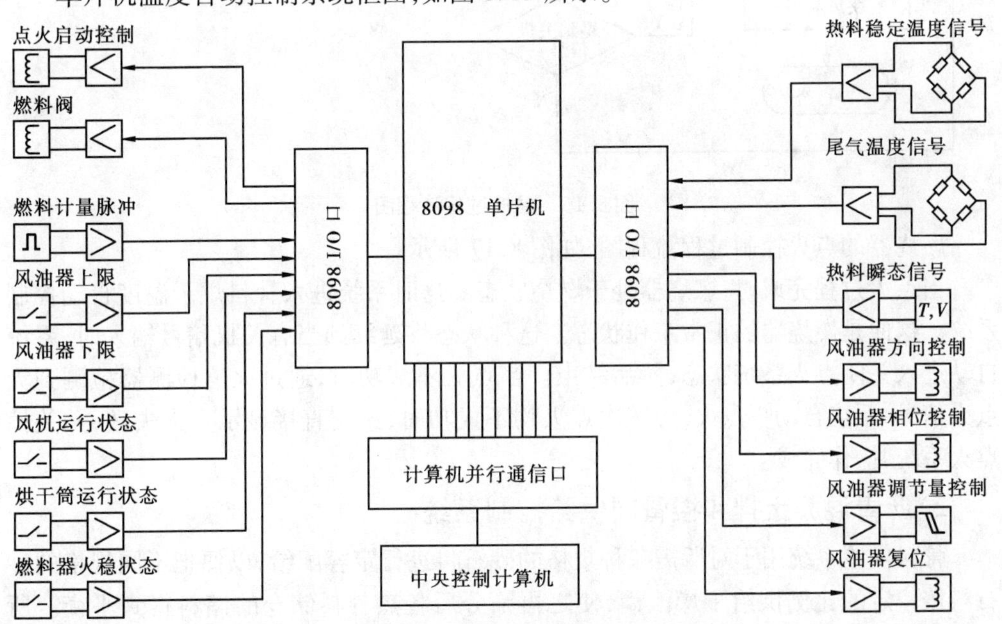

图 8.15　单片机温度自动控制系统框图

该系统由红外温度测量单元、热电阻温度计、燃烧流量计、风油门控制器(或称风油器)、火焰探测器和 8098 单片机组成。热电阻温度计和红外温度测量单元测量烘干滚筒出料口处的料温,尾气温度计测量排烟道处的温度,这些温度信号经过一定的运算处理,得到温度调节信号,根据温度目标信号与温度调节信号之间的差异,决定风油门开度的变化,从而及时改变搅拌设备出料口的料温,使之恒定。

燃烧器的温控过程流程图如图 8.16 所示。

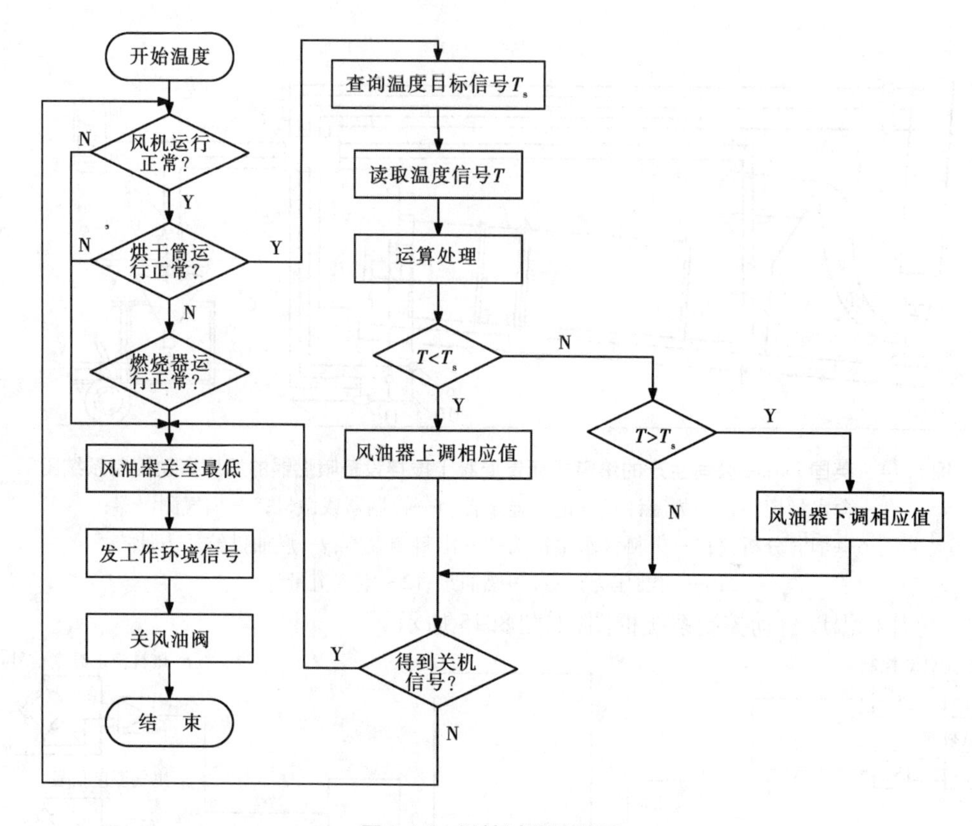

图 8.16　温控过程流程图

燃烧器的点火控制过程流程图，如图 8.17 所示。

当点火过程完成时，燃烧器处于燃烧状态。这时系统进入骨料烘干温度自动控制系统。这便是燃烧器的正常工作状态。这种状态将延续到当有关机信号输入时，系统自动进入关闭点火系统状态，然后结束。当点火不成功时，通过火焰检测器检测到无点火信号，系统自动再点火，当三次点火均不成功时，系统直接显示点火失败，并关掉点火系统，操作完成。

2）沥青混凝土拌和楼骨料供给控制系统

骨料供给系统用于对所需各种规格的砂石料进行定容配给，以便把不同规格的砂石料按一定的比例供给干燥滚筒，使之再筛分后各热骨料储仓的储料得到平衡。所以，它对混合料成品质量的影响很大，初次配比应力求尽可能准确。

冷骨料计量供给系统是连续作业式的，它由料斗、可调速的皮带给料器、电磁振动给料器和皮带输送机等组成。图 8.18 所示为骨料供给系统结构原理示意图。它是由皮带给料器 3 和电磁振动给料器 2 按一定的比例（粗级配）将料喂送到集料皮带机 4 上，再由集料皮带机输送到倾斜皮带机 5 上，倾斜皮带机把料送入烘干滚筒。在储料仓仓壁上装有一个电磁振动给料器，通过开动振动器来帮助将黏料和结料顺利卸出。皮带给料器由直流调速电机拖动，直流调速电机的速度决定骨料粗级配。调速电机速

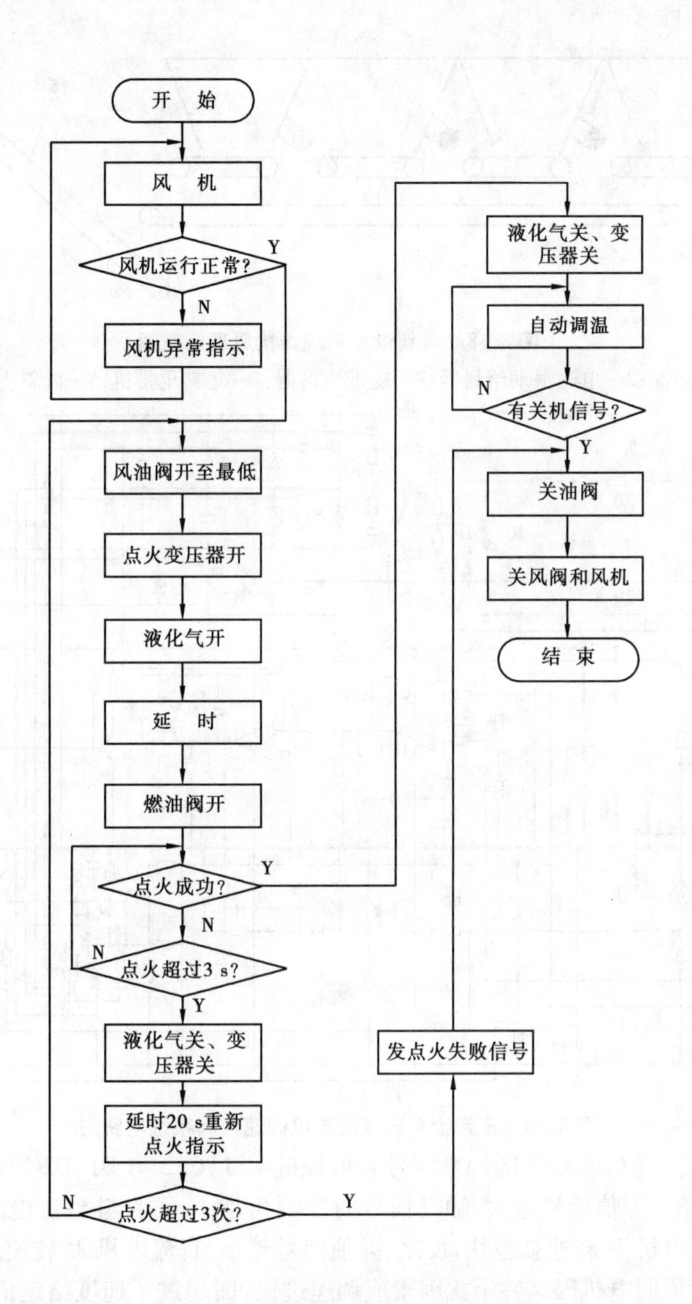

图 8.17　燃烧器控制过程流程图

度的稳定性直接影响骨料粗级配的精度，图 8.19 为皮带给料器直流电机调速控制系统电路图。4 种骨料的皮带给料器直流电机调速控制系统电路图完全相同。

给料量(即直流电机的速度定给)的大小由速度给定电位器 W_1 来调节。直流电机中的测速发电机的速度反馈信号从 13,14 端输入，它与速度给定信号在由运算放大器 IC1 组成的减法器中进行相减，得到差值信号。该差值信号经放大，通过脉冲变压

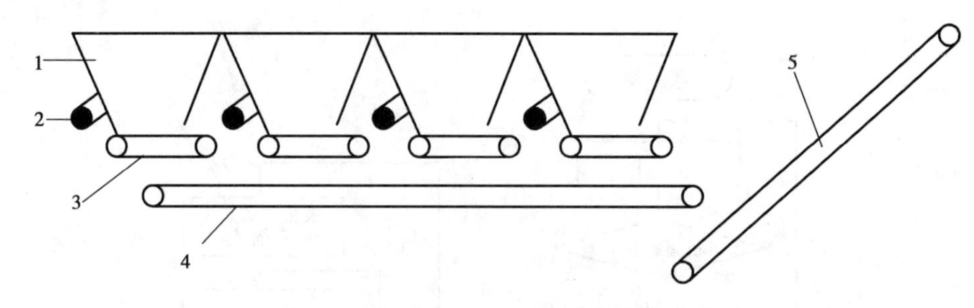

图 8.18　骨料供给系统结构原理示意图

1—料斗;2—电磁振动给料器;3—皮带给料器;4—集料皮带机;5—倾斜皮带机

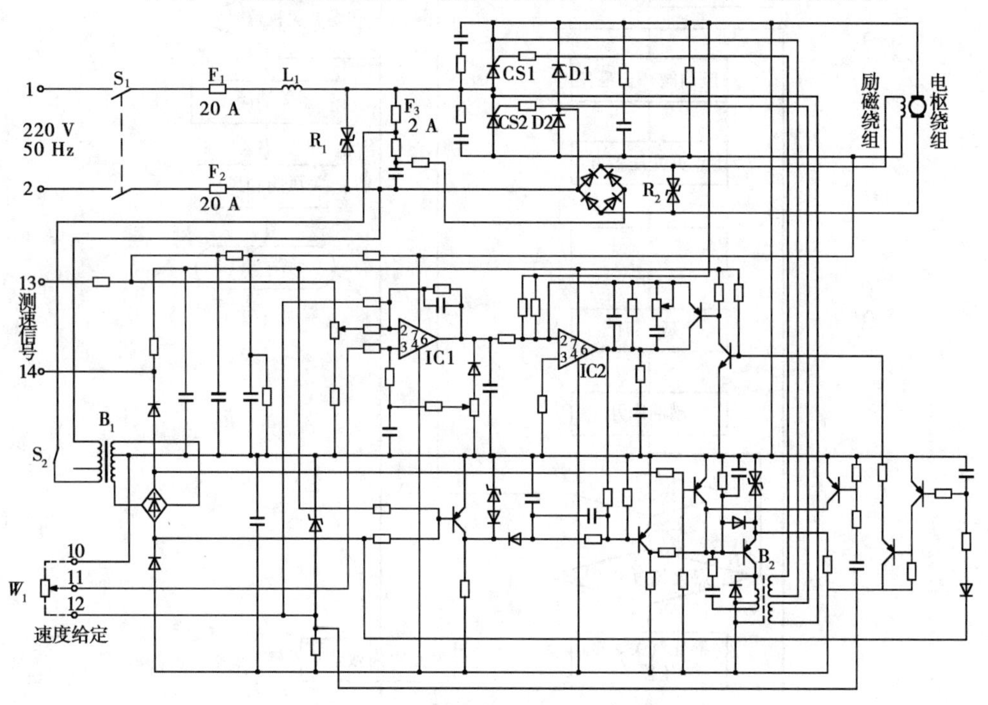

图 8.19　皮带给料器直流电机调速控制系统电路图

器 B_2 产生可控硅 CS1,CS2 的触发信号。可控硅 CS1,CS2 与 D1,D2 组成单相半波可控硅整流电路。差值信号越大,触发信号的控制角越小,可控硅整流电路的输出电压就越大,直流电机 M 转速就越快,反之,差值信号越小,直流电机 M 转速就越慢。差值信号为负时,说明电机因某些干扰因素或调速过快,而超过了速度给定信号,直流电机就减速至电机转速与速度给定信号等量时,差值信号为零,可控硅整流电路的输出电压就稳定在该值上,使电机恒速运转。可控硅整流电路的输出电压,也即加在直流电机电枢绕组的电压的范围为 0 ~ 300 V。

3)沥青混凝土拌和楼热骨料称量控制系统

粗级配的冷骨料经烘干滚筒加热后,由提升机输送到振动筛,振动筛将热骨料混合料筛分为不同等级颗粒的四种料,分别储存在各自的热料仓内(1 ~ 4 号仓)。热料仓底部各有一个放料弧门，由汽缸控制其关闭。四个料仓的骨料依次放入称量斗中进行称量，称量完毕后放料斗门将骨料分两次放入搅拌筒中，如图8.20所示。

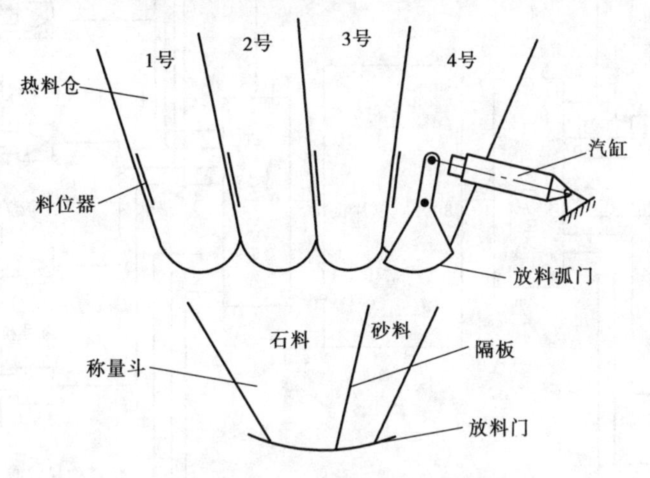

图8.20　骨料称量系统结构示意图

称量斗中有块隔板，一边放石料，一边放砂料，放料时先放石料，再放砂料。放料门由两个对接的汽缸控制，当一汽缸杆伸出时，放料门开至一半，石料放出，当另外一个汽缸杆也伸出时，放料门完全打开，砂料放出。

热骨料称量采用4只1吨的传感器并联使用。4种热骨料依次在秤斗中进行累积称量。当第一次称量时，表头上的读数为第一种料的质量；第二次称量时，表头上为第一种料和第二种料的合计质量；其余依此类推。如图8.21所示为单片机热骨料称量控制系统原理图。它由8098单片机、4只称量传感器、4只称量放大器、4只料位探测器及料位调试放大器、四路开关量输出放大器及控制元件组成。图8.22所示为热骨料称量控制系统工作流程图。

4）沥青混凝土拌和楼提升机控制系统

在沥青混凝土拌和楼的生产过程中，由于拌和楼与运输车辆及摊铺机之间的生产很难协调，所以，拌和好的成品料首先储存在有较好的保温和预防氧化措施等条件的大型成品料仓中。

成品料从搅拌器到成品料仓的运输是由沿导轨提升的运料车提升机来完成的。料车由卷扬机来拖动。成品料仓通常有3个，第一、二两个成品料仓顶部各有一只料位计，当仓内料满时，料位计的常开接点闭合，使成品料运往另外一个成品料仓。

搅拌器下，3个成品料仓附近都有一个预定位点和一个定位点的位置开关，当料车运行到达预定位点时，预定位点位置开关接通，料车开始减速运行，当料车到达定位点时，料车卷扬机被准确地制动在定位点上。

提升机单片机控制系统框图如图8.23所示。提升机单片机控制系统工作流程图如图8.24所示。

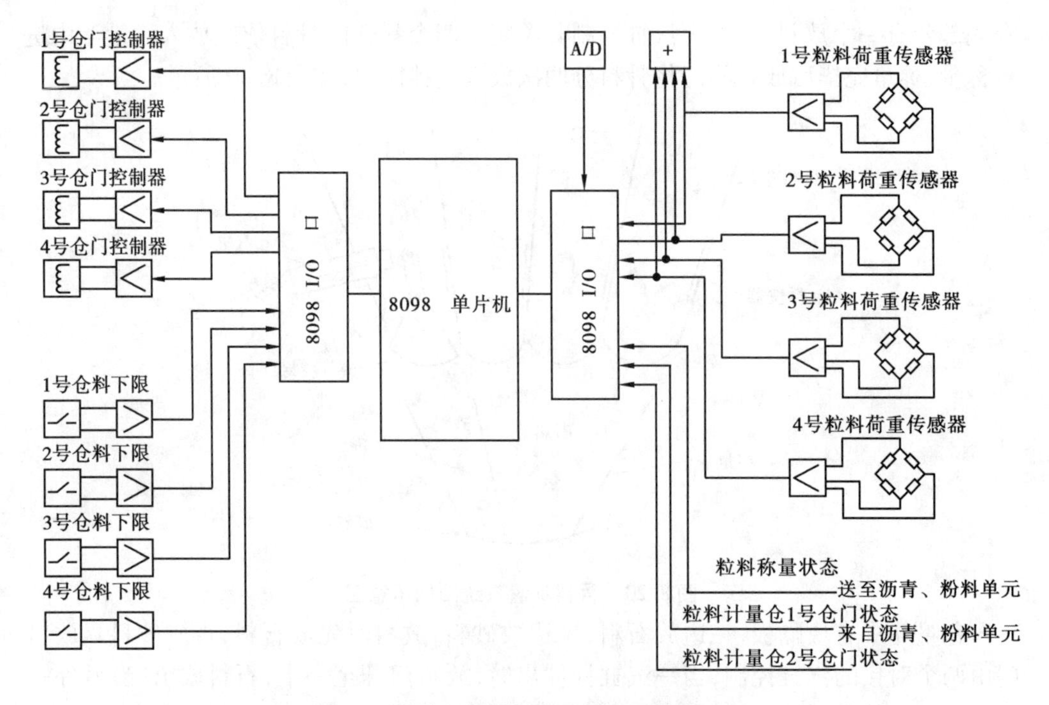

图 8.21　单片机热骨料称量控制系统原理图

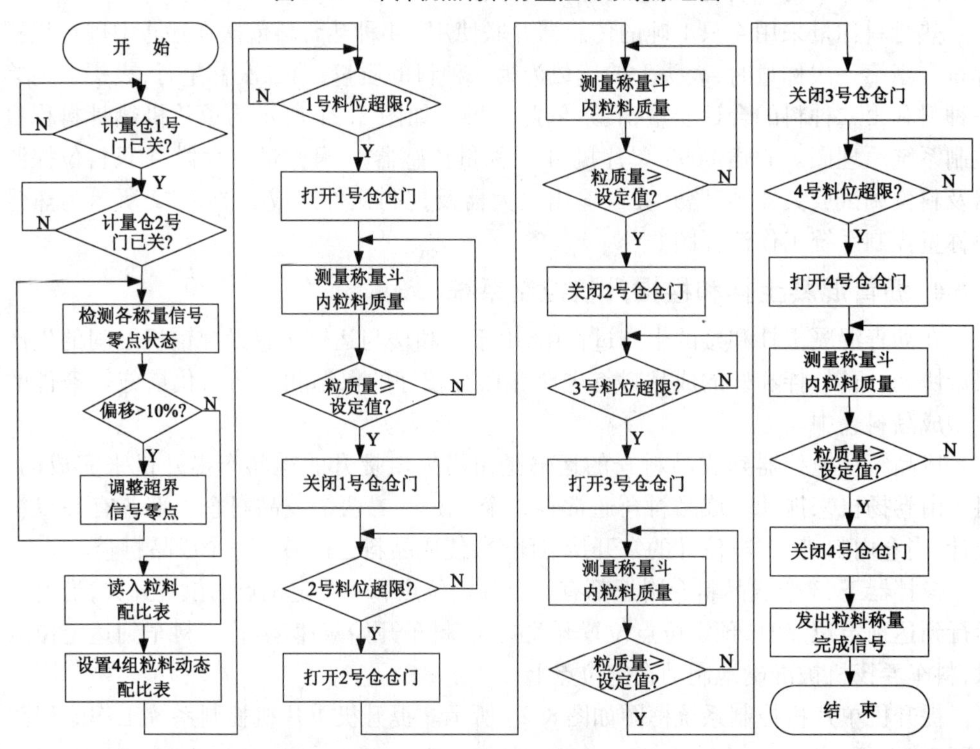

图 8.22　热骨料称量控制系统流程图

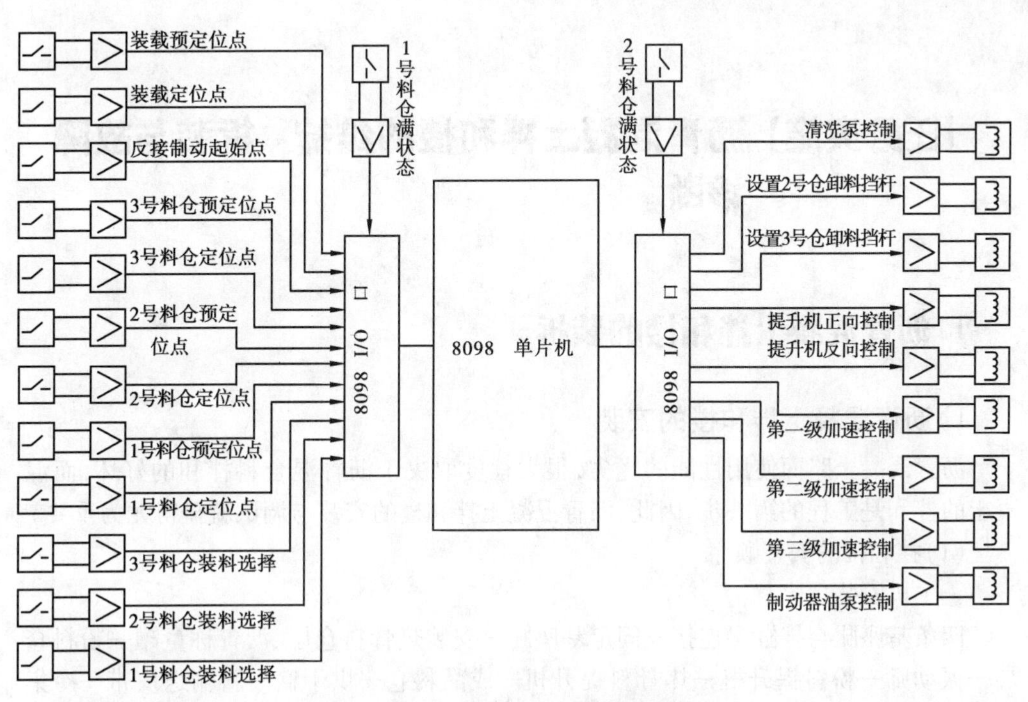

图 8.23 提升机单片机控制系统框图

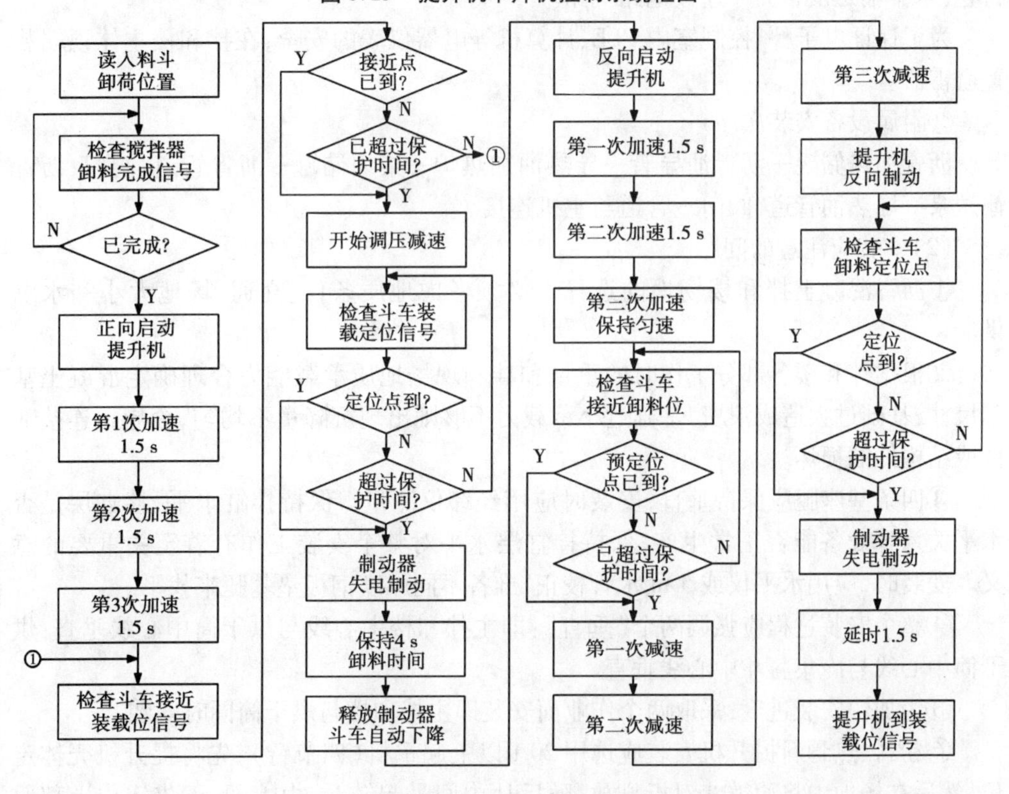

图 8.24 提升机单片机控制系统工作流程图

【任务实施】沥青混凝土拌和楼的维护、拆装与故障诊断

1.沥青混凝土拌和楼的装拆

1)沥青混凝土拌和楼的安装

沥青混凝土路面使用性能的优劣,很大程度取决于沥青混合料拌和的好坏,而混凝土的拌和是工程的第一步,因此,沥青混凝土拌和楼的安装与调试就显得尤为重要。

(1)拌和楼的安装顺序

①主机安装次序

四条基座腿与拌缸层连接—固定基座腿—安装热骨料仓层、沥青称量罐—粉料仓层—振动筛—粉料提升机—热骨料提升机—成品料仓—烘干筒—斜输送皮带—冷集料仓(水平输送皮带)—连接电路气路。

为了保证电子秤、控制室内 PLE、计算机等电器仪表的安全,在拌和楼主体顶端装置避雷器。

②附属设备安装次序

沥青加热储罐—沥青油导管—导热油加热炉—柴油储罐—沥青管道、阀门、沥青输送泵—导热油管道、阀门—管道与主机连接。

(2)安装应注意的问题

①沥青混凝土拌和楼场地的选择上必须考虑地质条件、交通、场地大小和水电供应。

②根据拌和楼各部分工作时的重量和拌和现场地质承载能力合理确定混凝土基础尺寸,基础过大造成浪费,基础过小承载力不够则出现沉降量不均匀,会导致连接部件或结构件的损坏。

③四条基座腿应保持垂直,安装时应用经纬仪测量。保持拌缸水平,拌缸层是否水平关系到设备能否正常生产,保持拌缸层水平对整个安装工作有着至关重要的意义。安装时,应用水平仪或 5 m 水管校正,准备不同厚度钢板垫基腿来找平。

④整个安装过程应强调两个“垂直”:即主拌和楼中心线与烘干筒中心线垂直:烘干筒中心线与冷集料斗中心线垂直。

⑤为加快安装进度,采取两个作业面安装即主拌和楼与烘干筒同时安装。

⑥粉料、热骨料提升机安装应选用 20 t 以上起重机(四节臂),先将提升机壳体定位,然后在场地内将原链斗对折排放,随后从中间吊起链斗,由上而下,先定位上部驱

动轮,后调整下部从动轮处张紧装置,用卡条将链斗连接闭合。应注意的是链斗安装必须对折排放从中吊装,否则,将增加安装难度。

⑦该机除尘系统配置为一级重力旋风式除尘、二级为布袋式除尘。除尘喉管、罐应在烘干筒、振动筛、拌缸固定后,以它们为基准逐一安装。

⑧安装中,应仔细检查各部件磨损情况,尤其应注意振动筛筛网是否损坏、堵死,减振弹簧是否因磨损而长度缩短,提升机链斗销是否磨损严重,各转动处轴承是否损坏,引风机、鼓风机风门是否开启自如,如是则应在安装前应预先修理、更换。

⑨沥青管道的密封垫圈应用耐温 300 ℃的高温石棉板制作,导热油的密封垫圈应用耐温 350 ℃的高温石棉板制作,沥青管道的内层管必须用整根钢管,中间不允许有接缝,管道焊接必须由有焊接压力容器焊接证的电焊工施焊。管道布置要合理设置管道的膨胀余量和膨胀弯度。

⑩选择动力电变压器至拌和楼操作室的动力电缆时,应考虑工作和启动时的电压不超过 220 V,各工作机构的电动机动力线应使用所规定的电缆,电缆在两接线端子中间尽量不要有接头,以免处理不当渗入雨水漏电。各电动机外壳要可靠接地。

⑪控制气路方面,在安装前应检查管道清洁情况,对有灰尘或异物的管道进行清洁。清洁空气滤清器、气水分离器中的杂物和水分,向油雾化器内加注 10 号润滑油,将供油量调节为缓慢的点滴状。调节汽缸进排气 EI 处的节流阀,使其既能阻止汽缸的冲击,又不致影响汽缸活塞的动作速度。

2)沥青混凝土拌和楼的拆卸

沥青混凝土拌和楼的拆卸工艺基本上以安装工艺为基础,反顺序执行。为了便于下次安装及保证设备的完好状态,应注意以下事项:

①在设备停止使用并准备拆卸时,应彻底清理沥青混凝土拌和楼各处积存的物料。空转皮带机、螺旋输送器排除积料;打开提升料斗底座仓斗,清除里面的积料;排空各热骨料仓、成品料仓、废料仓。

②拌和楼所有黄油润滑点,应重新打黄油一次,把内部的旧黄油排出;各齿轮箱的齿轮油应检查一次,不足的应补充。

③设备各连接组件应做好编号,便于下次安装。

④在用吊机拆卸前,应做好准备工作。先拆除所连接管路、线路,并把散件装入集装箱中,以节省吊车使用台班。吊机使用以 30 t 和 40 t 为主。

2. 沥青混凝土拌和楼的调试

在沥青混凝土路面施工中沥青混凝土搅拌设备是成本和质量全面控制的关键环节。管理控制好沥青混凝土搅拌设备是减少沥青路面损坏的关键一步,因此,在施工的第一步,调试好沥青混凝土拌和楼显得尤其重要。下面以间歇式沥青混凝土拌和楼为例,对沥青混凝土拌和楼的调试进行介绍。

1)整机的调试

沥青混凝土拌和楼是制备沥青混凝土的成套专用自动化设备,其功能是将沥青混凝土的原料——沥青、级配碎石和添加剂按预先设定的配合比,分别进行供料、骨料烘干、热骨料提升、热骨料筛分、称量、搅拌和出料等独立功能过程,生产出符合工程质量要求的成品沥青混凝土。

间歇式沥青混凝土拌和楼的工艺流程如图 8.25 所示:

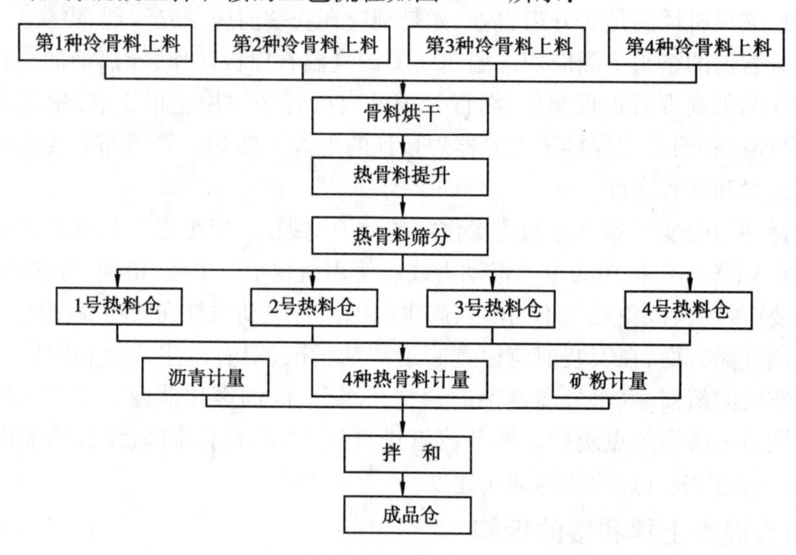

图 8.25　间歇式沥青混凝土拌和楼的工艺流程图

设备在新机购进或转场时须进行安装,安装完毕后即进入整机调试阶段,先对设备的各系统分别进行调试,为试生产做好准备。

2)供料系统的调试

(1)安装完毕后须对各部位再次进行仔细严格的检查,特别是各部位螺栓的紧固,电路、管路的连接及部位的水平状况等。排除一切可能的故障因素隐患,并按日常保养规定,给所有润滑部位加注润滑油,给液压油箱加满液压油。

(2)通电试运行

①先对单台电机进行运转,检查电流、转向及绝缘情况以及机械传动件的运转是否正常。并按此逐台检查电机及机械传动件。

②在确认每台电机及机械传动件运转无误后,进行连动试运转。在连动试运转中,要对其关键部位进行巡回检查,发现异响及时查明原因并排除。

③接通电源后,首先开启空气压缩机,使其气压达到额定的压力值,持续 15 min,其控制阀、管路、汽缸等部件不得漏气,安全阀或限压阀能正常可靠的动作。

④接通供油、回油装置,供油、回油管路不得渗漏,并采用防锈元件或采取防锈措施。各部分管路压力仪表和各种流量仪表等是否完好。

⑤液压油路、管路控制等部件不得漏油，安全阀或限压阀能正常可靠地运作。

⑥带式输送机的全部托轮应运转灵活，并有良好的对中性能，保证满载时运转有效的输送物料而不溢出或在接受点堆积，报警装置应灵敏可靠。

⑦保证提升料斗(小车)在滑槽内平稳行走。调节钢丝绳的张紧度和提升电机制动蹄的间隙，正常值为0.4～1.2 mm。

⑧螺旋输送机组装后，运转应灵活、平稳、无异常噪声。

⑨气力输送添加剂时，应使其贮料仓的压力不大于0.49 kgf/cm^2，输送管道及接头应气密，添加剂仓的自动吸尘装置和气动安全装置使用可靠，调节方便，余气排放应彻底。

⑩检测两级环保除尘系统，布袋材料：Nomex 450 g/m^2，环保标准：林格曼烟度Ⅰ级，粉尘小于20 mg/m^3。检测各个除尘压力和除尘密封性。

⑪对于使用过的旧设备，还应检查搅拌锅内衬板的磨损情况，并对已磨损部位进行更换和调整，以保证其正常的工作间隙。

3)加热系统的调试

(1)沥青加热系统，试压用肥皂水检测导热油和沥青管路是否泄漏，加入导热油至标准位，加热至70 ℃保持5 h左右，在90 ℃保持8 h左右，确保水气彻底排净，防止导热油因水气而爆出。以20 ℃为阶梯加热至200 ℃。检测温度和压力仪表以及温控阀是否正常。

(2)骨料加热系统，检查燃烧器点火和油路是否正常，通过空气/燃油阀门的伺服电机遥控调整燃烧器，保证最佳的空气/燃油比，以达到最佳的燃烧效果。检测燃烧器工况监控、故障自动诊断和故障检查指引等装置。使整个燃烧系统的工作安全、可靠。采用非接触式光学温度计+微积分温度调节器(PID)，结合除尘引风门自动调节系统，检测干燥滚筒出口料温偏差应在±5 ℃。

4)整机参数调整

(1)PLC控制系统参数设定

搅拌站可采用可编程控制器(PLC)通过软件来改变各部件的控制过程。在放料搅拌过程中，称量好的料(热骨料、沥青、添加剂等)通过不同的称量装置同时放入封闭式的搅拌锅内进行搅拌，达到搅拌时间设定值时，PLC发出信号打开卸料门，开始卸搅拌好的成品沥青混凝土，卸完成品料，即完成一个工作循环。PLC自动地又从程序的开始进行下一个工作循环，如此一直循环下去，直到关机。PLC控制系统在安装调试时，要对各参数进行检验或重新调整设定。

①配方设置：进行沥青混凝土生产，必须设置配方(油石比)。

②启动调单：用启动键可启动被选订单，以回车键确认，启动供货。

③设置配方：在ICP控制系统中存放沥青混凝土成分的各种配方。生产某一订单时，可选择存放的沥青混凝土配方，ICP控制系统将按照存放的配方进行生产。

④拌和楼的一般性参数，如搅拌时间、关机时间、湿度比、操作模式等设定。

⑤物料设定:将混凝土各种配料(热骨料、沥青、添加剂)等物料有关参数储存进ICP系统。

(2)称量秤的调试

配料系统称量控制采用电子秤自动称量。在拌和楼开始搅拌之前,应对计量系统进行校核,对骨料秤、沥青秤、添加秤分别进行调试。用标准的计量砝码进行测试,并且砝码数值与可编程控制器的读数一致。秤的计量允许误差为沥青:±0.3%;级配碎石:±0.5%;添加剂:±0.3%。

①测定砂石料的动态精度。给一个任意不小于1/2量程的数值,进行实验自动计量。测定称量时间是否符合要求(用秒表测定汽缸的开启闭合的间隔时间)。

②用标准的砝码检查称量精度。

③用同样的方法测定添加剂动态精度。

5)试拌和

(1)通过对工作循环进行单机手动测试,在确认程序无误后,进行全套设备的空载运行试验,并对计算机控制系统的工作状态实际状况进行检查和确认。

(2)在经过全面详细检查和空载试运转,确认各环节正常,无任何异常现象后,拌和楼置于全自动循环工况下,测出拌和楼的工作循环周期,并计算实际生产能力,应符合额定生产量。

(3)在额定载荷下反复检验,各运动部件应保持正常、可靠工作。

(4)混合料的取样及质量的控制。使用的各种原材料必须通过严格的试验检验,由拌和楼拌制好的未经捣实(成型)的新鲜沥青混凝土应该均匀性好,无离析现象,油石比符合施工设计要求,且不同次数搅拌的沥青混凝土油石比误差小于±0.1%,保证沥青混凝土产品的质量。

6)安全要求

(1)保证拌和楼的工作平台、扶梯、栏杆(供料装置、添加剂仓和加热管路)等符合有关安全规定。

(2)热骨料和成品料提升机构,搅拌机等的安全防护装置工作正常,保养、维修时有联动断电装置或给出信号指示正常,并备有检修安全警示牌,充分保证设备的安全运行。

(3)有酸碱等黏合剂、外加剂的部位应设防腐措施,应有防止粉尘、砂石粉尘、清洗搅拌机废料粉尘对周围环境的影响和污染。

(4)拌和楼设有防雷、接地和接零的保护装置,接地电阻不得大于10 Ω,同一供电系统不得同时接地又接零。另外还应设有防火措施。

沥青混凝土拌和楼是一种集机、电、液一体化的全自动控制设备,结构复杂,技术含量高,在新设备安装或旧设备搬迁重新使用都要对设备进行安装调试。用户只有掌握了设备调试的方法和要求,作好设备的调试,才能保证设备的正常运转,保证施工生产的需要。

3. 沥青混凝土拌和楼的综合故障诊断与检修

沥青拌和楼效率高低、出场混凝土质量好坏与沥青混凝土拌和楼是否出现故障以及出现故障的类型和几率有关。以下用具体实例来分析沥青混凝土拌和楼的故障原因排除方法。

1)搅拌器故障的诊断与检修

故障现象1

轮轨与托轮磨损不均、啃边、发出异响。

故障诊断

搅拌机在工作一定时间后,烘干筒受交变载荷与高温作用,加之润滑脂干枯,使轮轨与托轮之间形成干摩擦,受烘干材料重力的作用,使机器剧烈颤抖,导致轮轨和托轮受力不均。在上述情况下,如果托轮与轮轨之间的间隙调整不当,或相互的位置产生偏斜,就容易发生上述故障。

故障检修

每班作业前应在轮轨与托轮的接触面上加注润滑脂,及时调整托轮紧固螺母的紧度,并调校轮轨与托轮之间的间隙,从而保证滚筒运转平稳,托轮与轮轨各接触点受力均匀。

故障现象2

引风机振动大,发出异常颤抖或尖叫声。

故障诊断

引风机叶轮严重磨损或开裂,使引风机失去动平衡。

如叶片完好无损,则大多数是由于叶片积垢形成了硬块,使之旋转时失去了重心。

引风机轴承缺油,磨损、烧蚀,引风机机架焊点松动。

故障检修

将引风机从机体上拆下,进行焊修补正并校好动平衡,即可消除异响。

用拖把将叶片打扫干净,清除积尘,剔除硬块。

注意轴承的润滑保养,及时添加钙基油脂,如果轴承已损坏、烧蚀,则须换新。

2)骨料称量系统的故障的诊断与检修

故障现象

现有一台 LINTEC CSD2500 型沥青混凝土拌和站,正常工作约两个月后,计量系统出现明显故障,主要表现为,当设定油石比为5.2%时,其实测值则在4.3% ~4.5%,误差达到0.7% ~0.9%,标准规定为±0.3%。另外,在计算机配料过程监视界面上观察配料过程时发现,当粉料称量结束后、骨料称量达70%左右时,已称量好的粉料显示值会突然下降,但整个配料及自动生产过程仍能正常进行。

故障诊断

该设备为大型间歇式沥青搅拌设备,其计量系统的骨料秤、粉料秤及沥青秤分别由3个应变式拉力传感器加以悬挂;热骨料各仓、粉料仓、粉料秤、沥青秤及骨料秤等均设有由程序控制器控制的自动放料门。传感器将称量斗中物料重量转化成电量并经过适调器送入程序控制器,程序控制器计算机则对信号进行处理,从而控制整个系统的工作,同时将运行情况传送到显示器,以便监视整个配料过程;如果一个配料循环完成了,程序控制器就发出指令,粉料秤、骨料秤及沥青秤放料门即自动打开,将称好的物料卸入搅拌器中搅拌;于是,称量系统再进行下一个配料循环。

鉴于设备出现故障时整个工作循环仍能正常进行,说明该设备在程序主控制器以后的部分是完好的。根据该设备控制计量系统的工作原理,并考虑到故障现象及累计生产量等情况,经综合分析后认为导致上述故障的原因有:

(1)各计量秤中的某个拉力传感器失效或参数变值。

(2)传感器至控制柜之间的连接电缆线损坏或插头接触不良。

(3)某热骨料仓放料门气阀或汽缸密封失效漏气,或因压缩机气压过低导致放料门关闭时间延长,放料量增大。

(4)热骨料仓放料门机械装置有故障,致使放料门关闭不严,放料量增多。

(5)粉料秤、骨料秤及沥青秤中某个传感器或传感器保护拉杆调整不当,使该传感器受力不当。

(6)某个秤的活动部件被异物卡住。

故障检修

(1)称量系统机械部分进行停机检查,结果各称量传感器及吊挂均正常,无卡住现象;检查传感器的连接电缆和插头,结果均完好。

(2)对各秤用标准砝码进行标定,据观察,计算机显示的数据与秤上所加的重量相符;说明传感器、连接电线和适调器均完好。

(3)对运行设备进行动态检查。观察各部分在工作循环时的状况,经过几个工作循环的观察终于发现,当粉料称量结束,骨料称量超过半小时,粉料秤放料门机构(伸出防尘壳)的润滑油嘴就会被防尘壳孔的下缘支柱卡住;观察骨料秤,在骨料称量结束前,骨料秤斗的一个伸出臂(吊挂传感器用)就会与防尘壳孔的下端接触。

经检测,该设备在配料称量过程中,粉料秤、骨料秤从计量开始到骨料称量达70 %时,两称量斗已下降近10 mm。因粉料秤在黄油嘴处被卡,导致称量过程中配料(过程)监视界面上的粉料量减少;而骨料秤被防尘壳卡住后可引起骨料量增加,导致成品料油石比小。由于骨料斗不但受传感器的拉力,还受到防尘壳孔下端的支承力,使得骨料斗中物料虽达到了设定值而传感器的输出值却小于设定值,因而程序控制器对热骨料仓放料门的关闭时间就会延长。

经仔细观察,原来该设备上的3个计量秤的传感器都悬挂在同一个挂梁上,为了减小称量时的振动、确保计量精度,设计时将挂梁下面用橡胶减振器加以支撑,随着称量斗中物料重量的增加,挂梁的变形特别是橡胶减振器的变形均会加大,从而引起上述的故障现象。

调整粉料和骨料斗的高度,并对各计量秤重新进行了标定,再测定油石比时误差已在0.2%以下,表明故障已被彻底排除。

3)加热系统故障的诊断与检修

故障现象1

燃烧器燃烧不良。

故障诊断

燃油管道及鼓风机的风口内壁由于长期受潮湿,遇尘埃后形成“梗阻”,使燃气流动不畅,内壁积垢后孔道虽然变得窄小,但仍可以燃烧,只是呈现燃烧不良,耗油高而已。

故障检修

积垢轻微时,可用小榔头对燃油管路进行轻轻敲击,使内壁尘垢脱落,再开动鼓风机吹净即可;积垢“梗阻”严重时,必须先拆卸油管的两端接口,再用硬器刮除,待用清水冲洗后再用压缩空气吹干净。

故障现象2

导热油循环压力过低或过高。

故障诊断

沥青混凝土拌和楼导热油加热系统采用燃烧器加热导热油,通过导热油循环泵使热态导热油在管路中循环流动。该系统由循环泵、管路、燃烧器、炉体、膨胀罐、控制系统等构成,为保证安全,控制系统一般都设有压力显示和安全装置,并设有相应的报警灯。

故障检修

导热油循环压力过低时:①应当检查各加热部分有无泄漏,此外,若同时加热的部分太多,导热油循环泵会带不起来,导热油循环压力也会过低。②检查导热油滤清器。若堵塞应进行清洗。③检查导热油中是否有水汽。若有(压力指示表指针会来回摆动),应排出。④检查循环泵的压力。若压力低,应将压力调高;如因循环泵的叶片或齿轮磨损严重而造成压力过低时,应更换新泵。

导热油循环压力过高时:①检查各加热部分;若同时加热部分太少或有的阀门意外堵塞,会导致循环压力过高。②检查导热油中是否有水汽;若有(压力指示表的指针会来回摆动),应排出。③检查循环泵的压力;若压力太高,应将其调低。

4)提升机控制系统的故障诊断与检修

故障现象1

冲顶:当料斗上升到上止点位置时,按设计程序料门应打开,物料经中间进料斗投入搅排筒。与此同时,上限位开关动作,卷扬机自动停机。使料斗停止在上止点位置。如果上限位开关失灵,卷扬机将牵引料斗继续上升,造成冲顶事故。这时,如不及时停机,将会发生更为严重的事故,轻者使料斗和上料架损坏,重则造成整机报废,甚至人员伤亡。

故障诊断

(1)开关损坏:上限位开关有低位和高位两个开关。正常情况下,低位开关起作用,只有低位开关损坏后高位开关才起作用。

(2)受潮:限位开关如受水浸、雨淋而受潮,动作将会失控,引起冲顶事故。

故障检修

一般情况下,不允许依靠高位开关起限位作用,否则,高位开关一旦损坏,冲顶事故将不可避免。同时,一经发现低位开关损坏需及时更换。

如果开关已经受潮,应及时烘干或更换,为防止开关受潮,限位开关应加设防护罩。工作时搅拌机应安置于有工棚的场所。

故障现象2

颤抖:料斗在升降时动作不平稳,呈现颤抖状态。

故障诊断

(1)调整螺钉的位置调整不当,使弹簧的压力过大,杠杆呈时起时伏的状态,引起下限位开关时断时续,这种状况,在料斗空载下行时表现最为明显。

(2)料斗滚轮因轴承损坏转动不灵,引起料斗抖动。

(3)轨道不平直、间距不一,或轨道上有焊渣等异物。

故障检修

遇到上述第一种情况,只需将调整螺钉调至适当位置即可。

遇到上述第二种情况,需及时更换轴承。

遇到上述第三种情况,需修正轨道,清除异物。

【知识拓展】影响沥青混凝土拌和楼生产质量的因素

1.原材料的影响

沥青混凝土的原材料主要包括:沥青、矿粉、粗集料、细集料等。

作为沥青混凝土填料的矿粉,是形成沥青胶浆的重要组成物质,它的质量直接影响着沥青混凝土的质量,所以必须严格控制。其材质应为石灰岩,外观质量以洁净、干燥、无团料结块为原则。粗集料指粒径大于2.36 mm的碎石。各级碎石在外观上应洁净、干燥、无风化、无杂质,有良好的颗粒形状,级配组成要符合规范要求。试验人员应对其随时检测,以保证冷料的质量合格。细集料指粒径小于2.36 mm的大砂、石屑等。在外观上应洁净、干燥、无风化、无杂质,并有适当的颗粒组成。

2. 冷料仓级配

冷料仓级配也就是平时生产中所谓的目标配合比。合理的目标配合比不仅能保证生产过程中热料来源的连续、生产的连续有效,而且也不会造成热料仓的溢料,从而影响生产配合比以及材料的浪费。

(1)冷料的控制过程。在生产过程中,冷料输送量的大小是通过控制室的冷料转速表给变频器一个信号,变频器根据接收到的电压信号的大小然后输出一个电压信号给冷料斗集料皮带电机,控制电机转速实现冷料大小的控制。

(2)目标配合比的确定。在确定目标配合比之前,首先要对每种骨料进行标定,即对不同转速(至少取3个转速),固定时间内流出的骨料的重量进行统计,画出分布图即冷料皮带转速与产量之间的关系图,如图8.26所示;其次要注意的是在做每一种骨料的标定时一定要对其测含水量,这样作出的结果比较准确。在得到每一种骨料的转速分布图后,就要根据产量计算每种骨料的所需重量,从而确定其转速的大小,即目标配合比。

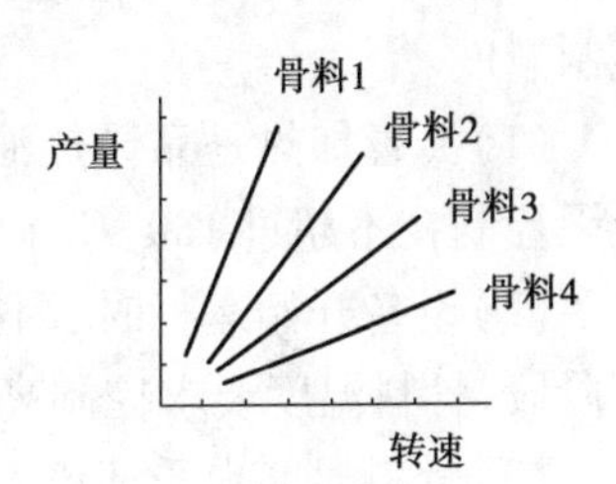

图8.26 冷料皮带转速与产量之间的关系图

3. 热料仓级配

热料仓级配也就是所指的生产配合比,即实际生产过程中,每一种热料的所用重量比例。生产配合比的合理性直接影响到实际生产的混合料的质量。要得到生产配合比,就必须进行热料筛分。热料筛分是指在把冷料按照目标配合比进行上料,通过干燥筒的干燥,进入振动筛,按照装好的筛网规格进行筛分,然后取其热料仓的中间部分热料进行实验得出生产配合比。

合理的生产配合比不仅能保证混合料的质量,而且还可以提高生产效率,不会造成溢料或等料所造成材料的浪费。

4. 称量系统

称量系统是沥青混合料生产的核心,是保证生产配合比准确性的保障,其计量的精度和准确性直接影响到混合料的质量以及路面的施工。在生产过程中每一种骨料的称量误差不能超过±3%,沥青含量不能超过±0.3%,而骨料秤的计量精度一般是5 kg,沥青秤计量精度是1 kg,因此,一般情况下都是要对骨料秤、沥青秤、矿粉料秤进行标定。

影响称量系统准确性的因素有以下几个方面:①秤、传感器的精度;②称量过程中各种骨料称量的连续性;③机械故障的影响。

5. 温度的控制

对于间歇式沥青混凝土拌和楼,沥青加热温度控制在150~170 ℃,矿料温度比沥青温度高10~20 ℃,混合料出厂温度为140~165 ℃。沥青混合料成品料出厂温度,直接影响着摊铺质量和碾压质量,所以必须控制好成品料出厂温度。在生产中除要随时监控石料温度和沥青温度外,还要随时检测成品料温度,并及时反馈操作室,以及时控制温度。

(1)沥青加热是靠导热油循环加热的。在加热过程中,导热油温要缓慢上升,温度上限控制在不超过180 ℃,以避免沥青老化。

(2)设备开始运行时,因机组各部位都是冷的,会吸收一部分热量,因而在开始生产阶段,骨料温度要求控制高些,这样可避免出现花白料。

(3)骨料温度也受环境温度的影响。在实际生产中,早晚用骨料温度上限,中午前后用骨料温度下限。

(4)在生产中,骨料温度因冷料仓冷料的不稳定(缺料或含水率不一样)而出现上下波动。操作员应及时地调整燃烧器火焰或冷料量,使温度保持正常。

6. 搅拌控制

搅拌控制也是一个很关键的环节,是成品料成型的最后一个步骤。成品料质量的好坏直接影响到施工,而搅拌时间是影响沥青混合料搅拌质量的重要因素,搅拌时间不够就会出现搅拌不均匀、花白料;搅拌时间太长会出现离析。在正常生产中,对于普通沥青干拌时间不少于5 s,湿拌时间不少于40 s,对于改性沥青干拌时间不少于5 s,湿拌时间不少于50 s,可根据情况适当减少1~2 s,但要确保混合料的质量。

在生产过程中,还应注意两个方面:①搅拌刀片和刀臂的磨损所造成的影响。在生产过程中,要经常检查搅拌刀臂和刀片的磨损程度,刀片磨损严重要及时地更换,否则会影响混合料的质量,搅拌不均匀,延长搅拌时间,影响施工质量和进度;②沥青管道的堵塞。在生产过程中要经常检查搅拌缸上端的沥青管道是否堵塞,要及时清理。

7. 填料的影响

填料的作用是与沥青形成沥青胶浆,以增加沥青混合料的黏结力。填料参配的准确与否,直接关系到沥青混合料中的游离沥青。如有游离沥青存在,将降低沥青混合料黏结力,并出现泛油现象。只有完全按照配合比设计参配,使沥青混合料中无游离沥青,才能有效地保证沥青混合料的质量,所以在生产中必须严格控制其称量精度。

8. 除尘系统

除尘系统不仅是环保的要求,同样也是生产的要求。除尘系统的好坏也是影响沥青混合料质量的又一因素。在生产过程中,如果除尘效果差,热骨料表面的尘粉太多,生产出来的混合料质量差,沥青与骨料的黏附性不好;而反之,要是除尘效果太好,就会将石粉中的小颗粒除去,搅拌的混合料中,小颗粒太少,填充得不密实,摊铺的路面就会渗水。因此在实际的操作中要控制好风门,既不能太大,也不能太小;太大,会增加引风机的负荷,生产出的料会渗水;太小,生产的混合料中沥青与骨料的黏附性差。

实训8　沥青混凝土拌和楼电子秤的安装与调试实验

1. 实训目的

现代沥青混凝土拌和楼普遍采用电子配料称量仪表,大大提高了配料速度和质量,使拌和楼的控制系统实现了电子化和计算机化。通过本实验,掌握沥青混凝土拌和楼电子秤的安装,掌握电子秤的调试及维护。

2. 实训设备

意大利玛连尼 MAP175E220L 型沥青拌和站,标准 20 kg 砝码 10 个。

3. 实训内容

1)电子秤的安装

按地基图的尺寸要求,由起重机将筒仓支架起吊就位于水泥筒仓基础上;支架上部的筒仓安装面应校准水平和中心。

吊装螺旋输送机及水泥称量斗。将螺旋输送机及水泥称量斗分别吊装到筒仓支架上,连接成一体,保证连接处不泄漏水泥和螺旋输送机的出口对准搅拌主机上的入口,并用橡胶筒相接(注意:橡胶筒不能张紧,否则会影响称量精度)。

起吊筒仓(各扶梯、电线管等零星小件应预先装好),安装就位。

吊装筒仓上的栏杆、除尘器等。

将蝶阀装在筒仓出口的连接法兰上，蝶阀另一端用橡胶筒与斗口相接；（注意：橡胶筒不能张紧，否则会影响称量精度）。

确定传感器安装位置，配焊传感器安装板，装传感器及组件。

2）电子秤的调试

沥青拌和站主机的调试，最重要的是电子秤的调试，下面以意大利玛连尼MAP175E220L型沥青拌和站的调试来说明（以沥青秤为例）：

（1）先将20 kg砝码数量10个，依次置于沥青秤斗上，看沥青秤数显表显示质量与所置砝码质量是否一致，若显示值与实际值不符，调节电子秤控制上的T1-T6电位器，若达不到互换互插，反复调节直到符合为止。

（2）沥青秤秤底的调试。该沥青秤是通过计量马达将沥青打入秤斗，然后由沥青喷洒泵卸荷的，为了保证喷洒泵的准确吸油高度，必须进行此项的精确标定。先将水加入沥青称量斗，使水面超过吸油管口，然后打开称量斗底部的球阀开关，放掉多余的水，边放边视数显表的显示窗，当显示为0001时，立即关闭球阀，最后通过调零按钮使之显示为0000即可。注意此时水应刚好淹没吸油管口径，否则应重新标定。

（3）最后再将10个20 kg砝码置于称量斗上部，调节T1-T6，使显示窗显示$200 \times 0.967 = 193.4$ kg。调好后拿掉砝码将水放尽，打入沥青，使数显表显示为0000，至此沥青秤全部调试完毕，即可使用。

4. 注意事项

（1）安装秤斗时要保证3个传感器的受力相等。

（2）骨料秤和粉料秤的调零旋钮在主控制台上，唯有沥青秤的调零旋钮在控制板内，目的是一旦调好，“锁死”不准乱动，以确保混合料中沥青含量的最佳值。沥青秤斗为特殊的双壁容器，它从根本上避免了量斗皮重的变化对称量精度的影响。

5. 实训报告

（1）实训的目的和要求。

（2）实训内容及注意事项。

①简述电子秤的安装步骤。

②记录沥青秤数显表显示质量与所置砝码质量是否一致，记录调节过程的比较数据。

③记录沥青秤秤底的调试时的标定数据，分析标定的注意事项。

（3）实训后的收获（主要技能方面）。

项目小结

本项目首先介绍了沥青混凝土拌和楼的机械系统,它们分别为:冷骨料的定量供给和输送系统、烘干系统、热骨料提升机、热骨料筛分机、计量系统、搅拌系统、石粉储仓和定量供给系统、混合料成品储存系统及除尘系统;然后介绍了沥青混凝土拌和楼的电气控制系统,它们分别为:温度控制系统、骨料供给控制系统、热骨料称量控制系统、提升机控制系统。通过对以上沥青混凝土拌和楼机电系统的学习,使学生具备了解决沥青混凝土拌和楼任务的基本知识以及综合故障的诊断与检修方法。

项目 9 工程机械电液控制系统故障诊断技术

项目剖析与目标

故障诊断技术是以电子信息技术为代表的高新技术发展和社会对工业生产及科技发展需求相结合的产物。它最早起源于美国阿波罗计划期间由美宇航局和美海军研究室负责组建的美国机械故障预防小组，随后在其他西方发达国家得到迅速发展和跟进。它的出现有着重要的时代背景和内涵，主要有两个因素：一是国际社会的一些重大工程项目迫使人们认识到发展故障诊断技术的重要性和迫切性；二是20世纪60年代为计算机和电子技术大发展的年代，把信号分析技术从硬件到软件推向到一个新的水平，通过研究和发展，人们可以把机械设备的可靠性、可用性、可维修性、经济性和安全性等要求都提高到一个新的高度。

工程机械的工况监测及故障预报、诊断是一个十分复杂而丰富的课题。自20世纪90年代以来，以计算机、微电子、智能控制为代表的先进技术得到了飞速发展并广泛应用于工程机械领域，使得工程机械产品的性能及高科技含量得到不断提高，计算机辅助监测、故障诊断系统在工程机械上得到了广泛应用。从简单的工况参数显示发展到故障查找提示和早期预报系统。例如美国卡特彼勒的新型监测系统（CMS），该系统普遍用于土石方工程机械，能准确地监测机器的各部分参数，采用声光故障报警，保存运行数据的纪录，CMS是一套密封系统，能承受高低温、湿度、振动和冲击负荷，采用真空荧光屏幕，适合野外施工作业。

本项目主要对工程机械电液控制系统的故障诊断发展趋势、诊断方法进行分析，并结合工程案例，分析了工程机械电液控制系统的故障诊断与检修过程。

任务　工程机械故障诊断技术的应用

任务描述

随着超大规模集成电路、微型电子计算机、电液控制技术的发展，光—机—电—液—信一体化技术在工程机械上得到了广泛应用。特别是采用电子控制技术、液压控制技术，一方面使工程机械自动化程度大大提高，另外也对工程机械状态监测和故障诊断技术提出了更高的要求。本任务主要从工程机械故障诊断技术的发展情况、液压系统故障诊断方法、电气系统故障诊断方法和工程机械自诊断技术等几个方面进行分析。

任务分析

随着现代工业飞速发展，工程机械的种类日益繁多，功能也日益强大。其自身的结构、组成变得越来越复杂，因而发生故障的几率也随之增多，尤其是在工程机械中广泛采用的液压系统、传动系统、控制系统等，由于这些系统的多单元、多层次、多信号模式等特点使其在结构、功能、行为间形成了复杂的关联耦合关系，从而对工程机械的故障诊断和维护提出了更高的要求。在学习过程中，工程机械工作状态的监测、信号的处理和故障的诊断与排除方法是重点和难点内容。

【知识准备】工程机械故障诊断方法

1. 工程机械故障诊断技术的国内外研究现状

工程机械的工况监测及故障预报、诊断是一个十分复杂而丰富的课题。自 20 世纪 90 年代以来，以计算机、微电子、智能控制为代表的先进技术得到了飞速发展并广泛应用于工程机械领域，使得工程机械产品的性能及高科技含量得到不断提高。计算机辅助监测、故障诊断系统在工程机械上得到了广泛应用，从简单的工况参数显示发展到故障查找提示和早期预报系统。例如：美国卡特彼勒的新型监测系统（CMS），该系统普遍用于土石方工程机械，能准确地监测机器的各部分参数，采用声光故障报警，保存运行数据的纪录，CMS 是一套密封系统，能承受高低温、湿度、振动和冲击负荷，采用真空荧光屏幕，适合野外施工作业；德国 O&K 公司的挖掘机卫星数据传输监控系统,应用卫星通信技术将各台工作中的挖掘机状态信息、故障信息,由机载发射机发射到同步卫星上,再由卫星上的转发器发回管理中心,由管理中心的计算机进行分析处理,该系统给挖掘机作业生产管理、维修带来极大的方便。

随着电子测量、信号处理、传感器、计算机等技术的发展,目前国内科研单位研究开发了一些针对不同应用场合的监测诊断系统。例如:浙江大学与长江挖掘机厂合作开发的智能式工况实施监控与故障诊断系统,具有汉字显示、故障自动判断、报警纪录与微机通信等功能;葛洲坝水电工程学院开发的工程机械液压系统智能故障诊断系统HSFIDS,利用专家知识和经验,通过向用户提问的方式,高效、迅速地帮助用户找到故障的原因、部位,并提供相应处理措施;大连理工大学以起重机为模型开发的工程机械工况测取与故障诊断系统等。

工程机械设备及其故障现象本身是非常复杂的,而智能故障诊断系统由于具备模仿人的一些思维,能有效地获取、传递、处理、再生和利用诊断信息,并对复杂环境下的诊断对象进行正确的状态识别、诊断和预测,因而已成为目前工程机械故障诊断领域的主流方向,目前主要有两大类别:基于知识的智能故障诊断系统和基于神经网络的智能故障诊断系统。

1)基于知识的智能故障诊断系统

知识是智能故障诊断系统的核心,其显式表示使系统具有概念明确、适于定性分析、推理路径清晰、易于用户参与、便于解释等显著优点。存在的问题主要表现在:缺乏有效的诊断知识表达方式,不确定性推理方法,推理效率低;存在知识获取“瓶颈”、知识“窄台阶”,易出现“匹配冲突”“组合爆炸”及“无穷递归”等问题,学习能力、自适应能力差;诊断求解过程是一个在超高维空间的搜索过程,对于复杂的诊断对象,由于搜索空间大、搜索速度慢,使得在线诊断困难、实时性差。

2)基于神经网络的智能故障诊断系统

与基于知识的智能故障诊断系统相比,基于神经网络的故障诊断系统则具有如下优点:具有统一的内部知识表示形式,大量知识规则都可通过对范例的学习存储于一个相对小得多的神经网络的连接权重中,便于知识库的组织与管理,通用性强、知识容量大;便于实现知识的自动获取,能够自适应环境的变化;推理过程为并行的数值计算过程,避免了以往的“匹配冲突”“组合爆炸”和“无穷递归”等问题,推理速度快;具有联想、记忆、类比等形象思维能力,克服了传统专家系统中存在的“知识窄台阶”等问题,可以工作于所学习过的知识以外的范围;将知识表示、存储和推理融为一体。但是,由于神经网络只是从已知样本中得到解决问题的能力,故仍存在一些局限性,表现在:

(1)由于很难得到完整的关于对象模式的全部样本,使得应用神经网络只能是一个不断完善的过程,而网络自身对这种自我完善的调度性能较差,造成了网络对奇异模式的判断能力较差。

(2)神经网络对结论及其过程不能作出解释,权重形式的知识表达方式难以理解,而这对于基于结论的决策系统的可信性是必不可少的和至关重要的。

(3)单纯对数据的应用使得神经网络方法缺乏全局观,忽视了领域专家的经验知识,不能在所有层面上进行整体分析,这是神经网络应用中的主要缺陷。

2. 工程机械故障诊断技术的发展趋势

工程机械的工况监测及故障诊断技术是以现代科学技术为先导的多学科交叉的应用性新技术。20 世纪 90 年代以来,模拟人脑物理结构和直觉联想的人工神经网络智能诊断系统如雨后春笋般地迅速发展起来,已成为国际上该领域的最新热点。从发展趋势看,当前主要方向为:各种诊断理论与神经网络的结合、信号处理与神经网络的集成、基于知识的专家系统与神经网络诊断系统的综合及设备故障诊断智能系统的微型化和“傻瓜”化。

智能故障诊断是人工智能研究的一个重要内容,它与知识表示和推理方法有着密切的关系,其领域知识可用对象模型、经验规则、神经网络模型、实例来表示。基于专家系统、基于模糊理论、基于人工神经网络的诊断方法各有其优势和特点,但同时它们各自也存在着局限性。为克服现有智能故障诊断方法中的不足,人们正在研究新一代的智能故障诊断系统。

1)基于学习的智能故障诊断系统

对于智能故障诊断系统来讲,知识获取是建造智能故障诊断系统的瓶颈,尤其是知识的自动获取一直是专家系统研究中的难点。解决知识获取问题的途径是机器学习。机器学习研究的主要目标是让机器自身具有获取知识的能力,使其能在实际工作中不断总结成功和失败的经验教训,对知识库中的知识自动进行调整和修改,以丰富、完善系统的知识。机器学习是提高故障诊断系统智能的主要途径,一旦诊断系统具有学习能力,它就能从环境的变化中学习新知识,不断实现自我完善。因而,其主要发展方向大致有以下几方面:

(1)由基于规则的系统到基于混合模型的系统,可综合多种方法,如基于规则、基于功能和深层知识模型的方法,甚至人工神经网络等方法,以实现多形式、多深度诊断知识的推理。

(2)由领域专家提供知识到机器学习。

(3)由非实时诊断到实时诊断,实时诊断就是强调在线数据处理与在线诊断推理,要达到诊断的实时性,需要寻求合理的诊断方法,设计合理的诊断软件结构,实行分级进程推理,尽可能提高硬件的处理速度。

(4)由单一推理策略到混合推理策略,知识处理系统常用的推理策略包括:数据驱动和目标驱动,前者的主要缺点是盲目推理,后者的主要缺点是盲目选择目标,有效的办法是综合二者的优点,通过数据驱动选择目标,通过目标驱动求解该目标,这就是双向混合推理策略的基本思想。

2)基于集成的智能故障诊断系统

根据上面的分析,依靠单一智能技术的故障诊断系统都有各自的优缺点,难以满足工程机械等复杂系统诊断的全部要求,因此,将多种不同的智能技术结合起来的集成智能诊断系统是工程机械故障诊断研究的一个发展趋势。当前进行的集成主要有基于规则的专家系统与神经网络的集成、基于实例的推理(CBR)与基于规则系统和神经网络的集成、信息融合与神经网络的集成、小波分析与神经网络的集成、模糊逻辑与神经网络和专家系统的集成等。而神经网络与专家系统集成智能故障诊断系统将是工程机械故障诊断技术的一个重要发展趋势。神经网络与专家系统的集成主要有两种策略:

(1)将专家系统构成神经网络,把传统专家系统的基于符号的推理变成基于数值运算的推理,以提高专家系统的执行效率并利用其学习能力解决专家系统的学习问题。

(2)将神经网络视为一类知识源的表达与处理模型,与其他知识表达模型一起去表达领域专家的知识。

3)基于网络的智能故障诊断系统

现代大规模基础设施建设是由多品种、多数量工程施工机械、施工机群协同作业的生产过程。施工企业在追求效率和施工成本的基础上,对设备运行的安全性、可靠性提出了越来越高的要求。现有工程机械故障诊断方法,比如电子监测器方式、便携式微机的形式、工程机械检测维修车方式等,虽然在一定程度上解决故障问题,但这些方式主要是针对单机,且不能实现管理者对设备状态的在线监视,现场管理者缺乏机群设备状态的第一手资料,难以实现对施工机群进行科学的管理和实时调度。因此有必要寻找一种经济、可靠、易实现的方法来实时地监测施工机械的运行状态,及时发现故障,及时处理,保证施工有效地进行。而基于网络的智能故障诊断系统则是以工程机械机群为主要研究对象,结合工程机械施工机群的施工特点和单机设备的结构特点,通过网络对施工机群实施在线状态监测与故障诊断,判断故障原因,提供维修处理意见;评定故障类型及故障严重程度,为机群设备状态分析提供依据;预测停机维修时间,为机群动态施工调度提供依据。系统的基本结构如图9.1所示。

3.工程机械故障的形式及特点

1)工程机械在不同使用阶段中的故障表现形式

工程机械故障在其使用不同阶段表现为不同的故障形式,具体可总结为如下几个方面:

(1)使用初期阶段的故障特点

工程机械在使用初期(相当于走合期)其故障是由高到低(降曲线),使用初期故

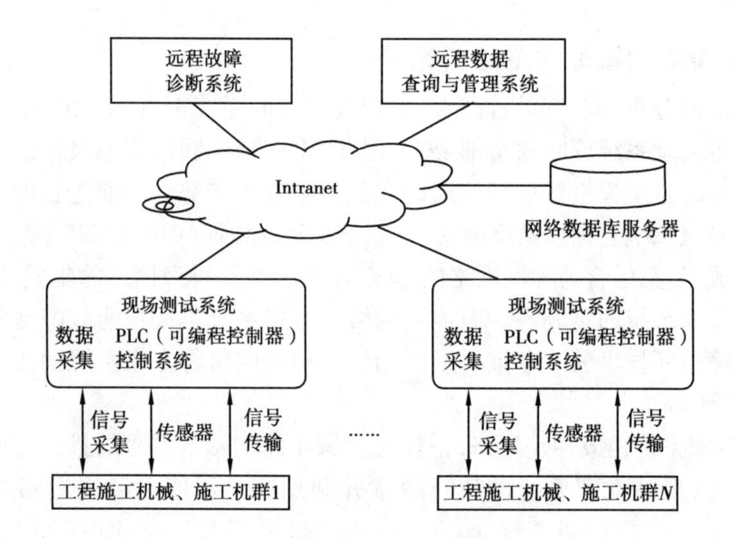

图9.1　基于网络的智能故障诊断系统基本结构图

障率高低同制造或维修质量和走合时期的使用有关。早期故障多是联接螺栓松动或松脱;管道接头松动或松脱;残留金属屑或铸造砂易堵塞油道或夹在相对运动摩擦副中拉伤机件(如液压系统中的执行机构)造成漏油;有些接合平面因螺栓不紧而漏水、漏油、漏气等。

(2)正常使用阶段的故障特点

工程机械走合期结束后,进入正常使用阶段。工程机械在这个阶段内运行,只要按规定维护和正确使用,发生故障一般是随机性的故障,所以故障率很低,曲线平缓微升。

(3)接近大修期阶段的故障特点

当工程机械使用接近大修期时,各部件损耗增大,技术状况恶化。这个阶段的故障特点是故障率高,且普遍多数是因磨损过大和零件老化所造成,油路中的堵、漏、坏现象出现较多。

(4)不同季节的故障特点

工程机械故障率的高低与季节有关。冬季低温使用机械时,故障率高于夏季。例如燃料供给系在冬季常因气温低雾化不良,燃油易凝固发生油路堵塞而不易启动,或发动机运转时熄火等故障;润滑油流动性差,加速了机件磨损;蓄电池容量下降,造成发动机不易启动、制动不可靠、液体传动不正常等。

2)工程机械故障诊断技术

随着信息技术、电液控制技术、机电液一体化技术在工程机械上得到广泛应用,工程机械的自动化程度大大提高,这也大大加速了状态监测和故障诊断技术的发展。到目前为止,已经出现了超过50种的故障诊断和状态监测技术。综合来看,工程机械故障诊断技术分为状态监测和分析诊断。

(1)状态监测

①连续在线监测:通常指的是机载式监测系统,也称为机械自诊断系统。

②离散分项检测:是针对日常点检或定期维护时发生的故障征兆所安排的对相关总成的功能检测,也可以是定期安排的对整机性能的常规检测。

③随机故障检测:连续在线监测和离散分项检测的前提是机械没有发生故障,它们的目的是为了发现故障隐患,将故障遏制在萌芽状态。如果机械发生了随机故障,对机械进行的检测就属于随机故障检测的范畴了。

(2)分析诊断

分析诊断是对机械当前状态的识别和未来状态的估计(趋势分析),判断它是正常还是异常,若是正常的,估计还能够正常工作多久?若是异常的,则异常到什么程度?是轻微故障还是安全失效?最多还可以运行多久?一个系统状态的变化必然会由其自身动态特性(特征参数)的变化来反映。因此,实质上分析诊断的过程就是在时域内识别机械的实时状态。

分析诊断过程是故障诊断最为关键的阶段,它直接关系到故障判断的准确程度,而决定故障判断准确程度的是识别方法的选取。因此,分析诊断的关键在于识别方法的选取。识别的方法很多,常用的有统计识别方法、函数识别方法、逻辑识别方法(故障树分析法 FTA)、模糊识别方法、小波分析技术、灰色识别方法以及神经网络识别方法。

统计识别方法、函数识别方法、模糊识别方法以及神经网络识别方法由于计算过程较为复杂,通常用作计算机故障诊断的数学模型。实际施工工地使用较多的是逻辑识别方法(故障树分析法 FTA)和灰色识别方法。

(3)工程机械的维护

对于工程机械的维护应以可靠性工程、人机工程学、安全工程学等为理论基础,从机械设计阶段入手,保证机械在未来的使用阶段,一旦出现故障,技术方面易于维修;价值方面维修费用低:故障后果方面经济损失低。维护技术包括机械维修技术、电器维修技术、液压维修技术、表面保护等。

3)加强维护生产的组织与管理

主要是规定了维修活动规划的准则,实施的步骤和维修活动所必须遵守的规章制度。按照国家有关政策和规定,建立科学的管理制度和方法,制定合理的维修费用定额,控制维修费用合理使用,做好经济核算和经济分析,在不断提高设备利用率的前提下,降低维修费用,以提高企业的经济效益。

维护决策包括维修方式决策和维护级别决策。维修方式决策,就是选取一种较好的管理模式来预知故障、排除故障、防止故障发生。目前常用的维修方式主要有事后维修、预防维修、视情维修 3 种。维护级别决策是根据设备状态选取相应的维护。

在使用中通过维护,保持设备完好状态,使燃油、润滑油、轮胎及零配件消耗达到最低,各总成、零部件技术状态保持均衡,以达到最高的大修间隔期。主要包括:走合维护、例行维护、定期维护、换季维护、转移前维护、停用维护和封存维护等7类。

重视备件管理和运行管理主要包括备件技术管理、计划与采购、仓库管理等。实行实时的故障信息的采集,故障模式的分析,故障资料的收集和故障诊断技术的应用。

4. 工程机械液压系统故障诊断与排除方法

由于工程机械常年在野外作业,流动性大,工况条件较差,致使工程机械常有事故发生,特别是液压系统,因系统内部不易察觉,出现故障往往不能及时排除,从而影响施工生产的正常进行。下面分析液压系统的故障诊断及排除方法。

1)初步检查

液压系统故障诊断时的初步检查包括以下几方面:一是观察是否有外漏现象;二是检查油量,油量不足会导致整个系统压力降低,甚至会烧毁液压元件;三是检查滤芯和油底壳,当油底壳中的磨损物颗粒较大、数量较多时,切不可启动发动机运转,以免造成更大的损失。初步检查的具体步骤如图9.2所示。

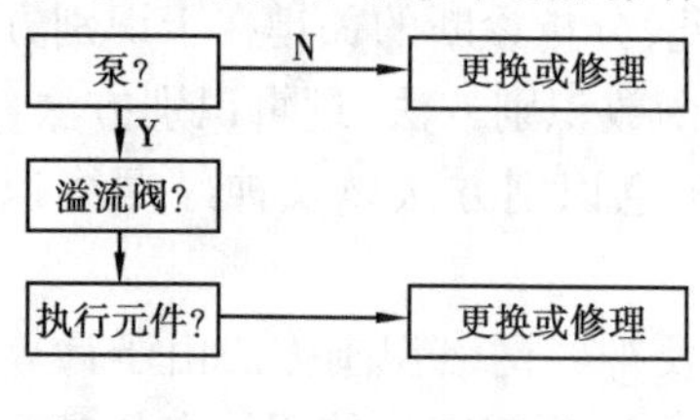

图9.2 初步检查的具体步骤

2)液压系统的仪器诊断

(1)诊断步骤

用检测仪对液压系统进行诊断。诊断时,按图9.2的顺序依次进行("Y"为合格,"N"为不合格)。

(2)诊断的一般要求

在测试过程中主要是测定液压系统的压力和流量这两个参数。因为流量与液压油的黏度有很大的关系,因此在测定数量时,油温必须保持在50 ℃左右。在实际检测时,不一定每次都同时检测这两个参数,只测其中之一即可。

(3)诊断方法

下面以PC200-6型挖掘机故障为例,对液压系统各部分的诊断方法加以具体说明。

①泵的诊断。某PC200-6型挖掘机出现故障,其现象如下:驱动无力,不能作业。诊断方法:测试油泵油量,用油管将油泵的出口与仪器的进口相接,用仪器的出口与油箱相接,开动机器。测出负荷为零时的流量 $Q_0 = 126$ mL/s,负荷为额定值时流量 $Q_0 =$ 65 mL/s,计算出油泵的效率 $Q/Q_0 = 65/126 = 0.52 < 0.8$,说明是供油泵出现故障。经解体,发现泵壳配油端面磨损严重。

②阀的诊断方法。仍是上述挖掘机故障。诊断方法:测试压力,发现各挡离合器压力很低,变矩器出口压力基本正常,判断离合器调压阀可能失灵。经解体动力换挡变速箱主控制阀,发现离合器调压阀密封环磨损严重。

③马达的诊断。对马达进行直接诊断困难较大,一般通过测定其驱动速度来换算其效率。

④油缸的诊断。油缸的诊断可依照马达的诊断方法进行。但当其被用作起升油缸时,可以在起升状态下直接拆开回油管检查内漏情况。

(4)其他诊断方法

在没有仪器诊断的情况下,可以采用"对换法"进行诊断。即把需检查的液压元件拆下来放在与本机相同的元件位置上,或者是换到另一台同型机械上看其是否有故障。

3)液压系统的故障排除

诊断出液压系统的故障之后,不要盲目对液压元件进行解体,要经仔细检查分析,找出主要原因之后,再进行故障排除。下面举出几种常见的故障,分析故障可能产生的原因及排除方法。

(1)系统压力不足或完全无压力

①液压泵排不出压力油或排出的油压力不足,其原因可能为泵的转向不对或转速过低。排除方法:改正泵的转向或检修传动系统。

②液压油温度过高,引起黏度下降,容积效率降低,导致压力上不去。排除方法:检测冷却系统及油的质量是否符合要求。

③溢流阀工作不正常。原因是阀内存有脏物,阀不关闭,先导阀阀座脱落或弹簧失效。相应的处理方法:对阀进行清洗,更换损坏元件。

④液压泵溢流阀正常,但液压缸没有足够压力。可能是由于管路或其中的节流小孔、阀口被污物堵塞,也可能是由于液压缸密封磨损,使压力腔和回油腔间泄漏严重所造成。应清洗阀件,更换零件或换新阀。

(2)油流量小或完全不流油

①泵运转,但无液压油输出。其原因:一是油箱油面太低,吸油管或吸油滤网堵塞;二是吸油管密封不好,吸入空气;三是油的黏度太高,阻力过大。排除方法:应清洗吸入管线及滤网,更换密封或低黏度液压油。

②泵有油输出,但流量不足。其原因:泵内部机构磨损,形成内漏,发生气蚀。排除方法:更换磨损零件,或者用金属刷镀的方法修复磨损部位,消除气蚀。

③泵工作正常,但阀或液压缸等元件漏损太大或工作不良。例如流量调节阀调节不正常,应更换磨损零件和密封。

(3)压力波动或流量脉动

①油中混入大量空气,产生空穴和气蚀现象。停止运转,检查油箱内的泡沫或气泡。更换新油,消除吸入管线中的漏气现象。

②机械振动引起管路振动。由于传动装置装配不同心而引起振动,管路未加固定,管卡引起共振,此时需调整传动装置和固定管道。

③溢流阀或安全阀工作不稳定,产生跳动而引起压力波动和流量波动。阀内脏物堵塞,阀座磨损或调压弹簧损坏等,应清洗阀件,更换零件或换新阀。

(4)电磁换向阀动作不灵

①电磁换向阀时呈现冲击状态,产生脉冲压力,需检查各部分磨损情况及电磁铁紧固件是否松动。

②滑阀的配合部位有杂质,需拆下清洗。

③因安装表面不平,压紧力不均匀或压紧力过大,使阀体变形。

(5)严重噪声

①进油管混入空气。可能是油箱油面过低,应加油到规定的油面以上,系统液压泵轴的密封漏气或吸入管道接头漏气,应更换密封或接头。

②液压泵安装不同心,泵零件有磨损或松动。应重新安装、修理或更换新泵。

5. 工程机械液压系统故障诊断与排除方法

1)工程机械电气系统的组成与特点

工程机械电气系统可分为电气设备和电子系统两大部分。工程机械电气设备包括蓄电池、发电机与调节器、启动系统、充电系统和各种用电设备;工程机械电子系统包括发动机电子控制燃油喷射系统、电子控制自动变速器、电子检测与监控系统、电子负荷传感系统、电子功率控制系统、电子智能控制系统等,该系统也可看作是电气系统中用电设备的一部分。

(1)工程机械电气设备的特点

工程机械电气设备主要由电源(蓄电池、发电机及调节器)、用电设备(启动机、灯光、信号等)以及电气控制装置等组成具有低压、直流、单引线制和负极搭铁等特点。

工程机械电气设备上的电路属模拟电路。模拟电路故障诊断具有多样性。因信号的连续性、非线性、容差和噪声以及检测的有限性使其对诊断变得十分复杂,故难度大、精度低、稳定性差,从而导致检测诊断的效益低。目前对模拟电路的故障诊断尚未建立起完整的理论,没有通用的诊断方法。

诊断模拟电路故障一般借助相似产品的使用经验或通过电路模拟得到故障特征,再通过主动或被动的测试将测试结果与故障特征作比较以发现和定位故障。

(2)工程机械电子系统的特点

工程机械电子系统也采用低压、直流、单线制,一般由传感器、微机控制器和执行装置等组成。电子控制系统总体上采用的是高度集成模块化结构的数字电路。

数字电路仅有两种状态即“0”和“1”。列出其输入、输出关系真值表可以很方便地找出原因—结果对应关系。数字电路的故障诊断具有规范性、逻辑性和可监测性的特点,故障诊断理论发展迅速并日趋成熟。目前已有相当多的诊断程序和诊断设备投入了实际使用。

2)电气系统检测与诊断的基本方法

工程机械电气设备故障率较高,同时引起电气设备发生故障的因素也很多,但归纳起来也不外乎是电器元件损坏或调整不当、电路断路或短路、电源设备损坏等。为了较正确地、迅速地查找出故障部位,可采用以下检测与诊断法。

(1)感觉诊断法

电气设备发生故障多表现为发热异常,有时还冒烟、产生火花、工程机械工况突变等。这些现象通过人的眼看、耳听、手摸或鼻嗅就可直观地发现故障所在部位。

(2)试灯检查法或刮火检查法

试灯检查法或刮火检查法用来检查电路的断路故障。

①试灯检查法

用试灯的一根导线搭接电源接点,若试灯亮表示由此至电源线路良好,否则表明由此至电源电路断路。

②刮火检查法

刮火检查法与试灯检查法基本相同,即将某电路的怀疑接点用导线与搭线处刮碰,若有火花出现,表明由此至电源的线路良好否则表明此处线路断路。

用刮火的方法检查电器绕组(如电动刮水器定子绕组)好坏时使绕组一端搭铁,另一端与电极刮火,根据火花的强烈程度和颜色来判定故障。若刮火时出现强烈的火花多数是电器绕组匝间严重短路;若刮火时无火花表明电路绕组匝间断路;若刮火时出现蓝色小火花表示电器绕组良好。

(3)置换法

置换法是将认为已损坏的部件从系统中拆下换上一个质量合格件的部件来进行工作以判断机件是否有故障。诊断时如换上新件后系统能正常工作则说明其他器件性能良好,故障在被置换件上;假如不能正常工作则故障在本系统的其他部件上。置换法在工程机械电气系统的故障诊断中应用十分广泛。

(4)仪表检查法

仪表检查法(仪表诊断法)也叫直接测试法。它是利用测量仪器直接测量电器元件的一种方法。假如怀疑转速传感器有故障可用万用电表或示波器直接测试器件的各种性能指标。再如可用万用电表检查交流发电机激磁电路的电阻值是否符合技术要求,若被查对象电阻值大于技术文件规定说明激磁电路接触不良或被测电路电阻值小于技术文件规定值,说明发电机的电磁绕组有短路故障。此外还可通过测量某电气设备的电压或电压降来判断故障。

采用这种方法诊断故障应首先了解被测电器件的技术文件规定值,然后再测当前值,将两者进行比较即可查明故障。

(5)导线短路试验法与拆线试验法

短路试验法是指用一根良好的导线由电源直接与用电设备进行短接以取代原导线,然后进行测试。如果用电设备工作正常说明原来线路连接不好,应再继续检查电路中串接的关联件如开关、熔断器或继电器等。

拆线试验法是将导线拆下来以判断电路中的短路故障即将某系统的导线从接线点拆下若搭铁现象消除表明此段线路搭铁正常。

(6)跟踪法

跟踪法实际上是顺序查找法。在电器系统故障诊断中通过仔细观察和综合分析来追寻故障,一步一步地逼近故障的真实部位。例如查找汽油机的点火系低压电路断路故障时可先打开点火开关,查看电流表是否有电流显示;若没有再查看保险装置是否断路等,最后再查看蓄电池是否有电等。由于工程机械电气系统属于串联系统,跟踪法实际上是顺序查找法。

查找电路故障有顺查法和逆查法两种。查找电路故障时由电源至用电设备逐段检查的方法称为顺查法。逆查法是指查找电路故障时由用电设备至电源作逐段检查的方法。

(7)熔断器故障诊断法

工程机械上各用电设备均应串接熔断器,若某熔断器常被烧断说明此用电设备多半有搭铁故障。

(8)条件改变法

有些故障是间歇出现的,有些故障是在一定的条件下才明显地显示出来。在电气系统故障诊断中常常采用条件改变法查找故障。

条件改变法包括条件附加法和条件去除法。条件附加法是指在某些条件下故障不明显,若此时诊断该机件是否有故障则必须加上一些条件。条件去除法则正相反,因为有这些条件故障现象不明显,必须设法将该条件除去。例如许多电子元器件在低温时工作良好,但当温度稍高时就不能可靠地工作,此时可采用一个附加环境温度的方法促使该故障明显化。常用的电子系统条件改变法有下列几种:

①振动法。如果振动可能是导致故障的主要原因,则在模拟试验时可将连接器在垂直和水平方向轻轻摆动。试验时连接器的接头、支架、插座等都必须仔细检查并用于轻拍装有传感器的零件,检查传感器是否失灵。注重不要用力拍打继电器,否则可能会使继电器断路。进行振动试验时可用万用电表检测输出信号,观察振动时输出的信号有无变化。

②加热法。当怀疑某一部位是受热引起的故障时可用电吹风机或类似工具加热可能引起故障的零件,检查此时是否出现故障。留意加热时不可直接加热电子集成块中的元件且加热温度不得高于60 ℃。

③水淋法。当怀疑故障可能是由雨天或高温潮湿环境引起时可将水喷淋在机械上检查是否有故障产生。注意此时不要将水直接喷淋在机器的零件上而应间接改变温度与湿度。试验时不可将水喷淋在电子元器件上,尤其要防止水渗漏到电子集成块的内部。

④电器全部接通法。当怀疑故障可能是电负荷过大而引起时可采用接通全部电器(增大负荷)的方法观察此时故障是否产生。

⑤工作模拟试验法。通过工作试验模拟故障出现时的工况以检查故障是否存在。

(9)分段查找法

分段查找法是把一个系统根据结构关系分成几段,然后在各段的输出点进行测量,迅速确定故障在哪一段内。由于分段查找法是在一个缩小的范围内查找故障,因此故障诊断效率大为提高。

(10)特性诊断法

检查电气设备的电磁线圈是否断路,有时不必拆开电气设备,可接通被检查对象的电源,然后将螺丝刀放在电磁线圈的支承部分的四周,看螺丝刀是否有被吸的感觉。如果有,说明此电磁线圈没有断路。经验丰富者还可根据吸力的大小判断电磁线圈损坏的程度。

以上是工程机械电气系统故障诊断经常采用的办法,每一种方法都有它的应用条件。当碰到详细故障时通过仔细分析选择一种合适的方法即可迅速而准确地找出故障。

【任务实施】工程机械远程故障诊断系统的设计

1.工程机械远程故障诊断系统的研究

工程机械结构复杂,施工载荷不确定,工作环境恶劣,造成其故障率较高。而现场操作人员只能处理一般的故障,对于一些突发性的故障则无法进行诊断处理,从而影响施工进程,造成巨大浪费。

为了保证工程机械正常高效运行,必须对其进行有效的监测和故障诊断,使得设备在现场出现故障时能够快速、准确地确定故障原因和处理故障。解决这个问题的一个有效方法就是建立基于 Internet 的工程机械远程故障诊断系统。

1)远程故障诊断系统的总体结构

基于 Internet 的远程故障诊断技术是在现有设备状态监测与故障诊断技术的基础上将计算机科学 + 网络通信技术和故障诊断技术相结合的一种设备诊断技术,该远程故障诊断系统由客户端(远程监测现场的数据采集处理和单机处理系统)、网络通信协议和远程故障诊断服务中心 3 个部分组成。

其总体结构如图 9.3 所示。

2)远程故障诊断系统的设计

(1)系统工作原理

基于 Internet 的远程故障诊断系统是通过 Internet 将诊断现场和远程故障诊断中心联系起来以实现即时反应、资源共享、协同工作、远程监测以及远程诊断为目的的一个系统。其工作原理是在现场工作的工程机械上安装传感器。建立状态监测点,采集

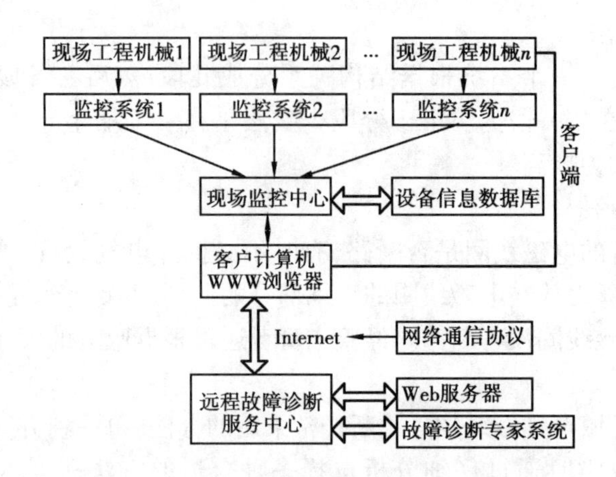

图9.3 工程机械远程故障诊断系统的总体结构图

设备状态数据作为远程故障诊断的依据。而在技术力量较强的科研单位或企业建立远程故障诊断中心，当现场设备出现故障而现场人员或本地故障诊断系统不能对其作出诊断时，将反映现场设备状态的数据通过现场监测中心计算机(客户机)的浏览器经由Internet发送给远程故障诊断中心，并提请故障诊断及远程信息咨询等服务，远程故障诊断中心经过权限认证后即可启动远程的服务器上的相应功能模块与用户端进行实时信息交互，同时将传入的数据存入Web数据库，根据这些数据进行分析诊断，并在服务器内部产生一个动态的HTML模块。最终将诊断的结果以ASP页面的形式反馈给用户。

(2)系统的运行模式

根据远程故障诊断的特点，系统采用基于Web方式的浏览器/服务器(B/S)的运行模式。所谓的B/S模型是指企业网络以Web为中心，采用TCP/IP协议，以HTTP为传输协议，客户端通过浏览器访问Web以及与Web相连的后台数据库的模型。在B/S模型里，当用户打开浏览器时，它负责与网络建立连接，并从服务器上获取Web页面的信息。

B/S模型的原理图如图9.4所示。

远程故障诊断系统通过使用B/S的运行模式，客户与服务器之间传送的仅仅是诊断的条件与结果。客户端只要使用浏览器就可提交服务要求并获取服务结果。B/S模式结构简单，诊断资源丰富，已经成为目前网络发展的必然趋势。

(3)系统的主要功能模块

按功能来分，远程故障诊断中心主要由用户管理、故障诊断专家系统、技术交流、专家会诊和故障字典等模块组成。

①用户管理模块。该模块为管理者提供用户管理、新闻更新以及注册码添加等功能。使管理者能够随时掌握远程服务系统的运行情况。

②用户登陆模块。为使用远程诊断服务的用户设定权限，有一般用户、注册用户

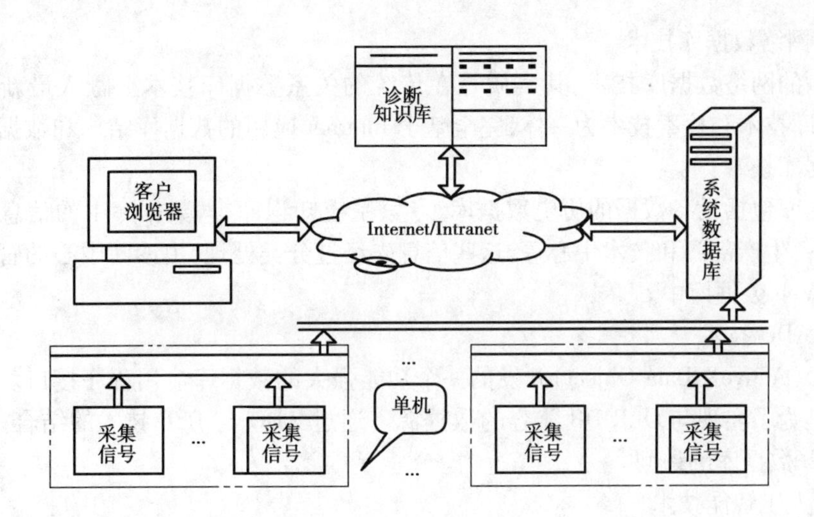

图9.4 B/S模型原理图

和管理员3种权限。

③用户注册模块。为了保证远程系统的安全性,以及保持系统的经济性,要对注册使用本系统的用户进行限制,即注册时必须填写购买工程机械远程故障诊断专家系统软件时获得的注册码才能成为本远程系统的用户。

④故障诊断模块。通过使用工程机械的用户输入故障信息,该模块将调用现有的故障诊断资源对工程机械设备出现的故障进行诊断,然后将诊断结果反馈给用户。

⑤技术交流模块。在故障诊断过程中需要相互交流时,该模块为系统提供了一种通过Internet进行交流、工作以及共享程序的全新方式。国内外的工程机械同行可以在这里进行技术讨论与交流。

⑥专家会诊模块。工作人员和诊断专家通过视频会议或在线聊天的形式进行设备故障诊断。

⑦故障词典。是一个有关设备知识、诊断知识和诊断产品的网络数据库检索系统,位于远程诊断中心的Web数据库上,存放有关设备信息诊断知识和诊断产品的信息,为用户提供有关知识的检索服务,实现诊断资源的共享。

3)系统实现的主要技术

(1)ASP技术

ASP(Active Server Pages)是Microsoft公司开发的一套基于服务器端的脚本环境。ASP内含在IE3.0和4.0以上环境之中。在本系统中,通过ASP可以结合HTML网页、ASP指令和ActiveX组件建立动态、交互且高效的Web服务器应用程序。有了ASP就不必担心客户的浏览器是否能运行你所编写的代码,因为所有的程序都将在服务器端进行,包括所有嵌在普通HTML中的脚本程序。当程序执行完毕后,服务器仅将执行结果返回给客户浏览器。这样就减轻了客户端浏览器的负担,大大提高了交互的速度。

(2)网络数据库技术

所谓的网络数据库技术,其实质是在传统的关系数据库技术上融入最新网络技术、数据库技术和检索技术为一体,完全基于 Internet 应用的数据库结构和数据模型的新型数据库技术。

数据库包括设备数据的历史数据库、专家系统知识库等,数据库中的信息来自用户方、设备生产部门和技术中心等,这些信息先经过分类处理,由诊断中心的管理人员存放在 Web 数据库中。

(3)ADO 技术

ADO(ActiveX Data Object)开发的一个功能强大的数据库应用程序接口。它的主要功能是为了实现与 OLE DB 兼容的数据源。通过 ADO 与 DSP 技术的结合,可以实现对 Web 数据库的访问。

(4)人工智能技术

人工智能(AI)的故障诊断方法,如基于专家系统(ES)的方法和基于人工神经网络(ANN)的方法等。由于工程机械故障的多样性、突发性、成因复杂性和进行故障诊断所需要的知识对领域专家实践经验和诊断策略的依赖,智能的故障诊断系统对工程机械尤为重要。用于故障诊断的神经网络能够在出现新故障时通过自学习不断调整权值,可以提高故障的正确检测率,降低漏报率和误报率,人工智能诊断技术在远程故障诊断系统中的应用越来越广泛。

2. 工程机械远程故障诊断系统的设计

下面以凿岩机液压系统为例说明工程机械远程故障诊断系统的实现过程。

凿岩机液压系统是一个复杂的系统,各子系统间的紧耦合性、工作环境的特殊性等决定了凿岩机液压系统是一个高故障率和故障危害性很大的作业系统。由于工作环境恶劣、工况复杂多变,液压凿岩机液压系统的故障诊断维修始终是一个薄弱环节。在很多情况下,可以判定液压系统哪个部件发生故障,可是对于元件的具体故障和维修显得力不从心。为确保液压系统的完好率,设计一套凿岩机液压元件故障诊断专家系统是十分必要的。

1)故障诊断专家系统总体结构

凿岩机液压元件故障诊断系统从液压专家获得专业知识,从工程师那里获得故障诊断和排除的实践经验和诊断策略,并用来解决凿岩机液压元件故障诊断方面的困难问题。该项目设计的凿岩机液压系统故障诊断专家系统总体结构如图 9.5 所示。

(1)知识库

知识库中存放各种故障现象、引起故障的原因及原因和现象间的关系,这些都来自有经验的维修人员和领域专家,它集中多个专家的知识,并可在实践中不断修正,排除了个人解决问题时的主观偏见,使诊断结果更加接近实际。

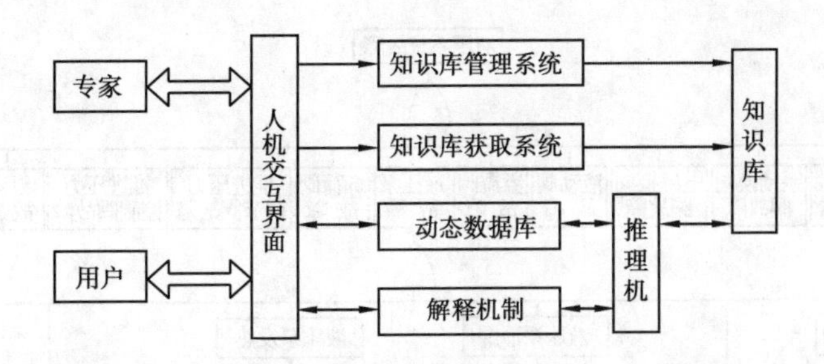

图 9.5　凿岩机液压系统故障诊断模块总体结构图

(2)全局数据库

用于储存所诊断问题领域内原始特征数据的信息、推理过程中得到的各种中间信息和解决问题后输出的结果信息。

(3)推理机

主要由调度程序与解释程序组成,是实施问题求解的核心执行机构。推理机是专家系统的核心,它实际上是计算机的控制模块,根据输入的设备症状,利用知识库中存储的专家知识,按一定的推理策略去解决诊断问题。

(4)知识获取机制

知识获取机制负责管理知识库中的知识,包括根据需要修改、添加、删除知识。它使得领域专家可以修改知识库而不必了解知识库中的表示形式、知识库的结构等细节,从而对知识库进行维护、升级。

(5)解释机制

解释机制用于回答用户提出的问题,包括系统运行和系统本身的问题,并对系统的推理过程和获得的结论进行说明,它体现了专家系统的可靠性。

(6)人机交互界面

操作简便、直观、友好是人机界面设计的首要任务,其次才是美观,给人以耳目一新的感觉,使用户易于接受。本着这两条基本原则,系统界面力求简单、实用,让用户满意。

2)凿岩机液压系统故障树

根据液压元件结构、工作原理及故障分析,结合故障树法知识建立了凿岩机液压系统故障的故障树。由于凿岩机液压元件类型很多,发生故障的原因比较复杂,下面仅以液压泵故障为例列出故障树进行说明,如图 9.6 所示。

3)专家系统的设计与实现

(1)知识库设计

由于凿岩机液压系统发生故障的原因复杂,因此,一个简单的故障模式可能对应两条甚至多条原因,同时,不同的故障模式下的诸多原因也有可能部分相同;或一个故障原因可能会影响多个故障模式,也可能相同故障原因的不同逻辑组合能得出两种完全不同的故障模式。

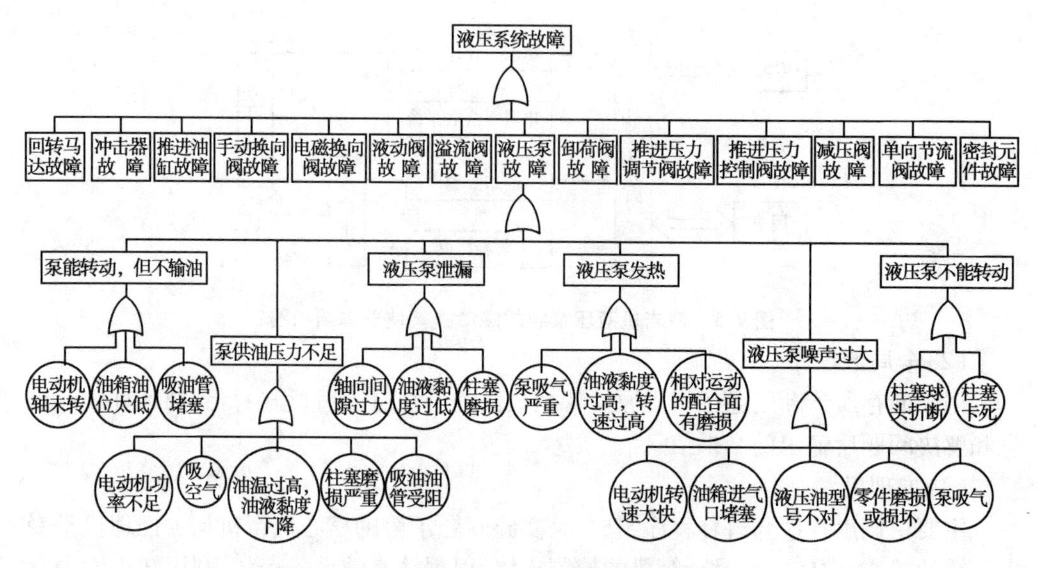

图 9.6　凿岩机液压泵故障诊断故障树

此外，有的故障模式可能既对应简单的故障模式，同时也直接对应故障原因。故障树和专家系统知识库的联系在于：故障树的顶端对应于专家系统要分析解决的任务，故障树的一个最小割集就是系统的一种失效模式，对应专家系统要推理的一种最终结果，故障树由上到下的逻辑关系对应专家系统的推理过程，故障树的树枝对应知识库中的规则，故障树的树枝数等于知识库所包含规则的个数，知识库中的知识来源于故障树。根据以上分析，运用 E-R 关系数据库模型来组建知识库，为方便诊断的动态查询和简化知识库管理操作，确定将专家知识用故障模式表、故障模式关系表、故障模式与原因关系表和故障原因表 4 个相关联的知识表表示。

(2)推理机设计

对于故障诊断专家系统来说，建立正确、合理和高效的推理机制极为重要。凿岩机液压系统故障诊断专家系统的推理机采用从高层故障模式到低层故障模式的正向推理策略，诊断推理流程如图 9.7 所示。

(3)系统实现

故障诊断专家系统软件设计可以采用 VC + + 等语言进行开发。系统尽量采用多文档窗体进行窗口显示，界面风格统一、美观，通过图文并茂的用户界面可以实现集信号采集、工况分析、状态显示及故障诊断、系统参数设置、历史记录查询、统计分析图、报表打印和数据传输等功能，方便用户使用。

工程机械的故障繁杂，原因众多，采用故障诊断专家系统来进行工程机械的故障诊断，可以不用对工程机械进行解体而进行故障诊断，减少因判断失误所带来的额外工作量，缩短工程机械的故障停机时间，提高工程机械的经济效益。

当然，工程机械远程故障诊断系统是一个涉及计算机技术、现代网络通信技术及故障诊断技术等诸多学科的复杂系统。目前，该系统的研究总体处在起步和实验阶

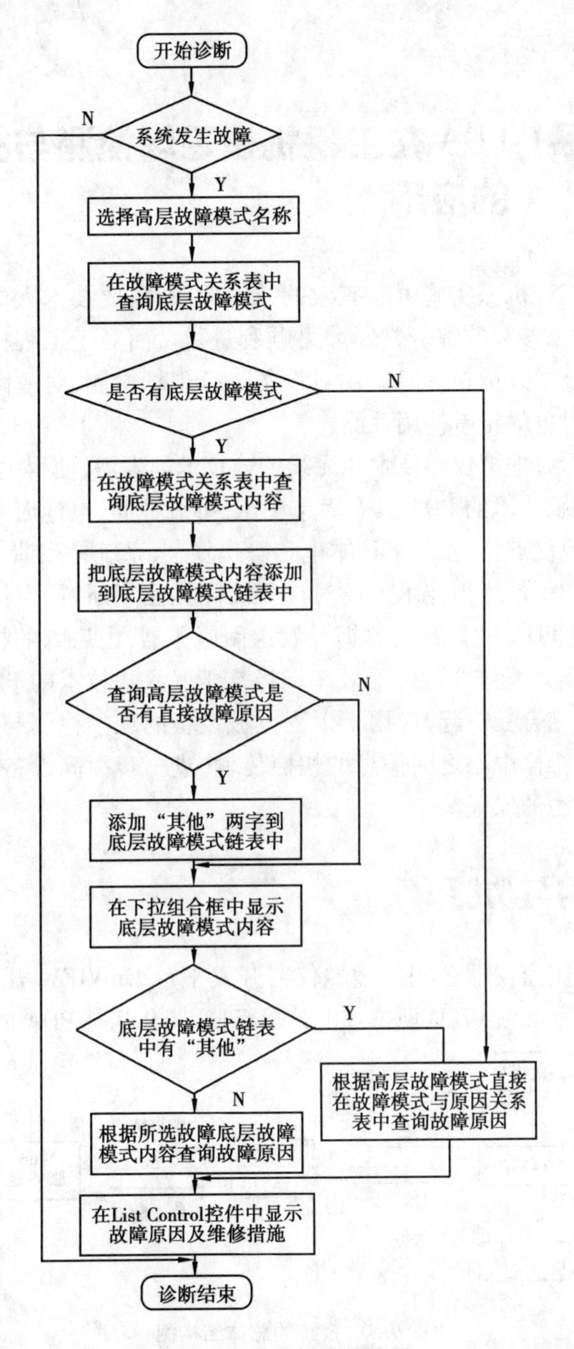

图9.7 诊断推理流程图

段,另外该系统的设计与开发还涉及诊断信息标准化、网络安全等问题。由于该远程故障诊断系统将管理部门、运行现场和诊断专家结合起来,利用现代化的网络技术来缩短收集故障信息的时间,大大提高了故障诊断的效率。可以预见,随着计算机及其网络技术的发展,该系统的开发和建立将会得到进一步的完善和成熟,并带来可观的社会效益和经济利益。

【任务拓展】PDA 在工程机械现场检测与故障诊断中的应用

实践证明，对工程机械实施可靠有效的技术保障，需要技术人员对设备进行多方面的测试和相关数据参数的综合判断才可顺利进行。而对于工程机械的现场检测与故障诊断，则需要技术人员在短时间内对设备进行现场检测，对故障作出准确判断并快速抢修，以保证设备的正常使用性能。

随着嵌入式技术、虚拟仪器技术和无线传输技术的发展，使得上述要求变得可能。基于嵌入式操作系统技术的 PDA 具有简单稳定、可靠性高、电池时效长、小巧轻便、易于携带、价格低廉等优点，克服了笔记本电脑操作复杂、系统易崩溃、可靠性较低、电池时效短、价格昂贵的不足。当技术人员对设备故障无法判断时，虚拟仪器技术和无线传输技术可以通过 PDA 采集有关数据并发送回服务器，由后方的技术专家对设备进行"会诊"，提高设备现场维修保障的效率。将基于嵌入式技术的 PDA、虚拟仪器技术及无线传输技术等结合在一起，应用于工程机械设备的现场检测与故障诊断，保证现场检测与后方检测维修中心之间信息的快捷传输，进一步提高设备维修的效率，为设备维修保障提供有力的保证。

1. 系统结构与功能

系统采用美国国家仪器公司的虚拟仪器开发平台 LabVIEW 开发，其总体拓扑结构如图 9.8 所示。系统由 PDA、便携式电脑等组成，图 9.9 是 PDA 的部分功能图。

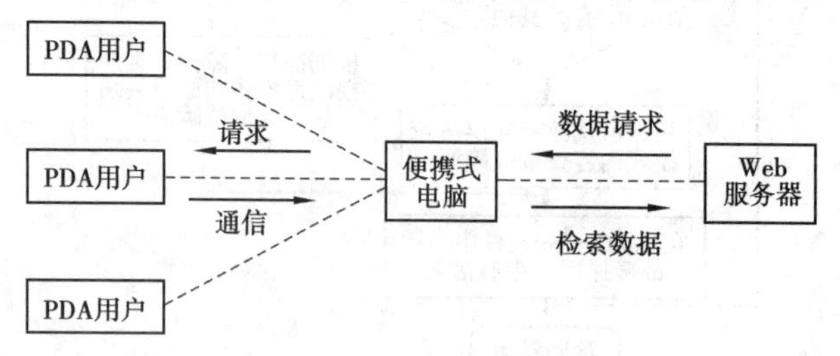

图 9.8　系统的总体结构图

该系统主要实现以下 6 个功能：①系统标定；②信号采集；③故障诊断；④数据传输；⑤维修指导；⑥数据维护。

1）系统标定

系统标定功能包括自检和标定两方面的内容。其中系统自检主要是对 PDA 与

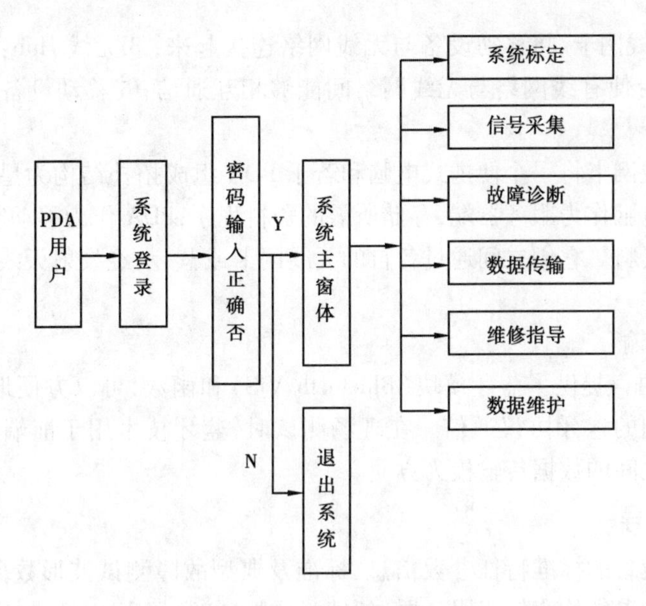

图 9.9　PDA 功能图

宿主计算机的通信,以及 PDA 与数据采集卡及传感器的数据传输性能进行测试;而系统标定主要是指信号采集前对数据采集系统及其前端的调理模块进行通道标定。

2)信号采集

主要完成试验条件和采集参数的设置,信号采集时的采集控制、数据保存、报警和多种显示功能等。信号采集有 4 个功能:试验条件和测点设置、参数设置、采集之前信号检查及数据采集,该项功能由 PDA、背夹、数据采集卡、接口箱和信号采集传感器等组成。信号采集系统既能在车上进行现场检测与故障诊断,也能在实验室进行设备的性能测试、状态检测和故障诊断。

3)故障诊断

故障诊断的功能是通过对工程机械设备输入信息(如技术参数等)进行分析处理,了解故障机理,推断产生故障的原因,然后从 PDA 提供的方案中选择适用于设备的最佳处理方案,实现对设备的故障诊断。

4)数据传输

客户端 PDA 配有无线网卡或蓝牙等无线通信设备。系统通过 WinCE:操作系统,借助无线网络或蓝牙进行客户端(PDA)与服务器端(便携式电脑)的无线数据交流,使用户最终获得需要的维修资源与维修技术的保障。

(1)无线网络传输

LabVIEW 开发平台具有较强的网络功能,提供 TCP/IP 协议、HTTP 协议、UDP 协议等网络通信功能及函数。无线网络由 5 部分构成:①发射天线、发射经过调制后的通信信号;②无线网卡、将移动设备与无线网络连接起来;③无线 Hub:构成无线星型局域网;④网桥:使有线网络与无线网络间能够相互通信;⑤移动设备的管理和驱动程序。

系统用无线网卡将一个便携式电脑和若干 PDA 组成拓扑结构为星形的无线局域网络。笔记本电脑作为服务器端,存储所需的资料程序;PDA 作为移动客户端,可查询所需要的各种资料。它们之间通过各自的无线网卡或蓝牙,经发射天线与便携式电脑相连。

(2)蓝牙传输

LabVIEW 语言提供了蓝牙模块(Bluetooth VIS)和函数,可以方便地实现 PDA、电脑及其他器件间的蓝牙协议通信。在现场测试时,蓝牙技术用于前端信号采集 PDA 与便携式电脑之间的数据传输极为方便。

5)维修指导

工程机械设备的标准特征参数信息、标准及典型故障测试波形数据、维修指导信息等技术数据和参数均存储于服务器(便携式电脑)的数据库中,而非固化于应用程序中。当有关参数检测的标准数据或波形,以及维修指导信息等数据发生变化时,系统管理员仅需修改服务器有关数据库中的数据(或对制作好的帮助文件进行添加、删除等操作),而不需要对应用程序进行重新修改、编译和安装。数据库管理开发平台 SQL Server 提供了视图功能组件,用于创建动态表的静态定义,视图作为关系数据库关系表和面向实际应用的中间工具,可依赖数据表得到维修指导数据的综合,从而减小了信息重复存储的冗余度,节约了系统空间。

6)数据维护

通过 PDA 客户端访问服务器的用户被划分为两种等级,即高级用户和普通用户。他们均可在登录系统后,对相关资源进行查询或对有关信息生成报表传输至服务器端,高级用户还有权对维修指导、故障诊断的数据库中某些表的记录信息进行添加。系统管理员则通过口令登录系统后,可对系统数据库所有表进行增加、修改或删除,在一定程度上提高了数据库的安全性。

2. 软件应用

应用于液压系统检测的系统硬件配置以及软件设计的情况如下。

1)硬件配置

该系统的硬件配置(见图 9.10)和技术指标如下:

①操作系统为 Pocket 2003,开发语言采用 C#,LabView 开发语言。

②NI DAQCard-6062E for PCMCIA,16 路输入通道,最高采样频率 1.25 ms/s,16 位分辨率,4 挡程控输入范围,模拟或数字触发。

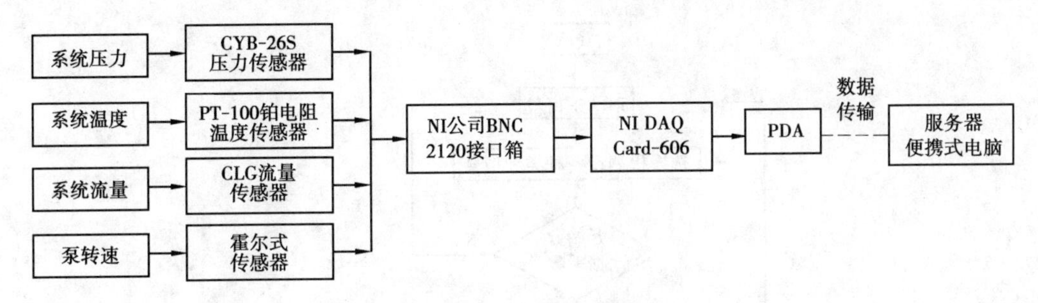

图9.10 系统硬件配置

③NI 公司 BNC-2120 接口箱,最高 32 通道输入信号。

④传感器选用 CYB-26S 压力传感器和 PT-100 铂电阻温度传感器,两者集成在 CLG 流量传感器上形成集成式三位一体液压传感器。选用霍尔式传感器进行液压泵转速的测量。

2)软件设计

PDA 检测系统的信号采集界面设计为虚拟仪器界面风格,直观、清晰、可操作性强,便于实时采集时观测数据。

(1)程序流程

故障信息的输入途径包括两个方面:一是 PDA 采集到的现场测试信号,对数据进行简单的处理与显示,如果设备的工作状态异常,则给出提示并将数据传送到服务器中作进一步的处理。另一方面,用户根据所测设备的具体情况,选择所需检测的工程设备种类和型号,随后选择是否开始数据采集(见图 9.11)。如果选择"否",则返回 PDA 主窗口;如果选择"是",则提示用户选择采集方式。如果用户进行在线采集,则立即进行实时采集;如果用户不进行在线采集,则选择输入工程设备的故障现象。完成上述工作后,再从服务器知识库中调用所采集设备的信号波形及特征参数,并与标准参数及波形一起送入故障判别程序中进行故障的识别;然后从服务器中获得所有与之匹配的维修方案,并从中选择最佳方案。最后,用户选择是否继续诊断,"是"则返回 PDA 主窗体,重新进行各个选项的更改和重新选择输入;"否"则退出程序。

(2)分割数组与单通道虚拟仪器界面方法设计

由信号采集输出的多种参数数据和所有通道的数据形成一个数据数组,分割数组方法是把各参数分成不同的数据数组,以便调用、显示,分割数组输出的数据是数组的形式。单通道虚拟仪器界面方法则是把数组数据变成虚拟仪器形式,以便直观、清晰地监测数据。

(3)信号采集与检测虚拟仪器界面整体设计

信号采集整个界面设计成虚拟仪器风格,程序设计的主线是:从"信号采集"出来的多参数、多通道的数据数组,经"分割数组"子程序变成单参数、多通道的数据数组,

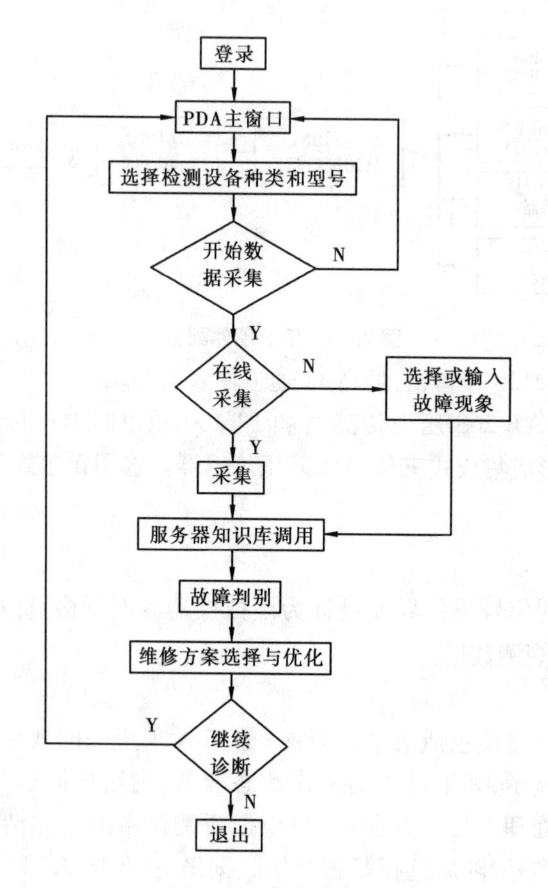

图 9.11　程序流程图

再经“单通道虚拟仪器界面”子程序变成单参数、单通道的虚拟仪器显示，然后在该程序中把单参数、单通道的虚拟仪器组合成多参数、单通道的虚拟仪器显示，即形成最终的数据采集虚拟仪器整体界面。信号采集程序实现了多种控制功能：可以进行缸内泄漏测量、泵怠速测量、泵中速测量、泵高速测量及压力的设定等操作，实时记录系统的温度、压力和流量测量值并进行系统的综合评价。

基于 PDA 的工程机械设备现场检测与故障诊断系统具有体积小、功能全、精度高和可操作性强的特点，特别适合随车检测。系统设计中充分体现了 LabVIEW 在开发自动测试与检测诊断系统中的方便性以及 PDA 在工程机械设备现场检测中的快捷性与方便性。利用 PDA 和虚拟仪器技术开发的检测与诊断系统可以广泛应用于汽车、工程机械和船舶等的液压、动力、电气等系统的检测与故障诊断，特别是 PDA 检测系统在数据传输方面依靠了蓝牙技术和无线传输技术，保证了现场检测与后方检测维修中心之间信息的快捷传输，进一步提高了设备维修的效率，为工程机械的现场抢修与维修保障提供了有力的保证。

实训9　工程机械机油品质的识别与检测

1. 实训目的

(1)机油牌号的正确选用和质量的好坏,直接影响发动机正常工作和使用寿命。目前市场上的机油品牌混杂、质量参差不齐给驾驶员和使用者带来诸多困惑。

(2)通过本次实验,识别机油的品质,判断机油的黏度、水分、杂质等,为更换机油提供依据。通过本次实验,掌握机油的识别与检测的方法。

2. 实训设备

标准未用新机油及使用后的机油各400 mL, 直径为0.5 cm、长约20 cm的玻璃试管4根,半径为0.3 cm的玻璃小球2个,酒精灯1盏,滤纸、白纸、石蕊试纸各2张,天平1台。

3. 实训内容

(1)观色。良好的机油色泽油亮、显蓝黑色。含水机油呈现乳灰色混浊状,且有泡沫,含柴油机油表层呈乳黄色且稀薄,黏度降低。如呈黑色柏油状则已变质。

(2)取少许油涂于手指研擦,如滑腻黏手,则表示质量尚可。有机械杂质或黏性太差则已变质,很易直观感觉。

(3)在洁白纸上滴数滴机油,若油滴中心部分无黑色,全部呈褐色油环,则表明机油良好。

(4)用一条石蕊试纸浸在机油中2~3 min后取出,石蕊变红用鼻嗅有酸味或怪味,则表明酸性过大,机油变质。另外使用要注意保持温度在80~90 ℃,油温过高则加速氧化变质,在使用中遇到质量问题也可以直接到技术部门检验鉴定。

(5)黏度检测:机油黏度无论是增大还是缩小,都不得超过标准的20%。检测方法是,可用直径0.5 cm、长约20 cm的玻璃试管两根,分别装入19 cm高的新、旧机油,封好。在相同温度下,同时颠倒,记录气泡上升时间,如果两者相差20%,则应换油。这种方法虽然简单,但气泡上升不易观察,所以改用玻璃小球,由经过新旧机油试管落下的时间不同来确定黏度,较为方便,如图9.12所示。

(6)水分检测:取一只干净的试管,加入2~3 mm高的机油,放在酒精灯上加热,

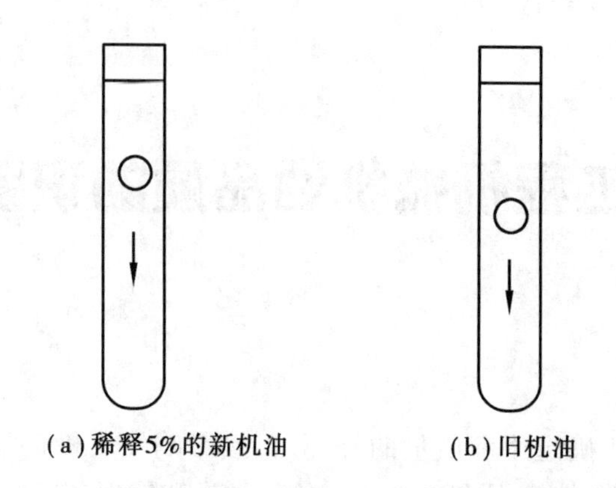

(a)稀释5%的新机油　　　　(b)旧机油

图9.12　黏度检测

如无明显的响声,也不发生泡沫,则可认为不含水分;如果发生不断的连续"劈啪"声,持续20~30 s响声消失,则机油可继续使用,但要随时检测;如连续响声在半分钟以上,则应查找原因,结合其他检测方法,判定机油是否需更换。

(7)杂质测定:取100 mL机油,加无铅汽油200 mL稀释,然后用定量滤纸过滤并干燥,用天平称量油泥沉淀物,当油泥沉淀物重量达2 g以上时,应换油。

4.实训注意事项

(1)实验过程使用酒精灯时应注意安全。

(2)机油的检测油样,应在热机后取样化验。熄火时间过长的内燃机械,取油样化验其黏度和水分两项误差较大。

5.实训报告

(1)实训的目的和要求。

(2)实训内容及注意事项。

(3)实训后的收获(主要技能方面)。

项目小结

本项目首先介绍了国内、外工程机械故障诊断技术的发展趋势,然后分析了工程机械故障的形式和特点,以及工程机械液压系统和电气系统的一般诊断方法,最后说明了工程机械远程专家故障诊断系统和便携式掌上电脑PDA在现场检测和故障诊断系统的建立方法,以供工程机械运用与维护专业学生或工程技术人员在工程机械实训和维修过程中参考。

参考文献

[1] 蔡启光. 工程机械选型手册[G]. 北京:中国水利水电出版社,2008.
[2] 中国水利水电工程总公司. 工程机械使用手册[G]. 北京:中国水利水电出版社,1998.
[3] 李宏. 工程机械维修工实用技术手册[G]. 南京:江苏科学技术出版社,2008.
[4] 赵捷. 进口挖掘维修手册[G]. 沈阳:辽宁科学技术出版社,2009.
[5] 刘良臣. 装载机维修图解手册[G]. 南京:江苏科学技术出版社,2007.
[6] 雷天觉. 液压工程手册[G]. 北京:机械工业出版社,1990.
[7] 吕广明. 工程机械智能化技术[M]. 北京:中国电力出版社,2007.
[8] 焦生杰. 现代筑路机械电液控制技术[M]. 北京:人民交通出版社,2001.
[9] 颜荣庆. 现代工程机械液压系统分析[M]北京:人民交通出版社,1998.
[10] 颜荣庆. 现代工程机械液压与液力系统——基本原理·故障分析与排除[M]. 北京:人民交通出版社,2004.
[11] 李自光. 桥梁施工成套机械设备[M]. 北京:人民交通出版社,2005.
[12] 李自光. 公路施工机械[M]. 北京:人民交通出版社,2008.
[13] 张洪. 现代施工工程机械[M]. 北京:人民交通出版社,2008.
[14] 周萼秋. 现代工程机械应用技术[M]. 长沙:国防科技大学出版社,1997.
[15] 周守仁. 自动变速箱[M]. 北京:中国铁道出版社,1990.
[16] 金君恒. 大型工程机械电路[M]. 北京:中国水利水电出版社,2008.
[17] 高忠民. 工程机械使用与维修[M]. 北京:金盾出版社,2002.
[18] 贾铭新. 液压传动与控制[M]. 北京:国防工业出版社,2001.
[19] 明仁雄. 液压与气压传动[M]. 北京:国防工业出版社,2003.
[20] 唐银启. 工程机械液压与液力技术[M]. 北京:国防工业出版社,1990.
[21] 陈榕林. 液压技术与应用[M]. 北京:电子工业出版社,2002.
[22] 陆望龙. 实用液压机械故障排除与修理大全[M]. 长沙:湖南科学技术出版社,1995.
[23] 左健民. 液压与气压传动[M]. 北京:机械工业出版社,1999.
[24] 张磊. 实用液压技术[M]. 北京:机械工业出版社,1988.
[25] 邬宽明. CAN 总线原理和应用系统设计[M]. 北京:北京航空航天大学出版社,1996.
[26] 黄长艺. 机械工程技术测试基础[M]. 北京:机械工业出版社,2006.

[27] 李朝青.单片机原理及接口技术[M].北京:北京航空航天大学出版社,1994.
[28] 翟坦.数据通讯及网络基础[M].武汉:华中理工大学出版社,1996.
[29] 朱齐平.进口工程机械维修手册[M].沈阳:辽宁科学技术出版社,2002.
[30] 梁杰.现代工程机械电气与电子控制[M].北京:人民交通出版社,2005.
[31] 范逸之.Visual Basic 与 RS232 串行通讯控制 [M].北京:中国青年出版社,2000.
[32] 许益民.电液比例控制系统分析与设计[M].北京:机械工业出版社,2005.
[33] 何立民.单片机高级教程[M].北京:北京航空航天大学出版社,1999.
[34] 刘和平,等.TMS320LF240z DSP 结构原理及应用[M].北京:北京航空航天大学出版社,2002.
[35] 程佩清.数字信号处理教程[M].北京:清华大学出版社,1995.
[36] 强锡富.传感器[M].北京:机械工业出版社,1996.
[37] 张维衡,等.振动测试技术[M].武汉:华中理工大学出版社,1993.
[38] 李方泽,等.工程振动测试与分析[M].北京:高等教育出版社,1992.
[39] 黄一夫,等.微型计算机控制技术[M].北京:机械工业出版社,1988.